学术引领系列

国家科学思想库

中国学科发展战略

网络空间安全

中国科学院

科学出版社
北京

内 容 简 介

安全无处不在。网络空间安全已成为国家安全的重要组成部分，也是保障信息社会和信息技术可持续发展的重要基础。本书首先对我国及世界相关国家网络空间安全战略进行了分析和总结，对网络空间安全的科学意义和战略价值进行了阐述；然后通过回顾网络空间安全的发展历史，总结了学科内涵、发展规律和学科特点。

本书重点从密码学与安全基础、网络与通信安全、软件与系统安全、数据与应用安全、关键信息基础设施安全等 5 个方面对网络空间安全学科的发展现状和态势进行了剖析，并总结了学科发展趋势。针对我国国情和学科发展特点，本书提出了我国网络空间学科发展思路与发展方向，指出未来应重点关注"新兴场景下的安全基础理论构建与安全模型建模"等 34 个关键科学技术问题，以及"富有弹性的网络空间安全保障体系"等 8 个重要发展方向，并从人才培养、平台建设等多个方面对我国未来网络空间安全学科发展提出了相关建议。

本书可为相关决策部门、教育科研机构等提供决策咨询和参考，也是社会公众了解网络空间安全相关情况的重要读物。

图书在版编目（CIP）数据

网络空间安全 / 中国科学院编. -- 北京：科学出版社, 2025.4. -- (中国学科发展战略). -- ISBN 978-7-03-079886-2

Ⅰ. TP393.08

中国国家版本馆 CIP 数据核字第 2024QM0731 号

丛书策划：侯俊琳　牛　玲
责任编辑：常春娥　贾雪玲／责任校对：张亚丹
责任印制：师艳茹／封面设计：黄华斌　陈　敬　有道文化

科学出版社 出版
北京东黄城根北街 16 号
邮政编码：100717
http://www.sciencep.com

北京中科印刷有限公司印刷
科学出版社发行　各地新华书店经销
*

2025 年 4 月第 一 版　　开本：720×1000　1/16
2025 年 4 月第一次印刷　　印张：31 1/4
字数：472 000
定价：228.00 元
（如有印装质量问题，我社负责调换）

中国学科发展战略

指 导 组

组　　长：侯建国
副 组 长：吴朝晖　包信和
成　　员：高鸿钧　张　涛　裴　钢
　　　　　朱日祥　郭　雷　杨　卫

工 作 组

组　　长：王笃金
副 组 长：周德进　石　兵
成　　员：马　强　王　勇　魏　秀
　　　　　缪　航　徐丽娟

中国学科发展战略·网络空间安全

项 目 组

组　　　长：冯登国
总体专家组：林惠民　黄民强　郑建华　尹　浩　管晓宏
　　　　　　吴朝晖　郑志明　朱鲁华　郭世泽
方向负责人：祝跃飞　李　晖　杨　珉　祝烈煌　盛万兴

编 写 组

（以姓氏拼音为序）

曹　进	陈　华	陈　恺	董　晶	杜　渐	段海新
冯登国	何双羽	胡爱群	纪守领	贾相堃	江浩东
荆继武	亢超群	赖俊祚	李　晖	李二霞	李佳伦
连一峰	凌　振	刘　烃	鲁华伟	孟国柱	慕冬亮
彭国军	秦　宇（生态环境部信息中心）				
秦　宇（中国科学院软件研究所）			邱　勤	尚宇炜	
沈　蒙	盛万兴	苏璞睿	孙思维	谭闻德	唐湘云
王　喆	王　志	王清宇	王同良	王永娟	魏福山
翁　健	乌梦莹	武成岗	习　辉	夏虞斌	徐　静
严寒冰	杨　珉	杨哲慜	张　滨	张　超	张　敏
张　阳	张冬妮	张立武	张殷乾	张振峰	仲　盛
朱浩瑾	祝烈煌	祝跃飞	邹德清		

秘 书 组

苏璞睿　连一峰　张　阳　张　敏　陈　华　张立武
秦　宇（中国科学院软件研究所）

总 序

九层之台，起于累土[①]

白春礼

近代科学诞生以来，科学的光辉引领和促进了人类文明的进步，在人类不断深化对自然和社会认识的过程中，形成了以学科为重要标志的、丰富的科学知识体系。学科不但是科学知识的基本的单元，同时也是科学活动的基本单元：每一学科都有其特定的问题域、研究方法、学术传统乃至学术共同体，都有其独特的历史发展轨迹；学科内和学科间的思想互动，为科学创新提供了原动力。因此，发展科技，必须研究并把握学科内部运作及其与社会相互作用的机制及规律。

中国科学院学部作为我国自然科学的最高学术机构和国家在科学技术方面的最高咨询机构，历来十分重视研究学科发展战略。2009年4月与国家自然科学基金委员会联合启动了"2011~2020年我国学科发展战略研究"19个专题咨询研究，并组建了总体报告研究组。在此工作基础上，为持续深入开展有关研究，学部于2010年底，在一些特定的领域和方向上重点部署了学科发展战略研究项目，研究成果现以"中国学科发展战略"丛书形式系列出版，供大家交流讨论，希望起到引导之效。

根据学科发展战略研究总体研究工作成果，我们特别注意到学

[①] 题注：李耳《老子》第64章："合抱之木，生于毫末；九层之台，起于累土；千里之行，始于足下。"

科发展的以下几方面的特征和趋势。

一是学科发展已越出单一学科的范围，呈现出集群化发展的态势，呈现出多学科互动共同导致学科分化整合的机制。学科间交叉和融合、重点突破和"整体统一"，成为许多相关学科得以实现集群式发展的重要方式，一些学科的边界更加模糊。

二是学科发展体现了一定的周期性，一般要经历源头创新期、创新密集区、完善与扩散期，并在科学革命性突破的基础上螺旋上升式发展，进入新一轮发展周期。根据不同阶段的学科发展特点，实现学科均衡与协调发展成为了学科整体发展的必然要求。

三是学科发展的驱动因素、研究方式和表征方式发生了相应的变化。学科的发展以好奇心牵引下的问题驱动为主，逐渐向社会需求牵引下的问题驱动转变；计算成为了理论、实验之外的第三种研究方式；基于动态模拟和图像显示等信息技术，为各学科纯粹的抽象数学语言提供了更加生动、直观的辅助表征手段。

四是科学方法和工具的突破与学科发展互相促进作用更加显著。技术科学的进步为激发新现象并揭示物质多尺度、极端条件下的本质和规律提供了积极有效手段。同时，学科的进步也为技术科学的发展和催生战略新兴产业奠定了重要基础。

五是文化、制度成为了促进学科发展的重要前提。崇尚科学精神的文化环境、避免过多行政干预和利益博弈的制度建设、追求可持续发展的目标和思想，将不仅极大促进传统学科和当代新兴学科的快速发展，而且也为人才成长并进而促进学科创新提供了必要条件。

我国学科体系由西方移植而来，学科制度的跨文化移植及其在中国文化中的本土化进程，延续已达百年之久，至今仍未结束。

鸦片战争之后，代数学、微积分、三角学、概率论、解析几何、力学、声学、光学、电学、化学、生物学和工程科学等的近代科学知识被介绍到中国，其中有些知识成为一些学堂和书院的教学内容。1904 年清政府颁布"癸卯学制"，该学制将科学技术分为格致科（自然科学）、农业科、工艺科和医术科，各科又分为诸多学科。1905年清朝废除科举，此后中国传统学科体系逐步被来自西方的新学科体系取代。

民国时期现代教育发展较快，科学社团与科研机构纷纷创建，现代学科体系的框架基础成型，一些重要学科实现了制度化。大学引进欧美的通才教育模式，培育各学科的人才。1912年詹天佑发起成立中华工程师会，该会后来与类似团体合为中国工程师学会。1914年留学美国的学者创办中国科学社。1922年中国地质学会成立，此后，生理、地理、气象、天文、植物、动物、物理、化学、机械、水利、统计、航空、药学、医学、农学、数学等学科的学会相继创建。这些学会及其创办的《科学》《工程》等期刊加速了现代学科体系在中国的构建和本土化。1928年国民政府创建中央研究院，这标志着现代科学技术研究在中国的制度化。中央研究院主要开展数学、天文学与气象学、物理学、化学、地质与地理学、生物科学、人类学与考古学、社会科学、工程科学、农林学、医学等学科的研究，将现代学科在中国的建设提升到了研究层次。

中华人民共和国成立之后，学科建设进入了一个新阶段，逐步形成了比较完整的体系。1949年11月中华人民共和国组建了中国科学院，建设以学科为基础的各类研究所。1952年，教育部对全国高等学校进行院系调整，推行苏联式的专业教育模式，学科体系不断细化。1956年，国家制定出《十二年科学技术发展远景规划纲要》，该规划包括57项任务和12个重点项目。规划制定过程中形成的"以任务带学科"的理念主导了以后全国科技发展的模式。1978年召开全国科学大会之后，科学技术事业从国防动力向经济动力的转变，推进了科学技术转化为生产力的进程。

科技规划和"任务带学科"模式都加速了我国科研的尖端研究，有力带动了核技术、航天技术、电子学、半导体、计算技术、自动化等前沿学科建设与新方向的开辟，填补了学科和领域的空白，不断奠定工业化建设与国防建设的科学技术基础。不过，这种模式在某些时期或多或少地弱化了学科的基础建设、前瞻发展与创新活力。比如，发展尖端技术的任务直接带动了计算机技术的兴起与计算机的研制,但科研力量长期跟着任务走,而对学科建设着力不够,已成为制约我国计算机科学技术发展的"短板"。面对建设创新型国家的历史使命,我国亟待夯实学科基础,为科学技术的持续发展与创新能力的提升而开辟知识源泉。

反思现代科学学科制度在我国移植与本土化的进程,应该看到,20世纪上半叶,由于西方列强和日本入侵,再加上频繁的内战,科学与救亡结下了不解之缘,中华人民共和国成立以来,更是长期面临着经济建设和国家安全的紧迫任务。中国科学家、政治家、思想家乃至一般民众均不得不以实用的心态考虑科学及学科发展问题,我国科学体制缺乏应有的学科独立发展空间和学术自主意识。改革开放以来,中国取得了卓越的经济建设成就,今天我们可以也应该静下心来思考"任务"与学科的相互关系,重审学科发展战略。

现代科学不仅表现为其最终成果的科学知识,还包括这些知识背后的科学方法、科学思想和科学精神,以及让科学得以运行的科学体制,科学家的行为规范和科学价值观。相对于我国的传统文化,现代科学是一个"陌生的""移植的"东西。尽管西方科学传入我国已有一百多年的历史,但我们更多地还是关注器物层面,强调科学之实用价值,而较少触及科学的文化层面,未能有效而普遍地触及到整个科学文化的移植和本土化问题。中国传统文化及当今的社会文化仍在深刻地影响着中国科学的灵魂。可以说,迄20世纪结束,我国移植了现代科学及其学科体制,却在很大程度上拒斥与之相关的科学文化及相应制度安排。

科学是一项探索真理的事业,学科发展也有其内在的目标,探求真理的目标。在科技政策制定过程中,以外在的目标替代学科发展的内在目标,或是只看到外在目标而未能看到内在目标,均是不适当的。现代科学制度化进程的含义就在于:探索真理对于人类发展来说是必要的和有至上价值的,因而现代社会和国家须为探索真理的事业和人们提供制度性的支持和保护,须为之提供稳定的经费支持,更须为之提供基本的学术自由。

总　　序

20世纪以来，科学与国家的目的不可分割地联系在一起，科学事业的发展不可避免地要接受来自政府的直接或间接的支持、监督或干预，但这并不意味着，从此便不再谈科学自主和自由。事实上，在现当代条件下，在制定国家科技政策时充分考虑"任务"和学科的平衡，不但是最大限度实现学术自由、提升科学创造活力的有效路径，同时也是让科学服务于国家和社会需要的最有效的做法。这里存在着这样一种辩证法：科学技术系统只有在具有高度创造活力的情形下，才能在创新型国家建设过程中发挥最大作用。

在全社会范围内创造一种允许失败、自由探讨的科研氛围；尊重学科发展的内在规律，让科研人员充分发挥自己的创造潜能；充分尊重科学家的个人自由，不以"任务"作为学科发展的目标，让科学共同体自主地来决定学科的发展方向。这样做的结果往往比事先规划要更加激动人心。比如，19世纪末德国化学学科的发展史就充分说明了这一点。从内部条件上讲，首先是由于洪堡兄弟所创办的新型大学模式，主张教与学的自由、教学与研究相结合，使得自由创新成为德国的主流学术生态。从外部环境来看，德国是一个后发国家，不像英、法等国拥有大量的海外殖民地，只有依赖技术创新弥补资源的稀缺。在强大爱国热情的感召下，德国化学家的创新激情迸发，与市场开发相结合，在染料工业、化学制药工业方面进步神速，十余年间便领先于世界。

中国科学院作为国家科技事业"火车头"，有责任提升我国原始创新能力，有责任解决关系国家全局和长远发展的基础性、前瞻性、战略性重大科技问题，有责任引领中国科学走自主创新之路。中国科学院学部汇聚了我国优秀科学家的代表，更要责无旁贷地承担起引领中国科技进步和创新的重任，系统、深入地对自然科学各学科进行前瞻性战略研究。这一研究工作，旨在系统梳理世界自然科学各学科的发展历程，总结各学科的发展规律和内在逻辑，前瞻各学科中长期发展趋势，从而提炼出学科前沿的重大科学问题，提出学科发展的新概念和新思路。开展学科发展战略研究，也要面向我国现代化建设的长远战略需求，系统分析科技创新对人类社会发展和我国现代化进程的影响，注重新技术、新方法和新手段研究，提炼出符合中国发展需求的新问题和重大战略方向。开展学科发展战略研究，还要从支撑学科发展的软、硬件环境和建设国家创新体系的整体要求出发，重点关注学科政策、重点领域、人才培养、经费投入、基础平台、管理体制等核心要素，为学科的均衡、持续、健康发展出谋划策。

2010年，在中国科学院各学部常委会的领导下，各学部依托国内高水平科研教育等单位，积极酝酿和组建了以院士为主体、众多专家参与的学科发展战略研究组。经过各研究组的深入调查和广泛研讨，形成了"中国学科发展战略"丛书，纳入"国家科学思想库——学术引领系列"陆续出版。学部诚挚感谢为学科发展战略研究付出心血的院士、专家们！

按照学部"十二五"工作规划部署，学科发展战略研究将持续开展，希望学科发展战略系列研究报告持续关注前沿，不断推陈出新，引导广大科学家与中国科学院学部一起，把握世界科学发展动态，夯实中国科学发展的基础，共同推动中国科学早日实现创新跨越！

前　言

网络空间安全已成为国家安全的重要组成部分，也是保障信息社会和信息技术可持续发展的核心基础。信息技术的迅猛发展和深度应用必将带来更多难以解决的安全问题，只有掌握了安全的科学发展规律，才有可能解决人类社会遇到的各种安全问题。但科学发展规律的掌握非一朝一夕之功，治水、训火、利用核能都经历了漫长的岁月。

无数事实证明，人类是有能力发现规律和认识真理的。今天我们对网络空间安全的认识，就经历了一个从通信安全到计算机安全、信息安全、信息安全保障，再到网络空间安全的发展过程。安全无处不在，安全是动态发展的，只有相对安全没有绝对安全。本书试图通过分析和梳理网络空间安全的发展历史和发展现状，认识和把握网络空间安全学科的发展规律和特点，提出网络空间安全学科的未来发展思路和建议，目的是不断提升对网络空间安全的认识水平，推动网络空间安全学科高质量发展，当然本书的认识也是有限的、阶段性的。

笔者有幸承担了中国科学院信息学部学科发展战略项目"网络空间安全学科发展战略研究"，从2022年3月开始，花了近两年时间，完成了《网络空间安全学科发展战略研究报告》及多份相关对策建议报告，在此基础上完成了本书的撰写。为了圆满完成项目任务，我们组建了总体专家组、编写组和秘书组，并制定了详细的项目实施进度计划。总体专家组由林惠民、黄民强、郑建华、尹浩、管晓宏、吴朝晖、郑志明、朱鲁华、郭世泽等院士组成，对项目研究工作进行指导和咨询；编写组由来自国内多家单位的一线专家、学者组成，分为密码学与安全基础（由祝跃飞教授牵头）、网络与通信安全（由李晖教授牵头）、软件与系统安全（由杨珉教授牵头）、数据与应用安全（由祝烈煌教授牵头）和关键信息基础设施安全（由盛万兴研究员牵头）5 个专题组，负责相关专题的研究和文稿撰写工作；秘书组由苏璞睿研究员牵头，组员有连一峰研究员、张阳研究员、张敏研究员、陈华研究员、张立武研究员、秦宇研究员（中国科学院软件研究所），负责项目的协调推进、报告主体的撰写和专题汇总。

近两年的时间里，我们组织了 6 次大规模线上或线下编写专家组会议、数十次专题组和秘书组会议，并在第 20 届中国信息和通信安全学术会议（CCICS 2023）暨网络空间安全学科发展战略研讨会、2023 年度 ACM 中国智能网络与可信计算高端学术论坛暨信息物理社会可信服务计算教育部重点实验室学术会议等多个学术会议上报告本项目的研究成果和进展情况，在《中国信息安全》《中国科学院院刊》等多个期刊上发表了本项目的相关研究成果和观点。上百名本领域内的一线专家学者参与其中，在大家的共同努力下不仅形成了高水平的战略研究报告和本书，以及多份相关对策建议报告，而且培养锻炼了一批年轻的战略研究者，也带动了专家和学者对网络空间安全学科的深度思考。笔者认为，研究过程比取得的成果更重要。

本书第一章至第三章，以及第九章至第十章由冯登国研究员执笔，苏璞睿研究员、连一峰研究员、盛万兴研究员、张阳研究员、张敏研究员、陈华研究员、张立武研究员、秦宇研究员（中国科学院软件研究所）参与编写；第四章由祝跃飞教授执笔，荆继武教授、张振峰教授、翁健教授、赖俊祚教授、孙思维教授、王永娟研究员、魏福山副教授、江浩东副研究员、何双羽助理研究员参与编写；第五章由李晖教授执笔，胡爱群教授、段海新教授、仲盛教授、曹进教授参与编写；第六章由杨珉教授执笔，张超副教授、陈恺研究员、杨哲慜副教授、邹德清教授、夏虞斌教授、张殷乾教

前 言

授、贾相堃副研究员、王志副教授、凌振教授、武成岗高级工程师、彭国军教授、孟国柱副研究员、慕冬亮副教授、王喆副研究员、乌梦莹博士、王清宇博士、谭闻德博士、张冬妮博士参与编写；第七章由祝烈煌教授执笔，朱浩瑾教授、纪守领教授、徐静研究员、董晶研究员、沈蒙教授、唐湘云博士参与编写；第八章由盛万兴研究员执笔，严寒冰教授级高级工程师、王同良教授级高级工程师、杜渐高级工程师、习辉高级经济师、张滨教授级高级工程师、秦宇教授级高级工程师（生态环境部信息中心）、李佳伦高级工程师、邱勤高级工程师、鲁华伟高级工程师、刘烃教授、尚宇炜高级工程师、李二霞教授级高级工程师、亢超群高级工程师参与编写；全书由冯登国研究员策划和统稿。在此对各位专家和学者的辛勤付出表示最衷心的感谢！

本书内容相对比较丰富和完备，非专业读者可只读第一、二、三、九、十章内容，这些内容已经覆盖了网络空间安全学科体系的主要内容，其他章节内容主要是对学科方向的详细补充，以供相关专业读者参考。另外，本书中有两个名词容易引起混淆，一个是网络空间安全（cybersecurity），有时也简称为网络安全，但与传统的网络安全（network security）有区别；另一个是学科，网络空间安全学科中的学科是指方向或领域，与教育体系中的学科有区别。

本书难免存在一些不足之处，敬请读者多提宝贵意见和建议。

冯登国

2024年5月于北京

摘　　要

安全无处不在。网络空间安全是保障信息社会和信息技术可持续发展的重要基础,是国家安全的重要组成部分。网络空间安全学科涉及政治、经济、军事、科技、文化、教育、社会保障等各个领域,具有重要的科学意义和战略价值。

本书首先对我国及世界其他国家网络空间安全战略进行了分析和总结,指出当前国际网络空间安全形势异常严峻,我们每时每刻都面临着来自境内外敌对势力、反动组织、黑客组织、网络违法犯罪团伙等组织的网络安全威胁。网络空间安全呈现出"国家战略博弈、网地空间融合、核心利益驱动、关键技术突破"的总体态势。

本书回顾了网络空间安全的发展历程,将其发展历程分为通信安全、计算机安全、信息安全、信息安全保障、网络空间安全等5个发展时期。从网络空间安全发展历程凝练网络空间安全学科具备的交叉性、对抗性、时效性、实践性、系统性和开放性等6大特点,总结出当前网络空间安全技术呈现出的零化、弹性化、匿名化、量子化和智能化等5大特征,揭示了网络空间安全学科的内涵和发展规律。

本书参考我国网络空间安全一级学科设置的学科方向,重点从密码学与安全基础、网络与通信安全、软件与系统安全、数据与应用安全、关键信息基础设施安全等5个方面对网络空间安全学科的发展现状和态势进行了剖析,并总结了学科发展趋势。其中,密码学与安全基础是网络空间安全学科发展的底座,为网络空间安全学科其他研究方向提供理论遵循和方法指导，对建立相对独立的网络空间安全基础理论体系具有重要的支撑作用。网络与通信安全支撑了互联网、移动互联网、物联网、工业互联网等的蓬勃发展，网络具有典型的分层结构，包括物理层、链路层、网络层、传输层和应用层等，针对各种形态的网络、不同层次的安全威胁，形成了一系列安全机制和安全解决方案。软件与系统安全作为网络空间安全学科的关键组成部分，包括恶意代码防范、软件漏洞治理、系统安全机制等内容，软件与系统的安全伴随着万物数字化浪潮，已经成为个人、组织和整个社会安全与稳定的重要保障。数据与应用安全涉及数据安全、人工智能安全、物联网安全、区块链安全、内容安全等热点专题，为智慧城市、电子商务、社交网络、智能家居、网络教育等数字化技术的发展和应用提供了安全解决方案。关键信息基础设施安全关乎国家安全、社会稳定和个人利益，我国近年来在关键信息基础设施安全保护法规条例建设及技术创新应用等方面取得了显著进步，在能源、金融等行业围绕安全防护框架体系构建、内外部安全风险管控等方面开展了大量研究与实践工作，形成了具有行业特色的安全技术路线。

针对我国国情、学科发展特点及当前面临的挑战，本书提出了我国网络空间安全学科发展思路与发展方向，提出了未来应重点关注的 34 个关键科学技术问题，主要包括新兴场景下的安全基础理论构建与安全模型建模、量子安全模型与抗量子密码、适用于新型信息技术应用需求的安全基础设施构建理论与技术、软件供应链安全模型等。本书还提出了 8 个未来的重要发展方向，包括富有弹性的网络空间安全保障体系、抗量子密码、大型语言模型安全、全密态多方联合计算、卫星互联网安全、工业控制系统安全、软件供应链安全、关键信息基础设施安全。

本书最后指出，网络空间安全学科建设与发展是一项复杂的系统工程，需要以国家网络空间安全战略为牵引，践行总体国家安全观，围绕学科建设、重点方向、人才培养、经费投入、基础平台、管理体制等方面，明确其发展建设机制和资源配置。本书还提出了相关学科发展建议，包括加强学科教育体系建设，夯实学科基础；聚焦重点方向，全力协同攻关；创新人才培养模式，建强人才队伍；推动经费投入，形成激励机制；构建基础平台，营造一流环境；完善管理体制，保障实施效果等。

Abstract

Security is everywhere. Cybersecurity has become an important foundation for ensuring the sustainable development of the information society and information technology, and an important part of national security. Cybersecurity discipline involves various fields such as politics, economy, military, science and technology, culture, education, and social security, and has important scientific significance and strategic value.

This book first analyzes and summarizes the cybersecurity strategies of China and other countries in the world, pointing out that the current international cybersecurity situation is extremely severe. We are constantly facing cybersecurity threats from hostile forces, reactionary organizations, hacker organizations, cybercrime groups, and other organizations both domestically and internationally. Cybersecurity presents an overall trend of "national strategic games, integration of cyberspace and geospace, driven by core interests, and key technology breakthroughs".

This book reviews the development history of cybersecurity, and divides it into five stages: communication security, computer security, information security, information security assurance, and cybersecurity. From the development process of cybersecurity, it can be seen that the cybersecurity discipline has six major characteristics, including cross-disciplinarity, adversariality, timeliness, practicality, systematicity, and openness. The current cybersecurity technology presents five characteristics, including zeroing, elasticity, anonymity, quantization, and intelligence. This book also reveals the connotation and development laws of the cybersecurity discipline.

This book refers to the discipline direction set by the first-level discipline of cybersecurity in China, focusing on analyzing the current development status and trends of cybersecurity from five aspects: cryptography and security foundation, network and communication security, software and system security, data and application security, and critical information infrastructure security, and summarizes the development trend of the discipline. Among them, cryptography and security foundation is the foundation of the development of the cybersecurity discipline, providing theoretical compliance and methodological guidance for other research directions of the cybersecurity discipline, and plays an important supporting role in establishing a relatively independent basic theoretical system of cybersecurity. Network and communication security has supported the vigorous development of the Internet, mobile internet, Internet of Things, industrial internet, etc. The network has a typical hierarchical structure, including the physical layer, link layer, network layer, transport layer, and application layer. For various forms of networks and security threats at different levels, a series of security mechanisms and security solutions have been formed. Software and system security, as a key component of the cybersecurity discipline, includes malicious code prevention, software vulnerability governance, system security mechanisms, etc. With the wave of digitalization, the security of software and system has become an important guarantee for the security and stability of individuals, organizations, and the entire society. Data and application security involves hot topics such as data security, artificial intelligence security, Internet of Things security, blockchain security, and content security, providing security solutions for the development and application of digital technologies such as smart city, e-commerce, social network, smart home, and online education. Critical information infrastructure security is related to national security, social stability, and personal interests. In recent years, China has made significant progress in the construction of regulations and technological innovation applications for the security protection of critical information infrastructure. A large amount of research and practical work has been carried out in industries such as energy and finance, focusing on the construction of security protection framework systems and internal and external security risk control, forming a security technology route with industry characteristics.

Based on China's national conditions, disciplinary development characteristics, and current challenges, this book proposes the development ideas and directions of China's cybersecurity discipline, and proposes 34 key scientific and technological issues that should be focused on in the future, mainly including the construction of basic security theories and security model modeling in emerging scenarios, quantum security models and anti-quantum cryptography, security infrastructure construction theories and technologies suitable for new application needs, and software supply chain security models. This book also proposes 8 important development directions in the future, including resilient cybersecurity assurance systems, quantum-resistant cryptography, large language model security, fully encrypted multi-party joint computing, satellite internet security, industrial control system security, software supply chain security, and key information infrastructure security.

This book finally points out that the construction and development of the cybersecurity discipline is a complex system engineering, which needs to be guided by the national cybersecurity strategy, implement the overall national security concept, and clarify its development and construction mechanism and resource allocation around discipline construction, key direction, talent training, funding investment, basic platform, and management system. This book also puts forward suggestions for the development of relevant disciplines, including strengthening discipline education and consolidating discipline foundations; focusing on key directions and working together to tackle key problems; innovating training models and building a strong talent team; promoting funding and forming an incentive mechanism; building a basic platform and creating a first-class environment; improving the management system and ensuring implementation results.

目 录

总序 ·· i
前言 ··· vii
摘要 ··· xi
Abstract ·· xv

第一篇　绪论

第一章　科学意义与战略价值 ·· 3

第一节　网络空间与网络空间安全 ·· 3
　　一、空间的基本概念 ·· 3
　　二、网络空间的定义与内涵 ·· 4
　　三、网络空间与物理空间的区别和联系 ······························ 6
　　四、网络空间安全的定义与要素 ·· 8
第二节　网络空间安全形势分析与判断 ····································· 9
　　一、网络空间安全总体态势 ·· 9
　　二、网络空间安全面临的威胁与挑战 ································ 10
　　三、网络空间安全的发展方向 ·· 14
第三节　网络空间安全学科的科学意义与战略价值 ············· 17
　　一、落实总体国家安全观 ·· 17
　　二、保障数字经济健康发展 ·· 19

- xix -

  三、支撑数据安全和个人信息保护 ································· 20
  四、推动精神文明建设 ····································· 21
  五、促进学科交叉融合 ····································· 23
 第四节 我国网络空间安全学科的发展现状 ························· 25

第二章 发展简史与发展规律 ································· 28

 第一节 网络空间安全发展简史 ································· 28
  一、通信安全发展时期 ····································· 29
  二、计算机安全发展时期 ··································· 34
  三、信息安全发展时期 ····································· 40
  四、信息安全保障发展时期 ································· 49
  五、网络空间安全发展时期 ································· 61
 第二节 网络空间安全学科的内涵和发展规律 ····················· 72
  一、学科内涵 ··· 72
  二、学科发展规律 ··· 73

第二篇 主要学科方向发展现状与态势

第三章 发展背景与学科特点 ································· 77

 第一节 学科发展背景 ··· 77
  一、新形势下的安全需求 ··································· 77
  二、安全威胁态势分析 ····································· 82
  三、国家战略与政策法规 ··································· 87
  四、人才教育的迫切需求 ··································· 94
 第二节 学科特点与趋势 ······································· 98
  一、学科特点 ··· 98
  二、学科趋势 ·· 101
 第三节 学科体系框架 ·· 105

一、国际网络空间安全学科知识体系……………………………105
　　二、我国网络空间安全学科方向……………………………………108
　　三、本书的学科体系框架……………………………………………110

第四章　密码学与安全基础……………………………………114
第一节　概述……………………………………………………114
第二节　安全基础理论…………………………………………115
　　一、密码基础理论问题………………………………………………115
　　二、安全模型…………………………………………………………119
　　三、小结………………………………………………………………124
第三节　密码算法………………………………………………125
　　一、对称密码算法……………………………………………………125
　　二、公钥密码算法……………………………………………………127
　　三、杂凑函数…………………………………………………………130
　　四、新型密码算法……………………………………………………131
　　五、小结………………………………………………………………136
第四节　密码分析理论…………………………………………137
　　一、基于统计的密码分析方法………………………………………138
　　二、基于代数的密码分析方法………………………………………142
　　三、侧信道分析方法…………………………………………………144
　　四、小结………………………………………………………………146
第五节　安全协议………………………………………………147
　　一、安全协议的设计与应用…………………………………………147
　　二、安全协议的形式化分析方法……………………………………158
　　三、小结………………………………………………………………161
第六节　安全基础设施…………………………………………162
　　一、密钥管理…………………………………………………………162
　　二、PKI………………………………………………………………163
　　三、密码标准与测评…………………………………………………170

四、大型密码算法（标准）征集活动 173

　　五、小结 177

　第七节　总结 177

第五章　网络与通信安全 180

　第一节　概述 180

　第二节　物理层安全 180

　　一、物理层安全传输 181

　　二、物理层身份认证 184

　第三节　链路层安全 187

　　一、蜂窝网接入安全 187

　　二、无线局域网接入安全 191

　　三、近距离通信安全 193

　　四、卫星互联网接入安全 194

　第四节　网络层安全 197

　　一、路由系统安全 197

　　二、DNS 安全 200

　　三、SDN 安全 203

　第五节　传输层安全 208

　　一、传输层面临的主要安全威胁 208

　　二、主要研究进展 209

　第六节　应用层安全 213

　　一、HTTP/Web 安全 213

　　二、应用层端到端安全 216

　第七节　异构网络融合发展带来的安全问题及发展趋势 220

　　一、移动通信网络安全 220

　　二、卫星互联网安全 230

　　三、工业互联网安全 238

第六章　软件与系统安全 ... 249

第一节　概述 ... 249
第二节　恶意代码防范 ... 252
一、恶意代码分析 ... 253
二、恶意代码检测 ... 259
三、恶意行为溯源 ... 262

第三节　软件漏洞治理 ... 267
一、软件漏洞发现 ... 267
二、软件漏洞分析 ... 272
三、软件漏洞利用 ... 275
四、软件漏洞缓解 ... 279

第四节　系统安全机制 ... 284
一、操作系统安全 ... 285
二、虚拟化安全 ... 293
三、软硬件协同安全 ... 302
四、硬件安全 ... 308

第七章　数据与应用安全 ... 315

第一节　概述 ... 315
第二节　数据安全 ... 317
一、研究背景 ... 317
二、主要研究方向 ... 318
三、主要研究现状 ... 320
四、未来发展趋势 ... 326

第三节　人工智能安全 ... 327
一、研究背景 ... 328
二、主要研究方向 ... 328
三、主要研究现状 ... 330

四、未来发展趋势 ……………………………………………………… 336

第四节　物联网安全 ………………………………………………………… 337
　　一、研究背景 …………………………………………………………… 337
　　二、主要研究方向 ……………………………………………………… 338
　　三、主要研究现状 ……………………………………………………… 340
　　四、未来发展趋势 ……………………………………………………… 349

第五节　区块链安全 ………………………………………………………… 351
　　一、研究背景 …………………………………………………………… 351
　　二、主要研究方向 ……………………………………………………… 351
　　三、主要研究进展 ……………………………………………………… 352
　　四、未来发展趋势 ……………………………………………………… 362

第六节　内容安全 …………………………………………………………… 362
　　一、研究背景 …………………………………………………………… 362
　　二、主要研究方向 ……………………………………………………… 364
　　三、主要研究现状 ……………………………………………………… 365
　　四、未来发展趋势 ……………………………………………………… 370

第七节　总结 ………………………………………………………………… 371

第八章　关键信息基础设施安全 ………………………………………… 374

第一节　概述 ………………………………………………………………… 374
　　一、技术方向总体情况 ………………………………………………… 376
　　二、背景需求 …………………………………………………………… 377
　　三、技术体系 …………………………………………………………… 378

第二节　通信 ………………………………………………………………… 379
　　一、总体情况 …………………………………………………………… 379
　　二、技术背景 …………………………………………………………… 380
　　三、安全防护现状 ……………………………………………………… 381
　　四、主要研究进展 ……………………………………………………… 382
　　五、主要安全风险与挑战 ……………………………………………… 384

六、发展趋势 ································· 385

第三节　能源 ····································· 387
　　一、总体情况 ································· 387
　　二、技术背景 ································· 388
　　三、安全防护现状 ····························· 389
　　四、主要研究进展 ····························· 390
　　五、主要安全风险与挑战 ······················· 391
　　六、发展趋势 ································· 393

第四节　金融 ····································· 394
　　一、总体情况 ································· 394
　　二、技术背景 ································· 395
　　三、安全防护现状 ····························· 395
　　四、主要研究进展 ····························· 397
　　五、主要安全风险与挑战 ······················· 398
　　六、发展趋势 ································· 398

第五节　交通 ····································· 399
　　一、总体情况 ································· 399
　　二、技术背景 ································· 400
　　三、安全防护现状 ····························· 401
　　四、主要安全风险与挑战 ······················· 402
　　五、发展趋势 ································· 403

第六节　电子政务 ································· 404
　　一、总体情况 ································· 404
　　二、安全防护现状 ····························· 405
　　三、主要安全风险与挑战 ······················· 405
　　四、发展趋势 ································· 406

第七节　生态环境 ································· 407
　　一、总体情况 ································· 407

二、安全防护现状 ………………………………………………… 408

　　三、主要研究进展 ………………………………………………… 408

　　四、主要安全风险与挑战 ………………………………………… 410

　　五、发展趋势 ……………………………………………………… 410

　第八节　总结 …………………………………………………………… 411

　　一、总体进展 ……………………………………………………… 411

　　二、存在问题 ……………………………………………………… 412

　　三、面临挑战 ……………………………………………………… 412

　　四、未来趋势 ……………………………………………………… 413

第三篇　学科发展思路与建议

第九章　学科发展思路与发展方向 …………………………………… 419

　第一节　关键科学技术问题 …………………………………………… 419

　第二节　发展思路 ……………………………………………………… 427

　第三节　发展目标 ……………………………………………………… 429

　第四节　重要发展方向 ………………………………………………… 430

　第五节　学科交叉/新兴学科布局 ……………………………………… 439

第十章　学科发展建议 …………………………………………………… 440

　第一节　加强学科教育体系建设 ……………………………………… 440

　第二节　聚焦重点方向 ………………………………………………… 441

　第三节　创新人才培养模式 …………………………………………… 443

　第四节　推动经费投入 ………………………………………………… 444

　第五节　构建基础平台 ………………………………………………… 445

　第六节　完善管理体制 ………………………………………………… 446

主要参考文献 ……………………………………………………………… 448

关键词索引 ………………………………………………………………… 462

第一篇 绪论

第一章 科学意义与战略价值

随着信息技术（information technology，IT）领域日新月异的发展，人类社会的运行模式也在不断拓展、创新和突破，在原有物理空间和社会空间的基础上，逐步形成了一类新型空间——网络空间（cyberspace）。网络空间的出现，突破了原有物理空间的局限性，拓展了社会空间的交互模式，赋予了人类社会更为广泛、便利、快捷、多维度的运行机制，更为人类社会命运共同体的构建提供了有力支撑。本章从理解和认识网络空间与网络空间安全（cybersecurity，有时也译为网络安全）的基本概念出发，首先进行网络空间安全形势分析与判断，其次从政治、经济、文化、科技等维度阐述网络空间安全学科的科学意义与战略价值，最后概述我国网络空间安全学科的发展现状。

第一节 网络空间与网络空间安全

一、空间的基本概念

空间是与时间相对的一种物质客观存在形式，两者密不可分。时间是物质运动的延续性、间隔性和顺序性的表现，空间是物质存在的广延性和伸张性的表现[1]。按照宇宙大爆炸理论，宇宙从奇点爆炸之后，由初始状态分裂开来，从而有了不同的存在形式、运动状态等，物与物之间的位置差异被称为"空间"，而位置的变化则由"时间"来度量。空间由长度、宽度、高度、大小等参量表现出来。

空间是一个相对概念，既包含宇宙空间、物理空间、地理空间、建筑空间等实体空间的范畴，也包含思维空间、逻辑空间、数字空间、社会空间、网络空间等虚拟空间的范畴。本书以网络空间为核心对象，探讨网络空间以及与之相关联的其他空间（如地理空间、社会空间）的安全问题。

二、网络空间的定义与内涵

网络空间是一种依托于实体空间存在的新型空间形态，是在计算技术、网络技术、虚拟化技术等信息技术的支撑下，物理空间和社会空间在虚拟世界的投影。网络空间关系到政治、经济、文化、军事、科技、教育等社会生产生活的方方面面。

国内外很多学者都对网络空间的概念进行了研究和阐述，基于不同的应用需求及研究领域，网络空间被赋予了不同的内涵和外延，主要包括以下3类[2]。

（1）强调网络空间的物质属性。这一观点认为，网络空间依存于硬件、软件设备等物质基础，是互联网与万维网的近似概念。

（2）强调网络空间的社会属性。这一观点认为，网络空间是人基于互联网技术与社交行为结合产生的"空间感"，并将网络空间看作关于人在交流和再现的空间中对社会的感知。社会性的交互活动比技术内容更能体现网络空间的本质内涵。

（3）强调网络空间中的操作和活动。这一观点认为，网络空间是创造、储存、调整、交换、共享、提取、使用和消除信息与分散的物质资源的全球动态领域。

从上述描述中可以看出，网络空间具有物质属性（软硬件等基础设施）和社会属性（人的交互行为及其操作）。早期的定义从不同角度强调了网络空间中的某种组成要素，但是均未全面、系统地对网络空间的要素进行概括和描述。

究竟什么是网络空间？由于其内涵和外延在不断发展，不同的国家或机构都从不同的角度给出了自己的定义，定义如下。

（1）2003年，美国政府出台的《保护网络空间的国家战略》首次对网络空间进行了描述："网络空间由成千上万彼此连接的计算机、服务器、路由器、交换机和光缆构成，它使得（我们的）关键基础设施得以正常运行。"2008年，美国第54号国家安全总统令明确了网络空间是"信息环境中的一个整体域，它由独立且互相依存的信息基础设施和网络组成，包括互联网、电信网、计算机系统、嵌入式处理器和控制器系统"。

（2）2006年，美军参谋长联席会议出台的《网络空间作战国家军事战略》给出的定义是：网络空间是一个作战域，其特征是通过互联的信息系统和相关的基础设施，应用电子技术和电磁频谱产生、存储、修改、交换和利用数据。

（3）2014年，《俄罗斯联邦网络安全战略构想》（讨论稿）给出的定义是：信息空间是指与形成、创建、转换、传递、使用、保存信息活动相关的，能够对个人和社会认知、信息基础设施和信息本身产生影响的领域。网络空间是指信息空间中基于互联网和其他电子通信网络沟通渠道、保障其运行的技术基础设施以及直接使用这些渠道和设施的任何形式的人类活动（个人、组织、国家）的领域。

（4）2009年，《英国网络安全战略》给出的定义是：网络空间包括各种形式的网络化和数字化活动，其中包括数字化内容或通过数字网络进行的活动。网络空间的物理基础是计算机和通信系统，它是这样一个领域，以前在纯物理世界中不可以采取的行动，如今在这里都可以实现。

（5）2011年，《法国信息系统防御和安全战略》给出的定义是：网络空间是由数字资料自动化处理设备在全世界范围内相互连接构成的交流空间。网络空间是分享世界文化的新场所，是传播思想和实时资讯的光缆，是人与人之间交流的平台。

（6）2011年，《德国网络安全战略》给出的定义是：网络空间是指在全球范围内，在数据层面上链接的所有信息技术系统的虚拟空间。网络空间的基础是互联网，互联网是可公开访问的通用连接与传输网络，可以用其他数据网络补充及扩展，孤立的虚拟空间中的信息技术系统并非网络空间的一部分。

可以看出,上述定义有些强调网络空间的物质属性,有些侧重网络空间的社会属性,也有些则两者兼顾。参考上述定义,结合国内外研究机构和学者对网络空间的理解和认识,可将网络空间定义为[3]:网络空间是一个由相关联的基础设施、设备、系统、应用和人等组成的交互网络,利用电子方式生成、传输、存储、处理和利用数据,通过对数据的控制,实现对物理系统的操控,进而影响人的认知和社会活动。

三、网络空间与物理空间的区别和联系

网络空间与物理空间既相互区别,又密切联系。物理空间是人类通过自身感官可以直观感受到的实体空间。例如,通过视觉观察到的日月星辰、山川河流、建筑物、动植物等,通过听觉听到的风雨雷电、鸟鸣虫吟、语言音乐等自然界和人类发出的声音。网络空间的信息来源则通过计算机网络进行传输和处理,并经由信息终端以文字、图形、图像、音频、视频或其他虚拟现实(virtual reality,VR)方式进行呈现。

与传统物理空间相比,虽然网络空间具有虚拟特性,但物理空间的时空关系仍旧是网络空间不可或缺的关键要素。网络空间所依托的信息基础设施和网民都是物理实体,本身具有地理位置和地域差异,这取决于其中事物与现实物体的映射关系、信息所蕴含的物理属性和对现实空间的真实作用。网络空间与物理空间的关系主要体现在以下几个方面。

(一)网络空间依赖于物理空间的物质基础

网络空间是通过在真实物理空间中部署一系列的信息基础设施而逐步构建起来的。网络空间的信息基础设施主要包括网络基础设施、服务器、信息转换器和上网工具4个部分[4]。网络基础设施是网络空间构建的最底层基础设施,由骨干网、城域网和局域网通过有线或无线传输方式层层搭建而成。服务器是指在网络环境下运行相应的应用软件,为网上用户提供共享的信息资源和各种服务的一种高性能计算机。信息转换器是指在信息传输过程中,负责信号转换和信息组织的设备,主要包括调制解调器、路由器、交换机和

中继站。上网工具是网络空间的入口,是跨越现实世界与虚拟网络世界接口的主要途径。

网络空间以物理空间为其真实载体。网络空间的各项要素(包括信息系统、网络服务、虚拟身份、操作行为、网络通信、连通关系、数据交互关系、安全漏洞、网络攻击等)在本质上都依赖于物理空间的物质基础而存在。网络资源的供给和部署在地理分布上往往是不均衡的,总是倾向于人口和经济活动聚集的地方。因此,全球网络资源分布情况在空间上具有明显的不均衡性,这对网络空间的体系架构、空间格局和空间可达性造成了影响。

(二)网络空间与物理空间同样存在地域性差异

网络空间导致了人类通信方式的变革,社交媒体的迅猛发展,诸如推特(Twitter,2023年更名为X)、脸谱(Facebook)、微博、微信、抖音等加速了互联网虚拟社区与现实社会的交互。在传统的社会交往中,由于地理的邻近性、社会文化的较强认同感,周边生活、工作的群体往往成为人们最主要的社会交往对象。而在网络空间中,虽然信息技术压缩了时空距离,扩展了人们社会交往与联系的范围,但是本地域的信息联系强度仍然远远大于与其他地域的信息联系强度,表现出本地域的信息联系在网络空间中占据主体地位的特征。

网络空间是人类借助互联网媒介在整合多种信息与通信技术的基础上所构建的虚拟空间。网络空间的行为主体对应于现实世界中的组织机构或人类个体。社交网络空间中的个体在物理空间都对应于某一特定的地理位置。因此,人作为网络空间的行为主体,具有明显的地域特征。

(三)网络空间与物理空间具有密切的关联性和互动性

网络虚拟实体与物理实体存在动态映射关系。物理空间中的个人可能在网络空间中拥有多重的虚拟身份,而网络空间的计算服务也可能是由分布在不同区域的物理设备通过虚拟化方式组合形成的。因此,网络虚拟实体和物理实体之间存在多对多的映射关系,并且这种映射关系会受经济活动、社会发展、技术革新、法律法规、管理制度等多重因素的影响而发生动态变化。

网络空间的信息流分布格局与地理距离和经济社会发展水平密切相关。

例如，城市对外的网络信息不对称程度与其经济社会发展水平具有相对一致性，经济社会发展水平越高，其在网络空间中的影响能力相对就越强。城市之间的网络信息不对称程度与它们之间的地理距离和经济社会发展差距密切相关，且随着地理距离的增加呈现出衰减的趋势[5]。

四、网络空间安全的定义与要素

目前，已有不少关于网络空间安全的定义，典型的定义如下。

（1）美国国家标准与技术研究院（National Institute of Standards and Technology，NIST）在2014年推出的《提升关键基础设施网络安全的框架》（1.0版）中给出的定义是：网络空间安全是通过预防、检测和响应攻击以保护信息的过程。该框架提出了网络安全风险管理生命周期五环论，由识别、保护、检测、响应、恢复5个环节组成，并进一步细分为22类活动、98个子类。

（2）2014年，《俄罗斯联邦网络安全战略构想》（讨论稿）给出的定义是：网络空间安全是所有网络空间组成部分处在避免潜在威胁及其后果影响的各种条件的总和。

（3）2009年，《英国网络安全战略》给出的定义是：网络空间安全包括在网络空间对英国利益的保护，以及利用网络空间带来的机遇实现英国安全政策的广泛化。

（4）2011年，《法国信息系统防御和安全战略》给出的定义是：网络空间安全是信息系统的理想模式，可以抵御任何来自网络空间并且可能对系统提供的或能够实现的存储、处理或传递的数据和相关服务的可用性、完整性或机密性造成损害的风险或威胁情况。

（5）2011年，《德国网络安全战略》给出的定义是：网络空间安全是大家所期待实现的信息技术安全目标，即将网络空间的风险降到最低限度。

参考上述定义，结合国内外研究机构和学者对网络空间安全的理解和认识，可将网络空间安全定义为[3]：网络空间安全是通过识别、保护、检测、响应和恢复等环节，以保护信息、设备、系统或网络等的过程。

网络空间安全的覆盖范围广泛，涉及的专业领域众多，包含多维度、多品类、多层次的安全要素，可以将网络空间安全要素划分为以下 4 个层次。

（1）网络环境要素：各类网络空间要素形成的节点和链路，即网络结构、资源及拓扑关系。网络环境要素包括楼层、机房、机柜等网络设备设施所处的物理环境，网络拓扑和网络接入等逻辑环境，电商平台、网络论坛、社交媒体等网络场所，以及 IP 地址、域名、网络服务等网络资源。

（2）行为主体要素：各类网络实体角色的真实身份和网络身份。行为主体要素包括行业、单位、人员、角色以及人员组织对应的邮箱、社交账号、联系方式等。行为主体要素主要关注网络实体的交互行为及其社会关系。

（3）业务环境要素：重点关注网络空间安全业务对象。例如，需要开展的网络安全等级保护、关键信息基础设施安全保护、网络安全监测、态势感知、事件研判、攻击溯源、应急处置、攻击阻断、攻击组织画像、威胁情报分析挖掘等业务工作内容。

（4）地理环境要素：各类网络空间要素依附的地理载体，强调网络空间要素的地理属性。地理环境要素包括以下内容：①网络空间实体的行政区划、道路、设施等基础地理信息；②交通管理设施、治安管理设施等公共安全地理信息；③图像、音视频、建筑物三维模型等信息，主要涉及设施及相关实体的距离、尺度、区域、物理边界、空间映射等概念。

在网络环境层、行为主体层、业务环境层和地理环境层中对网络空间安全相关的实体、属性及其关系进行交叉映射和融合，充分反映出网络空间与物理空间和社会空间存在的多层次、多维度、跨空间的关联关系，由此构成网络空间安全学科涵盖的综合性要素体系。

第二节 网络空间安全形势分析与判断

一、网络空间安全总体态势

当前，我国面临的国际网络空间安全形势严峻。网络空间已成为境内外敌对势力、反动组织、黑客组织、犯罪团伙实施攻击、渗透、窃取、破坏活动，从而牟取非法利益的主要渠道。网络空间安全呈现出"国家战略博弈、网地空间融合、核心利益驱动、关键技术突破"的总体态势。

第一，网络空间已发展成为与陆、海、空、天并列的第五维空间领域，对国家安全产生了深远影响。围绕网络空间的技术对抗和压制不断加剧，控制网络空间的信息权和话语权，成为开展国家间战略博弈的新型制高点。

第二，网络空间与地理信息、物理环境、社会活动等现实空间要素不断融合，信息技术成为驱动和保障国家经济建设与社会发展的强力引擎，在政务、能源、交通、金融、电信、制造、教育、文化、社会保障等各个领域发挥着重要作用。国际社会间的合作、竞争和博弈也逐步拓展到网络空间。

第三，西方发达国家利用网络空间的信息不对称和技术门槛，推动网络霸权和数据霸权，进一步加剧信息壁垒和数字鸿沟，从而攫取政治利益。境内外敌对势力、高级持续性威胁（advanced persistent threat，APT）组织、黑客组织持续对我国的关键信息基础设施、大数据平台和重要信息系统进行数据窃取、入侵渗透和攻击破坏，利用互联网络实施的篡改、诈骗、勒索、恶意植入等网络违法犯罪活动也十分猖獗。这些破坏活动以获取核心的政治利益或经济利益为驱动，既阻碍了网络空间的发展，也对经济运行、社会发展和国家安全造成了严重威胁。

第四，伴随着量子、5G/6G、大数据、物联网（Internet of Things，IoT）、人工智能（artificial intelligence，AI）、工业互联网、卫星通信等信息技术的发展和应用，网络攻防关键技术也不断取得突破，并与新型信息技术及应用深度融合，例如：通过对AI系统的恶意训练，使智能设备偏离正常范围；或是通过对工控设备的深度挖掘，获取核心控制设备的未知零日漏洞。这些关键技术成为必要时足以改变战场局势的网络武器。

二、网络空间安全面临的威胁与挑战

当前，国际国内形势纷繁复杂，全球网络空间安全态势持续演变，外部环境日趋严峻，我国在经济转型和社会发展方面也面临重重困难和压力，需要清醒认识网络空间安全所面临的威胁与挑战[6]。

第一，针对网络空间主导权的争夺日益激烈。

传统意义上，网络威胁的内涵是指通过技术手段，利用目标对象的漏洞、缺陷或薄弱点，采取探测、渗透、入侵、提权、窃取、篡改等方式，破坏目标对象的机密性、完整性、可用性等安全属性。例如，入侵数据库以非法获取个人数据和敏感信息，向用户终端植入木马病毒以达到远程控制目的，或是发动大规模拒绝服务（denial of service，DoS）攻击造成网络应用服务中断。

然而，新形势下网络空间面临的威胁已不仅仅是上述针对网络与信息系统自身的攻击破坏。由于网络空间在社会层面的基础性支撑作用，利用网络空间掌握政治、经济、军事、文化、社会舆论等方面的话语权，从而为组织间乃至国家间的竞争对抗提供服务，已经成为国际社会的普遍做法。传统的针对网络与信息系统的破坏活动已经发展为通过控制网络空间，使其成为开展对抗竞争、获取政治或经济利益的重要工具和手段。近年来，国际社会频发的种族冲突、地域纷争和意识形态对抗，多次验证了网络空间已经成为掌握国际社会主导权、展现国家综合实力的重要体现。

例如，长期以来，西方发达国家凭借其在技术创新、产业引领与规则制定等方面的优势，持续掌控网络空间主导权。随着国际力量格局的变化，网络空间的争夺加剧给相关国家网络空间主导权带来了前所未有的挑战，促使这些国家从调整理念、强化实力优势和谋求制度性权力三个维度着手，不断探索巩固与强化网络空间主导权的新举措。近年来，西方发达国家针对我国高科技领域陆续出台的一系列限制、打压政策，目的也是保持其长期以来在信息技术领域的优势，把控全球网络空间的话语权，其相关动向对网络空间未来发展与力量格局均将带来深远影响[7]。我们必须要掌握网络空间发展的主动权，突破网络核心技术，坚持自主创新和开放融合，全力保障网络安全。

第二，跨领域、跨空间的渗透攻击频发。

由于网络空间与物理空间、社会空间的逐步融合，攻击武器和攻击方式复杂多样，攻击组织经常会利用跨网跨域的手段实施渗透，躲避网络空间原有的安全防护措施。例如，通过社会工程猜测破解重要信息系统的账号与口令，利用地理定位信息实施物理层接入攻击，或者采用欺诈手段非法获取重要信息系统的访问权限，等等。

针对电力、能源、交通、金融等关键基础设施的攻击活动一旦成功，将极大影响相关行业的正常运行。网络威胁早已突破了传统网络空间的时空限制，在威胁方式、攻击手法、影响范围和灾难性后果等方面，都已经扩展到现实的物理空间和社会空间，成为跨领域、跨空间的综合性威胁因素。

第三，精准打击与大范围破坏紧密结合。

网络空间对抗各方在各自战略的统一指挥下，综合运用多种资源、多种战术、多种武器装备来实施对抗，既需要能够对大范围战术目标进行破坏的攻击工具（如能够感染对方大量设备，进而导致系统瘫痪的蠕虫病毒），也需要能够重点突破战略目标的特殊手段（如针对对方核心设备的特种木马病毒）。残酷的网络空间对抗将时刻面临对方利用精准打击与大范围破坏紧密结合的实战场景。因此，维护网络空间安全需要有效应对不同类型的攻击手段和战术。

大范围破坏性攻击主要利用关键信息基础设施软硬件设备的同构性缺陷。由于计算机软硬件设备基于相同或相似的计算架构，安全漏洞具有极强的扩散和辐射效应。例如，Struts 2作为阿帕奇（Apache）软件项目的全球广域网（Web）框架，被众多商业网站开发者所使用。当Struts 2存在安全漏洞时，所有基于该框架开发的网站应用（包括知名的互联网站和电子商务平台）都面临严重的安全威胁。攻击者可以利用漏洞获得网站的控制权限，恶意篡改网站内容或植入后门程序。因此，网络攻击武器可以突破传统武器在地域和空间方面的限制，在极短时间内借助互联网络达到在同构设备间快速蔓延并造成大规模破坏的效果。

精准打击则主要针对特定领域、特定装备、特定设施，利用零日漏洞、特种木马等手段实施破坏，以期精准入侵并控制目标系统设施，达到直击对方要害、控制对方核心目标的效果。近年来，除了工控设备和物联网设备以外，针对安全设备的攻击破坏也逐渐成为趋势。安全设备通常拥有较高的系统权限，一旦被突破将会造成灾难性后果。安全防护设备如果自身存在设计缺陷、安全漏洞或管理不善等问题，不但起不到有效的保护作用，甚至会成为网络空间攻防对抗的关键薄弱点。目前，这一问题已经引起相关部门和重要行业的高度重视。

近年来，大数据、云计算、物联网、工业控制系统（industrial control system，ICS）、AI等新技术和新业态逐渐在网络空间普及。这些新技术和新业态在为人们的生产生活带来便利的同时，也引入了各种新型的网络空间安全问题，对现有的网络空间安全保障体系带来了新挑战，主要表现在以下几个方面。

（1）云计算环境。首先，由于采用虚拟化技术构建计算存储环境，系统规模可以随着应用需求的变化而动态调整，因此，网络与信息系统的边界并不清晰，而传统的安全保护措施通常要求边界清晰，以便实现安全可靠的边界防护。其次，云计算环境是依托第三方云服务商对数据进行管理，数据自身的安全和隐私保护问题也需要着重研究。最后，云环境虽然为用户提供了动态扩展的优势，但也给攻击者带来了扩大攻击资源的便利性，攻击者同样可以利用云环境放大攻击效果。

（2）物联网环境。首先，物联网设备多应用于实际的物理环境，设备所在的物理位置等隐私信息存在泄露风险。其次，物联网设备容易遭受假冒串扰攻击，从而影响物联网节点的正常通信和协同工作。最后，物联网设备通常由电池供电，能源供给能力弱，而传统的网络安全措施（如高强度加密）由于需要耗费较多的能量资源，无法直接应用于物联网设备中。因此，针对物联网环境的节点安全、网络架构安全、轻量级密码（lightweight cryptography，LWC）算法和安全协议等均是当前的研究热点。

（3）大数据环境。首先，大数据平台涉及多源异构数据的汇聚、融合等分析处理工作，数据隐私保护是首要问题，需要解决大数据环境下高速加解密的技术难题。其次，大数据的隐私保护和快速检索需求之间存在矛盾，如何实现高效的大数据密文检索，保证采用高强度数据加密机制后，仍然能够对大数据进行高性能的检索分析。最后，如何开发出一种平台无关的数据安全分享技术，该技术能有效屏蔽大数据平台对数据的非授权访问，使得包括平台在内的任何第三方在未获得用户授权的情况下无法解密数据内容。这些均是在大数据环境下需要面对的技术挑战。

（4）工业控制系统。工业控制系统以往主要部署在与互联网物理隔离的专用网中，受到互联网安全威胁的可能性较低。随着信息技术的不断发展，越来越多的工业控制系统采用了与互联网进行逻辑连接的部署架构，以提高远程访问和控制的便利性，由此带来了一系列的安全问题。例如，攻击者通过互联网即可直接对工控设备实施攻击，针对工业控制系统的漏洞和专用病毒也层出不穷。一旦工业控制系统遭受攻击，不仅会引发敏感数据泄露和非授权访问等安全问题，还可能会导致关键设备设施出现故障，进而影响社会生产生活，严重时更可能会破坏国家安全和社会稳定。

（5）人工智能（AI）系统。AI系统广泛应用于各领域和各行业，但普遍存在安全性和偏差问题，缺乏适当的防御和对抗措施，现实世界中的AI安全事件数量正在快速增长。一方面，AI技术可能带来新的安全问题。例如，在基于数据集进行训练以生成模型时，如何有效地实现数据隐私保护成为一个重要课题；生成式人工智能（generative artificial intelligence，Generative AI）服务出现后，ChatGPT会"一本正经地胡说八道"，这引发了如何有效地实现数据真实性的问题。另一方面，AI系统自身存在安全漏洞。例如，通过向模型中注入恶意数据，操纵模型训练过程得到错误的参数和决策结果，是一种典型的针对AI系统的对抗性攻击形式。同时，AI正在成为攻击者的武器。攻击者可以利用机器学习算法寻找绕过安全控制的方法，或者使用深度学习（deep learning，DL）算法根据已有样本生成新型的恶意软件，从而躲避现有的网络安全防护机制，实现系统入侵、远程植入、数据窃取等目的。

三、网络空间安全的发展方向

网络空间安全是一门典型的跨领域交叉学科。网络空间的风险类型、威胁态势、保护对象、业务需求和机制措施等均在不断发展演变，网络空间安全关键技术也在内部需求驱动和外在因素影响下持续更新换代。网络空间安全的发展方向主要体现在以下几个方面。

（一）持续完善自身体系

网络空间安全的发展和进步主要有两大驱动力，即内驱力和外驱力。内驱力来自网络空间安全自身的发展，通过防御和攻击这一对立统一的矛盾体推动网络空间安全的发展和进步。也就是说，攻防对抗促进了网络空间安全的发展和进步。例如，量子计算技术的发展和进步，可使计算能力大幅度提升，从而对现有的公钥密码和安全协议构成严重威胁，这就需要构建抵抗量子计算攻击的公钥密码体系以应对这种威胁。外驱力来自其他技术的发展和进步，新技术的发展和应用会给网络空间安全带来严峻挑战，这就需要构建先进的网络空间安全体系，以适应新技术的发展和应用需求以及安全需求。例如，6G 的发展需要解决物理层安全、隐私保护、切片安全、弹性（resilience）等问题，这就需要构建自免疫的内生安全体系。

（二）回归信息技术本原

网络空间安全技术依托信息技术而存在，其核心是信息技术，网络空间安全的攻防焦点也集中在信息技术自身的安全漏洞方面。近年来，陆续曝出的 Intel CPU "Downfall" 漏洞、AMD CPU "Zenbleed" 漏洞、OpenSSL 协议 "Heartbleed" 漏洞，都是信息技术自身（如芯片、操作系统、网络协议）存在的安全漏洞，这无不印证了网络空间安全技术回归信息技术本原的趋势。

真正的网络空间安全需要与信息技术深度融合，围绕芯片、操作系统、网络协议、基础应用等核心载体开展安全技术的研究，是当前网络空间安全领域的核心方向。

（三）延伸物理空间和社会空间

信息技术与工农业生产、商业贸易、国防军事、交通通信、文化旅游、教育科研、购物支付、社会活动等各类生产生活过程全面交融，网络空间安全不再是单一的虚拟空间问题，已逐渐发展成为国家安全领域的重要组成部分。网络空间如果遭受入侵、渗透、控制，将会直接影响物理空间和社会空间的安全运行，对国家安全、国民经济发展、社会稳定和公民个人利益造成重大危害。

当前，网络空间安全的重点方向之一是"人-地-网"要素的交叉融合，不同空间的安全要素互为支撑、互为补充、相互映射。物理空间是社会空间和网络空间的物理载体，社会空间是物理空间和网络空间在人类社会群体关系方面的展现维度，而网络空间则将物理空间和社会空间作为其核心保护对象，同时能够利用物理空间和社会空间实现安全问题的虚实映射。因此，网络空间的安全问题研究，涉及物理空间和社会空间的安全问题研究，包括战略、法律法规、伦理、文化、社会工程学等。

（四）融合新型技术领域

近年来，网络空间安全呈现出与量子信息、5G/6G、大数据、物联网、AI、工业互联网、卫星通信等新型技术领域紧密融合的趋势。这里列举几个实例。

一是与大数据技术紧密融合。网络空间安全保障需要综合多层次、多角度、多方位的数据，从而实现准确的监测发现、事件处置、行为溯源和攻击预警。大数据技术在网络安全领域的应用，为上述目标的达成提供了可能。在统一的大数据平台上，来自各类设备、系统、机构的安全相关数据可以在相同的数据资源体系下进行统一的数据清洗、过滤、验证、归并，对数据服务、数据质量和数据血缘进行管理，在此基础上围绕网络空间安全目标进行高效率的碰撞、关联、补全、拓线，从而更好地实现网络空间安全大数据的知识融合、知识挖掘和知识拓展。

二是与人工智能技术紧密融合。人工智能技术近年来在工业制造、家居生活、智能驾驶、安防等领域得到了广泛应用，大大提高了生产生活的便利性和效率。人工智能由于具备自主学习能力，能够通过自动从训练样本中学习而获得相关的知识，因此，获得了各行业的青睐。在网络空间安全领域，人工智能技术同样有着广阔的应用前景。网络空间时刻面临着攻防双方的实时对抗，各种新型的安全漏洞、攻击手法、攻击工具、防护措施层出不穷，以往依赖于规则库的传统防护措施（如杀毒软件、防火墙、入侵检测系统、入侵防护系统）在面对上述新型攻防场景时将会失去原有的效果，同时，依靠安全专家人工分析来制定规则的方式在效率方面也无法应对上述场景。目前，人工智能技术已经开始逐步应用到网络空间安全领域中，用于对网络流量、系统日志、威胁情报数据等进行智能化的机器学习，自动提取出与安全相关的模型、规则和分析结果，实现对攻击组织、攻击活动、保护目标、攻防资源等安全要素的精准刻画，从而为零日漏洞探测、未知威胁发现、安全趋势预测、攻击行为溯源等提供可靠的技术支撑。

三是与区块链技术紧密融合。当前，网络攻击形式复杂，攻击后果严重，依靠个人或单个组织的技术力量仅能获得局部的安全信息，无法构建完整的攻击链，更无法准确、有效地预防攻击活动。网络安全威胁情报共享作为一种"以空间换时间"的技术方式,可以及时利用其他网络中产生的高效威胁情报来提高防护方的应对能力,缩短响应时间,从而形成缓解攻防对抗不对称态势的长效机制。然而,信息共享可能导致隐私信息泄露,网络安全威胁情报也不例外,现实社会中已经发生过因隐私信息泄露导致企业经济或名誉损失,进而影响企业参与网络安全威胁情报共享积极性的案例。另外,过于严格的隐私保护也会阻碍完整攻击链的推理构建工作,无法发挥威胁情报共享的效果。因此,迫切需要一种既能满足隐私保护需求,又能利用威胁情报进行推理分析,从而构建完整攻击链的网络安全威胁情报共享模型。区块链技术的去中心化、账户匿名性、开放性、自治性、不可篡改性和智能合约机制等特点或功能,可以满足网络安全威胁情报共享中的隐私保护、奖励机制、可追溯性和自动预警响应等需求,从而成为国内外相关机构的研究热点。

第三节 网络空间安全学科的科学意义与战略价值

网络空间安全学科涉及政治、经济、军事、科技、文化、教育、社会保障等各个领域,能够为国家安全、国民经济发展、社会稳定运行和公民个人利益保护提供强有力的理论与技术支撑,其科学意义与战略价值主要体现在以下几个方面。

一、落实总体国家安全观

2014年4月15日,习近平总书记主持召开中央国家安全委员会第一次会议,强调"必须坚持总体国家安全观",指出"贯彻落实总体国家安全观,必须既重视外部安全,又重视内部安全,对内求发展、求变革、求稳定、建设平安中国,对外求和平、求合作、求共赢、建设和谐世界;既重视国土安全,又重视国民安全,坚持以民为本、以人为本,坚持国家安全一切为了人民、一切依靠人民,真正夯实国家安全的群众基础;既重视传统安全,又重视非传统安全,构建集政治安全、国土安全、军事安全、经济安全、文化安全、社会安全、科技安全、信息安全、生态安全、资源安全、核安全等于一体的国家安全体系；既重视发展问题，又重视安全问题，发展是安全的基础，安全是发展的条件，富国才能强兵，强兵才能卫国；既重视自身安全，又重视共同安全，打造命运共同体，推动各方朝着互利互惠、共同安全的目标相向而行"。[8]

2017年6月1日，《中华人民共和国网络安全法》正式实施。这是我国第一部全面规范网络空间安全管理方面问题的基础性法律。《中华人民共和国网络安全法》规定：国家对公共通信和信息服务、能源、交通、水利、金融、公共服务、电子政务等重要行业和领域，以及其他一旦遭到破坏、丧失功能或者数据泄露，可能严重危害国家安全、国计民生、公共利益的关键信息基础设施，在网络安全等级保护制度的基础上，实行重点保护。国家采取措施，监测、防御、处置来自境内外的网络安全风险和威胁，保护关键信息基础设施免受攻击、侵入、干扰和破坏，依法惩治网络违法犯罪活动，维护网络空间安全和秩序。

网络空间安全是非传统安全的典型代表，是总体国家安全观的重要组成部分，近年来逐步发展成为国家安全的主要战场之一，具体表现在以下几个方面。

首先，网络空间是政治博弈的新战场。利用网络攻击破坏关键基础设施或导致其瘫痪，或者利用网络媒体捏造、炒作涉及种族、宗教、地域的敏感问题，破坏社会稳定，网络空间成为开展政治博弈的全新战场。

其次，网络信息对抗是军事对抗的新手段。利用网络渗透捕获情报，通过大数据分析定位线索，指挥军事行动并实现精准打击，成为指挥控制军事行动的全新手段。

最后，网络空间是经济竞争的新领域。通过恶意排斥，打击竞争对手的供应链，破坏对方的科技竞争力，从而达到长期霸占全球科技领域主导地位的目的，已经成为部分西方发达国家的惯用伎俩。

因此，加强网络空间安全学科建设，对于落实总体国家安全观，守护国土安全新战场，具有重要的科学意义。

二、保障数字经济健康发展

长期以来,我国各区域间的经济发展水平差异较大,西部偏远地区经济相对落后,东部沿海地区则相对发达,长三角、珠三角、京津冀地区更是成为引领国民经济发展的排头兵。这种经济发展的差异化是由自然环境、地理环境、资源分布等因素的长期影响造成的。为了克服经济发展的不平衡,国家规划并部署实施了一系列重大经济发展战略,包括雄安新区建设、"一带一路"、"长江经济带"等,同时大力推动交通、通信、能源、社会保障等基础设施的建设和互联互通,从而为新形势下国民经济的提档升级和可持续发展奠定了基础。2020年年初以来,突如其来的新冠疫情席卷全球,对全球政治格局和经济秩序造成了巨大的冲击。一方面,疫情阻碍了经济全球化进程;另一方面,疫情也在一定程度上影响了我国的经济发展,特别是对交通、文化、旅游、餐饮等行业的影响尤为严重。以数字经济为核心的经济变革为后疫情时代经济的高质量、可持续发展提供了新的可能,数字经济在避免人员之间物理接触、有效落实疫情防控措施的前提下,可以有效支撑传统行业的经济活动。

在数字技术的驱动下,经济活动越来越突破地域和时间的限制,成为推动经济全球化和经济一体化的重要支撑。数字经济不但提高了传统经济活动的便捷性和效率,也创造了更多的新型经济模式和发展机遇。特别是对于原先经济发展状况相对落后的地区,由于受自然环境、能源供给、交通条件、物流设施的限制,无法充分参与传统经济活动的产业链,然而,现在通过大力引入数字经济,这些地区突破了时空界限,为本地区的经济发展提供了新的动能。在数字经济的影响下,人类生产活动所涉及的生产要素配置、供应链、协同协作、信息流通、生活消费、人力资源、公共服务保障等重要环节都面临着变革。数字经济正逐步对实体经济的发展产生深层次的影响,并重构全球的经济产业格局。

网络空间是数字经济的载体,也是推动我国国民经济重大转型、实现经济发展提档升级的助推引擎。为了满足产业发展需求,需要建设一系列新型基础设施为其提供支撑。目前,新型基础设施建设主要涵盖以下范围。

一是信息基础设施,包括以5G、物联网、工业互联网、卫星互联网为代表的通信网络基础设施，以 AI、云计算、区块链等为代表的新技术基础设施，以及以数据中心、智能计算中心为代表的算力基础设施，等等。

二是融合基础设施，即深度应用互联网、大数据、AI 等技术，支撑传统基础设施转型升级，进而形成融合基础设施，如智慧交通基础设施、智慧能源基础设施等。

三是创新基础设施，即支撑科学研究、技术开发、产品研制的具有公益属性的基础设施，如重大科技基础设施、科教基础设施、产业技术创新基础设施等。

新基建助力经济转型，为国民经济发展提供了新的方向和机遇。在万物互联的环境下，新基建和数字经济的发展带来了全球的信息化和网络化，但也引入了多样化的网络安全风险。数字经济面临着前所未有的安全挑战。恶意入侵、信息泄露、网络诈骗、篡改、伪造、勒索等恶意活动日益猖獗，严重影响了作为数字经济发展底座的网络空间的正常运转。因此，需要大力加强网络空间安全学科建设，全力开展核心技术攻关，提升国家网络空间安全保护和保障能力，为数字经济健康发展和驱动国民经济提档升级保驾护航。

三、支撑数据安全和个人信息保护

数字经济为人民群众提供便利的同时，利用数据侵害人民群众合法权益的问题日益突出。2021 年 9 月 1 日，《中华人民共和国数据安全法》正式实施。其目的是规范数据处理活动，保障数据安全，促进数据开发利用，保护个人、组织的合法权益，维护国家主权、安全和发展利益。《中华人民共和国数据安全法》贯彻落实总体国家安全观，聚焦数据安全领域的风险隐患，是维护人民群众合法权益的客观需要，让人民群众在数字化发展中获得更多的幸福感、安全感；也是促进数字经济健康发展的重要举措，通过促进数据的依法合理有效利用，充分发挥数据的基础资源作用和创新引擎作用。《中华人民共和国数据安全法》成为国家大数据战略中至关重要的法制基础，也是数据安全保障和数字经济发展领域的重要基石。贯彻落实《中华人民共和国数据安全法》，需要紧密围绕数据安全保护的核心需求，加强网络空间安全学科专业领域的关键技术攻关，如高强度数据安全保护、数据安全隐患主动探测、轻量级密码、支持隐私保护的数据安全分享、面向数据交易的安全监管支撑等技术。

2021年11月1日开始施行的《中华人民共和国个人信息保护法》是我国首部完整规定个人信息处理规则的法律。《中华人民共和国个人信息保护法》厘清了个人信息、敏感个人信息、自动化决策、去标识化、匿名化的基本概念，从适用范围、基本原则、处理规则、跨境传输规则等多个方面对个人信息保护进行了全面规定，个人信息保护领域各主体的行为从此也有了更明确的法律依据。近年来，金融、交通、物流、医疗、教育等行业的网络化和智能化，需要采集、存储、处理和使用大量涉及个人信息和隐私内容的数据，如身份信息、生物特征信息、轨迹信息、健康信息、购物信息、人员关系信息等。如果不能对这些信息予以重点保护，将会出现大量针对个人信息的网络违法活动，包括非法采集和买卖个人信息，或者利用个人信息从事网络诈骗、敲诈勒索等，这些违法活动不仅极大地侵害了人民群众的合法权益，破坏了互联网经济的营商环境，阻碍了经济社会新业态、新模式的发展，而且会引发国家安全问题。因此，需要大力推动网络空间安全学科建设，围绕个人信息的去标识化、匿名化、加密保护、影响性评估、跨境流动管控、合规性审查等关键技术开展攻关，加强互联网模式下的数据安全和个人信息保护。

在大数据时代，数据安全和个人信息保护问题关系到国民经济发展和社会稳定，关系到人民群众的切身利益。需要加强网络空间安全学科建设，加强数据安全关键技术的攻关和应用，维护数据全生命周期安全和公民个人信息安全，不断完善国家网络空间安全保障体系。

四、推动精神文明建设

网络空间是亿万网民共同的精神家园，必须履行好加强网络精神文明建设的责任，推动优秀精神文化产品上网，让主流思想文化的阳光洒满网络。坚持依法依规加强网络空间治理，加强对各种有害信息和网络谣言的管控，推进网络依法有序规范运行，用法治的力量使网络空间清朗起来。

互联网在中国继续保持快速发展态势，网民人数进一步增加，市场规模进一步扩大,新业态和新技术不断推陈出新,互联网以更加迅猛的势头融入中国社会的方方面面。互联网在信息获取、文化生活、电子商务、交流沟通等方面的应用稳步增长,新产品加快普及的同时,互联网的媒体属性也越来越强。网络传递信息具有即时性、个性化、互动化的优点,但是也有碎片化、自我强化、剧场效应等特征。如何发挥网络传播信息的优点,避免网络成为片面信息的放大器、社会戾气的集散地、违法信息的藏身地,是亟待解决的社会问题。

中国社会处于转型期,更需要全体中国人民拨开社会发展的迷雾,聚合正能量,凝聚起团结奋斗的共同思想基础。网络信息的生产是即时的、海量的,网络信息的标签管理也必须是即时的、海量的,否则网络信息的筛选、甄别、监管就会具有迟滞性。需要探索建立一个使网络信息的片面、不健康、违法因素被网络环境随时随地、自动给予筛选和甄别的机制,才能使网络信息更好地服务转型期的中国社会,网络空间的清朗才能长治久安。

网络信息是社会政治经济活动的再加工、再反映。近十年来,网络信息在推进政府管理创新,增强政府管理的透明性、回应性方面已经有很大进展。政府通过网络载体,及时回应社会关切,接受社会监督,征询网民对重大政策措施的意见,进而改进工作。越来越多的人通过网络参与社会公共事务管理,民众与政府之间的沟通更加顺畅。

同时,法治是网络媒体管理的基本原则。通过法治的方式,保障人民群众通过网络媒体实现知情权、参与权、表达权、监督权,是网络信息管理的基础工程。特别是要根据新媒体技术的特点和需求,探索建立以法治为基础的新媒体管理模式。新媒体是区别于传统广播、电视、报纸等媒体的新兴数字化媒体。它以社交媒体(如社交网站、微博、微信、博客、论坛、播客)为代表。这类即时通信工具的大量使用,打破了传统媒体的单向传播方式,使网络成为兼具信息发布功能、舆论传播功能和社会动员功能的聚合器。互联网为人们传递和获取信息、增进彼此交流、表达意见建议搭建了更大的平台,但同时也放大了网络的媒体属性,产生出游离于事实真相与法律责任之外的众多"原创信息"与"转发评论"。这类社交媒体信息具有信息的生产者、消费者与传播者合一的特点,却不具有报刊、电台、电视台等传统媒体的专业性品质和公信力约束,容易让虚假信息、违法信息藏身其中。因此,加快完善网络法律法规，形成对自媒体环境中网络信息生产的法律责任约束，加强网站自律和网民自律，坚决打击网络犯罪，让网络管理、网络运用、网络服务始终在法治轨道上健康运行，才能为新媒体网络信息生产与传播的健康有序发展提供坚实的法治基础。

因此，大力加强网络空间安全学科建设，有助于更有针对性、更有说服力地进行社会转型期的思想讨论，有助于更加坚决、更为理智地防止敌对势力在思想领域的演化和侵蚀，有助于更有针对性地深入开展中国特色社会主义和中国梦的宣传教育，不断扩大网上正面宣传的社会影响力，从而大力推动精神文明建设，践行社会主义核心价值观。

五、促进学科交叉融合

网络空间安全学科的交叉性强，既充分引入数学、统计学、通信、电子信息、计算机等学科的理论、模型和算法，又逐步将相关领域的目标对象纳入到安全保护的范围之中。

以 AI 技术为例，近年来，以深度学习为代表的 AI 算法在网络安全领域获得了广泛应用。人们利用卷积神经网络（convolutional neural network，CNN）、递归神经网络（recurrent neural network，RNN）、长短时记忆网络（long short-term memory network，LSTM）等算法，对网络流量、访问日志、审计数据等进行自动化的学习训练，建立流量或行为模型，作为监测网络攻击或异常行为的依据，这方面已经取得了较好的应用效果。AI 算法的每一次进步，都可以为网络空间安全提供更具智能化和适应性的核心算法，从而提高网络安全检测、分析、溯源、对抗等各个环节的精准性和预见性。另外，随着 AI 在信息技术领域的逐步推广，交通、医疗、金融、电子商务、公共服务、社会保障等各个行业都开始广泛应用人脸识别、语音识别、图像识别、环境感知、大数据关联、智能推荐等技术，用于实现人员身份鉴别、自然语言处理、用户画像、自动驾驶、智能控制等目的。AI 算法的引入，既充分提升了包括网络空间安全在内的信息技术领域的智能化处理能力，同时也引入了新的网络安全问题。新的网络安全问题主要表现在以下几个方面。

一是如何保护 AI 算法所采集的用户敏感数据的隐私性。AI 算法的应用领域通常涉及网络、信息系统或用户的敏感数据，如系统配置信息、登录账号、网络资产、网络地址、漏洞信息、人员注册信息、人员生物特征等。在 AI 算法的计算过程中，如何加强对这些数据的隐私保护能力，是当前亟待解决的技术问题之一。

二是如何提高 AI 算法的抗干扰能力。由于 AI 算法根据训练数据进行自动学习以实现准确判别或预测，因此，攻击者有可能利用这一特点，使用伪造数据或篡改数据对 AI 算法进行恶意训练，这造成学习得到的 AI 判别模型严重偏离实际情况或业务需求。需要通过有效的技术措施，提高 AI 算法对于恶意训练和干扰数据的识别能力。

三是如何避免 AI 控制系统被恶意控制。部分 AI 技术已经应用于交通、能源、通信、水利、环保等关键基础设施，以实现智能化的自动控制。如果自动控制系统中的 AI 算法遭受攻击，攻击者能够修改算法的输出结果，则可能对自动控制系统造成严重影响，甚至造成电力故障、通信中断、交通事故、排放失控、公共服务瘫痪等重大事件。因此，如何提高关键基础设施对大规模网络攻击的预警能力、防护能力和生存能力，是网络空间安全学科的重大需求。

四是如何避免 AI 系统对人类用户的"误导"。ChatGPT 的横空出世令世人瞩目，由此引发了社会公众对于 AI 系统的再一次高度关注。然而，在应用过程中，以 ChatGPT 为代表的 AI 聊天机器人也存在一些问题。由于其自身缺乏真正意义的自我判别能力，回答用户提问时的答案均为通过网络搜索获取，部分错误和失真的答案可能会对用户造成较大误导，即无法对搜索内容鉴别真伪。同时，ChatGPT 系统对于用户的反馈过于敏感，当用户质疑其答案时，其通常会推翻之前的答案，而不能做到"坚持真理"。客观地说，由于"真伪"问题通常与具体的时间、地域、身份、环境、政治立场等要素息息相关，寄希望于计算机算法来甄别真伪或区分良莠，目前来看并不现实，还需要开展深入的研究工作。

随着信息技术领域的不断革新，新型的设备、系统和设施快速涌现，创新的网络服务和商业模式层出不穷，数字城市、数字孪生、平行仿真、元宇宙等新概念更是持续吸引业界和社会大众的目光。网络空间安全学科对于促进相关领域的发展起着至关重要的作用，既可以作为各类新型信息技术的典型应用方向，又可以充分保障新型信息技术在各个社会领域的安全推广。

第四节　我国网络空间安全学科的发展现状

当今世界，一场新的全方位综合国力竞争正在全球展开。能不能适应和引领互联网发展，成为决定大国兴衰的一个关键。世界各大国均把信息化作为国家战略重点和优先发展方向，围绕网络空间发展主导权、制网权的争夺日趋激烈，世界权力图谱因信息化而被重新绘制，互联网成为影响世界的重要力量。谁掌握了互联网，谁就把握住了时代主动权；谁轻视互联网，谁就会被时代所抛弃。

为了做好网络空间安全保障工作，掌握网络空间的主动权和话语权，维护网络安全，迫切需要我们采取有效的应对策略和措施。随着信息技术的迅猛发展和广泛应用，特别是我国国民经济和社会信息化建设进程的全面加快，网络已经成为实现国家稳定、经济繁荣和社会进步的关键基础设施。同时必须看到，境内外敌对势力针对我国网络空间的攻击破坏、恐怖活动和利用信息网络进行的反动宣传活动日益猖獗，严重危害国家安全，影响我国信息化建设的健康发展。网络空间安全是我们当前面临的新的综合性挑战。它不仅仅是网络本身的安全，而且关系到国家安全和社会稳定，是国家安全在网络空间中的具体体现。我国正面临着复杂多变的国际形势，网络安全问题时刻影响着政治、经济、军事、文化、科技等各个领域。

为了应对日益严峻的国际网络安全形势，有效防范敌对势力针对我国的网络攻击和渗透，必须掌握网络空间自主权和主导权，需要从战略、政策、法律、技术、制度、体制、机制、标准等各个方面多管齐下，织密网络空间保护网，落实关键信息基础设施保护制度，重点加强数据安全和供应链安全保障能力，建立起国家网络空间的安全屏障。因此，加强网络空间安全学科发展与建设可为国家网络空间安全保障体系的构建提供有力的理论支撑、技术支撑、产业支撑和人才队伍支撑。

党和国家高度重视网络空间安全问题。国家网络安全职能部门依据法律和规章制度，采取了一系列维护网络空间安全的重大举措，包括保护关键信息基础设施、加强网络文化建设、打击网络恐怖和违法犯罪、完善网络空间治理体系、提升网络空间防护能力、加强网络空间国际合作等。通过制订发布标准规范、开展专项整治行动、组织网络攻防实战演练、实施专项检查和督导等，有效提升了各行业单位和社会公众的安全意识，锻炼了针对重大网络安全事件的监测发现和应急处置能力，增强了安全保护弹性和攻防对抗能力，培养了一批训练有素的网络安全专业人才。

在教育方面，我国网络空间安全学科教育的发展经历了从密码学二级学科到信息安全二级学科，再到网络空间安全一级学科的发展历程。2015年6月，国务院学位委员会和教育部下发通知，决定在"工学"门类下增设"网络空间安全"一级学科，从而为实施国家安全战略、加快网络空间安全高层次人才培养奠定了基础。首批共有29所高校获批增列"网络空间安全"一级学科博士学位授予点。

各高校围绕网络空间安全学科建设目标，从课程设置、师资配备、教材遴选、实验环境搭建、招生宣传等方面积极开展工作，依据本科、硕士、博士不同层次的培养要求，开展网络空间安全专业学科建设和人才培养，已陆续为政府机关、企事业单位输送了一大批掌握网络空间安全基础理论和专业知识的优秀人才。部分毕业生进入高校和研究所从事科研和教学工作，为进一步推动网络空间安全学科建设贡献力量。

总体上来讲，学科体系滞后于发展需求，难以支撑国家发展战略。"网络空间安全"一级学科设立之初，主要下设网络空间安全基础、密码学及应用、系统安全、网络安全、应用安全5个二级学科，基本涵盖了传统意义上的网络安全的知识领域。但随着近年来网络空间安全技术和管理体系的不断发展完善，学科的覆盖范围逐步延伸到其他相关领域，如数据安全、供应链安全、跨空间安全等。"网络空间安全"的学科知识体系有待进一步完善，以更好地适应当前和未来一段时间内学科的发展态势。例如，国家关键信息基础设施是难点和重点，但理论、技术体系和人才缺乏；面向工业控制系统等专用系统的安全防护能力仍然薄弱；全球网络空间资源的探测和利用是未来网络空间对抗的关键，但缺乏相关的理论、方法和技术手段。

在科研方面，我国高等院校、科研机构、大型企业等围绕网络空间安全的基础理论、关键技术和业务场景，开展了大量的攻关、研究、开发和应用工作，在密码算法、安全协议、可信计算（trusted computation）、认证授权、系统安全、数据安全、网络攻防、检测评估等细分领域取得了一系列技术突破。

总体上来讲，"点"的创新能力有所提升，但体系化创新能力仍较薄弱。网络空间安全学科的基础理论和关键技术处于不断发展完善中，知识体系也呈现出快速更新、高频迭代的态势。无论是网络空间安全的战略思想、保护策略、体系架构和体制机制，还是具体涉及安全防护、安全监测、安全响应、安全预警、网络攻防等不同环节的理论技术，都处于快速发展的阶段。目前，国内本领域的学术成果频频发表于知名的国际期刊和学术会议，但仍然主要遵循国外已有的网络空间安全学科体系，体系化创新能力仍有显著差距。

在产业方面，我国已形成了一定的网络空间安全产业规模，研发了一批先进的安全产品、工具和平台，自主可控能力逐渐提升，企业规模不断扩大，创新能力和国际竞争力逐渐增强。

总体上来讲，创新链条的各个环节未有机融合，未形成良性循环，这导致创新效率低。由于学术研究与实际需求存在脱节现象，部分学术成果难以推广应用，进而难以形成生产力。同时，部分网络安全厂商热衷于在网络安全领域炒作新概念，而缺乏围绕网络安全核心技术问题开展长期投入与攻关的决心和机制，加之网络空间安全产业严重依赖于信息技术产业，导致虽然国内网络安全产业不断发展，但创新能力和企业营收仍低于国际水平。

第二章
发展简史与发展规律

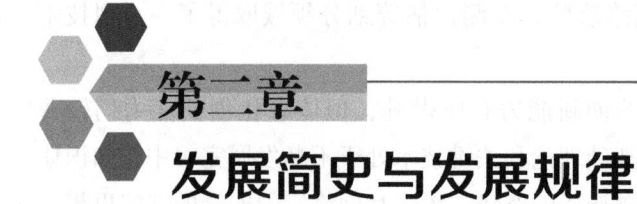

本章在回顾网络空间安全发展历史的基础上，阐述网络空间安全学科在不同发展时期的基本思想和观点，并进一步归纳与提炼网络空间安全学科的内涵和发展规律。

第一节 网络空间安全发展简史

随着信息技术的发展与应用，人类社会、信息世界和物理世界逐步交织在一起，不断引发新的网络空间安全问题。信息安全是信息系统抵御意外事件和恶意行为的能力，这些事件和行为将危及所存储、处理或传输的数据，或者将危及这些系统所提供服务的机密性、完整性、可用性、非否认性、真实性、可控性等。在信息技术的发展与应用进程中，众多安全问题不断涌现，并且至今仍在继续，先后出现了通信安全、计算机安全、信息安全、信息安全保障和网络空间安全等概念，尽管这些概念各有侧重，但它们的内涵指向一致，并且都具有前向兼容性。

纵观历史，网络空间安全的发展历程可划分为通信安全、计算机安全、信息安全、信息安全保障和网络空间安全5个时期。

一、通信安全发展时期

从有人类开始至20世纪60年代中期，是通信安全发展时期。这一时期主要关注信息传递时的"机密性"问题。对于"机密性"的称呼，20世纪40年代以前称为"通信安全"或"通信保密"，20世纪40年代之后出现了"电子安全"，到了20世纪50年代，欧美国家将二者合称为"信号安全"。本小节主要介绍这一时期的基本思想和观点，以及代表性成果。

（一）概述

从有人类开始，通信安全（也称为通信保密）一直都是人们试图解决的问题。通信安全的主要目的是保护重要机密信息在传递过程中不被窃取或篡改，在军事、外交等领域尤为重要。从古代的烽火、飞鸽传书到近现代的无线电通信，通信安全在保障国防安全中有着不可替代的作用[9-11]。在战争中，针对机密信息开展的通信战甚至会直接影响整个战争的胜负和进程。在第一次世界大战期间的著名战役坦能堡会战中，德军大胜俄军，其中取胜的关键因素之一就是德军破译了俄军的通信电文，这使得德军获取了最佳的作战时机。在第二次世界大战期间，德国所使用的恩尼格玛（Enigma）密码机被英国成功破译，这扭转了英国最初的战争被动局面，从而直接影响了战争进程。同样，由于在第二次世界大战期间破译了日本海军使用的被称为"紫密"的密码机，美国成功推断出日军预计攻击中途岛的作战时间，并为此做好了充分的准备并确定反击时间，最终取得了战役的胜利。

通信安全的历史几乎与人类使用文字的时间一样长。以保护机密信息为主要目标，通信安全手段层出不穷，例如，我国古代使用的阴符、隐语、隐写术，以及凯撒密码、维吉尼亚密码等以字符变换为基础的编码技术，其目的就是对机密信息进行某种形式的隐藏或混淆。总的来讲，可以将这一时期的通信安全发展历史大致划分为三个阶段。第一个阶段是从有人类开始至20世纪初，这一阶段主要以手工方式进行信息的加密与传递。密码编码以自然语言（即字符）为处理对象，其规则设计相对简单，以移位、置换、替换等方式进行组合来实现加密过程。这一阶段缺少理论支撑，主要依靠直觉和经验进行，具有个性化、经验化的特点，安全性在很大程度上依赖于算法保密。第二个阶段是 20 世纪初至 20 世纪 40 年代，这一阶段从传统的手工方式向机械化设备转变。随着无线电的发明和机械技术的发展，出现了以恩尼格玛密码机为代表的机械密码，此类密码在第二次世界大战中得到了普遍应用。第三个阶段是 20 世纪 40 年代至 20 世纪 60 年代中期，通信方式在这一阶段向电气化转变。随着电子技术的发展，密码技术进入了电气化时代，这一阶段基于电子科学与技术的通信，通过电信号实现远距离传输。这一阶段发生的一个重要事件是美国科学家香农（C. E. Shannon）[①]发表了一篇著名论文《保密系统的通信理论》，这一理论对信息进行了科学的定义与度量，给出了满足完美通信保密的条件，同时也奠定了现代密码学的理论基础，从而使得密码学逐渐成为一门科学。

（二）基本思想和观点

通信安全研究如何将信息从信源安全地传递到信宿，以避免被敌手所截获或者截获后被破译。这一时期的通信安全以机密性为主要目标，因此，也被称为通信保密。通信安全的发展与人类社会的文化、思想和科技的发展密不可分，在不同的国家和不同的历史时期呈现出不同的特点。

早期通信安全的研究主要基于直觉和经验，并深受文化、地域等因素的影响，呈现形式五花八门，比较典型的思想有使用暗语、隐藏、秘密分享、代换以及置换等[12-14]。

暗语也称为隐语，通常使用特定的语言体系来传递秘密信息。例如，影视剧中的江湖行话、谍战片中的接头暗号等。除此之外，使用另外一种不被敌手掌握的语言也可算为一种特殊的暗语，并能在短时间内起到意想不到的通信安全效果。例如，纳瓦霍语的语法、音调及词汇都极为独特，因此，美军在第二次世界大战中使用了印第安纳瓦霍土著语言作为密码，并取得了很好的保密效果。我国在抗日战争期间，也曾使用白族语言进行通信，以防止日军对截获到的密文进行破译。

隐藏的思想旨在将传递的机密信息进行某种形式的遮掩和混淆，呈现形式也多种多样。例如，我国古代常用的隐写术将需要保护的信息用带有某种

---

① 非文献类外文人名根据翻译惯例可翻译者已尽译，特殊人名可能对应固定中译但无法查证者保留原文献中的外文字母表示方式。文献类外文人名只保留姓。

化学成分的药水写在特定的介质上,只有当含有另一种化学成分的药水涂抹到介质上时才会显现文字内容。古希腊人曾将秘密信息刺在所信任奴隶的头皮上,待头发长出时再将信息送出,利用此种方式有效掩藏了秘密。除此之外,对秘密信息出现的位置进行保密设计是另一种常见的隐藏方法。例如,我们所熟悉的藏头诗,秘密信息是存在诗的特定位置中的。

秘密分享的基本思想是将秘密信息分成若干份,只有将所有份额的秘密信息收集起来才能完整恢复原始信息。我国古代皇帝调兵遣将用的虎符,被分为两半,分别由将帅和皇帝保存,只有两个虎符合并且能够匹配时,持符者才能证明身份并获得调兵权。此外,我国古代兵书《六韬》中记载了阴书的用法,阴书也是采用了秘密分享的思想,即君主和主将之间的书信被拆成三部分,并分别让三个人送其中一部分,只有将这三个人送的书信合在一起才可以读到真正的书信内容。

代换的思想是将明文字符按照一定的规则替换成另外的字符,替换后的字符串往往在语义上是杂乱的,从而很难让人辨识。历史上比较有名的恺撒密码就是基于代换思想,将明文中的每个字母都向后按照一个固定数目进行偏移后替换成密文。最初的代换密码均属于单表代换,即明文字母与密文字母之间一一对应。明密文之间所具有的严格对应关系,使得密文保留了自然语言所具有的某些统计特性,如字母出现的频率。根据密文中字母出现的频率即可确定出其对应的明文。因此,设计者提出多表代换以对抗频率分析,多表代换是明文块与密文块之间进行代换,从而掩藏单个字母所具有的频率特性。多表代换基于密钥定义加解密变换,使得密钥与变换相对应。

置换的思想是利用几何图形,将明文按照一个方向写入,同时按另一方向读取。由于明文字符的位置被改变,换位后的字符串没有明确的含义。明密文之间的区别在于字符位置不同,密文是对明文字符进行重排得到的,并没有改变明文字符本身。典型的如栅栏密码将明文按锯齿状排列,按行读取;列置换则是将明文与矩阵相对应,按行写入,按列读出。置换密码仍保留了明文的某些统计特性,如字母出现的频率,因此,也可被基于频率的分析所破译。尽管如此,置换的设计思想已被现代编码学所借鉴。

早期通信安全主要是依据人工方式进行,效率比较低下。19世纪末,随着无线电的发明和机械技术的发展,传统通信安全技术向机械化方向演化,明文加密由手工处理变为由某种机械装置批量化处理,极大地提高了加密效率,同时也增加了破译难度。典型的如以恩尼格玛密码机为代表的转轮密码机,其基本加密原理仍为多表代换思想,同时结合了机械系统与电子系统,被誉为最难攻破的密码之一。

在密码技术从手工方式到机械化、再到电气化转变的同时,人们对密码设计原则也有了新的认识,其中最著名的就是由荷兰人柯克霍夫斯(A. Kerckhoffs)提出的柯克霍夫斯准则(Kerckhoffs's principle,也称柯克霍夫斯原则或假设)。与此前采用保密的设计、实现的安全想法不同的是,该准则指出密码系统本身不应该被保密,其安全性应仅依赖于对密钥的保密。柯克霍夫斯准则是密码学发展的一个重要成果,直到现在仍然是现代密码学设计所遵守的基本准则之一。

第二次世界大战后,随着电气化技术和现代数学方法的发展,密码分析的能力有了明显的提升,通信安全模型的设计迫切需要一个科学的理论支撑。1949年,美国科学家香农完美地解决了这一问题。香农的论文《保密系统的通信理论》不仅开启了从信息论角度研究保密通信的新纪元,还从数学角度定义了完善保密性的概念,同时证明了一次一密的加密方案具有完善保密性。该思想和柯克霍夫斯准则一起使通信安全从经验化走向科学化,直到现在仍是指导密码学研究的重要思想。

(三)代表性成果

通信安全发展时期涌现出了很多成果,本小节选择几个代表性成果进行介绍。

1. 代换密码

代换密码是指在明文和密文之间构造代换表,利用代换表进行加密和解密。代换密码在某种程度上可视为一种"替换"操作。通过查找代换表,利用加密变换将明文变换为密文,或利用解密变换将密文变换为明文。为了使加密和解密使用方便,变换运算实现高效,一般需要对明密文代换表进行特殊设计。通信中双方的信息以字母为基本单位,代换密码中的明文和密文也由字母构成。根据明密文代换表的构造方式,代换密码经历了从单表代换到多表代换的过程。典型的代换密码有恺撒密码、仿射密码、单表代换密码、维吉尼亚密码、希尔密码、普莱费尔密码等。

2. 置换密码

置换是另一类构造加解密变换的方法，主要是通过改变明文字符的位置，相当于对明文进行重新排列，得到无明确含义的密文。与代换不同，置换并没有改变明文字符本身，明密文之间的区别在于字符位置不同。典型的置换密码有栅栏密码、三角置换密码、周期置换密码、列置换密码、多重置换密码等。

3. 恩尼格玛密码机

恩尼格玛密码机由德国发明家谢尔比斯（A. Scherbius）和理查德·里特于1918年发明，是一种多表代换技术与机械技术相结合的典型转轮密码机[14-15]。恩尼格玛在德语中的意思为"谜"。恩尼格玛密码机最初主要用于商业领域，后来被纳粹德军用于第二次世界大战中，部署在陆海空三军作战系统，从而构建了当时世界上最先进的通讯加密系统。

恩尼格玛密码机的工作流程可以简单描述为：当通过键盘输入明文字母后，首先通过插接板输出一个字母，再分别经过3个转子，此时产生的信号会到达反射器，其通过接线板将字母两两连接，然后把结果字母与相连的另一个字母做交换，结果再次返回到3个转子，然后再经过插接板生成最终结果，最后通过电路点亮显示灯输出。

4. 香农保密通信理论

1949年，美国科学家香农发表了具有划时代意义的论文《保密系统的通信理论》[16]，将信息论引入到密码学研究中，提出了通用的保密通信系统模型，引进了不确定性、剩余度和唯一解距离等作为度量保密通信系统安全的测度，并对完善保密性、理论安全性和实用安全性等概念做了论述，为现代密码学奠定了坚实的理论基础。

在香农的保密通信系统模型中，密文可在未受保护的公开信道中传送。攻击者只能通过公开信道获取密文，对密文进行分析以获取密钥或明文。如果密码体制是安全的，那么在解密密钥未知情况下，任何人都不可能从密文推断出明文。

香农开创了从信息论角度研究密码学的方法。对消息加密类似于对消息进行干扰，破译者即相当于在有干扰的信道下的接收者，要去掉干扰以恢复明文。在设计密码体制时，要使攻击者从密文中获得尽可能少的关于明文的信息；而破译者则要尽可能多地从密文中获取明文信息。

所有实际密码体制形成的密文总是会暴露某些有关明文的信息。通常被截获的密文越长，明文的不确定性就越小。香农定义了与密码体制相对应的唯一解距离 n_0，即当密文长度大于 n_0 时，该密码存在唯一解；当密文长度小于 n_0 时，该密码则会出现多个可能解。这就从理论上描述了被截获的密文量与成功破译的可能性之间的关系。

香农从数学角度定义了完善保密性的概念，即一个密码体制具有完善保密性，如果对于任意的 $x \in P$ 和 $y \in C$，都有 $Pr[x|y] = Pr[x]$。由于密文并不会提供明文的任何信息，因此，由完善保密性可导出无条件安全性。香农还从理论上证明：只有一次一密才具有完善保密性，此时密钥数量至少和明文一样多。

为了隐蔽明密文之间的关系以抵抗统计分析，香农通过分析代换和置换，提出了设计密码体制的两个基本准则。

一是扩散（diffusion）准则。让明文中的每一位影响密文中的许多位，或者说让密文中的每一位受明文中的许多位的影响，以隐藏明文的统计特性。理想的情况是让明文中的每一位影响密文中的所有位，或者说让密文中的每一位受明文中所有位的影响。置换是实现扩散准则的一种典型方法。

二是混淆（confusion）准则。将密文与密钥之间的统计关系变得尽可能复杂，使得攻击者即使获取了关于密文的一些统计特性，也无法推测密钥，通常使用复杂的非线性代换以达到较好的混淆效果。

扩散和混淆可有效地抵抗攻击者从密文的统计特性推测明文或密钥，目前仍然是对称密码的重要设计准则。

二、计算机安全发展时期

20 世纪 60 年代中期至 20 世纪 80 年代中期，是计算机安全发展时期。在这一时期，计算能力得到逐步提升，促使人们在"机密性"问题的基础上，开始关注"访问控制"和"认证"等问题。1965 年，美国率先提出了"计算机安全"这一概念。本小节主要介绍这一时期的基本思想和观点，以及代表性成果。

（一）概述

从 20 世纪 60 年代中期至 20 世纪 80 年代中期，随着半导体工艺的发展，普通晶体管计算机逐渐被集成电路与大规模集成电路、超大规模集成电路计算机取代，一方面，这促使计算性能大幅提升，由每秒几万次运算大幅提升至每秒百万甚至上亿次计算；另一方面，这使计算机的尺寸由房间大小迅速缩减为台式设备级规模，性能价格比以每 10 年提高 2 个数量级的速度不断提升。经过持续不断的改进，计算机逐渐由成本高昂的专用设备变身为普通百姓可以享受的大众化设备，速度快、体积小，得以普及应用并惠及大众。

与面向个人娱乐和商业化的个人计算机（personal computer，PC）不同，军方与大型研究机构在这一时期普遍采用"一主机+多终端"模式，通过部署类 Unix 的多用户、多任务操作系统，以及 Oracle、IBM Db2 等大型数据库管理系统软件，实现重要信息资源的多用户分时共享。这一资源共享特性无疑引发了人们对计算机系统安全的关切。为了实现重要数据的机密性、完整性和可用性，人们不仅要保证主机与终端之间的通信安全，更要保证主机操作系统安全、数据库安全，乃至整个计算机主机系统的安全。

计算机安全发展时期是计算机安全的奠基时期，是计算机安全思想、理论、技术和方法论逐步建立的时期。计算机安全需求、形式化安全模型、安全体系结构、安全开发方法、安全标准与评测方法等重要内容与基本思想都是在这个时期萌芽并逐步发展起来的。

（二）基本思想和观点

这一时期的基本思想之一是授权与访问控制。在 20 世纪 70 年代，大型资源共享系统普遍出现在政府、企业和组织中。为了应对系统中的资源安全共享需求，1969 年，兰普森（B. W. Lampson）第一次使用主体（subject）、客体（object）和访问矩阵（access matrix）的思想形式化地对访问控制进行了抽象，开始了真正意义上计算机访问控制安全模型的研究。访问矩阵的每行对应一个主体，每列对应一个客体，每个单元格描述了主体可以对客体执行的访问操作。以访问矩阵的形式给主体授予相应操作权限的这个过程称为授权,信息系统中可授予的权限包括读/写客体、运行程序等。访问矩阵的形式简单、功能强大,但却很少被直接应用于系统中,主要原因是当主体、客体数量庞大时,访问矩阵的规模过大,需要耗费大量的存储空间。取而代之的是访问控制列表(access control list,ACL)与能力列表(capability list)两个变种:前者为每个客体关联一个访问控制列表,记录允许访问该客体的主体及其被允许的访问操作;后者为每个主体关联一个访问能力列表,指出该主体拥有的所有访问权限。

访问矩阵模型由于赋予客体所有者完全控制客体权限的能力,被后来的学者归为自主访问控制模型。此处"自主"的含义是指拥有访问权限的主体可以将客体访问权限传递给其他主体。这种授权机制虽然可以满足很多业务需求,但也存在权限传播可控性弱、可能被木马攻击利用的弱点。例如,当某个属主的身份被盗用后,攻击者可以冒充属主为攻击者的其他程序授权,从而引发灾难性后果。因此,在军队、政府等安全性更高的环境中,强制访问控制模型更为常见。与自主访问控制模型不同,强制访问控制模型不再让普通用户完全管理授权,而是将授权让渡或部分让渡于系统管理,保证授权状态的相应变化始终处于系统的控制之下。例如,在经典的 BLP 模型、Biba 模型等强制访问控制模型中,主体、客体分别被系统强制赋予相应的安全标签,并通过定义标签之间的支配关系,隐式地约束了主体可以访问的客体最大范围。这样,即使客体属主账号被入侵,对某些主体进行超限授权,主体仍然无法获得相关客体的访问权限,这保证了系统中客体权限的传播范围受控。

这一时期逐步形成并完善的基本思想之二是安全系统开发方法论。访问控制模型只是抽象地描述了主体对系统客体资源的访问形式,只有用于指导信息系统的安全部件设计与构建,才能保证访问控制策略被正确实施。这一时期出现并逐步形成了以引用监控机(reference monitor,RM)为核心、访问控制等安全策略模型为主要内容的安全系统开发方法论。1972年,美国空军的一个研究小组进行了计算机安全的研究,完成了著名的《安德森报告》。在系统资源受控共享问题背景下,该报告提出了引用监控机、引用验证机制(reference validation mechanism,RVM)、安全内核(security kernel

和安全建模（security modelling）等重要思想。其中，引用监控机的核心思想是把授权机制与支撑程序运行的环境结合在一起；而 RVM 是引用监控机的实现机制。RVM 若要正确发挥其作用，必须满足以下原则：①不可旁路，所有主体对客体的引用都必须经过引用监控机；②防篡改，RVM 实现代码与相关数据必须受到保护，不可被篡改；③可验证，代码必须足够小、结构化、简单和易懂，以保证其可以被彻底分析、验证和测试，从而确保其功能被正确地实现。

该报告指出，开发安全系统必须首先建立系统的安全模型，由此给出安全系统的形式化定义，并正确地综合系统各类因素。在完成安全系统建模的基础上，再进行安全内核的设计和实现。安全内核由实现引用监控机的所有软件、硬件与固件共同组成。由于当时操作系统在计算机系统中具有特殊重要地位，报告中的安全内核特指操作系统的安全内核。此后，随着数据库管理系统、中间件，以及各类应用软件的出现与繁荣，安全内核的概念内涵进一步扩大，围绕可信计算基（trusted computing base，TCB）和多级安全（multi-level security，MLS）的各种安全内核设计方法陆续被提出。以多级安全数据库模型的设计与开发为例，人们通过实践发现，一方面，仅通过数据库管理系统层实现访问控制策略，缺乏底层安全操作系统的支持，无法有效保证 RVM 不被旁路；另一方面，仅通过安全操作系统提供多级安全保障，则无法对数据库系统中库、表、记录等不同粒度的数据对象进行灵活的访问控制。因此，只有经过形式化分析的层次化的 TCB 设计才能在安全性与效率之间达到良好平衡。以著名的可信计算机系统评估标准（Trusted Computer System Evaluation Criteria，TCSEC）关于可信数据库解释（trusted database interpretation，TDI）的发表为标志，人们对于安全数据库的需求、功能、保证等逐渐达成共识，部分关键技术进入了成熟阶段，进入了黄金时期，出现了 SeaView 等一批高安全等级数据库管理系统。

这一时期对未来影响深远的基本思想之三是信息安全标准及其测评方法与体制。在探索和开发计算机安全系统的同时，人们也在研究如何去衡量计算机系统的安全性，从而进一步有效引导信息安全产品和设备的设计与研发，以及准入制度与市场化。美国国防部从 1977 年开始进行计算机安全的初始研究，其间取得了大量的研究和开发成果。美国国防部计算机安全中心在1983年发表了TCSEC（又称橘皮书）。该准则于1985年被确定为美国国防部标准DoD5200.28-STD，是历史上第一个计算机安全评估准则。之后，计算机系统安全研究进入一个全新的标准化阶段。

这一时期在通信安全和密码学领域提出了一系列重要思想，最突出的贡献是提出的公钥密码学思想。1976年，迪菲（W. Diffie）和赫尔曼（M. Hellman）发表的论文《密码编码学新方向》引发了密码学领域的一场革命，他们首次证明了在发送者和接收者之间无密钥传输的保密通信是可能的，从而开创了公钥密码学的新纪元。1977年，里韦斯特（R. L. Rivest）、沙米尔（A. Shamir）和阿德勒曼（L. Adleman）提出了第一个完整的公钥密码——RSA（Rivest-Shamir-Adleman），它既可用于加密，又可用于签名，开启了公钥密码学新篇章。

同期，人们已开始关注入侵与入侵检测。1980年，安德森（J. P. Anderson）为美国空军做的题为"计算机安全威胁监控与监视"的技术报告，详细地阐述了入侵检测的概念，并为入侵和入侵检测提出了一个统一的架构。

（三）代表性成果

计算机安全发展时期涌现出了大量成果，本小节选择几个代表性成果进行介绍。

1. BLP模型

1973年，贝尔（D. Bell）和拉帕杜拉（L. LaPadula）[17]提出了第一个可证明的安全系统数学模型，称为BLP模型。该模型根据军方的安全策略设计，解决的根本问题是对具有密级划分的信息访问进行控制。在该强制访问控制模型中，系统为每个主体和客体分配安全标签，然后依据主客体安全标签之间的支配关系来进行访问控制。由于安全标签之间的支配关系是满足偏序性质的，可以形成格结构，因此，此类强制访问控制模型又可称为基于格的访问控制模型。

BLP模型被用于保护系统的机密性，防止信息的未授权泄露。

2. SeaView系统

丹宁（D. Denning）等在1998年的IEEE安全与隐私研讨会（IEEE

Symposium on Security and Privacy，记为 S&P 1998）[①]上介绍的多级安全数据库管理系统 SeaView 是由美国空军资助，SRI 和 Gemini 公司共同参与的一个研究项目。它的研究目标是实现一个达到 TCSEC A1 级（最高安全级）的多级安全数据库，访问控制粒度达到字段级。该项目取得了丰富的成果，包括提出了多级关系模型、多实例等概念及其实现方法，以及一套完整的安全数据库开发技术。

SeaView 项目的贡献之一是提出一种面向数据库管理系统的强制访问控制模型。在多级数据库系统中，各种逻辑数据对象被强制赋予了安全标签属性，这要求对传统模型中关系的定义进行相应的修改，从而实现传统关系数据库理论与多级安全模型的结合。SeaView 项目中的多级数据库构建在一个单级数据库之上，多级关系通过单级数据库中的视图来实现，多级关系到单级关系的映射称为分解，单级关系合成为多级关系称为恢复。

3. TCSEC

TCSEC 是历史上第一个计算机系统安全评估正式标准，具有划时代的意义。该标准于 1970 年由美国国防科学委员会提出，并于 1985 年 12 月由美国国防部公布。后来在美国国家计算机安全中心的主持下，TCSEC 不断得到扩充，出现了面向可信计算机网络、可信数据库的评估准则等，由于它们采用不同颜色的封面，整个系列文档也被称为"彩虹系列"[18]。

TCSEC 将计算机系统的安全划分为 4 个等级、7 个级别，从低到高分别为 D1、C1、C2、B1、B2、B3、A1。其中，D1 级不具备安全特性；C 类为自主安全保护类，从 C1 级开始要求有自主访问控制，C2 级包含较完善的自主访问控制与审计等安全功能；B 类为强制保护类，从 B1 级开始要求支持强制访问控制，B2 级要求有良好的结构化设计、形式化安全模型，B3 级在此基础上要求实现安全域保护；A 类为验证保护类，仅包括一个 A1 级，要求对系统设计进行形式化的安全验证。

TCSEC 系列标准最初只是军用标准，后来延至民用领域。它开创性地提出了确定计算机类产品安全等级的方法，在此后十余年中，不仅指导了大量安全网络类、安全操作系统类、安全数据库类等产品和系统的设计与研发，而且对此后欧洲的信息技术安全评估准则（Information Technology Security

---

① 会议名首次出现采用全称，再次出现采用"会议名缩写+年份"这种记法。

Evaluation Criteria，ITSEC)、（国际）信息技术安全评估通用准则（Common Criteria for Information Technology Security Evaluation，CC)，以及我国《计算机信息系统 安全保护等级划分准则》(GB 17859—1999）等标准的制定都有着重要影响。当然，TCSEC 也存在一定的局限性。其最初目标是保障国防信息系统安全，因此，机密性占据主导地位，完整性和可用性的评估几乎没有反映，而且无法满足商业数据库用户的多样化安全需求，2000 年后逐渐被 CC 等其他标准所取代。

4. 公钥密码学

1976 年，迪菲和赫尔曼在《密码编码学新方向》[19]一文中提出了公钥密码学的思想，指出通信双方无须事先交换密钥就可建立保密通信。解密密钥和加密密钥不同，从一个难以推出另一个，解密和加密可分离。他们在这篇论文中没有提出一个比较完善的公钥密码，而是提出了一个密钥交换协议，称为 DH 协议。该协议可实现非安全网络下通信双方密钥的安全创建，使通信双方可以使用这个密钥进行消息加解密，进而实现通信安全。

公钥密码的设计比对称密码的设计具有更大的挑战性，因为公开密钥为攻击算法提供了一定的信息。目前所使用的公钥密码的安全性基础主要是数学中的难解问题。1977 年，美国麻省理工学院的三位教授里韦斯特、沙米尔和阿德勒曼提出了第一个比较完善的公钥密码，这就是著名的 RSA 算法[20]。RSA 也是迄今为止应用最广泛的公钥密码，其安全性基于大整数因式分解困难问题，即已知大整数 N，求素因子 p 和 q（$N=pq$）是计算上困难的。1978 年，麦克利斯（R. J. McEliece）基于译一般线性纠错码的困难性提出了一种公钥密码[21]；1985 年，盖莫尔（T. Elgamal）基于有限域上离散对数问题的困难性提出了一类公钥密码[22]；米勒（A. J. Miller）在 1985 年国际密码学会议（International Cryptology Conference，CRYPTO）上和科布利茨（N. Koblitz）在文献[23]中分别独立地基于椭圆曲线上离散对数问题的困难性提出了一种公钥密码。

三、信息安全发展时期

从 20 世纪 80 年代中期至 20 世纪 90 年代中期，可划分为信息安全发展时期。在这一时期，全世界各种计算设备的互联汇集形成了庞大的信息网络，极大地提高了社会沟通、共享、协作的效率。这一时期关注的重点包括"机密性、完整性、可用性、真实性、非否认性、可控性"等问题，涵盖通信安全、计算机安全、发射安全（emission security，EMSEC）、传输安全（transmission security，TRANSEC）、物理安全（physical security，PHYSICALSEC）等细分领域。本小节主要介绍这一时期的基本思想和观点，以及代表性成果。

（一）概述

20世纪80年代中期，美国和欧洲先后在学术界和军事领域开始使用"信息安全"（information security，INFOSEC）和"信息系统安全"（information system security，INFO SYS SEC 或 ISSEC）这两个概念。这两个概念的主要内容包括通信安全、计算机安全、发射安全、传输安全、物理安全和个人安全（personal security，PERSONAL SEC）。尤其是随着互联网迅速发展，数据流动性大大加强，信息安全问题更加突出，人们开始关注"机密性、完整性、可用性、真实性、非否认性、可控性"等一系列安全需求。

1988年11月，莫里斯蠕虫在互联网上蔓延，该蠕虫由美国康奈尔大学研究生制造，全部60 000个节点中的大约6000个节点受到影响。1989年，美国和联邦德国联手破获了一起计算机间谍案，在该事件中，苏联收买联邦德国大学生中的黑客，渗入欧美十余个国家的计算机获取了大量敏感信息。1998年，美国国防部资助卡内基梅隆大学为其建立了世界上第一个"计算机应急响应小组"（Computer Emergency Response Team，CERT）及其协调中心（Computer Emergency Response Team/Coordination Center，CERT/CC），CERT的成立标志着信息安全由静态保护向动态防护的转变。

安全协议（也称为密码协议）的主要目标是解决网络上身份鉴别以及数据传输的机密性、完整性等问题。基于对称密码设计的有Kerberos协议。1993年，Kerberos V5作为RFC 1510颁布（在2005年被RFC 4120取代）。结合对称密码和公钥密码的代表性协议有互联网络层安全协议（internet protocol security，IPSec）和安全套接字层（secure socket layer，SSL）。安全协议在早期主要靠经验分析是否能达到预设目标，1989年，伯罗斯（M. Burrows）、阿巴迪（M. Abadi）和尼达姆（R. Needham）提出了BAN逻辑，首次对基于逻辑推理所设计的密码协议进行了形式化分析。

公钥基础设施（public key infrastructure，PKI）概念的提出为解决互联网时代的机密性、完整性、真实性、不可否认性提供了一套切实可行的安全框架。1988年7月，国际电信联盟电信标准化部门（ITU Telecommunication Standardization Sector，ITU-T）的 ITU-T X.509 标准发布，该标准给出了公钥证书的格式标准和 PKI 参考框架，是 PKI 历史上的里程碑。美国政府为了推进 PKI 在联邦政府范围内的应用，1996 年，成立了联邦 PKI 指导委员会，PKI 从此在世界范围内如火如荼地发展起来。

随着互联网的发展，网络攻击事件也越来越多，如何检测和防御网络攻击迫在眉睫。防火墙技术是一种典型的外部攻击防御技术，第一代防火墙技术主要在路由器上实现，后来将此安全功能独立出来专门用来实现安全过滤功能。1989 年，贝尔实验室的普雷斯托（D. Presotto）和特里基（H. Trickey）推出了第二代防火墙——电路层防火墙，同时提出了第三代防火墙——应用层防火墙（又称代理防火墙）的初步结构。

1987 年，丹宁提出了一种描述入侵检测系统（intrusion detection system，IDS）的抽象模型，将入侵检测作为一种计算机系统安全的防御措施（主机入侵检测），首次在一个应用中运用了统计和基于规则两种技术。1988 年，美国空军开发了应用于多用户系统的 IDS 原型——Haystack 系统。1990 年，希伯莱因（L. T. Heberlein）等提出了一种网络入侵检测的概念，通过在局域网上主动监视网络信息流量来追踪可疑的行为。

自美国 TCSEC 之后，欧洲的英国、法国、德国、荷兰 4 个国家提出了满足机密性、完整性、可用性要求的 ITSEC。在 ITSEC 的基础上，美国又联合以上诸国和加拿大在国际标准化组织（International Organization for Standardization，ISO）提出了信息技术安全评估的通用准则（common criteria，CC for ITSEC）——ISO/IEC 15408。CC 后来被采纳为我国的标准，即《信息技术 安全技术 信息技术安全评估准则》（GB/T 18336）。

在这一时期，密码学得到了空前的发展和进步，一方面，发展和丰富了可证明安全[24]、零知识证明、安全多方计算（secure multi-party computation，SMPC）、非线性序列、密码函数、相关分析、差分分析、线性分析等理论与方法；另一方面，推动了密码标准的制定。例如，1991 年，

NIST 提出了数字签名标准（Digital Signature Standard，DSS），并于 1994 年发布；1993 年，美国国家安全局（National Security Agency，NSA）发布了安全杂凑算法标准——FIPS PUB 180（SHA-0），后又被立即撤回，并被 1995 年发布的修订版本 FIPS PUB 180-1（SHA-1）取代；1993 年，美国政府宣布了一项新的建议，该建议倡导联邦政府和工业界使用新的具有密钥托管功能的联邦加密标准，称为托管加密标准（Escrowed Encryption Standard，EES），并于 1994 年公布采用 EES。

（二）基本思想和观点

这一时期的基本思想之一是信息安全由静态保护向动态防护的转变。莫里斯蠕虫事件和黑客间谍案极大地震动了西方世界。许多人认为，随着网络技术及相关技术的发展，传统的、静态的安全保护措施已不足以抵御计算机黑客入侵及有组织的信息手段的攻击，必须建立新的安全机制。于是，美国国防部资助建立了 CERT 和 CERT/CC，CERT 的成立标志着信息安全由静态保护向动态防护的转变。

这一时期的另一个基本思想是安全方案（包括密码算法、安全协议）的可证明安全和形式化分析。戈德瓦塞尔（S. Goldwasser）等首先比较系统地阐述了可证明安全这一思想，并给出了具有可证明安全的加密和签名方案。不幸的是，这些方案的可证明安全是以严重牺牲效率为代价的，因此，这些方案虽然在理论上具有重要意义，但不实用。20 世纪 90 年代中期出现了"面向实际的可证明安全"（practice-oriented provable-security）概念，特别是贝拉尔（M. Bellare）和罗加韦（P. Rogaway）提出的著名的随机预言模型（random oracle model，ROM），才使得情况大为改观。过去仅作为纯粹理论研究的可证明安全方法，迅速在实际应用领域取得重大进展，一大批快捷有效的安全方案相继被提出。1989 年，伯罗斯、阿巴迪和尼达姆提出了 BAN 逻辑，首次对基于逻辑推理所设计的密码协议进行了形式化分析。在 BAN 逻辑中，各个参与者对最初始时刻的知识、参与者的职责都进行了形式化。BAN 逻辑通过信息的发送和接收等协议步骤可以得到新知识，再利用推理规则获取最终的知识。当协议执行完成后，如果最终得到的知识和信任语句集中没有目标知识和信任的相应语句，就表明所设计的协议是不安全的。

安全标准是实现技术安全保障和管理安全保障的重要依据，这一时期也充分体现了信息安全的标准化思想。密码算法、安全协议和安全评估准则等的标准化夯实了信息安全基础。这一时期制定了 DSS、SHA-0/SHA-1、EES 等密码算法标准，X.509、Kerberos、SSL/传输层安全协议（transport layer security，TLS）、IPSec 等安全协议标准，以及 ITSEC、CC 等安全评估标准。

这一时期也提出了零知识证明、SMPC 等思想。戈德瓦塞尔、米卡利、拉茨科夫在 1985 年国际计算机学会（Association for Computing Machinery，ACM）计算理论研讨会（Symposium on Theory of Computing，STOC）上提出了零知识证明的思想，零知识证明是一个两方协议，证明者向验证者证明某一个断言或定理的真实性而不泄露其他任何信息，验证者除了相信这个断言或定理为真以外没有得到其他任何知识。SMPC 问题最早是由姚期智在 1982 年 IEEE 计算机科学基础研讨会（IEEE Symposium on Foundations of Computer Science，FOCS）上提出的，也就是"百万富翁问题"，即两个富翁如何在不暴露各方财富的前提下比较出谁更富有的问题。戈德莱希（O. Goldreich）、米卡利和威格德森（A. Wigderson）在 1987 年的 ACM STOC 上发展了 SMPC 的概念，其基本思想是使得多个参与方能够以一种安全的方式正确执行分布式计算任务，每个参与方除了自己的输入和输出以及由其可以推出的信息外，得不到任何额外信息。

（三）代表性成果

信息安全发展时期产生了大量成果，信息安全这个学科体系也基本形成。本小节选择几个代表性成果进行介绍。

1. SSL 协议

1994 年，网景通信公司（Netscape Communications Corporation）创建了 SSL 协议，由于使用弱加密算法受到密码学界的质疑，所以未公开发布。1995 年 2 月，网景通信公司修订了规范，并发布了改进的版本 SSL 2.0 协议。1996 年，由网景通信公司和科克（P. Kocher）共同设计的版本 SSL 3.0 协议发布。SSL 3.0 协议获得了广泛认可和支持，互联网工程任务组（Internet Engineering Task Force，IETF）接手负责该协议，并将其重命名为 TLS。

SSL被设计成使用传输控制协议（Transmission Control Protocol，TCP）来提供一种可靠的端到端的安全服务，它是一个两层协议：一层是SSL记录层，用于封装不同的上层协议；另一层是被封装的协议，即SSL握手协议，它可以让服务器和客户端在传输应用数据前协商加密算法和加密密钥，客户端提出自己能够支持的全部加密算法，服务器选择最适合客户端的算法。

记录协议为不同的更高层协议提供基本的安全服务，其特点是为Web客户/服务器的交互提供传输服务的超文本传输协议（hyper text transfer protocol，HTTP）可在SSL上面运行。三个更高层协议被定义成SSL的一部分：握手协议、修改密文规约协议和告警协议。

SSL协议具有数据加密、完整性校验及身份鉴别等功能，用于保障网络数据传输的安全性。SSL协议位于应用层和传输层之间，可以为任何基于TCP等可靠连接的应用层协议提供安全性保证，当应用层HTTP协议调用SSL协议时被称为HTTPS加密协议。

2. IPSec协议

1992年，IETF成立了IP安全工作组，以规范对IP的公开指定的安全扩展，称为IPSec。1995年，工作组批准了美国海军研究实验室（Naval Research Laboratory，NRL）开发的IPSec标准。IPSec是使用密码学保护IP层通信的安全保密架构，它是一个协议簇，通过对IP协议的分组进行加密和认证来保护IP协议的网络传输协议簇（一些相互关联的协议的集合），包括RFC 1825、RFC 1826、RFC 1827等。

IPSec可以实现以下4项功能：①数据机密性，IPSec发送方将包加密后再通过网络发送；②数据完整性，IPSec可验证IPSec发送方发送的包，以确保数据传输没有被改变；③数据认证，IPSec接收方能鉴别IPSec包的发送起源，此服务依赖数据的完整性；④抗重放，IPSec接收方能检查并拒绝重放包。

IPSec主要由以下协议组成。

（1）认证头（authentication header，AH）。该协议提供IP数据包无连接数据完整性、消息认证及防重放攻击保护。

（2）封装安全载荷（encapsulating security payload，ESP）。该协议提供机密性、数据源认证、无连接完整性、防重放和有限的传输流机密性。

（3）安全关联（security association，SA）。该协议提供算法和数据包，提供 AH、ESP 操作所需的参数。

（4）互联网密钥交换（Internet key exchange，IKE）。该协议提供对称密钥的生成和交换。

IPSec 协议用于提供 IP 层的安全性。IPSec 协议工作在开放系统互联（Open System Interconnection，OSI）模型的第三层，其在单独使用时适合于保护基于 TCP 或用户数据报协议（User Datagram Protocol，UDP）的协议（如 SSL 就不能保护 UDP 层的通信流）。这就意味着，与传输层或更高层协议相比，IPSec 协议必须处理可靠性和分片的问题，这同时也增加了它的复杂性和处理开销。相对而言，SSL/TLS 依靠更高层的 TCP（OSI 的第四层）来管理可靠性和分片就简单得多。

3. X.509 证书标准与 PKI

X.509 是 ITU-T 标准化部门基于 ASN.1 定义的一套证书标准（RFC 2459）。X.509 证书标准已应用在包括 TLS/SSL 在内的众多互联网协议里。X.509 证书标准包含公钥、身份信息（如网络主机名、组织名称或个体名称）和签名信息（可以是证书认证机构的签名，也可以是自签名）。对于一份经由可信的证书认证机构（certificate authority，CA）签名或者可以通过其他方式验证的证书，证书的拥有者就可以用证书及相应的私钥来创建安全的通信，对文档进行数字签名。

除了证书本身的功能外，X.509 还提供了证书撤销列表（certificate revocation list，CRL）和用于从最终对证书进行签名的 CA 直到最终可信根的证书有效性验证算法。

随着对信息机密性、完整性、可用性、真实性、非否认性等安全目标的全面要求，PKI 作为解决信息安全目标的优秀方案脱颖而出，随着 X.509 证书标准的颁布，PKI/CA 得以迅速发展。PKI 是一个包括硬件、软件、人员、策略和规程的集合，用来实现基于公钥密码体制的密钥和证书的产生、管理、存储、分发和撤销等功能。PKI 体系是计算机软硬件、权威机构及应用系统的结合。它为实施电子商务、电子政务、办公自动化等提供了基本的安全服务，从而使那些彼此不认识的用户能通过信任链安全地交流。

4. DSS 与安全杂凑函数

DSS 是 NSA 开发的一种数字签名算法，作为电子文档的身份验证手段。DSS 于 1994 年由 NIST 发布为联邦信息处理标准（Federal Information Processing Standards，FIPS）。DSS 只提供数字签名功能，不提供任何加密或密钥交换策略。签名是结合使用私钥生成的，验证私钥是参照相应的公钥进行的。

安全杂凑算法 1（secure hash algorithm 1，SHA-1）是一种密码杂凑函数，由 NSA 设计，并由 NIST 发布为 FIPS 标准。SHA-1 可以生成一个被称为消息摘要的 160 位（20 字节）杂凑值，杂凑值通常的呈现形式为 40 个十六进制数。

5. 应急响应机制

CERT 是处理计算机网络安全问题的组织，其响应的对象是计算机或网络所存储、传输、处理的信息安全事件，这些事件可能来自自然界、主机或网络系统自身故障、组织内部或外部的人、计算机病毒或蠕虫等。

1988 年，莫里斯蠕虫等事件暴露了计算机网络的严重脆弱性，之后，美国国防部资助卡内基梅隆大学建立了第一个计算机应急响应组及协调中心——CERT/CC。随后，多个国家及地区成立了一大批应急响应组织。

中国目前的对应组织是国家计算机网络应急技术处理协调中心（National Computer Network Emergency Response Technical Team/Coordination Center of China，CNCERT/CC）。

6. BAN 逻辑

BAN 逻辑[25]首次对基于逻辑推理所设计的密码协议进行了形式化分析，其主要分析步骤如下。

（1）协议的理想化。把协议转化为 BAN 逻辑的语言表示的过程。

（2）确定初始假设。找出完成协议的最初信仰假设，这些假设是协议中各条消息起作用的条件。初始假设包括信仰假设（信任关系等）和状态假设（仲裁权等）。

（3）确定断言。将逻辑公式附加于协议语句，即给出每一个协议语句的断言。

（4）逻辑化推理过程。对假设和断言运用逻辑推理规则，得出各个认证主体的最终信仰。

（5）得出结论。对最终的逻辑结果进行判断以确定是否达到协议设计的目的，以及协议中是否存在漏洞。

7. 防火墙技术

第一代防火墙技术几乎与路由器同时出现，采用了包过滤（packet filtering）技术。1989年，出现了电路层防火墙和应用层防火墙（代理防火墙）的初步结构。1992年，出现了基于动态包过滤技术的第四代防火墙。

包过滤防火墙是最早的防火墙技术，它根据数据包头信息和过滤规则阻止或允许数据包通过防火墙。当数据包到达防火墙时，防火墙检查数据包包头的源地址、目的地址、源端口、目的端口和协议类型。若是可信连接，就允许通过；否则，丢弃数据包。但它有自身的弱点，因此，它一般用于对安全性要求不高、要求高速处理数据的网络路由器上。

应用代理防火墙检查数据包的应用数据，并且保持完整的连接状态，它能够分析不同协议的完整的命令集，根据安全规则阻止或允许某些特殊的协议命令；它还具有其他功能，如 UPL 过滤、数据修改、用户验证、日志等。

8. 入侵检测技术

1984~1986 年，乔治敦大学的丹宁和 SRI Gemini 公司的计算机科学实验室的诺伊曼（P. Neumann）提出了一种实时 IDS 模型，取名为入侵检测专家系统（Intrusion Detection Expert System，IDES）。该系统独立于特定的系统平台、应用环境、系统弱点以及入侵类型，为构建入侵系统提供了一个通用的框架。

1988 年，SRI Gemini 公司的计算机科学实验室的伦特（T. Lunt）等改进了丹宁在 1987 年提出的 IDS 模型[26]，并研发出了实际的 IDES。

1990 年是 IDS 发展史上十分重要的一年。加州大学戴维斯分校的希伯莱因等在 S&P 1990 上提出名为网络安全监控器（network security monitor，NSM）的系统。该系统第一次直接将网络作为审计数据的来源，因而可以在不将审计数据转化成统一的格式情况下监控异种主机。同时两大阵营正式形成，即基于网络的 IDS 和基于主机的 IDS。

四、信息安全保障发展时期

从 20 世纪 90 年代中期至 2010 年，可划为信息安全保障发展时期。这一时期以纵深防御（也称为深度防御）为核心思想，重点关注"预警、防护、检测、响应、恢复、反击"整个过程，出现了大规模网络攻击与防护、互联网安全监管等多项新的研究内容。信息安全保障特别强调保护、检测、响应和恢复 4 种能力，围绕人、技术和管理 3 个层面，以支持机构的任务和职能为目标，注重体系建设，强化组织与协调功能。本小节主要介绍这一时期的基本思想和观点，以及代表性成果。

（一）概述

信息安全保障也称为信息保障，这个概念最早是由美国国防部提出的。1997 年 8 月，美国政府授命 NIST 和 NSA 合作组建了美国国家信息保障合作联盟（National Information Assurance Partnership，NIAP），为 IT 产品和系统制定技术上合理（technically sound）的安全要求，并为评估这些产品和系统设置适当指标，从而提高消费者对其信息系统和网络的信任程度。

为实现这一目标，NIAP 开始开发《信息保障技术框架》（Information Assurance Technical Framework，IATF），并与各个领域的政府机构和行业建立关系，以帮助应对影响国家关键基础设施的 IT 安全挑战。1998 年，在一份总统决定令（PDD-63）中，美国政府强调，每个（联邦政府）部门和机构首席信息官（chief information officer，CIO）均应负责信息保障。每个部门和机构都应任命一名首席基础设施保障官（chief infrastructure assurance officer，CIAO），负责保护该部门关键基础设施的所有其他方面。

2002 年 9 月，NSA 发布了 IATF v3.1[27]，以建立信息保障评估活动的标准和流程。1 个月后，美国国防部授命 NSA 对其下辖的信息系统中所有可用 IT 产品进行了信息保障的评估和验证。

信息保障的目的是对组织机构的所有信息，包括数字的信息和物理的信息，实施保护。它将信息安全与信息管理的业务方面相结合，旨在最大限度地降低公司受到网络威胁伤害的风险，因此，处理个人的外部威胁并不是它的首要目标。这个概念在数字时代之前就已经存在，例如，将机要文件锁进保险柜并配备管理员和相关使用制度就是一种常见的信息保障措施。

NIST SP 800-59 中将信息保障定义为：通过确保信息和信息系统的可用性、完整性、身份认证、机密性和不可否认性来保护和捍卫信息和信息系统的任何措施，这些措施包括通过结合保护、检测和反应能力来恢复信息系统的措施。

（二）基本思想和观点

这一时期的一个核心思想是纵深防御。纵深防御策略（defense-in-depth strategy，也译为深度防御策略）是 NSA 在其 IATF 中提出的一个信息安全保障策略。IATF 强调人员、技术和操作（也包括管理）这 3 个要素在共同实现组织机构正常运转方面具有协调性。

IATF 定义了对目标系统（可以是一套或简或繁的信息系统，有时也称为一个组织机构的信息基础设施，或者一个国家范围之内的重要信息基础设施）实施信息保障的过程，以及该系统中硬件和软件部件的安全需求。遵循这些原则，就可以对信息基础设施做到多层防护，即纵深防御策略。该策略的基本原理可被应用于任何组织与机构的信息系统或网络的设计、建设、维护与管理过程中。这些组织与机构都需要在有关人员依靠技术进行操作和管理的情况下讨论信息保障问题需求。

在上述 3 个要素中，IATF 强调技术并提供一个框架进行多层保护，以此防范信息系统（包括信息基础设施）可能面临的各类计算机技术威胁与网络技术威胁。采用这种方法后，很多可以攻破一层或一类保护的攻击行为将无法破坏整个信息基础设施或信息系统，从而确保适度的安全保障目标得以实现。

在 3 个要素的基础之上，纵深防御策略将安全需求划分为 4 个重点保障域，也称为信息保障框架域，它们分别是网络与基础设施、区域边界和外部连接、计算环境（通常是指本地用户环境，即本地计算环境）以及支持性基础设施。它们与纵深防御策略一起，构成 IATF 的核心内容，从技术层面体现了纵深防御策略的思想。

这一时期的一个基本思想是信息安全保障不单是一种或多种技术的应用，而是一个伴随信息和信息系统生命全周期的过程。因此，它的实践通常可分为确定信息安全需求、设计并实施信息安全方案、信息安全保障评估和信息安全监测与维护等 4 个阶段。

1. 确定信息安全需求

信息安全需求通常有 3 个来源。首先是符合性要求（也称为遵循性要求），遵循的对象通常为国家相关法律法规、标准，典型的如等级保护要求，这类需求通常是统一的、强制性的。其次是信息系统所在行业的需求，这类需求则可能因行业特性而导致侧重点各异，例如，军队、政府部门的信息系统更强调机密性，能源、交通等基础建设行业更强调高可用性，等等。最后是信息系统所面临的风险，同一个行业中位于产业链不同位置的企业和组织面临的风险也可能不一样，在资源有限的前提下，需要根据风险的轻重缓急，重点将重大和急迫风险的消除或降低作为保障需求。需要注意的是，3 个来源获得的需求可能存在重叠，例如，第二个需求可能以行业标准的形式明确，而行业标准通常是在国家标准或国际标准的基础上制定的。

例如，我国国家标准《信息安全技术 信息系统安全保障评估框架》（GB/T 20274）中明确要求，信息系统安全保障的具体需求由信息系统保护轮廓（information system protection profile，ISPP）确定。ISPP 定义了信息系统安全需求的标准格式和描述内容，用户可以根据自身组织机构的实际情况，对保障需求和能力进行具体描述。描述的内容大体包括以下几点：①信息系统（目标对象）的描述；②信息系统安全环境的描述，包括信息系统所处的环境、面临的威胁、信息系统采用的安全策略等；③安全保障目的的描述；④安全保障要求的描述，这部分是安全需求的主要陈述部分，包括控制要求和能力成熟度（capability maturity，CM）要求，即需要什么样的保护能力和能力应达到什么水平。需要注意的是，安全保障要求除了安全技术保障要求之外，还包括安全管理保障要求和安全工程保障要求，这从另一方面说明了信息安全保障相比信息安全，还需要考虑管理和施工方面的保障技术和策略。

2. 设计并实施信息安全方案

信息安全方案是以安全需求为依据进行设计的。在设计信息安全方案时，除了需要确保技术方案符合实际情况，具有可操作性，还要考虑成本、组织管理和文化的可接受性。方案的实施也不是一次性的活动，而是一个动态的风险管理过程。例如，在特殊时期和特定环境下，组织面临的安全风险可能会变高，那么实施措施应包括对特殊情况时期的应对方案进行升级。

仍以国标 GB/T 20274 为例。该标准要求制定信息安全方案应当根据信息系统安全目标（information systems security target，ISST），ISST 则从信息系统安全保障建设方（厂商）的角度，根据 ISPP 编制。ISST 除了包括 ISPP 的内容外，主要增加了信息系统概要规范的定义。这部分内容包括信息系统安全功能满足哪一个特定的安全功能需求，保证措施满足哪一个特定的安全保障要求，以及相应的解释、证明等支持材料。安全功能和保证措施的制定则与 ISPP 类似，必须从国标 GB/T 20274 中定义的技术、管理和工程组件中进行选择。

3. 信息安全保障评估

信息系统安全保障评估是在风险评估的基础上，评估信息系统生命周期中采取的技术类、管理类、过程类和人员的安全保障措施，确定信息系统安全保障措施对系统履行其职能的有效性及其对面临安全风险的可承受度，即评估第二步实施的信息安全方案是否满足第一步描述的信息安全需求。以国标 GB/T 20274.1—2023 为例，本阶段则为评估 ISST 对 ISPP 的符合性。国标 GB/T 20274.1—2023 从技术（T）、管理（P）和工程（E）3 个方面为信息系统定义了五个能力成熟度级别（xCML1~5，x=T/P/E），如图 2-1 所示，1 级最为基础，5 级成熟度最高。图中 ISAL 为信息系统保障级别（Information System Assurance Level），TCML 为安全技术能力成熟度级别（Security

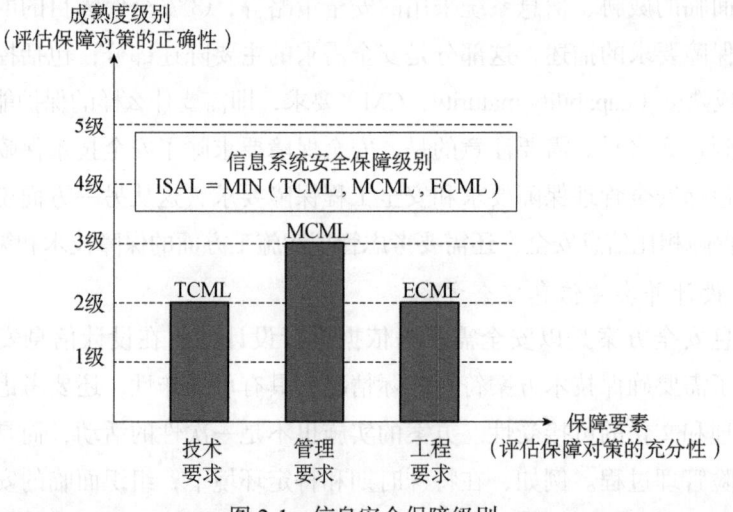

图 2-1 信息安全保障级别

Technology Capability Maturity Level), MCML 为安全管理能力成熟度级别（Security Management Capability Maturity Level), ECML 为安全工程能力成熟度级别（Security Engineering Capability Maturity Level)。因此，评估结果也由这3个方面的成熟度来决定。值得一提的是，在评估技术成熟度时，可以参照国标《信息安全技术 信息技术安全评估准则》（GB/T 18336）的要求，检查信息系统是否选用了相应安全保障级别的产品。事实上，GB/T 20274 是 GB/T 18336 在信息系统领域的扩展和补充，前者吸收了后者的科学方法和结构，将后者从产品扩展到信息技术系统，形成了一个描述和评估信息系统安全保障内容和能力的通用框架。

4. 信息安全监测与维护

信息安全风险是动态变化的，信息系统安全保障需要覆盖信息系统的整个生命周期。因此，必须持续进行风险评估，时刻监控信息系统安全风险的变化，这是信息保障的一项基础性工作。变化的风险为系统提供新的安全需求，也是安全决策的重要依据。只有加强系统内部风险和攻击事件的监测，形成持续改进的信息系统安全保障能力，才能有效保障系统的安全。以风险管理为基础的信息安全维护工作包括安全漏洞和隐患的消控，建立有效事件管理与应急响应机制，实现强大的信息系统灾难恢复能力。

在大数据、云计算等环境下，数据的所有权和使用权相分离，为了安全，用户一般使用密态存储数据。如何对这些密文进行检索和处理成为亟须解决的问题，经典密码难以满足这些需求，需要更多具有新型功能的密码，如同态、可搜索等新形态密码。因此，密态计算的思想诞生了，并促使全同态密码取得了突破性进展。

2010年6月首次发现的震网蠕虫（Stuxnet）主要在互联网中的 Windows 平台上传播，但攻击对象是西门子的工业控制系统。因此，该蠕虫也被视为第一款针对工业控制系统的蠕虫。该蠕虫也刷新了人们对网络武器理念的认知，网络武器概念在这个时期萌芽。

（三）代表性成果

在信息安全保障发展时期，信息安全的各个方面都得到了长足的发展，成果十分丰富。本小节选择几个代表性成果进行介绍。

1. PDR 与 WPDRRC 模型

PDR 模型[28]是由美国国际互联网安全系统公司（Internet Security Systems，ISS）提出的，其基本思想是承认信息系统中漏洞的存在，正视信息系统面临的威胁，通过采取适度防护、加强检测工作、落实对安全事件的响应、建立对威胁的防护来保障系统的安全。它将信息安全保障工作分为 3 个环节：保护（protection）—检测（detection）—响应（response），即 PDR，三者之间的关系如图 2-2 所示。

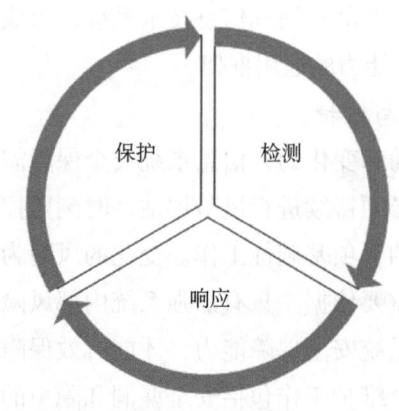

图 2-2 PDR 模型

其中，保护（P）环节就是采取一切可能的措施来保护网络、系统以及信息的安全。常见的方法主要包括加密、认证、访问控制、防火墙及防病毒软件等。检测（D）环节就是了解和评估网络与系统的安全状态，为安全防护与安全响应提供依据。常见的检测技术主要包括入侵检测、漏洞检测及网络扫描等。响应（R）环节就是解决紧急响应和处理异常问题，保证信息和系统的可用性。建立应急响应机制，形成快速安全响应的能力，对网络和系统来说至关重要。

PDR 模型认为，任何安全防护措施都是基于时间的，超过该时间段，这种防护措施是可能被攻破的。在这一前提下，为 PDR 的 3 个环节定义了各自的持续时间，分别记为 P_t、D_t 和 R_t。

（1）P_t：从攻击者发起攻击到系统被攻破的持续时间。

（2）D_t：从攻击者发起攻击到检测到攻击的时间。

（3）R_t：从检测到攻击到做出有效响应的时间。

对于信息系统来说，如果满足 $P_t > D_t + R_t$，即如果在攻击者攻破系统之前发现攻击并作出了有效响应，则认为系统是安全的。但是，在三个持续时间中，P_t 和 D_t 都是很难精确获得的，例如，APT 攻击可能持续数年之久，而它的一阶段攻击一般以渗透潜伏为主要目标，极难发现。因此，PDR 的实操性并不强。

后来，PDR 的提出者又增加了恢复（restore）环节，演化为 PDRR 模型[29]。该环节以多重备份为基础，要求响应环节启动后可以通过这些备份机制实现系统的瞬时还原以及攻击行为的再现，以供研究和取证。

WPDRRC 模型[30]是我国学者于 1999 年提出的适合中国国情的信息系统安全保障体系建设模型，如图 2-3 所示。它在 PDRR 模型的前后分别增加了预警（warning）和反击（counterattack）能力，即拥有 6 个环节：预警、保护、检测、响应、恢复和反击。此外，WPDRRC 模型强调 3 个要素，分别是人员、策略和技术，其中，人员是核心，策略是桥梁，技术是保证。

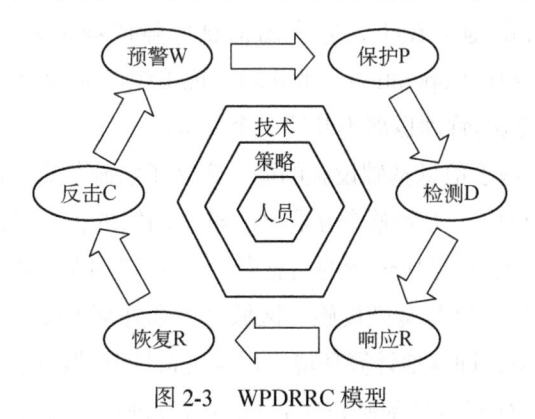

图 2-3　WPDRRC 模型

在预警环节，可采用 IDS 和日志审计系统分析各种安全报警和日志信息，并结合网络运维管理系统实现对各种安全威胁与安全事件的"预警"。在保护环节，采用防火墙、分布式拒绝服务（distributed denial of service，DDoS）防御网关、访问控制系统、内网安全管理及补丁分发系统、存储介质与文档安全管理系统、网络防病毒系统、主机入侵防护系统，并结合安全加固、紧急响应等安全服务实现对信息系统全方位的保护。在检测环节，采用内网扫描与脆弱性分析系统、各类安全审计系统、网络运维管理系统，并结合漏洞扫描、渗透测试等安全服务实现对信息系统安全状况的检测。在响应环节，采用各类安全审计系统、网络运维管理系统，并结合紧急响应等安全服务实现对各种安全威胁与安全事件的"响应"。在恢复环节，采用双机热备系统、服务器集群、存储备份系统和网络运维管理系统，并结合信息系统安全管理体系在信息系统遭遇意外事件或不法侵害时实现系统业务数据和业务应用的恢复。在反击环节，采用入侵防御系统、攻击溯源系统、在线调查取证分析系统等实现对各种安全威胁源的溯源和反击。

2. IATF

IATF 由 NSA 发布，最初是为美国政府和工业信息基础设施提供安全保障的技术指南。最新版本为 2002 年 9 月发布的 3.1 版[27]，共 10 章，分为 4 个部分：主体、技术解决方案、行动纲领和保护轮廓。其目标是提高对信息保障技术的认识，展示信息系统用户的信息保障需求，为解决信息保障问题提供指导，并突出当前信息保障能力和需求之间的差距。

IATF 创造性的地方在于，它提出信息保障依赖于人（people）、技术（technology）和操作（operation）来共同实现组织职能/业务运作的思想，对技术/信息基础设施的管理也离不开这 3 个要素。

首先，IATF 基于信息基础设施的概念定义了实施信息保障的边界。它所定义的信息基础设施，大到整个互联网、整个国家的信息基础设施的集合，小到本地某组织开展业务所依赖的信息资产。在实际操作中，IATF 将信息基础设施分为四类：网络与基础设施、区域边界和外部连接、计算环境（通常是指本地用户环境，即本地计算环境）以及支持性基础设施。

其次，IATF 对其信息基础设施管理的信息进行了分类分级处理。总体上，IATF 将信息分为公共信息和隐私信息，公共信息可以公开访问，而隐私信息则根据访问群体的多寡和信息的敏感性分为不同的保护级别。对于结构更加复杂的组织来说，同一保护级别的信息还可以进一步分为不同的组别，对访问者进行区分。这种划分类似于 MLS 模型和基于角色的访问控制（Role-Based Access Control，RBAC）模型的混合体。

IATF 的核心是其提出的纵深防御策略。该框架强调通过人、技术和操作 3 个核心要素来实现纵深防御。同时，IATF 也声明，该框架仅涉及该策略的技术部分，而且防御对象也限制为网络空间的攻击，而非物理攻击（如炸掉数据中心)。IATF 标明的网络攻击分为以下 5 类：①被动，包括流量分析、监控未受保护的通信、解密流量、获取密码等；②主动，包括试图绕过或破坏保护功能、引入恶意代码、窃取或修改信息；③近距离，包括在靠近网络、系统或设施的地方试图修改、否认或收集信息；④内部，包括企图窃听、窃取或损坏信息，以欺诈方式使用信息或拒绝其他授权用户访问；⑤分发，包括在分发过程中对出厂的硬件或软件进行恶意修改（如后门或恶意代码）。

纵深防御策略通过四种重叠的方法和保护层来实现对上述网络攻击的防御，统称为纵深防御技术领域（defense-in-depth technology area）。这种方法背后的基本思想是：如果一个保护层或区域受到损害，那么它后面的其他级别将提供持续的保护。参考 IATF v3.1 文件，这 4 个技术领域与其划分的四类信息基础设施相对应，而四类信息基础设施之间的关系如图 2-4 所示，其中，边界所隔离出来的区域则为四类信息基础设施中的安全区域。由于攻击者可以从内部或外部多点攻击一个目标，必须在多点应用防护机制以抵御攻击。最低限度需要防护网络与基础设施、区域边界和计算环境三类"焦点区域"。

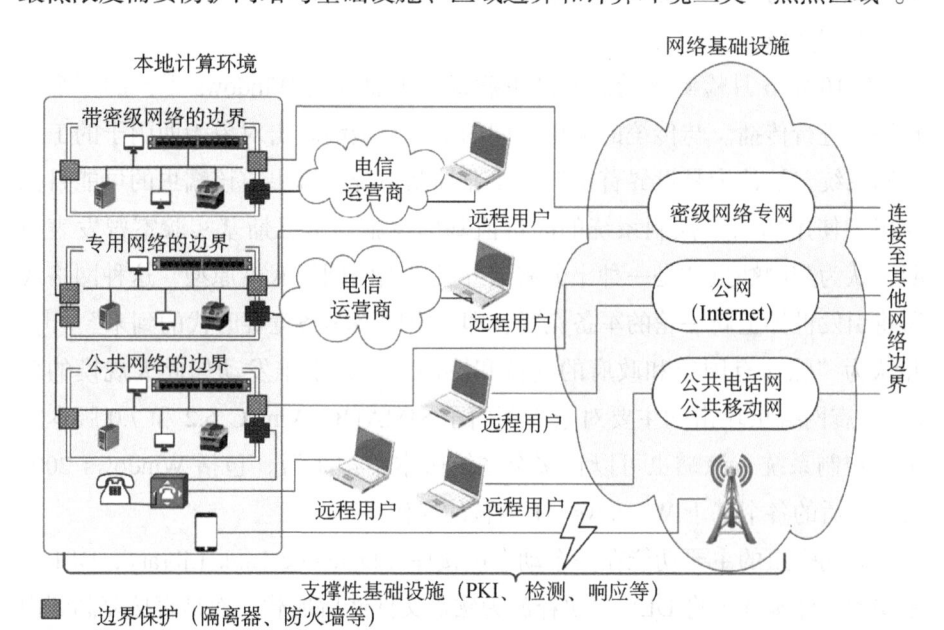

图 2-4 纵深防御技术领域

3. 高级加密标准

随着计算能力的不断提升和密码分析技术的发展进步，仅有 56 比特密钥的数据加密标准（Data Encryption Standard，DES）已经无法完全满足安全需求。为此，1997 年 1 月，NIST 正式宣布了 NIST 计划，公开征集和评估新的候选标准——高级加密标准（Advanced Encryption Standard，AES）；1998 年 8 月，NIST 指定了 15 个候选者；1999 年 8 月，NIST 从中筛选出 5 个候选者；2000 年 10 月，NIST 宣布获胜者是比利时学者赖伊曼（V. Rijmen）和德门（J. Daemen）发明的算法 Rijndael；2001 年 11 月，NIST 正式公布了新标准 AES（FIPS PUBS 197）。

AES 征集过程面向全世界、公开透明，确保了算法不存在漏洞和后门，提升了人们对密码算法的信心，也开创了制定算法标准的一种新模式。AES 采用的宽轨迹设计策略，具有抵抗差分和线性密码分析的可证明安全性，成为一种经典的分组密码设计方法。与此同时，分组密码工作模式因 AES 和可证明安全理论的研究也得到了空前发展。

4. 震网蠕虫

2010 年 6 月检测到的震网蠕虫病毒，主要利用 Windows 平台的多个零日漏洞进行传播。与传统的蠕虫不同的是，它最终攻击对象为西门子的工业控制系统，被认为是世界首个针对工业控制系统的蠕虫。该蠕虫的可能目标为伊朗使用西门子控制系统的高价值基础设施。卡巴斯基实验室曾发表声明，认为震网蠕虫"是一种十分有效并且可怕的网络武器原型，这种网络武器将引发世界上新一轮的军备竞赛，即一个网络军备竞赛时代的到来"[31]，并认为"除非有国家和政府的支持和协助，否则很难发动如此大规模的攻击"。震网蠕虫攻击的主要对象为西门子 SIMATIC WinCC 6.2 和 7.0 版本的工业控制系统，该蠕虫可以在多个系统版本中被激活，包括 Windows 2000 及其之后的各个基于 Windows NT 内核的操作系统。

震网蠕虫的主要功能在一个动态链接库（Dynamic Link Library，DLL）中实现，样本并不将 DLL 模块释放为磁盘文件然后加载，而是直接复制到内存中，然后模拟 DLL 的加载过程。在样本被激活后，首先判断运行环境是否在 Windows NT 系列操作系统中，若不是，则即刻退出。在运行环境为 Windows NT 系统，即符合运行要求的情况下，该蠕虫首先将 DLL 模块直接复制到内存中，利用 Hook 技术的 ZwCreateSection 在内存空间中创建一个新的 PE 节，并将要加载的 DLL 模块复制到其中，使用 LoadLibraryW 来获取模块句柄，然后模拟 DLL 的加载过程。此后，样本跳转到被加载的 DLL 中执行，衍生的两个驱动程序 mrxcls.sys 和 mrxnet.sys 分别被注册成名为 MRXCLS 和 MRXNET 的系统服务，实现开机自启动。这两个驱动程序都使用了 Rootkit 技术，并有数字签名，从而可以躲过杀毒软件的查杀。其中，mrxcls.sys 负责查找主机中安装的 WinCC 系统，监控系统进程的镜像加载操作，将准备好的模块注入 services.exe、S7tgtopx.exe、CCProjectMgr.exe 三个进程中，后两者是 WinCC 系统运行时的进程。

5. 可信计算

随着病毒、蠕虫、木马等恶意软件的泛滥，以及攻击技术的进步和能力的增强，信息作为国家、组织/企业和个人的重要资产将暴露在越来越多的威胁中。毫无疑问，提供一个可信赖的计算环境来保障信息的机密性、完整性、真实性和可靠性，已成为国家、组织/企业和个人优先考虑的安全需求。传统的防火墙、IDS、杀毒软件等网络安全防护手段，都侧重于保护服务器的安全，而相对脆弱的终端就越来越成为信息系统的主要安全威胁来源。在这种背景下，可信计算[32-37]应运而生，它从计算机体系结构着手，从硬件安全出发建立一种信任传递体系，保证终端的可信，从源头上解决人与程序、人与机器、人与人之间的信任问题。

可信计算是一种主动防护手段，它利用硬件属性作为信任根，在系统启动时层层度量，建立一种隔离执行的运行环境，保障计算平台敏感操作的安全性，从而实现对可信代码的保护。可信计算可以实现对于攻击的主动免疫。TCB 在芯片中的硬件安全机制，可以主动检测和抵御可能的攻击，在攻击发生前就进行有效且持续的防御。相对于传统的防火墙、IDS、杀毒软件等防御手段，可信计算主动免疫机制不仅可以在攻击发生后进行报警和查杀，还可以在攻击发生前就进行防御，能够更系统、更全面地抵御恶意攻击。

可信计算技术思路于 1999 年逐步被 IT 产业界接受和认可，形成可信计算平台联盟（Trusted Computing Platform Alliance，TCPA），2003 年改组为可信计算组织（Trusted Computing Group，TCG）。TCG 的可信计算技术思路是通过在硬件平台上引入可信平台模块（trusted platform module，TPM）来提高计算机系统的安全性。TCG 逐步建立起 TCG TPM 1.2 技术规范体系，将其思路应用到计算机的各个领域，并在 2009 年将该规范体系 4 个组成部分的标准推广为国际标准 ISO/IEC 11889：2009。在产业发展上，英特尔、微软等企业在其核心产品中采用了可信计算技术，到 2010 年，TPM 已基本成为笔记本电脑和台式机的标配部件。

在 2001~2005 年，我国部分厂商（如联想、兆日、瑞达）开始基于 TCG 技术体系开发出相关产品，并提出了一套 PC 安全技术路线。在 2006~2007 年，学术界和产业界开展了基于自主密码算法的可信计算技术方案研究，提出了可信计算密码应用方案，推出了以可信密码/控制模块（trusted cryptography/control module，TCM）为核心的可信计算密码支撑平台系列标准，并于 2007 年颁布了《可信计算密码支撑平台功能与接口规范》；同时，国民技术、联想、同方、方正、长城、瑞达等均开发出基于此标准的产品。到 2010 年，已建立起包括可信计算芯片、可信计算机、可信网络与应用、可信计算产品测评的基本完整的产业体系。

6. 全同态加密

同态加密（homomorphic encryption，HE）的思想最早是由里韦斯特等于 1978 年提出的，亦称为"隐私同态"（privacy homomorphism）。其基本思想是在不使用私钥解密的前提下，能否对密文数据进行任意的计算，且计算结果的解密值等于对应的明文计算的结果。形式地讲，非对称性场景下的同态加密问题可以定义为：假定一组消息（m_1，m_2，…，m_t）在某个公开加密密钥 PK 下的密文为（c_1，c_2，…，c_t），给定任意一个函数 f，在不知道消息（m_1，m_2，…，m_t）以及私钥解密密钥 SK 的前提下，可否计算出 f（m_1，m_2，…，m_t）在 PK 作用下的密文，而不泄露关于（m_1，m_2，…，m_t）以及 f（m_1，m_2，…，m_t）的任何信息。

同态加密技术的发展从单同态加密到类同态加密（somewhat homomorphic encryption，SWHE），再到全同态加密（fully homomorphic encryption，FHE），经历了 30 多年的历程，最终于 2009 年由时为斯坦福大学计算机科学系博士生的金特里（C. Gentry）基于理想格构造出第一个 FHE 方案，解决了这一重大问题。金特里的 FHE 方案发表在 STOC 2009 上，

ACM 在其旗舰刊物《国际计算机学会通讯》(Communications of the ACM)（2010 年第 3 期）上以"一睹密码学圣杯芳容"为题并以"重大研究进展"的形式对这一成果进行了专题报道。此后，全同态加密得到了快速发展和进步。

五、网络空间安全发展时期

从 2010 年至今，可划分为网络空间安全发展时期。在这一时期，物联网使得虚拟世界与物理世界加速融合，云计算使得网络资源与数据资源进一步集中，泛在网保证人、设备和系统通过各种无线或有线手段接入整个网络，各种网络应用、设备、系统和人逐渐融为一体。这一时期主要关注"战略性、体系化、主动防御、产业链、供应链"等问题，网络空间安全战略牵引科技创新成为一种发展模式，核心是基于风险管理理念，动态实施连续协作的五环论——识别、保护、检测、响应、恢复。本小节主要介绍这一时期的基本思想和观点，以及代表性成果。

（一）概述

网络空间正以不可阻挡的步伐向指数型数字化时代迈进，从 10 亿个传感器的安全感知发展到超过 1 万亿个物理设备的安全控制；在这一过程中，物理装置、计算机和人相互融合，智慧工厂、数字孪生乃至人脑和身体的数字化进程加速，它们共同构成了网络空间的一部分。人类必将进入数字化社会，以人机物融合为特征的网络空间安全是数字社会基石的重要组成部分，是保障未来数字社会创新和发展的基石。

进入网络空间安全发展时期的一个重要标志就是世界各国纷纷发布国家网络空间安全战略，把网络空间安全问题上升到国家战略问题。同时，世界各国积极构建信任服务生态系统、态势感知基础设施、应急响应体系、人才培养体系、技术体系等，全方位体现主动防御理念，积极打造关键基础设施、产业链、供应链的安全性和弹性。

在这一时期，网络空间安全领域的研究成果量大、面广，非常丰富，可以从不同角度进行分类总结和提炼，例如，可按以下学科体系框架进行总结和提炼[9]：①密码学与安全基础；②网络与通信安全；③系统安全与可信计算；④产品与应用安全；⑤安全测评与管理。

当然，也可以按照其他学科体系框架进行总结和提炼，只要体系上清晰且可覆盖网络空间安全领域的主要研究内容即可。第三章给出了另外一种学科体系框架，并以此框架进行了总结和提炼。

（二）基本思想和观点

网络空间安全进入人机物融合安全的时期，与前四个时期相比呈现出更激烈的对抗性，更显著的体系化、动态自适应、主动防御等特点。

这一时期的基本思想之一是加强顶层设计和战略布局。网络空间安全与人类共同利益息息相关，影响世界和平稳定与发展，事关国家主权安全，是维护全球网络空间和谐、发展、利益的重要基础。鉴于网络空间安全的重要地位，世界各国已将网络空间安全的建设提升到国家战略的重要地位，加强网络空间安全顶层设计和战略布局，通过行政法案、政策法规、标准规范等手段，维护网络空间安全、和平、健康的稳定发展。

这一时期的另一个基本思想是打造产业链和供应链的安全性和弹性。近几年，供应链攻击的安全事件不断爆发，供应链安全风险日益严重，尤其是软件供应链已经成为网络空间攻防对抗的焦点，直接影响国家关键基础设施和重要信息系统的安全。因此，需要从国家、行业、机构、企业各个层面提高供应链安全风险的发现能力、分析能力、处置能力、防护能力，从安全实施的源头上提升网络空间安全防御能力。与此同时，在外部网络威胁、技术升级、政策合规和业务变革等产业驱动下，加之国际形势异常严峻复杂，我国也不得不构建自主可控、富有弹性的网络空间安全产业链和供应链。

在这一时期，网络空间安全防御体现出动态自适应主动防御的基本思想。随着万物互联、信息系统云化以及人机物加速融合，传统的依靠网络边界防护的防御体系面临着重大的安全挑战，在网络攻击手段日益强化、网络武器多样化的背景下，其防护效果日益降低。可信计算、机密计算（confidential computing）、零信任架构、自适应安全架构等主动防御安全技术，通过持续不断的发展和完善，在应对 APT 等攻击方面显示出更强的安全防御能力。因此，网络空间安全防御需要向持续防护、持续监测、持续响应、主动预测的动态自适应主动防御转变。

在这一时期，人机物融合的网络空间安全对抗更激烈。其本质仍旧是人与人的对抗，但形式上却是更智能化的机器对抗模式。在网络空间攻防双方对抗中，攻击方越来越多地利用自动化、机器学习和人工智能等先进机器对抗技术。防御方也需要转变思想，从传统的人工模式转换为防御方机器对抗攻击方机器的模式，而安全人员可以协助机器，动态地管理和组织机器防御资源，以抵御攻击方自动化攻击工具或系统的攻击。

在这一时期，网络空间安全向着体系化和自动化方向发展。网络空间安全体系包含对人员、技术、过程三方面要素的全面安全控制。从组织体系、管理体系、技术体系到标准体系，从安全防御框架、安全验证框架、安全度量框架到安全运营框架，这些都无不体现网络空间安全的体系化发展趋势。网络空间安全体系化思路是在日益融合的人机物安全世界中构建一个统一完整的安全知识、管理、技术和标准体系，指导未来网络安全基础建设，并且通过网络实战攻防相互促进，循环上升，形成不断完善的网络空间安全框架体系。未来网络空间的攻防是，操作自动化攻击工具的攻击方与使用体系化网络防御系统的防御方之间的攻防对抗，是智能化攻击工具和防御工具的对抗。网络空间安全将更加自动化，人工智能、机器学习、大数据分析等新技术一方面为网络攻击提供了更多的自动化攻击手段，强化了攻击能力；另一方面，它们也必将促进网络空间中自动化安全防御系统的加速研制和部署。

由于量子计算技术的发展和进步十分迅猛，这一时期迫使人们高度重视抗量子计算攻击的安全思想。例如，2016年，NIST启动了抗量子公钥密码的征集计划，目的就是实现抗量子公钥密码的标准化，以替代现用的公钥密码。

（三）代表性成果

网络空间安全在技术上主要分为两大类：一类相对独立于具体应用，可用于解决各种应用中的安全问题，属于共性安全技术，如加密、数字签名、身份认证、密钥管理、访问控制、安全审计、隐私保护等；另一类与具体应用密切相关，伴随新技术或实际应用而产生，属于伴随安全技术，也可以称为"+安全"技术，例如，与云计算、人工智能、工业控制系统、物联网、中间件、大数据、操作系统、数据库、通信和网络等应用密切相关的伴随安全技术分别为云安全、人工智能安全、工业控制系统安全、物联网安全、中间件安全、大数据安全、操作系统安全、数据库安全、通信安全和网络安全等。

共性安全技术提供加密、认证、访问控制等基本安全原语，可以为伴随安全技术提供基础支撑。通过使用共性安全技术，在各种应用领域提供丰富的安全功能，可以牵引和促进共性安全技术的发展与进步。当然，有些伴随安全技术最终可能会转化为共性安全技术。

网络空间安全发展时期的研究成果十分丰富，也十分广泛。本小节选择几个代表性成果进行介绍。另外，第四至八章还将介绍一些其他重要进展。

1. 抗量子公钥密码

随着量子计算技术的发展和进步，为了应对量子时代的安全威胁，国内外学者都很重视抗量子密码尤其是抗量子公钥密码的研究，政府部门、标准化组织、学术组织等也都很重视抗量子公钥密码的研究与应用，部署了多个相关项目。2016年，NIST启动了一项征集抗量子公钥密码算法的计划。该计划旨在开发并标准化能够抵御量子计算机攻击的新一代公钥加密体系，以最终取代现有的公钥加密标准。这一举措大大地推动了抗量子公钥密码的发展与进步。美国NIST选择了CRYSTALS-Kyber公钥加密算法，以及CRYSTALS-Dilithium、Falcon和SPHINCS+等数字签名算法作为抗量子公钥密码标准候选算法，目前已作为标准发布。根据NIST收集到的算法类型，抗量子公钥密码可以分为基于格上困难问题的、基于编码随机译码困难问题的、基于杂凑函数或分组密码安全性的、基于多变量方程求解困难问题的和基于超奇异椭圆曲线同源困难问题的五大类。例如，NIST的候选算法CRYSTALS-Kyber、CRYSTALS-Dilithium和Falcon，以及FrodoKEM[38]就是基于格的抗量子公钥密码；基于编码的抗量子公钥密码的典型代表是基于Goppa码的Classic McEliece算法[39]；基于Hash的抗量子公钥密码仅用于数字签名，典型代表是XMSS算法，其是基于扩展Merkle树的有状态数字签名算法；基于多变量多项式的抗量子公钥密码的典型代表是Rainbow数字签名算法；基于超奇异椭圆曲线同构的抗量子公钥密码的典型代表是进入NIST第4轮评估的SIKE算法，不过目前SIKE算法已被破解。

此外，第四章也将介绍抗量子公钥密码方面的部分其他重要进展。

2. 区块链安全

区块链作为一种去中心化、防篡改的分布式数据账本，除可用于数字货币等金融领域外，还可用在政务服务、物联网、物流、医疗等方面，已形成公有链、私有链和联盟链等应用模式。安全是区块链应用的关键。

近年来，在区块链共识机制、高性能区块链体系架构、区块链数据存储与验证、智能合约执行模型、区块链隐私保护机制、公有链安全监测与溯源、联盟链监管、侧链与跨链技术、非中心资产交易机制等方面取得了一系列重要进展[40]。例如，在区块链共识机制方面，基亚耶斯（A. Kiayias）等在CRYPTO 2017上针对基于工作量的共识协议的能量资源浪费问题，提出了基于权益证明的共识协议Ouroboros；帕斯（R. Pass）等在2018年国际密码技术理论及应用年度会议（International Conference on the Theory and Applications of Cryptographic Techniques，EUROCRYPT）上将快速的传统拜占庭共识协议与区块链共识协议组合起来，提出了一个优化的、快速确认的混合共识协议；B. Guo等在2020年ACM计算机与通信安全会议（ACM Conference on Computer and Communications Security，CCS）上优化了异步共识协议的理论设计，实现了基于实用拜占庭容错算法的Dumbo协议，大幅提升了实现性能。在跨链技术方面，加日（P. Gaži）等在S&P 2019上提出的基于权益证明共识的侧链协议，实现了不同权益证明（proof-of-stake，PoS）区块链之间的通信；基亚耶斯等在2020年国际金融密码学与数据安全会议（International Conference on Financial Cryptography and Data Security，FC）上提出的基于工作量证明共识的侧链协议，实现了不同工作量证明（proof-of-work，PoW）区块链之间的通信；扎米亚京（A. Zamyatin）等在S&P 2019上提出了通过原子交换实现不同区块链之间资产转移的XCLAIM协议。在区块链安全性分析方面，基弗（L. Kiffer）等在CCS 2018上提出了利用马尔可夫链（Markov chain）分析区块链共识协议满足一致性的方法；L. Luu等在CCS 2016上提出基于符号执行的智能合约分析器Oyente，并发现了四种潜在的安全漏洞；卡尔拉（S. Kalra）等在2018年国际网络与分布式系统安全（Network and Distributed System Security，NDSS）研讨会上提出基于模型检测的工具 ZEUS，对智能合约的安全性和公平性进行了验证；Li 等[41]对区块链协议存在的密钥泄露造成的长程攻击及其防御方法进行了建模和分析。

此外，第七章第二节"三、主要研究进展"也将介绍区块链安全方面的部分其他重要进展。

3. 5G 安全

5G 作为新一代通信技术，是实现人与人、人与物、物与物之间互联的关键信息基础设施。5G 支持的三大应用场景包括增强移动宽带（enhanced mobile broadband，eMBB）、大规模机器类型通信（massive machine type communication，mMTC）和超高可靠低时延通信（ultra-reliable and low-latency communication，URLLC）。5G 将凭借其大带宽、低时延、大连接、高可靠等特性服务于 AI、物联网、工业互联网等行业。

5G 安全是支撑 5G 健康发展的关键要素[42]。3GPP SA3（隐私与安全）工作组从安全架构、接入认证、安全上下文和密钥管理等 17 个方面对 5G 安全的威胁和风险做了系统性分析，并于 2017 年发布了《5G 系统安全架构和流程》(3GPP TS 33.501)，描述了 5G 安全框架。5G 安全问题可归纳为接入安全、网络安全、用户安全、应用安全、可信安全、安全管理和密码算法等 7 个方面[42]，涉及网络功能虚拟化（network functions virtualization，NFV）、软件定义网络（software-defined network，SDN）、移动边缘计算（mobile edge computing，MEC）等关键技术问题。

协议是信息系统的核心，在 5G 协议安全性方面已经取得了系列重要成果。例如，侯赛因（S. R. Hussain）等在 CCS 2019 上提出 5GReasoner，系统分析了 5G 的 NAS 层协议与 RRC 层协议的安全性；巴辛（D. Basin）等在 CCS 2018 上形式化地分析了 5G 的认证协议；针对协议实现过程中的缺陷，H. Yang 等在 2019 年 USENIX 安全会议（USENIX Security Symposium，下文使用 USENIX Security+年份）上基于用户设备（user equipment，UE）优先解析强信号的捕获效应，提出了一种新的信号注入攻击方式；侯赛因等在 NDSS 2019 上利用侧信道信息，提出了一种新的隐私攻击方式，对完善 5G 协议的安全性具有重要意义；为了更好地测试设计和实现之间的不一致，基姆（H. Kim）等在 S&P 2019 上提出 LTEFuzz 工具，对 LTE 控制平面进行了测试，发现了"重放消息的处理不当"等问题，并把该工具扩展到 5G 代码分析。

在边缘计算方面，Li 等[43]将 MEC 引入 M2M 通信的虚拟蜂窝网络中，降低了能耗并提高了计算能力；Xiao 等[44]对 MEC 的攻击进行了建模，并应用强化学习技术提高了边缘学习的安全性。

在 SDN 方面，M. Zhang 等在 NDSS 2020 上提出了基于 SDN/NFV 的 DDoS 防御方案；J. Cao 等在 USENIX Security 2019 上针对 SDN 网络提出利用控制流量和数据流量路径中的共享链接来破坏 SDN 控制通道的跨路径攻击。

5G 安全标准的制定采用与通信技术同步演进的方式，由国际标准化组织和企业共同制定。5G 标准 R15 已完成，定义了安全基础架构和 eMBB 场景的安全标准；R16 于 2020 年 7 月 3 日冻结，面向 mMTC 和 URLLC 场景进行安全优化[40]。

我国积极参与 5G 架构设计和标准制定工作，于 2013 年 2 月成立了 IMT-2020（5G）推进组，先后发表了《5G 网络架构设计》白皮书、《5G 网络安全需求与架构》白皮书等。

此外，第五章也将介绍 5G 安全方面的部分其他重要进展。

4. 大数据安全

如何在保护信息秘密的情况下完成数据的相关操作，是当前众多大数据应用场景的重要需求之一。为此，人们提出在保留数据格式的前提下进行加密的方法，并支持对密文进行检索查询。例如，Chen 等[45]提出了双服务器的公钥可搜索加密机制方案，莱维（K. Lewi）等在 CCS 2016 上提出了区间搜索的顺序可见加密方法 ORE，H. Cui 等在 CCS 2016 上分析并设计了具有隐私保护的空间关键词查询方法。

针对加密算法的安全性分析，贝拉尔等在 CCS 2016 上提出了一种针对小域（small domain）环境下保留格式加密的已知明文攻击方法；杜拉克（F. B. Durak）等在 CRYPTO 2017 上提出了一种针对四轮 Feistel 网络的一般性已知明文攻击方法，之后 V. T. Hoang 等在 CRYPTO 2018 上进一步改进了这个攻击方法；Ning 等[46]对可搜索加密的安全性进行了分析，并提出了针对性的攻击方法；拉沙里泰（M. S. Lacharité）等在 S&P 2018 上针对区间检索的访问模式实现了攻击；科尔纳罗普洛斯（E. M. Kornaropoulos）等在 S&P 2019

上对 K 近邻（k-nearest neighbor，KNN）检索的访问模式实现了攻击。

大数据推动了 AI 技术的高速发展，AI 提高了可利用数据的广度和数据的分析处理能力。基于大数据的 AI 技术将服务于社会的各个方面，因此，AI 安全问题直接影响到大数据的安全。此外，隐私保护也是大数据应用中亟待解决的一个问题。

此外，第七章也将介绍大数据安全方面的部分其他重要进展。

5. 操作系统安全

Android 系统安全问题主要关注内核层安全和框架层安全。Linux 内核是 Android 的最底层，其漏洞或者安全缺陷会导致高级权限泄露；框架层为中间层，位于内核与应用程序之间，其漏洞或者安全缺陷既能造成系统底层 Root 权限的泄露，也会影响依赖框架层接口的所有移动应用。为了提升 Android 内核层的安全，人们主要关注对 Android 内核代码的漏洞挖掘，以及对 Linux 内核的安全增强，典型工作包含沙卜泰（A. Shabtai）等在 S&P 2009 上提出的以 SELinux 来增强 Android 的安全机制。近年来，随着 eBPF 技术的发展，基于 eBPF 增强 Linux 内核系统的安全模块也已成为一种发展趋势。例如，2020 年，谷歌将 eBPF 与 Linux 安全模块（Linux security module，LSM）相结合，提出了内核运行时安全监测（kernel runtime security instrumentation，KRSI）。为了提升 Android 框架层的安全，人们侧重于完善 Android 的签名、权限、沙盒等安全机制，细化安全策略，并确保框架层应用程序编程接口（application programming interface，API）的安全实现与规范使用。

典型的物联网操作系统有 RIOT、华为 LiteOS、FreeRTOS 等。物联网操作系统应用非常广泛，涵盖智能家居、智慧医疗、智能电网等各个行业。为了提升物联网操作系统的安全性，人们一方面关注轻量级的安全内核设计，另一方面关注通过安全或者监测模块来提升原有内核的安全性，例如，阿扎布（A. M. Azab）等在 NDSS 2016 上针对高级精简指令集机器（Advanced RISC Machine，ARM）提出了一个轻量级的安全内核执行环境（Secure Kernel-level Execution Environment，SKEE）。

随着工业 4.0 的发展，机器人也有自己的操作系统，称为机器人操作系统（robot operating system，ROS）。例如，迪罗福（V. DiLuoffo）等于 2018

年总结了 ROS 面临的各种安全漏洞与威胁，并提出了 ROS 2 架构整体安全方法的需求。

此外，第六章第四节"一、操作系统安全"也将介绍操作系统安全方面的部分其他重要进展。

6. 工业控制系统安全

工业控制系统被广泛应用于电力、石化、燃气、军工等众多领域，其安全性直接影响着国家关键信息基础设施的运行。工业控制系统主要包含监控与数据采集系统、分布式控制系统（distributed control systems，DCS）、可编程逻辑控制器（programmable logic controller，PLC）、远程终端、人机交互界面等。这些系统已经开始从"物理隔离"迈向"互联互通"，从而面临着更严重的攻击风险。近年来，针对工业控制系统的攻击事件频出，这进一步凸显其严峻形势。例如，2015 年 12 月，恶意代码 BlackEnergy 的变种攻击了乌克兰电力系统，造成乌克兰大规模停电。

态势感知技术是近年来应对工业控制系统安全威胁的重要安全技术，其目的是构建安全且实用的工控安全态势感知系统。针对工业控制系统的防护问题，国外已经推出了工控防火墙等安全产品。利用可信计算技术提高工业控制系统的安全防御能力也是一个重要思路。工业控制系统计算环境的长期稳定非常有利于可信计算技术发挥作用。TCG 在 2013 年底发布了《使用可信网络连接技术的工业控制系统安全架构指南》。随后，我国研究人员研制了面向工业控制系统的可信终端管理系统，形成了产品级的技术成果。可信终端管理系统利用可信计算技术，对终端环境中执行的所有代码进行校验和控制，以确保所运行的代码是可信的，进而保证了终端环境的安全性，有效提高了对各类恶意代码的防范能力。

此外，第五章第七节"三、工业互联网安全"和第八章也将介绍工业控制系统安全方面的部分其他重要进展。

7. APT 攻击

网络空间已经是国家间对抗的重要战场之一。美国政府早在 2009 年就成立了网络司令部，2014 年美国国防部发布了《四年防务评估报告》，明确指出投资新扩展的网络能力，建设 133 支网络任务部队。2015 年曝光的美国国防部合同显示，美国正利用民间机构扩展其网络攻击能力。黑色产业链的繁荣也正促使大量的黑客组织参与网络攻击，以获取经济利益。

目前，针对特定目标，利用未知漏洞进行渗透，综合应用各类先进技术手段的有组织攻击越来越多。这类攻击技术具有水平高、隐蔽性强、防御和检测难度大、破坏性强等特点，被业界统称为 APT 攻击。

近年来，爆发的 APT 重大事件既包括国家间的对抗（如 2010 年攻击伊朗核电站的震网蠕虫），也有实力雄厚的网络安全企业被入侵，例如，2011 年，RSA 数据安全有限公司遭受的 APT 攻击，造成企业核心机密数据 SecurID 数据泄露；2015 年，以黑客技术著称的 Hacking Team 公司遭受 APT 攻击，此次攻击造成大量的源代码及相关技术方案资料泄露。

在 APT 攻击过程中，非常基础的技术资源之一就是未知漏洞。因此，软件漏洞发掘与分析也是近年来的研究热点。并行化模糊测试技术的进一步完善，提高了软件漏洞的发现能力。一系列技术也成功转化为成熟的产品，如国际上的 Peach、Sulley 等系统。

针对 APT 攻击的防御问题，传统的杀毒软件模式已难以发挥有效作用。当前针对 APT 攻击主要有两条防御思路：一个思路是利用虚拟化技术将样本在可控的环境里进行模拟处理，分析并检测异常，从而发现恶意代码，美国的 FireEye、Lastline 等公司均推出了相关产品；另一个思路则是借助于大数据分析技术，通过对威胁情报的分析，检测并发现 APT 攻击的渗透、通信、扩散等行为。在这方面，美国通过"爱因斯坦计划"等方式加强了网络空间全局监测和威胁情报共享，并提升了整体防御能力和水平。

我国也受到国外敌对势力和各类黑客组织的攻击。例如，2015 年曝光的"海莲花"攻击是针对我国海事机构、海域建设部门、科研院所和航运企业，展开精密组织的网络攻击。

在 APT 攻击的防御方面，我国研究人员实现了不依赖于攻击代码特征、不依赖于具体漏洞特征的漏洞利用过程异常检测方法，并研制出相关检测产品。针对软件漏洞的发掘，我国在软件漏洞机理分析和自动利用等方面取得了一系列突破，研制了软件漏洞分析平台，并提高了软件漏洞分析的效率和能力。

此外，第六章也将介绍 APT 攻击方面的部分其他重要进展。

8. AI 安全

深度学习与 AI 是当前的热门技术。从数据流向的角度，AI 系统一般包含数据输入、数据预处理、机器学习模型和数据输出等 4 个主要阶段。由于 AI 系统通常处于开放甚至敌对的环境中，其每个阶段都可能暴露在攻击威胁中。Q. Xiao 等在 USENIX Security 2019 上给出了一种针对图像预处理阶段的欺骗攻击，当攻击图片被缩放预处理时会显现隐藏图片。埃拉塞德（G. F. Elasyed）等于 2019 年提出了一种神经网络的对抗性重编程方法，利用该方法，攻击者可以通过很小的代价借助他人训练好的模型资源来完成指定的攻击任务。除了 AI 本身的 4 个主要阶段外，在实际应用中，AI 系统的代码漏洞、不完整的学习以及系统设计的缺陷都会引入安全风险。

AI 技术还面临数据投毒、对抗样本、软硬件安全等安全问题[40]。攻击者可通过注入精心设计的样本对训练数据进行污染，破坏 AI 系统的正常功能并造成分类逃逸等；攻击者还可通过人类无法感知的对抗样本，使模型得到错误的输出，威胁图片语音识别、自然语言处理、自动驾驶等应用场景安全。软硬件安全是指实现的代码、平台和芯片存在软件层面或硬件层面的漏洞，如代码漏洞、侧信道攻击（side-channel attack，SCA）等。

此外，第七章也将介绍 AI 安全方面的部分其他重要进展。

9. 隐私保护

隐私保护是大数据和 AI 技术应用中亟待解决的问题。差分隐私保护模型[47]通过注入定量噪声，提供可通过严格数学证明的隐私保证，是实现深度学习中数据隐私保护的重要手段。例如，在随机梯度下降算法中，利用梯度裁剪来限制单个样例对梯度的影响，同时注入适当的梯度噪声，可使训练过程满足差分隐私保护模型。当面对大规模参数时，由于收敛慢、迭代次数多、全局隐私预算开销过大，隐私保护可采用统一分析多个操作步骤的差分隐私保护模型，以降低注入噪声的规模。

此外，莫哈塞尔（P. Mohassel）等在 S&P 2017 上提出了基于多方安全计算的机器学习方法；T. Lee 等在 2019 年 ACM 国际移动计算与网络会议（ACM International Conference on Mobile Computing and Networking，MobiCom）上基于可信计算实现了远程深度学习；Xu 等[48]提出了基于差分隐私的生成对抗网络（generative adversarial network，GAN）；B. Wu 等在

2019 年 IEEE 计算机视觉与模式识别会议（IEEE Conference on Computer Vision and Pattern Recognition，CVPR）上设计并实现了基于差分隐私保护的病理图像分类训练；沈游人等在 2020 年 ACM 编程语言和操作系统体系结构支持国际会议（ACM International Conference on Architectural Support for Programming Languages and Operating Systems，ASPLOS）上设计出基于 LibOS 的 SGX 实现方案，提高了可信计算在隐私保护等方面的效率和能力；谷歌于 2016 年提出的联邦学习已成为隐私保护方面的研究热点[40]。

此外，第七章也将介绍隐私保护方面的部分其他重要进展。

第二节 网络空间安全学科的内涵和发展规律

一、学科内涵

网络空间安全是一门综合性学科，不仅仅是在信息技术之上的信息安全和网络安全理论与技术研究，而是融合了管理、技术、标准、法律等保障手段，综合解决信息系统建设和应用中的各方面安全问题[49]。网络空间安全也是计算机、微电子、通信、数学、物理、生物、管理、法律和教育等学科交叉融合而形成的一门综合性交叉学科。网络空间安全学科主要包含五个方面的研究内容，即安全基础、密码学及应用、系统安全、网络安全和应用安全。安全基础为其他方向的研究提供理论、架构和方法学指导，如复杂性、概率、逻辑以及博弈等理论；密码学及应用为系统安全、网络安全和应用安全提供密码机制和安全解决方案；系统安全保证网络空间中计算系统节点单元的安全；网络安全保证连接计算机节点的网络架构和网络通信所传输的信息的安全；应用安全综合采用各种安全机制来保证网络空间中大型应用系统、互联网应用或服务的安全。

网络空间安全学科的研究对象涵盖了网络数字空间的所有基础设施和数字对象，作为海陆空天网的第五大疆域的网络空间同样体现国家主权，包括全球互联网信息基础设施和国家信息基础设施。从微观层面看，网络空间的研究对象包括通信基础设施、网络系统、信息系统以及由文字、图像、音视频等组成的信息数据。网络空间安全主要研究这些对象自身的安全以及它们之间协同交互的安全，并且由应用战略需求和前沿科学问题两方面的驱动力推动发展。网络空间安全学科一方面是学科科学问题牵引并驱动其自身发展，重点在于研究网络空间安全理论、技术和体系，探索网络空间安全学科前沿理论与技术；另一方面，外部威胁如霸权国家、敌对势力、恐怖分子、黑客组织等驱动了网络空间安全对抗的战略需求，重点在于研究网络空间攻防技术，解决国家信息基础设施和企业信息系统的安全防御问题。

二、学科发展规律

网络空间安全学科随着信息技术的发展而发展，随着攻防能力的变化而变化，这是网络空间安全学科发展的基本规律。网络空间安全是一个长期演进、发展和变化的过程，新问题随着新场景、新技术不断涌现，必须制定长远的战略目标，持续地改进提升。首先，网络空间安全问题是一个战略问题，网络空间新问题层出不穷，其治理应与时俱进，从国家层面自上而下地展开网络空间安全体系建设。网络空间安全建设需要把握好安全与效率、攻击与防御、整体与局部、开放与封闭等对立统一关系的特点，综合考虑网络空间安全性和可用性折中平衡，抓好安全体系设计、建设、维护中的风险管理。网络空间安全战略牵引科技创新已成为一种发展模式。其次，网络空间共性安全技术和伴随安全技术协同发展，一方面共性安全技术可为伴随安全技术提供基础支撑，另一方面伴随安全技术可以牵引和促进共性安全技术的发展和进步，随着技术不断演进和成熟，有些伴随安全技术最终有可能会转化为共性安全技术。最后，网络空间安全呈现人机物高度融合的发展特点。全球信息技术创新速度不断加快，网络虚拟空间融合边界不断扩展，以数字孪生、脑机接口、区块链、量子计算等为代表的下一代信息技术不断向前突破，万物互联、人机混合计算等使得网络空间中人、机、物边界逐渐模糊并开始融合发展，较单一人、机、物发展而言，人机物在融合过程中衍生出的新型技术的应用安全给未来网络空间安全发展带来了新问题和重要挑战。人机物融合安全既是未来网络空间安全发展面临的新问题和重要挑战，也是推进人类网络空间命运共同体的重要安全保障。

第二篇
主要学科方向发展现状与态势

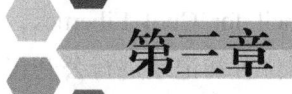

第三章 发展背景与学科特点

本章主要概述网络空间安全学科的发展背景、特点、趋势及体系框架。

第一节 学科发展背景

本节从新形势下的安全需求、安全威胁态势分析、国家战略与政策法规、人才教育的迫切需求四个方面阐述学科发展背景。

一、新形势下的安全需求

（一）多元化网络的蓬勃发展使得安全需求更加广泛

网络以多元化的形态渗透到了个人生活的方方面面。社交网络、电子商务、网络支付、智能家居等领域均从网络中衍生而来。然而，传统网络自身潜在的安全问题也随着各种网络的兴起而开始威胁到人们的日常生活。

社交网络将人与人之间的距离拉近，已经全面走向成熟化。借助于大数据和移动社交技术，当前的社交应用呈现出显著的移动化、本地化特征。这样的变化必将极大地带动用户规模，提升用户黏性。但是由于社交网络自身的应用创新和用户人数的爆发式增长，大量的安全问题不断显现出来。除了软件或网站本身会面临的安全威胁（如病毒、漏洞、木马）外，社交网络独特的应用特质还会带来用户信息泄露的安全威胁。攻击者可通过钓鱼攻击、恶意软件等方式获取用户隐私信息，甚至对用户的人身及财产安全造成威胁。2022 年，爱尔兰公民自由委员会（Irish Council for Civil Liberties，ICCL）曾揭露谷歌、微软等公司将个人用户的上网位置和记录进行公开售卖。2024 年，美国电话电报公司（AT&T）遭遇了一起发生在第三方 AI 数据云平台上的客户数据大规模泄露事件，超过 1 亿条用户数据被黑客获得，涉及几乎所有 AT&T 移动客户的通话和短信记录，半个美国的个人隐私面临威胁。这些信息泄露行为都无疑会对个人造成巨大的数据危机和财产损失。

与此同时，人们的日常消费也逐渐从现实转移到网络。第 53 次《中国互联网络发展状况统计报告》显示，截至 2023 年 12 月，我国网民规模达 10.92 亿人，较 2022 年 12 月新增网民 2480 万人，互联网普及率达 77.5%。我国网络购物用户规模达 9.15 亿人，较 2022 年 12 月增长 6967 万人，增速为 8.2%，占网民整体的 83.8%。助力网上零售额连续 11 年稳居全球第一[50]。作为数字经济新业态的典型代表，网络购物迅猛发展，消费逐步攀升，目前已经成为推动消费扩容的重要力量。但是在享受网络购物的便利时，网络购物安全风险也会随之而来。用户在进行网络购物时，容易深陷虚假钓鱼网站、诈骗交易、网银被盗等针对网络购物的安全陷阱。由于网络购物交易中存在着信用缺失、买方与卖方信息不对称、个人隐私暴露、在线支付隐患、物流配送不安全等问题，网络购物的安全隐患已经成为十分关键的问题。

作为网络金融快速发展的标志，人们的支付方式已经从传统现金支付逐渐转移到扫码支付。2022 年 2 月，中国互联网络信息中心发布的第 49 次《中国互联网络发展状况统计报告》指出，截至 2021 年 12 月，我国网络支付用户规模达 9.04 亿，较 2020 年 12 月增长 4929 万，占网民整体的 87.6%。我国网络支付领域业务量正保持稳定增长态势。在以支付宝、微信支付、云闪付等为代表的支付平台的主导下，我国网络支付规模逐年扩大，网络支付使用群体逐年增多，第三方移动支付交易规模逐步提升，为促进和支持经济发展提供了有力支撑。在大众享受网络支付带来的便捷性和开放性时，网络支付的安全问题逐渐凸显。网络支付过程中存在的网络钓鱼、木马病毒、社交陷阱、伪基站、信息泄露等众多安全风险，都可能导致受害者遭受严重的经济损失、个人信息被窃、电子账户资金被盗用、信息文件被修改或窃取等无法承受的后果。

随着人工智能的快速普及和物联网技术的迅猛发展，万物互联互通已经成为经济社会的发展趋势。据国际数据公司（International Data Corporation，IDC）公布的数据显示，2021年中国智能家居市场全年出货量接近2.30亿台。在投融资市场上，华为、百度、小米等行业巨头积极布局全屋智能赛道。未来的智能家居市场将飞速发展，整体趋势一片向好。在智能家居渐渐普及的同时，有关智能家居的安全问题也日趋明显。用户的个人信息会被存储在家庭智能设备上，极容易存在密码安全系数低、访问鉴权不严格、密钥机制不完善等漏洞，甚至智能家居中的摄像头等外设容易被攻击者作为窃取用户隐私的工具。据 Ars Technica 报道，一种新的黑客攻击概念模式可以通过窃听空中信号来攻击大批各种型号的智能电视，一旦控制了终端的智能电视，就可以控制智能家居网络中的更多设备，可用摄像头和麦克风窃听用户隐私。这也让人们在享受智能家居便利的同时，承受着巨大的安全风险。

（二）安全已经成为影响社会运行的重要因素

网络同样已经渗透到人们赖以生存和发展的工业系统和城市基础设施，如能源行业、交通网络和金融等。但这些传统工业系统在高速网络化的过程中并没有特别注重安全因素，因此存在较大的安全隐患，给国家和人民的生命财产安全带来了极大的威胁。

目前，工业互联网呈现出快速发展的态势，各个领域稳步推进。一是网络体系建设愈发健全，基础电信企业不断建设低时延、高可靠、带宽大的网络，以太网、物联网、5G、边缘计算等新型网络技术不断应用于网络体系建设中。二是工业互联网平台体系不断完善，涉及工业互联网、工业智能、工业大数据分析等多个特定领域。三是大数据技术不断发展，国家建设了工业互联网大数据中心体系等基础设施。四是安全保障意识不断增强，企业安全意识整体增强，威胁检测和信息处置方式不断强化[50]。

互联网的迅速普及，引领能源系统从碎片化的能源时代转型为万物互联等能源互联网时代。通过引入北斗服务和无人机技术，可以完成生产现场检测，及时掌握线路情况。但是，新能源系统工控安全也面临着网络边界防护不完善、控制区和非控制区之间未进行逻辑隔离、服务器未进行加固防护等众多挑战。此外，由于电力物联网中终端部署数量大、部署位置广泛，通信协议容易被攻击者破解，等等，电力物联网的网络安全危险程度急剧上升。

5G网络技术的日新月异和计算机科学技术的不断发展带来了信息化和轨道交通自动化的深度融合，轨道交通自动化与控制网络也向着分布式、智能化的方向迅速转变。越来越多的基于TCP/IP的通信协议和接口被采用，各子系统实现了互联互通、资源共享，进一步提升了自动化水平。一旦城市的交通系统被攻击，城市的安全运维、交通管理、车辆调度、故障报警等各个环节都无法正常运行。CNCERT进行了一项研究，针对城市轨道交通联网系统进行自动化无损漏洞扫描，结果显示共有84个联网系统存在漏洞，占联网系统总数的84%；CNCERT共发现425个漏洞，这些漏洞涉及配置不当、信息泄露等20种漏洞类型[50]。

移动互联网的普及带动了数字经济的发展，也随之推动了金融领域的数字化变革。金融领域经历了从办公与业务电子化，到金融在线业务平台搭建，再到金融与科技深度融合的变革。金融与互联网在深度交融，人工智能、大数据、云计算等数字经济核心技术正重塑金融业务流程，科技企业也不断向金融领域渗透，以弥补传统金融的服务不足。然而，金融领域的变革带来了很多安全问题。根据《2020—2021年金融行业网络安全研究报告》，有19%的金融企业遭受过重大事故。这些金融企业出现安全问题的主要原因有风险内控问题、金融机构信息技术外包、IPv6规模部署带来的安全隐性风险和存在安全隐患的员工行为等。

工业系统和城市基础设施的安全内容涉及计算机、自动化、管理、通信、经济等多个方面，目的是防范和抵御攻击者通过恶意行为制造事故、损害或者伤亡，它们是关系国家安全的重要基础设施的组成部分。广为人知的事件是2010年伊朗的"震网"病毒事件。这是一起经过长期规划准备和入侵潜伏的作业，从2006年开始，借助高度复杂的恶意代码和多个零日漏洞作为攻击武器，将铀离心机作为攻击目标，造成离心机批量损坏和改变离心机转数导致铀无法满足武器要求，以阻断伊朗核武器进程为目的的攻击。在感染"震网"病毒后，伊朗上千台离心机直接发生损毁或爆炸，放射性元素铀出现扩散和污染的现象，造成了严重的环境灾难。"震网"病毒毁坏了伊朗近 1/5 的离心机，感染了 20 多万台计算机，导致 1000 台机器物理退化，并使得伊朗核计划倒退了两年。

（三）没有网络安全就没有国家安全

过去无数的案例已经证明，针对国家信息基础设施的攻击将会造成无法挽回的后果。保障网络空间安全是构建国家关键信息基础设施安全保障体系的重要一环，更是为国家的长久稳定、社会经济发展提供了坚实的后盾。

国家关键信息基础设施主要是指公共通信和信息服务、能源、交通、水利、金融、公共服务、电子政务、国防科技工业等重要行业和领域的，以及其他一旦遭到破坏、丧失功能或者数据泄露，可能严重危害国家安全、国计民生、公共利益的重要网络设施、信息系统等。习近平总书记也明确指出："金融、能源、电力、通信、交通等领域的关键信息基础设施是经济社会运行的神经中枢，是网络安全的重中之重，也是可能遭到重点攻击的目标。……我们必须深入研究，采取有效措施，切实做好国家关键信息基础设施安全防护。"[51]基础设施出现交通中断、金融紊乱、电力瘫痪等问题，将会造成极大的破坏性和杀伤力，对国家政治、经济、科技、社会文化、国防、环境以及人民生命财产均会造成严重损害。

全球各个国家针对关键信息基础设施的网络攻击破坏、相互博弈的现象日趋频繁，网络空间俨然成为各个国家相互争夺的新战场。2015 年，波兰航空公司的地面操作系统遭受黑客袭击，导致整个系统瘫痪数小时，上千名乘客因此被迫取消航班并在当地滞留；2019 年，委内瑞拉的电力系统遭遇了网络攻击，导致整个国家多个城市陷入黑暗之中，多个地区的通信和供水全部中断，整个国家的关键信息基础设施陷入瘫痪；2021 年，美国一家燃油管道运营商的工控系统遭受了勒索病毒攻击，导致公司停摆，进而让整个国家乃至全球经济体的基础设施都遭受了巨大的损失。

在国家之间的网络对抗中，网络空间已经成为需要被保护的数字疆域，并且在冲突爆发时成为多方争夺的焦点。网络中心战成为当前时代的新型战役。它是由美国国防部首创的新军事指导原则，将各种武器平台、用户、传感器作为节点构建成网络，将分散到战场各处的侦察设备、指挥控制系统和武器打击系统联成网络,从而完成战场的情报收集、处理、运输和目标打击等过程的网络化、一体化和实时化,实现战场各作战单元的信息共享。各级指挥员能实时掌握战场态势,缩短决策时间,提高指挥速度和协同作战能力,增强系统自身的生存力和武器的杀伤力,以便对敌方实施快速、精确、连续的打击,从而大幅度地提高部队的战斗力。在2022年2月24日俄乌冲突爆发之前,俄方多次调动攻击资源,对乌克兰发起大规模DDoS攻击,导致数百个重要服务器遭受了破坏性恶意软件的攻击。这场网络对抗就是现代网络中心战的真实表现。

二、安全威胁态势分析

当前安全威胁的发展态势呈现出以下几个方面的特点。在实施网络攻击的主体方面,网络攻击以松散的黑客个人为主体,以炫耀技术为目的,逐渐在国家和民间两个层面产生变化:在国家层面,出现了以国家力量为背景,有组织、有纪律、高度协同的网络部队;在民间层面,受到黑色产业的带动,黑客不断聚集并形成地下组织,通过相互协作的方式实施网络犯罪。在技术方面,攻击技术由依赖单一技术,转变为综合应用体系化、系统化的技术能力。在攻击目标方面,攻击所针对的目标越来越广泛、危害也越来越大,由单个目标的信息窃取,转向大规模对电力、水利、电信、交通、能源等关键基础设施的攻击。在攻击防范的难度方面,信息产业供应链越来越复杂,针对供应链的攻击也越来越频繁,防御难度很大。

(一)攻击组织化

在国家层面,有些国家早已将网络空间定义为没有硝烟的战场,通过国家力量培养、组织黑客团体,在和平时期进行间谍活动等,在战争时期实现各种战略和战术目标。早在2006年,美国空军在其颁布的《空军战略计划》中明确把网络空间正式界定为一个新的作战领域。后续美国空军设立了空军网络司令部(Air Forces Cyber,AFCYBER),空军网络司令部负责网络和信息战。美国空军将空军网络部队提升至军种级组成司令部,从而更好地融合各种权限和能力以支持空军部队行动。在空军网络司令部组建的同时,其他军种司令部的组建也在进行中。美国陆军在 2011 年年末成立了第 780 军事情报旅，其任务是搜集有关潜在威胁的情报（包括与流氓国家和非政府机构有关的黑客以及影子犯罪企业等），目的都是保护军事网络。与此同时，美国海军也于 2023 年 7 月宣布设置网络战兵种，以推动网络作战能力专精化。根据 2022 年 10 月美军网络司令部发布的《网络战部队使命任务》，美国国防部于 2012 年 12 月批准建立网络战部队，2016 年宣布具备初始作战能力，2018 年具备"完全作战能力"。2022 年，美军网络战部队共有 6200 余人。根据联合部队作战行动又划分为：68 支网络防护小队，担负保护国防部信息网络、关键基础设施，并协助开展网络域战斗准备任务；27 支网络战斗任务小队，负责遂行作战行动，为作战司令部和联合部队提供支援；13 支国家任务小队，主要负责网络领域战略侦察，挫败对手攻击行为等任务；25 支作战支援小队，为其他任务小队提供情报分析和行动支援。

除美国外，其他国家也在大力发展网络空间作战能力。2009 年 6 月，英国出台了首个《国家网络安全战略》，宣布成立网络安全办公室（Office of Cyber Security）和网络安全运行中心（Cyber Security Operations Centre），前者负责协调政府各部门网络安全计划，后者负责协调政府和民间机构主要计算机系统安全保护工作。在 2015 年，英国进一步基于陆军力量成立了网络战的旅级编制，号称"网战 007"，初始编制 1500 人，由国防部和政府通信总部共同建设和指挥。2021 年，英国首相约翰逊正式宣称国家网络部队开始运作。根据《卫报》2021 的报道，英国国家网络部队计划在未来 10 年扩充至 3000 人，通过内部选拔和公开招募等多种方式，建成具有多重来源、不同身份和技术能力、优势互补的高技术网络战部队，有效提升网络攻防能力。

法国在 2017 年成立了网络司令部。法军将网络作战分为防御作战和进攻作战两种，并将重心放在防御作战方面，将进攻作战作为必不可少并与防御作战互补的手段。法国同时颁布了《2019—2025 军事规划法》，进一步明确了网军的预期规模、发展方向、时间规划，根据该规划，法军将快速扩充网络战部队至 4000 人。

以色列国防军组建了 8200 部队，该部队利用以色列兵役制度的优势，通过在军队内部严格筛选的方式选拔人才，以边实战边学习的方式，形成了一支网络攻防、情报收集、间谍活动的专业部队。据2021年相关报道的估计，该部队约有5000人。在经过实战和专业技能训练后，该部队的退役人员可以选择加入高科技公司或继续深造。根据《福布斯》(Forbes)报道，以色列的主要信息安全公司创始人或科技精英大多来自8200部队，以色列的三大高科技公司的很多技术都来自8200部队。

日本于2014年3月26日正式成立网络战部队"网络防卫队"。据日本共同社报道，防卫相小野寺五典参加了授旗仪式，日本防卫省向媒体公开了仪式内容，并表示"来自网络空间的威胁不是未来的事情，而是眼下的现实。将集结陆海空之力"。2021年，日本防卫省宣称将大力扩充其网络安全部队，逐渐从已有的660人扩大到千人以上。

在亚洲，除日本外，印度、越南、韩国等也十分注重网络作战。印度很早就开始组建网络作战部队，并针对网络作战专门成立了国防网络局。根据越南《青年报》(Tuoi Tre)报道，越南军队已经组建了专门的网络战队伍。据报道，2018年1月8日，越南国防部宣布成立了一个网络防御部门，以"研究和预测"未来的网络战争，该网络作战指挥中心将由军方负责运转，并将与政府机构合作，确保越南的网络主权和网络关键基础设施安全。韩国启动了"天才少年"计划，通过信息安全竞赛、技能选拔等方式，招募黑客高手，形成网络作战力量。

在民间层面，最早黑客的主要目的是寻找系统漏洞并炫耀技术，以分散、独立的个体存在；当前的黑客则主要以经济利益为目的实施网络攻击。为了获得高额回报，黑客们组织在一起并相互分工，在社交网络、网络存储、电子支付等细分的场景下，形成了技术敲诈、网络诈骗、盗刷银行卡、网络水军等黑色产业链。2015年年初，腾讯发布了首份《2014年腾讯雷霆行动网络黑色产业链年度报告》，该报告指出，在移动支付安全领域，目前已逐渐形成一条分工明确、作案手法专业的黑色产业链，犯罪团伙具有很强的区域聚集性，分布在二三线城市，主要是年龄为15~25岁的无业年轻人，他们在移动互联网领域主要瞄准网上购物、网络银行、网络游戏和聊天等用户群体。而且，在巨大利益的驱动下，黑色产业链中的有组织的黑客群体，快速将大数据分析、深度学习等最新技术进展应用于黑色产业，防御难度较大。网络黑色产业历经十余年发展，已经深度渗透于社交网络、电子商务、云计算等新兴网络应用模式中。同时，由于网络黑色产业的参与人员身份隐蔽、受害群体广泛、技术先进等特点，针对黑色产业链的打击无法依赖一家或几家公司解决，需要信息提供商、安全公司、不同行业，以及国家行政、司法等多部门协同，才能够有效应对。

（二）攻击技术体系化

信息网络体系越来越复杂，由原有的单点通信逐渐发展为万物互联，大到关系国计民生的能源、电力、运输等重要基础设施，小到普通用户家中的音箱、摄像头，它们组合在一起形成了高度复杂、相互连通的立体网络。针对复杂化、立体化的网络设备，网络攻击也不再局限于单一的技术，而是通过多种攻击手段，按目的、分层次、分步骤攻击不同目标，最终综合阶段攻击过程以实现最佳攻击效果，攻击技术和攻击过程的体系化特点进一步凸显。

近年来，斯诺登、影子经纪人、Hacking Team 等数据泄露，曝光了"棱镜"（PRISM）监听项目，TAO 等美国国家安全局下属网络攻击组织、相关网络攻击武器库，以及相关机构利用体系化网络武器的攻击过程。相关信息表明，美国的全球化入侵依赖于下属部门及其关联机构为其提供的体系化网络攻击武器，包括"UnitedRake"（联合耙）后门程序、"QUANTUM"（量子）攻击系统、"FoxAcid"（酸狐狸）仿冒服务器等攻击套件组合[50]。

2022 年 3 月 22 日，360 针对 NSA 事件发布报告，揭露了 NSA 的代表性网络武器——Quantum（量子）攻击平台。该报告显示，该平台是 NSA 针对国家级互联网设计的一种先进的网络流量劫持攻击技术，NSA 利用量子攻击技术持续对世界各国访问 Facebook、Twitter、YouTube、亚马逊（Amazon）等美国境内网站的所有互联网用户发起网络攻击，QQ 等中国社交软件也是其攻击目标。该平台由 9 种先进的网络攻击能力模块组成。基于该平台，攻击者能够对被攻击者进行网络定位，远程劫持操控全球互联网巨头网络流量，全面监控被攻击者的上网账号，分析被攻击者的网络活动，提取被攻击者收发的邮件、传输的文件和发送的信息，并能够针对路由器、主机、智能设备实施漏洞攻击和隐蔽控制。在被攻击者毫不知情的情况下，攻击者大规模窃取用户隐私数据，并传送到 NSA 的专用大数据中心，整个过程实现了工程化、自动化、流水线化。该平台仅是美国多个攻击平台的冰山一角，但已经表现出了惊人的完整性、复杂性和系统性。

值得一提的是，2017年，利用该平台中的"永恒之蓝"漏洞，WannaCry勒索软件在全球爆发，影响至少150个国家、30万用户，造成的损失达80亿美元，我国的部分交通管理网络等也遭受攻击。这是NSA网络攻击武器库中单一武器造成的影响，完整武器库的破坏力难以估量。

（三）供应链攻击等高级可持续攻击手段不断发展

供应链攻击利用开源、云共享等技术的应用，以及软件供应链逐渐多元化的特点，通过污染合法应用的源代码、程序组件或更新机制的方式，嵌入恶意代码。攻击者直接向供应链中加入不安全的协议实现、具有漏洞的代码，在软件供应商未意识到使用的第三方代码、组件、开发工具等存在恶意代码的情况下，公开发布被污染的软件，使得嵌入的恶意代码以与该软件相同的信任和权限运行。

2015年9月14日曝出的针对Xcode非官方恶意版本污染事件（XcodeGhost），攻击者通过修改Xcode配置文件，使得在编译链接时程序强制加载恶意库文件，最终导致经过污染过的Xcode版本编译出的APP程序，都会被植入恶意逻辑，包括向攻击者回传敏感信息，并可能导致被远程控制的风险。2017年，远程终端管理工具Xshell由于开发人员的计算机被攻陷，导致开发人员开发的代码存在后门，这进一步影响了最终交付到终端用户手里的应用软件，即Xshell软件也带有恶意后门，这一版本的应用软件在国内被大量分发使用。

供应链攻击不仅严重危害了个人和企业的信息安全，也威胁到国家网络空间安全。由于供应链本身具有链条长、参与者众多、环节复杂等特点，攻击面相比其他攻击方式更加宽广，因而供应链攻击的防御容易因木桶效应导致功亏一篑。美国于2009年发布的《网络空间政策评估——保障可信和强健的信息和通信基础设施》报告中将信息与通信技术（information and communication technology，ICT）供应链安全提高到国家战略层面。然而在2020年的SolarWinds供应链攻击事件中，美国国务院、五角大楼、国土安全部等多个政府部门仍遭受到了软件供应链攻击。美国拥有最强的信息安全攻防能力，但相关部门仍无法避免供应链攻击，供应链攻击的防范难度可见一斑。

综上所述，当前信息系统安全主要面临多方面、有组织、体系化的持续性威胁。黑客组织不仅仅在和平时期持续地对政府、科研、生产的要害部门实施监视和间谍活动。国与国之间的对抗也将网络空间作为首选的战场，通过向电力、水利、电信、交通、能源等国家关键基础设施发动攻击，对信息传递、公共服务、资源调度等经济、社会运行的关键要素造成严重破坏，影响公共安全和社会稳定，进而达到影响政治稳定、打击经济命脉的目的。

三、国家战略与政策法规

世界各国均提出了行政法案、政策法规、标准规范等，旨在维护网络空间安全和平、健康的稳定发展，在网络空间对抗中占据优势。

（一）国际网络空间安全战略

1. 美国国家网络空间安全战略

美国是全球网络空间技术的引领者，其网络安全技术和战略技术，具备较为完善的体系，始终以网络空间范围内的关键基础设施防护为核心，通过行政立法、技术封锁、制裁威慑等手段，追求技术上的绝对优势，维护技术霸权的地位。特朗普执政时的美国政府通过出台新版的《国家安全战略》、《国家网络战略》和《国防部网络战略》等纲领性文件，从科学技术、战略资源、数据信息、法理道德等不同的维度，抢占全球网络空间主控权和制高点，构建其网络空间安全战略体系。拜登执政时的美国政府，延续了特朗普政府的网络空间战略，出台了顶层战略文件《国家安全战略临时指南》，把网络安全置于至关重要的战略地位，将其提升为各级政府部门的第一要务，在行政令中强调"网络安全为联邦事务优先项"，从政策上申明了网络空间安全的战略地位。2023年3月，美国又发布了新版的《国家网络安全战略》，旨在建立一个可防御、富有弹性的数字生态系统。

美国政府将关键基础设施的网络安全防护、网络攻防、数据安全、供应链安全等领域列为重点，通过出台网络空间安全纲领性文件，包括《关于加强国家网络安全的行政命令》《改善关键基础设施控制系统网络安全备忘录》《确保信息和通信技术及服务供应链安全》《关于保护美国人的敏感数据不受外国敌对势力侵害的行政命令》等，将关键基础设施防护、供应链安全、数据安全等方面纳入政府和国防部战略规划中进行布局。2021年5月，拜登签署了《关于改善国家网络安全的行政令》，要求加强网络安全政策指导，增加政府与私营机构合作；加强网络空间威胁信息共享，防范网络安全事件；实施零信任架构，加快云服务安全化，推进网络安全方法现代化；增加商业软件开发透明度，加强网络供应链安全；设立网络安全审查委员会，加强对重大网络事件、威胁活动、漏洞修复和机构响应等活动的审查和评估；制定网络事件响应流程，加强网络安全事件响应流程标准化；加强网络安全漏洞检测，提高联邦政府对网络漏洞和网络威胁的认识与检测能力；加强网络安全事件调查和系统修复能力；加强国家安全系统网络安全。

美国政府在战略上高度重视关键基础设施网络安全。2021年，美国最大的燃油运输管道商科洛尼尔管道运输公司（Colonial Pipeline）遭遇勒索攻击，导致燃油供应中断，17个州和华盛顿特区进入紧急状态，该事件推动了关键基础设施网络安全防护成为美国政府实施网络空间安全的首要议题。美国政府出台政策标准，细化了工业控制系统安全、电力网络安全、5G安全等重点领域的防护要求。在工业控制系统安全方面，美国政府出台了《改善关键基础设施控制系统网络安全备忘录》，制定了工业控制系统网络安全规范和关键基础设施网络安全目标准则，以提升工业控制系统基础设施的安全防护能力。在电力网络安全方面，美国政府问责署发布了《关键基础设施保护：采取措施应对电网面临的重大网络安全风险》报告，对美国电网面临的网络安全风险和挑战进行了分析，描述了联邦机构应对电网网络安全风险所采取的措施，同时指出，能源部应对电网网络安全风险和挑战的战略并不充分，能源监管委员会批准的标准也并未能完全解决电网面临的网络安全威胁，最后对政府相关部门提出了建议。在5G安全方面，NSA等多个部门联合发布了《5G基础设施的潜在威胁向量分析报告》，该报告对政策标准、供应链和5G系统框架等方面的威胁向量进行了详细解析，对5G基础设施的部署风险进行了评估，并提出了防范措施。

美国政府一直将供应链安全问题摆在重要战略地位。供应链直接关系到网络安全主动权,美国政府为了保持网络空间领域的"引领"地位,将供应链安全作为网络空间安全战略的重要组成部分。2021年,美国总统拜登签署的《确保美国供应链安全行政命令》强制对核心产品的供应链开展网络安全风险审查;美国网络安全和基础设施安全局(Cybersecurity and Infrastructure Security Agency,CISA)和NIST两大机构联合发布了《防御软件供应链攻击》报告,该报告对软件供应链安全进行了规范和界定,并提出了与软件供应链安全相关的信息安全风险、关联威胁风险和缓解措施。另外,美国政府签署行政令申明优先解决关键软件供应链安全问题,打通威胁信息共享通道,让各部门及时共享威胁情报、数据和漏洞信息。同时,美国政府也加大力度推进零信任安全等新理念和新兴技术的发展,将网络空间安全事项部署在"创新和现代化"板块,围绕前沿技术创新建设网络空间能力。NSA发布的关于零信任安全模型的指南——《拥抱零信任安全模型》,建议将零信任安全架构应用部署到国防部及关联的核心网络与系统中,提升网络与数据的安全性;同时,该指南提出构建基于零信任架构的云计算环境,作为网络安全现代化核心,应用于联邦民事网络系统与基础设施。

  美国政府着重提升国家对网络空间威胁的全方位防御能力,美国国防部和各类兵种则是重点发展联合部队的网络现代化作战能力。随着无人机技术的发展及其在现代战争中作战价值的增加,美国国防部发布了《反小型无人机系统战略》,基于潜在风险分析研究装备型和非装备型解决方案,通过多样化创新技术协助的形式增强联合部队的作战能力。美国海军发布了无人系统领域的顶层发展大纲《无人作战框架》,该框架提出了海军使用无人系统来支持未来海上任务执行的愿景,旨在实现对外攻击、内保生存以及提供可扩展的作战效果,并致力于发展人机自动化协同作战能力。美国陆军发布了《陆军统一网络计划》和《陆军数字化转型战略》,提出了军队现代化战备、优化调整数字化等目标,旨在从融合作战环境、融合服务基础设施、融合网络作战和融合网络防御能力等方面,提升陆军多域对抗作战能力。

  美国的网络空间安全战略已经形成较为完善的体系,由联邦政府和国防部制定纲领,不断完善各部门机构、各军种的网络安全部门设置,协同多部门机构,从军事、经济、政治、工业、科技等不同维度分别部署战略,以维护其在网络空间安全领域的霸主地位。

2. 当前国际网络空间安全战略的重点

近年来，欧盟、英国等纷纷出台网络空间安全战略和规划，将网络弹性作为国家战略重点进行规划和部署。2021年12月，NIST发布了《开发网络弹性系统——系统安全工程方法》，标志着全球首部网络弹性技术文件正式出台。2022年1月，美国CISA发布了《基础设施弹性规划框架》，旨在为政府机构和私营部门提供方法指导，以提升关键基础设施服务的安全性和弹性为目的。2023年3月，美国白宫发布了新版《国家网络安全战略》，以"通向富有弹性的网络空间之路"为目标，旨在塑造一个可防御、富有弹性的数字生态系统。2023年7月，美国白宫发布了《国家网络安全战略实施计划》，从技术与创新角度提高关键基础设施的安全性和弹性。2024年2月，NIST发布了《网络安全框架》（Cybersecurity Framework，CSF）的2.0正式版本，这是2014年网络安全框架发布后的首次重大更新，新框架版本极大地扩展了适用范围，重点关注治理和供应链问题，并提供了丰富的资源以加速框架实施。

欧盟于2020年12月提出的《欧盟数字十年的网络安全战略》（EU's Cybersecurity Strategy for the Digital Decade）作为未来欧盟"数字十年"（Digital Decade）计划的顶层目标与基本路线，把网络弹性作为首要实现目标，打造更安全的网络空间，为欧盟数字经济发展保驾护航。此外，欧盟委员会还同步发布了《关键实体弹性指令》（Critical Entities Resilience Directive，CER Directive）。2022年9月，欧盟委员会发布了《网络弹性法案》（Cyber Resilience Act），该法案要求所有在欧盟市场上销售的可联网数字化设备和软件在设计、生产、运营及维护等整个生命周期都必须满足欧盟设定的强制性网络安全标准。2023年4月，欧盟委员会发布了《网络团结法案》（Cyber Solidarity Act），该法案从网络安全协作、网络安全能力储备等方面进行了规划，旨在提升检测、准备和响应网络安全事件方面的能力，从而更好地应对重大的和大范围的网络安全事件。

2021年12月，英国颁布的《2022年国家网络战略》将网络弹性列为重点内容之一，目标是实现一个富有弹性和繁荣的数字英国。2022年1月，英国颁布了《2022—2030政府网络安全战略——建立一个具有网络弹性的公共部门》，该战略旨在指导政府各部门尤其是关键部门如何抵御网络攻击和改善网络弹性，从而提升英国在网络空间领域的地位。该战略指出，英国政府近期在网络领域有两大核心任务，即为各机构的网络弹性奠定坚实基础，以及加强政府各部门之间的网络合作。2022年5月，英国国防部发布了《国防网络弹性战略》。该战略明确提出了到2026年、2030年的阶段性核心目标，并对国防现状进行了诊断，确立了七大优先事项战略重点及其具体实现的途径和指导原则。该战略旨在未来5年解决网络防御的关键问题，并建立网络弹性的重点、一致性目标及实施计划，以期从根本上转变与工业界的关系，促进在国防和安全方面的更密切合作。

综上所述，当前国际网络空间安全的战略重点是网络弹性战略。

（二）我国网络空间安全战略

为应对全球网络空间安全威胁，治理网络空间安全问题，构建和谐网络空间环境，维护人类共同利益，维护世界和平发展，维护国家网络空间主权，我国于2016年制定了《国家网络空间安全战略》，从机遇与挑战、战略目标、战略原则、战略任务方面阐述了我国网络空间发展和安全的重大立场。

网络空间安全是我国面临的新机遇和新挑战。伴随信息革命的飞速发展，网络空间已潜移默化地改变了人类的生产和生活方式，并深刻影响着人类社会历史的发展进程。《国家网络空间安全战略》指出，网络空间成为信息传播的新渠道、生产生活的新空间、经济发展的新引擎、文化繁荣的新载体、社会治理的新平台、交流合作的新纽带、国家主权的新疆域。国家政治、国防、经济、文化及公民在网络空间的合法权益面临严峻风险与挑战，相关威胁风险包括网络渗透危害政治安全、网络攻击威胁经济安全、网络有害信息侵蚀文化安全、网络恐怖和违法犯罪破坏社会安全。国际上争抢和控制网络空间战略资源、争夺规则制定权和战略制高点、谋取战略主动权的竞争日趋激烈。美国等西方国家强化网络威慑战略，加剧网络空间军备竞赛，网络空间和平受到新的挑战。

我国建设网络空间安全的目标是"以总体国家安全观为指导，贯彻落实创新、协调、绿色、开放、共享的新发展理念，增强风险意识和危机意识，统筹国内国际两个大局，统筹发展安全两件大事，积极防御、有效应对，推进网络空间和平、安全、开放、合作、有序，维护国家主权、安全、发展利益，实现建设网络强国的战略目标"。我国网络空间安全建设坚持四项原则：尊重维护网络空间主权、和平利用网络空间、依法治理网络空间、统筹网络安全与发展。在战略目标和战略原则框架之下，我国制定了9项战略任务：坚定捍卫网络空间主权，坚决维护国家安全，保护关键信息基础设施，加强网络文化建设，打击网络恐怖和违法犯罪，完善网络治理体系，夯实网络安全基础，提升网络空间防护能力，强化网络空间国际合作。

国家关键基础设施是国家安全的基础，世界各国高度重视关键基础设施的网络安全，我国也不例外。我国坚持技术与管理结合，基于识别、防护、检测、响应、处置等环节，建立关键基础设施的防护制度，在技术、管理、人才、法规等方面加大投入，增强关键基础设施的安全防护。

基于技术创新夯实网络安全基础是网络空间安全建设的重要任务。发展网络空间基础设施，依托于软件安全、大数据安全、云计算基础设施安全等信息技术的创新和应用。加强网络空间安全基础理论和重大问题研究，推进网络安全标准认证和应用，基于标准规范网络空间建设和应用，完善安全事件处置机制，推进新技术在网络空间领域的应用和进步，是网络空间安全建设的重要任务。

完善网络治理体系是网络空间安全建设有法可依的基础。网络空间安全建设需要投入大量人力、物力，缺乏法律强制规范难以凝聚各方力量共同建设安全的网络空间环境。健全网络安全法律法规体系，制定出台网络安全法等法律法规，明确社会各方面的责任和义务，明确网络安全管理要求，坚持依法、公开、透明管网治网，是网络空间安全建设不可缺失的一部分。

网络文化建设也是网络空间安全的重要组成部分。加强互联网文化阵地建设，弘扬正确价值观，营造良好网络氛围，是维持社会稳定发展的基础。随着信息技术的发展，人类生活已离不开网络空间，网络新闻、视频、直播室等自媒体的兴起改变了人们获取信息的方式，新兴媒体滋生的文化侵害不容忽视。发展积极向上的网络文化，实施网络内容工程建设，推动优秀传统文化的数字化、网络化传播，以促进文明进步并建设文明、良性的网络空间环境，这些举措是网络空间安全建设的重要组成部分。

（三）我国网络空间安全政策法规

随着网络安全形势发展变化，网络安全问题的危害性日益突出，网络安全已经上升到国家安全层面。近年来，我国颁布了一系列政策文件和法律法规，从顶层设计的角度对网络安全工作提出了明确要求。我国已逐步形成完善的网络安全法律体系，构建了以《中华人民共和国网络安全法》《中华人民共和国密码法》《中华人民共和国数据安全法》《中华人民共和国个人信息保护法》为基础的体系框架，基于基础框架体系扩展领域内标准条例的细化，构建完善的网络空间安全政策法规与标准制度。

《中华人民共和国网络安全法》是我国第一部全面规范网络空间安全管理方面问题的基础性法律，于2016年11月7日由第十二届全国人民代表大会常务委员会第二十四次会议通过，2017年6月1日起施行，是我国网络空间法治建设的重要里程碑，是依法治网、化解网络风险的法律基础，是让互联网在法治轨道上健康运行的重要保障。《中华人民共和国网络安全法》将网络行为规范制度化，为网络空间管理制度确立了原则性规定，并为网络安全工作提供了切实法律保障。

《中华人民共和国密码法》是我国密码领域的综合性、基础性法律，于2019年10月26日由第十三届全国人民代表大会常务委员会第十四次会议通过，2020年1月1日起施行，是为了规范密码应用和管理，促进密码事业发展，保障网络与信息安全，维护国家安全和社会公共利益，保护公民、法人和其他组织的合法权益制定的法律。

《中华人民共和国数据安全法》是健全数据安全治理体系、提高数据安全保障能力的法律，于2021年6月10日由第十三届全国人民代表大会常务委员会第二十九次会议通过，2021年9月1日起施行，是为了规范数据处理活动，保障数据安全，促进数据开发利用，保护个人、组织的合法权益，维护国家主权、安全和发展利益制定的法律。

《中华人民共和国个人信息保护法》是保护个人信息的法律，于2021年8月20日由第十三届全国人民代表大会常务委员会第三十次会议通过，2021年11月1日起施行，是为了保护个人信息权益，规范个人信息处理活动，促进个人信息合理利用，根据宪法制定的法律。

《关键信息基础设施安全保护条例》是保障关键信息基础设施的条例，于2021年4月27日由国务院第133次常务会议通过，2021年9月1日起施行，是为了保障关键信息基础设施安全，维护网络安全，根据《中华人民共和国网络安全法》制定的条例。

《网络安全等级保护条例（征求意见稿）》是由公安部会同有关部门于2018年联合起草的条例，明确了网络运营者依法落实网络安全等级保护制度，规定了网络的定级和备案要求，细化了不同安全保护等级网络的运营者的安全保护义务，规定了第三级以上网络的运营者在各工作阶段应当履行的责任义务。该条例的出台标志着我国进入等保2.0时代。

《网络产品安全漏洞管理规定》于2021年7月12日由工业和信息化部、国家互联网信息办公室、公安部联合印发通知并公布，自2021年9月1日起实施，是为了规范网络产品安全漏洞发现、报告、修补、发布等行为，防范网络安全风险，根据《中华人民共和国网络安全法》制定的规定。

《网络产品安全漏洞收集平台备案管理办法》于2022年10月25日印发。该办法规定，漏洞收集平台备案通过工业和信息化部网络安全威胁和漏洞信息共享平台开展，采用网上备案方式进行。

随着《中华人民共和国网络安全法》《中华人民共和国数据安全法》《中华人民共和国个人信息保护法》《中华人民共和国密码法》的陆续发布和实施，作为法律法规有力支撑的网络安全国家标准、行业标准也持续发布，涵盖密码技术、工业互联网安全、云安全、车联网安全等领域，覆盖通信、金融、广电等重要行业。2021年，国家标准管理局颁布了《信息安全技术 信息系统密码应用基本要求》等十余项密码技术国家标准、《信息安全技术 基于多信道的证书申请和应用协议》等鉴别授权国家标准、《网络关键设备安全通用要求》等产品检测评估国家标准、《工业通信网络 网络和系统安全 工业自动化和控制系统信息安全技术》等云安全国家标准、《电动汽车远程服务与管理系统信息安全技术要求及试验方法》等车联网国家标准。

四、人才教育的迫切需求

网络空间安全的发展依赖于相关人才队伍的建设。在我国，尽管网络空间安全已经成为一级学科，各大院校纷纷成立了网络空间安全学院，但是当前网络空间安全人才培养仍然面临人才储备不足、人才体系建设存在短板等问题。

（一）我国网络空间安全学科教育发展历程

我国网络空间安全学科教育发展经历了从密码学二级学科到信息安全二级学科，再到网络空间安全一级学科的发展历程，并提出了相应的人才培养战略与管理办法，初步形成了创新氛围浓郁的网络空间安全生态。回顾整个学科教育发展历程，可以将其划分为以下 3 个阶段。

第一阶段：密码学二级学科设立。1959 年，受钱学森指示，西安电子科技大学在全国率先开展密码学研究。1988 年，西安电子科技大学获准在军队指挥学下设立第一个密码学硕士点，1993 年获准设立密码学博士点，并成为国家 211 重点建设学科。在学术组织方面，于 20 世纪 90 年代初中国密码学会成立，经过十余年发展壮大，2007 年成为国家一级学会，我国密码与信息安全领域发展进入快速上升期。

第二阶段：信息安全二级学科设立。基于信息安全在国家安全中占有极其重要的战略地位这一认知，这一阶段以早期的信息安全建设、关注信息安全方向的人才培养为主要目标。在 2001 年，我国成立了国家信息化领导小组，推进信息安全建设。同年，教育部批准设立了信息安全专业，从武汉大学的我国首个信息安全本科专业创建开始，展开了我国推进信息安全人才培养的篇章。后续多所高校陆续开设信息安全专业，设立信息安全研究机构等，逐步形成了较为完善的信息安全学科人才培养点。2007 年，为充分发挥专家学者对信息安全类专业教学改革与建设的研究与指导作用，加强对高等院校信息安全培养的宏观指导与管理，按照《教育部关于进一步加强信息安全学科、专业建设和人才培养工作的意见》的要求及《教育部关于成立 2006—2010 年教育部高等学校有关科类教学指导委员会的通知》的有关工作安排，成立了高等学校信息安全类专业教学指导委员会，以促进信息安全人才的培养。根据教育部《普通高等学校本科专业目录（2012 年）》，信息安全学科设为二级学科，学科代码为"080904K"，属于计算机类（0809）。尽可能完善地构建并发展我国的信息安全人才培养机制，为保障我国安全和利益奠定了坚实的基础。

第三阶段：网络空间安全一级学科设立。2015 年 6 月 11 日，为实施国家安全战略，加快网络空间安全高层次人才培养，根据《学位授予和人才培养学科目录设置与管理办法》的规定和程序，经专家论证，国务院学位委员会学科评议组评议，报国务院学位委员会批准，国务院学位委员会与教育部联合发布了《关于增设网络空间安全一级学科的通知》，在"工学"门类下增设"网络空间安全"一级学科，学科代码为"0839"，授予"工学"学位，并要求各单位加强"网络空间安全"的学科建设，做好人才培养工作，为加快网络空间安全高层次人才的培养迈出了关键一步。2015 年，为了推动网络安全人才培养，中央网络安全和信息化委员会办公室会同教育部开展了网络安全人才培养基地试点示范。2016 年，我国 29 所高校获批成为首批网络空间安全一级学科博士学位授权点单位。2020 年，网络空间安全专业进入教育部颁布的《普通高等学校本科专业目录》，属于计算机类专业，授予工学学士学位。2021 年 3 月，"密码科学与技术"列入新增《普通高等学校本科专业目录》，首批已有 7 所高校设立了该本科专业。2022 年 9 月，国务院学位委员会、教育部公布新修订的《研究生教育学科专业目录（2022 年）》将密码专业正式列入其中，归入交叉学科类，代码为"1452"。2023 年 7 月，国务院学位委员会、教育部、人力资源社会保障部批准成立了全国密码专业学位研究生教育指导委员会。

随着我国网络安全体系框架的逐步完善、网络安全环境和产业生态的不断优化，对网络空间安全人才的需求持续增长，对不同类型网络空间安全人才的培养提出了更丰富的要求。2021 年 7 月，《网络安全产业高质量发展三年行动计划（2021—2023 年）（征求意见稿）》把"人才队伍建设行动"列为五大重点任务之一，指出要加强多层次网络安全人才支撑保障，促进创新链、产业链、价值链协同发展，培育健康有序的产业生态，为制造强国、网络强国建设奠定坚实基础。与此同时，为了有效缩短高水平应用型人才在各高校实践能力培养方面存在的差距，目前大量高校选择与知名网络安全企业、顶尖互联网安全机构深度合作，充分发挥各自的能力与优势，共同建立创新性的人才培养机制，使得人才在培养过程中能够充分掌握实践技能，快速融入企业的业务需求当中。

（二）网络安全人才供需失衡

尽管我国目前已初步建立了一套完善的网络空间安全人才培养方案，但现实情况是，随着互联网技术的快速发展以及后疫情时代各类企业单位数字化转型的迫切需求，网络安全人才供需出现了严重的失衡现象。首先，根据2020年相关报告显示，我国网络安全专业人才缺口在50万以上，而每年网络安全相关专业的高校毕业生规模仅2万余人，网络安全人才市场存在严重供不应求的情况。其次，网络安全人才供需严重失衡，不仅体现在数量，更体现在不同类型人才供给和需求之间的错位。现阶段由于行业发展特点，人才队伍呈现底部过大、顶部过小的结构，即从事运营与维护、技术支持、管理、风险评估与测试的人员相对较多，从事安全战略规划、安全架构设计的人员相对较少，尤其缺乏既懂业务、又懂技术的高端综合人才，"重安全产品、轻安全服务、重安全技术、轻安全管理"的现象仍很普遍，导致人才的供需矛盾不断加深。

经过长期跟踪分析，我们发现导致网络安全人才供需矛盾的一个主要因素是本领域的人才培养周期较长。由于网络空间安全本身是一门新兴的综合性交叉学科，涉及计算机科学、底层通信技术、网络技术、密码技术、信息安全技术、应用数学、数论、信息论等多个学科的知识，具有知识基础广博、知识体系庞杂、交叉性高、知识更新快和实践性强等特点。相对于传统计算机学科，网络空间安全学科更关注多个学科和跨界交叉融合情景下的工程创新和实践，需要对创新型人才进行多层次、立体化的培养。此外，我国仅有部分高校正式建立网络空间安全学院，且大部分学院均是在2019年前后才挂牌成立，因此，各高校网络空间安全学院建立的滞后性也导致网络安全专业人才培养无法满足现如今的国家和社会对相关领域人才的迫切需求。

此外，现有网络空间安全人才培养方式、教师队伍以及科研实践方面，仍然存在较大的现实局限性，而这些局限性势必会影响人才输送的质量。首先，在安全人才培养方式方面，现有高校仍然以传统的理论教学方式为主，导致学生缺乏真实的网络对抗实战能力，而网络安全靶场的筹建和使用是目前提升学生真实网络对抗能力的突破口。其次，在教师队伍方面，由于现有网络安全教师大多是从传统的计算机专业毕业，因此，自身在网络安全领域的知识积累和实操能力还需进一步加强。最后，在科研实践方面，现有高校所设立的少量网络安全实践课程和社会企事业单位对于真实网络攻击事件解决的需求严重脱节，并且本科学生在一些国家重大课题、企业横向项目研发过程中参与度严重不足,导致刚毕业的学生难以满足用人单位的岗位实际需求。

第二节　学科特点与趋势

网络空间安全是一门多学科交叉的学科,本节主要对其特点与趋势进行阐述。

一、学科特点

随着网络空间概念的拓展和攻防技术的不断发展,网络空间安全学科包含的内容也在不断拓展,与更多的学科(如计算机、通信、微电子)产生了交叉。因此,网络空间安全学科在具备相关学科的特点的基础上,展现出了本学科的一些独有特点。

(一)对抗性

网络空间安全是攻击者和防御者的博弈,具有很强的对抗性。攻击者不断尝试新的攻击技术以绕过或攻破现有的防御机制,而防御者则针对不断出现的攻击技术更新防御技术,使得网络空间安全的研究呈现出螺旋式上升的过程。以内存破坏漏洞(memory corruption vulnerability)为例,最初攻击者对栈溢出漏洞(stack overflow vulnerability)提出了覆盖返回地址的漏洞利用方法,防御者则提出了数据执行保护(data execution prevention,DEP)技术。随后攻击者提出的返回导向编程(return-oriented programming,ROP)等技术寻找合适的利用点和利用路径绕过DEP,防御者则针对性地提出了ROP检测方案。然而攻击者又发现了ROP检测方案的缺陷,并提出了绕过方法。最终,在影子栈(shadow stack)、控制流完整性(control-flow integrity,CFI)保护等高级防御机制被提出后,围绕栈溢出漏洞的攻防拉锯战才基本落下帷幕。

（二）时效性

激烈的对抗性促进了攻击和防御技术的快速迭代，使得网络空间安全技术具有很强的时效性。以漏洞研究为例，首次被发现的漏洞被称为零日漏洞，如果攻击者先于安全人员发现了这些漏洞，那么直到零日漏洞被修复前，这些漏洞都具有很大的威胁性；而在零日漏洞被修复之后，即使是功能强大的漏洞也失去了其威胁性。一个例外是在发现漏洞之后到修复漏洞之前，因为有些软件或系统没有及时部署补丁、升级系统，攻击者可以继续利用该漏洞实施攻击，这时的漏洞称为 N-day 漏洞，也具有很大的威胁性。类似地，当新的防御技术提出后，原有的很多攻击技术将失效；而当防御技术的缺陷被发现后，原有的防御也将形同虚设。

（三）实践性

网络空间安全学科的对抗性和时效性，使得网络空间安全技术格外强调实践性，相比于计算机理论研究等问题，网络安全理论的提出往往就是针对实践中遇到的具体安全问题提出的。例如，安全研究中威胁模型的变化，需要明确敌手能力，很难提出通用的"银弹"理论。同时，理论安全不等于实际安全。形式化证明等技术能够在理论层面对软件与系统的安全性进行验证，然而在编码过程中，开发者可能因为代码错误造成实际中的软件与系统存在安全问题。此外，安全问题还可能出现在发布、配置和维护等多个环节中，"三分技术、七分管理"的情况使得网络空间安全需要格外重视网络安全实践。

（四）交叉性

网络空间安全研究与实践不仅需要计算机专业方面的知识和技术，还需要数学、通信、微电子、管理等多方面的知识和技术。例如，密码算法依赖数学计算，网络传输需要考虑通信过程，硬件安全需要借助电子电路实现，等等。不同学科的交叉能够为网络空间安全提供参考和启发。例如，人工智能技术在某些网络空间安全场景（如恶意代码检测）能够发挥很好的效果，传统供应链安全的实践知识对软件供应链安全也具有重要意义。同时，网络空间安全与应用场景的发展高度相关，物联网、工控系统、云计算等应用场景面临不同的安全需求，针对特定应用场景需要提出针对性的安全解决方案。例如，Android 等移动设备系统的安全问题，其内涵和原有的 Linux 操作系统、Windows 操作系统并不完全相同，Android 等移动设备系统更强调隐私问题，这也催生了移动安全主题的相关研究。当前 5G 安全也有其应用场景的特殊性。因此，在开展科学研究的过程中应开阔视野，进行多学科交叉的研究和应用。

（五）系统性

网络空间安全在实践中需要系统性的解决方案以应对来自不同攻击面的攻击。正如"木桶原理"，软件系统的任何一部分的薄弱环节，都有可能被攻击者利用并影响整个软件系统的安全性。同样，攻击者在面对系统性的防御时，设计了复杂的攻击步骤和路径，通过"攻击链""协同攻击"等形式对软件系统进行逐步渗透，最终达到执行恶意代码或获得系统权限的目的。2022 年，在俄乌冲突中，俄乌双方在网络空间中进行了多次交锋，其实早在 2015 年的乌克兰停电事件中，已有证据显示其与网络攻击有关，并且攻击呈现出"协同攻击"的特点，包括对电网涉及的监控系统、客户服务系统、网站等多个目标实施攻击。因此，在开展网络空间安全研究和实践中，单项突破的同时要注重系统性建设，需要对软件系统的不同攻击面进行安全性分析，实现硬件安全、操作系统安全到上层的应用安全和网络安全等系统性防御。

（六）开放性

当前的软件开发模式具有很强的开放性，开源软件、第三方库在方便软件开发的同时，也带来了严重的安全问题。在 2022 年的 Log4j 事件中，大量软件因使用了这个开源的日志记录库而处于 Log4j 漏洞的威胁中，多个国家的政府部门、公司企业遭受到了攻击。此外，软件也存在和传统供应链一样的断供风险等问题。2022 年，Faker.js（每周下载量 250 万的 Node.js 库）的开发者删除了项目仓库代码，使得包括亚马逊 AWS CDK 在内的众多项目受到影响。众多安全事件也反映出技术之外的管理手段需求，人、社会等因素也影响着网络空间安全。因此，在对网络空间安全进行研究、实践和治理过程中，"闭门造车"是行不通的，既要做到"自主创新"，还需要"开放融合"，技术与管理并重。

二、学科趋势

近年来，伴随着信息技术的快速发展和深度应用，涌现出一大批网络空间安全新技术，这些新技术呈现出零化、弹性化、匿名化、量子化和智能化等特征[52]。面对新的安全威胁、新的攻击手段、新的应用需求，必须要准确把握这些新特征，突破和自主掌控一批先进实用的网络空间安全关键核心技术，全面提升技术水平，做好网络空间安全保障工作，掌握网络空间的主动权和话语权，全力助推国家安全体系和能力现代化。

（一）零化特征——零安全技术成为网络空间安全的新标志

零安全技术主要包括零信任架构、零知识证明（如交互零知识证明、非交互零知识证明）、零中心技术（也就是无中心技术，如无中心公开密钥基础设施、区块链）、零存在模型、零密钥协议等。当前，这些技术的应用与实用化研究是一个值得关注的问题。其中，零信任（zero trust）思想近几年受到世界各国政府和企业界的高度重视。

零信任的核心思想是"从来不信任，始终在验证"（never trust, always verify）。现有的大部分网络安全架构基于网络边界防护：人们在构建网络安全体系时，把网络划分为外网、内网和隔离区等不同区域，在网络边界上部署防火墙、IDS 等进行防护。这种防护基于对内网的人、系统和应用的信任。因此，攻击者一旦突破网络安全边界进入内网，就会造成严重危害。随着云计算和虚拟化等技术的发展，计算能力和数据资源得以跨域存在和部署，这使得网络边界越来越模糊，甚至消失。零信任安全架构就是基于这样的认知提出的，以适应新的安全需求。

目前，国际上非常关注零信任这项技术的应用，但我们也要正确看待这项技术的作用。零信任是一种以资源保护为核心的安全范式，其前提是信任从来不是永久授予的，而必须持续进行评估。零信任将网络防护从基于网络边界的防护转移到关注用户、资产和资源。但是，零信任架构也有其适用范围：主要适用于在一个组织内部或与一个或多个合作伙伴组织协作完成的工作，不适用于面向公众或客户的业务流程——组织不能将内部的安全策略强加给外部参与者。使用了零信任架构未必就安全，不应否定纵深防御策略和多层防御架构等。

（二）弹性化特征——弹性安全技术成为网络空间安全的新潮流

弹性安全技术主要包括弹性PKI、定制可信赖空间（tailored trustworthy spaces，TTS）、移动目标防御（moving target defense，MTD）、棘轮安全机制、沙箱隔离、拟态防御（mimic defense，MD）、可信计算等。弹性安全技术可实现网络或系统的入侵容忍、内生安全、带菌生存、环境可信等。当前，仍需进一步关注这些技术的应用与实用化研究，有的还需进一步在实践中检验和验证。其中，弹性PKI被认为是新一代数字认证基础设施。

网络环境下的实体（如人员、设备）身份认证是一个普遍且重要的问题，需要像电力基础设施这样的通用基础设施来支撑。PKI就是这样一个数字认证基础设施，可用于解决网络环境下实体身份认证和行为不可抵赖性等问题，是构建网络空间信任体系的基石。在PKI环境中，其自身安全保障的重要性是举足轻重的。根据重要程度的不同，可将PKI分为不同等级。弹性PKI可用于保障关键基础设施或重要信息系统等的安全，必须考虑众多安全威胁，包括内部人员犯罪、系统木马攻击等。

PKI一般由CA、证书管理系统、密钥管理系统、注册中心（registration authority，RA）、目录服务系统和用户终端系统等组成，其核心基础是CA。弹性PKI的重点是实现CA的弹性，目前主要有单层式和双层式两类弹性CA系统结构[53]。

我国学者邬江兴[54]提出的拟态防御也是一种弹性理念。拟态防御以融合多种防御要素为宗旨，以异构性、多样性或多元性改变目标系统的相似性和单一性，以动态性、随机性改变目标系统的静态性和确定性，以异构冗余多模裁决机制识别和屏蔽未知缺陷与未明威胁，以高可靠性架构增强目标系统服务功能的柔韧性或弹性，以系统的视在不确定属性防御或拒止针对目标系统的不确定性威胁。

（三）匿名化特征——隐私保护技术成为网络空间安全的新焦点

隐私保护技术主要包括机密计算、匿名认证、匿名通信、差分隐私、联邦学习、同态加密、SMPC 等。当前，这些技术还不够成熟，需要深入研究。部分隐私保护技术可用于解决使用中的数据安全问题，这类技术也被称为数据使用安全技术，如机密计算、联邦学习、同态加密、SMPC。其中，机密计算是当前最热门、最现实的数据使用安全技术。

机密计算可为破解数据保护与利用之间的矛盾、实现多方信息流通过程中数据的"可用不可见"提供安全解决方案。机密计算关注的重点是构建机密计算平台，创新可信执行环境（trusted execution environment，TEE）的技术实现方式和推动机密计算的应用。为了推动机密计算的发展和应用，Linux 基金会于 2019 年 8 月成立了机密计算联盟（Confidential Computing Consortium，CCC）。

目前，学术界、产业界对机密计算的定义已基本达成一致。机密计算联盟对机密计算的定义是：机密计算是通过在基于硬件的 TEE 中执行计算来保护使用中的数据。其中，TEE 被定义为提供一定级别的数据完整性、数据机密性和代码完整性保证的环境。电气电子工程师学会（Institute of Electrical and Electronics Engineers，IEEE）对机密计算的定义是：机密计算是使用基于硬件的技术，将数据、特定功能或整个应用程序与操作系统、虚拟机监视器（hypervisor）或虚拟机管理器及其他特权进程相互隔离。IBM 公司对机密计算的定义是：机密计算是一种云计算技术，它在处理过程中将敏感数据隔离在受保护的中央处理器（central processing unit，CPU）"飞地"（enclave）中。微软公司对机密计算的定义是：机密计算是云计算中的下一个重大变革，是对现有的存储和传输中数据加密的基线安全保证的扩展，以及对计算过程中的数据进行的硬件加密保护。由此可见，机密计算可以被定义为一种保护使用中的数据安全的计算范式，它提供硬件级的系统隔离来保障数据安全，特别是在多方参与下保护正在使用中的数据安全。

（四）量子化特征——量子信息技术成为推动网络空间安全发展的新动力

量子信息技术（如量子通信、量子计算、量子精密测量）正在快速发展，尤其是安全界关心的量子计算技术正以惊人的速度发展。安全技术一般与计算能力有关，新型计算技术（如量子计算技术）可使计算能力大幅度提升，可解决现实世界中的复杂计算问题。同时，量子计算技术的发展直接对现有安全技术（如算法、协议、方案）造成威胁，动摇其安全基础（如本原、困难问题）。因此，抵抗量子计算攻击的安全设计理论、安全分析评估方法和安全解决方案等都成为当前的研究热点。

目前，国际上非常重视抵抗量子计算攻击的密码研究，即研究对量子和经典计算都安全的密码，主要有以下两条技术路线。

（1）基于量子力学原理。可自然抵抗量子计算带来的安全威胁，这类密码被称为量子密码。其中，最著名的量子密码是BB84量子密钥分发协议。

（2）基于数学的方法。依然沿着传统的思路发展，这类密码被称为抗量子计算密码，也被称为后量子密码。最有影响力的一个事件是NIST于2016年12月公开面向全球征集抗量子密码算法，该事件有力推动了抗量子密码的发展。

（五）智能化特征——AI技术成为研究网络空间安全的新工具

AI安全主要包括自身安全、应用导致的安全，以及AI在安全领域中的应用等方面。当前，这些方面的研究还比较零散，不够深入、系统。其中，AI在网络空间安全领域中的应用最受关注，主要包括防御和攻击两个方面。

在防御方面，AI赋能防御技术提升防御的能力和水平。AI可有效提高威胁检测与响应能力；AI可提供较高的预防率和较低的误报率；AI可准确、快速地预防、检测和阻止网络威胁，识别并分析未知文件；AI可克服人性的弱点，以抵御以人为突破口的攻击——人始终是防御体系中最薄弱的环节，利用AI可有效防范利用人性弱点的社会工程学攻击，目前所讲的主动式社会工程学防御就是为此目的。

在攻击方面，AI赋能攻击技术提升攻击的精准性、效率和成功率。深度学习赋能恶意代码生成可提升其免杀和生存能力，攻击者利用深度学习模型可提升识别和打击攻击目标的精准性；AI赋能僵尸网络攻击可提升其规模化和自主化能力；AI赋能漏洞挖掘过程可提升漏洞挖掘的自动化水平；AI可实现智能化和自动化的网络渗透能力。此外，AI可有效挖掘用户隐私信息。

例如，随着概率图模型及深度学习模型的广泛应用，攻击者不仅可以挖掘用户外在特征模式，还可以发现其更稳定的潜在模式，从而提升匿名用户的识别准确率；基于数据挖掘与深度学习，可有效推测用户敏感信息（如社交关系、位置、属性）。

第三节 学科体系框架

网络空间安全学科具有较强的体系特点，国际和国内都从不同角度提出了一些网络空间安全学科体系框架。本节首先介绍国际网络空间安全学科知识体系，其次介绍我国网络空间安全学科方向，最后提出本书的学科体系框架。

一、国际网络空间安全学科知识体系

网络空间安全学科知识体系（即 CSEC 2017）在 ACM 计算机教育特别兴趣组（ACM Special Interest Group on Computer Science Education，ACM SIGCSE）2018 年国际会议上正式发布。CSEC 2017 是一套面向本科教育的网络空间安全学科知识体系，是迄今为止国际上最具广泛代表性和权威性的网络空间安全学科知识体系。该知识体系由一个具有广泛代表性的国际联合工作组经过两年多的努力开发而成，该联合工作组的机构成员有 ACM、电气电子工程师学会计算机学会（Institute of Electrical and Electronics Engineers-Computer Society，IEEE-CS）、信息系统协会安全专业工作组（Association for Information Systems Special Interest Group on Information Security and Privacy，AIS SIGSEC）、国际信息处理联合会信息安全教育技术委员会（IFIP WG 11.8）。编写过程中，来自 35 个国家的 300 多人为 CSEC 2017 的开发做出了贡献。

CSEC 2017 共包括八大知识领域，即数据安全、软件安全、组件安全、连接安全、系统安全、人员安全、组织安全和社会安全，如图 3-1 所示。CSEC 2017 定义的八大知识领域可以粗略地从四个层面进行解读，由低到

高,第一层包含数据安全、软件安全和组件安全,第二层包含连接安全,第三层包含系统安全,第四层包含人员安全、组织安全和社会安全。越低层越基础,越高层越接近现实世界。其中,数据安全是最基础的知识领域,社会安全是最现实的知识领域。值得一提的是,直观上,在八大知识领域中,系统安全之上的三大领域是人文社科色彩浓厚的知识领域,占总知识领域数的37.5%,其余五大领域是理工科味道厚重的知识领域,占比62.5%。由此可见,网络空间安全学科的多元交叉特质非常鲜明。

在 CSEC 2017 的网络空间安全概念中,安全的计算机系统是核心,它强调从生产、使用、分析和测试等角度建立系统的安全性,要求通过技术、人员、信息和过程等手段确立系统的使用保障,主张针对有敌手存在的情形从法律、政策、伦理、人为因素和风险管理等方面对问题进行研究。因此,系统安全处于关键位置。系统由人使用,人在组织中工作,组织构成社会,所以,需要在系统安全之上考虑人员安全、组织安全和社会安全。系统由组件连接起来而构成,软件是组件中的灵魂,所以,软件安全、组件安全和数据安全是系统安全的重要支撑。密码学是网络空间安全的基础理论,而它被当作数据安全知识领域的核心知识单元,这决定了数据安全在整个网络空间安全学科知识架构中的基础地位。八大知识领域的具体内涵描述如下[55]。

图 3-1　CSEC 2017

（一）数据安全

数据安全知识领域着眼于数据的保护,包括对存储中、传输中和使用中的数据的保护，涉及数据保护赖以支撑的基础理论。关键知识包括密码学基本思想、端到端安全通信、数字取证、数据完整性与认证、信息存储安全等。

（二）软件安全

软件安全知识领域着眼于从软件的开发与使用的角度保证软件所保护的信息和系统的安全。关键知识包括基本设计原则、安全需求及其在设计中的作用、实现问题、静态与动态分析、配置与打补丁、伦理（尤其是开发、测试和漏洞披露方面）等。

（三）组件安全

组件安全知识领域着眼于集成到系统中的组件在设计、制造、采购、测试、分析与维护等方面的安全问题。关键知识包括系统组件的漏洞、组件生命周期、安全组件设计原则、供应链管理、安全测试、逆向工程等。

（四）连接安全

连接安全知识领域着眼于组件之间连接时的安全问题，包括组件的物理连接与逻辑连接的安全问题。关键知识包括系统、架构、模型、标准，以及物理组件接口、软件组件接口、连接攻击、传输攻击等。

（五）系统安全

系统安全知识领域着眼于由组件通过连接而构成的系统的安全问题，强调不能仅从组件集合的视角看问题，还必须从系统整体的视角看问题。关键知识包括整体方法论、安全策略、身份认证、访问控制、系统监测、系统恢复、系统测试、文档支持等。

（六）人员安全

人员安全知识领域着眼于用户的个人数据保护、个人隐私保护和安全威胁化解，也涉及用户的行为、知识和隐私对网络空间安全的影响。关键知识包括身份管理、社会工程、意识与常识、社交行为的隐私与安全、个人数据相关的隐私与安全等。

（七）组织安全

组织安全知识领域着眼于各种组织在网络空间安全威胁面前的保护问题，着眼于顺利完成组织的使命所要进行的风险管理。关键知识包括风险管理、安全治理与策略、法律和伦理及合规性、安全战略与规划等。

（八）社会安全

社会安全知识领域着眼于把社会作为一个整体时网络空间安全问题对它所产生的广泛影响。关键知识包括网络犯罪、网络法律、网络伦理、网络政策、隐私权等。

二、我国网络空间安全学科方向

目前我国的网络空间安全一级学科设置的学科方向，主要包括网络空间安全基础、密码学及应用、系统安全、网络安全、应用安全等，如图3-2所示。

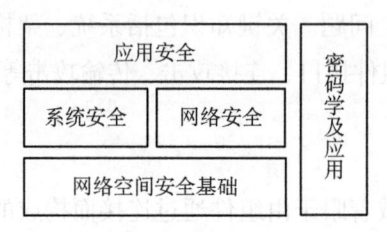

图3-2 我国网络空间安全学科方向

5个学科方向的具体内涵描述如下。

（一）网络空间安全基础

网络空间的规模和复杂度都远超过传统计算机网络，网络空间安全的影响跨越物理域、逻辑域、社会域和认知域，因此，需要发展新的网络空间安全理论以适应技术发展和实际应用需求。但同时由于网络空间安全是处于不断发展变化中的学科，其安全理论也必将随着时间的推移而不断发展成熟。

网络空间安全基础的主要研究内容包括网络空间安全数学理论、网络空间安全体系结构、网络空间安全博弈理论、网络空间安全治理与策略、网络空间安全标准与评测、网络空间中人的安全行为与管理等。

（二）密码学及应用

密码学是一门集数学、信息论、计算机科学、复杂性理论等于一体的深度交叉与融合的学科，主要研究在有敌手的环境下的安全通信系统。密码学主要分为密码编码学和密码分析学两个分支，密码编码学主要是对信息进行编码，设计抗敌手攻击的密码算法或者系统，保护信息在存储、传输和处理过程中不被敌手窃取、篡改，保证网络信息的机密性、合法性、完整性和不可抵赖性；而密码分析学则与密码编码学相反，主要从敌手的角度，研究如何分析和破译现有密码算法或系统的密码安全功能。这两者之间既相互对立，又相互促进，两者密不可分。密码学的主要研究内容包括对称密码设计与分析、公钥密码设计与分析、安全协议设计与分析、侧信道分析与防护、量子密码与新型密码等。由于学科的交叉特性，密码学的一些研究方法已被应用于推进数学和计算机科学等领域的发展。随着信息化程度不断提升，密码学的应用越来越广泛，密码学为信息安全提供理论支撑和技术解决方案，因此成为网络空间安全学科的核心。

（三）系统安全

"系统"是指构成网络空间的基础终端节点，如计算机、嵌入式系统、移动终端等。"系统安全"学科方向主要研究网络空间中具有独立计算能力的计算机系统的安全性设计、实现，以及安全性测试评估的基本原理、方法和技术。重点研究保障芯片、系统软件、计算平台安全的途径、方式、方法与关键技术，并提高计算机系统对恶意代码的防护能力。主要研究内容包括芯片安全、系统硬件与物理环境安全、系统软件安全、恶意代码分析与防护、可信计算与机密计算、先进计算安全等。计算机系统是网络空间的大脑和中枢，它负责网络空间软硬件资源的管理与调度、网络空间数据的存储与计算，并为网络和应用提供运行环境。因此，可以说，计算机系统安全是网络空间安全的核心，没有计算机系统安全，将不可能真正解决网络安全和应用软件安全问题。与此同时，下一代互联网、云计算、虚拟化、移动互联网、物联网和大数据等新技术的发展和应用也带来了新的安全风险和挑战。

（四）网络安全

"网络空间"中的"网络"（cyber）主要是指以互联网为基础的各种中间设备、通信链路、公共网络服务及相关管理和控制系统。网络安全研究网络空间中的网络所面临的各种威胁和防护手段，涉及网络安全风险分析、网络自身的安全防护、接入实体的安全管理和控制，以及端到端通信的安全，包括身份认证、访问控制、数据的机密性、完整性和可用性等安全服务，网络安全机制涉及预防、监测和应急响应等多个环节。网络安全是网络空间安全中的支柱技术之一，首先网络自身的安全可靠运行是网络空间中各种活动能够开展的前提，其次网络安全为接入系统提供了端到端的安全通信机制。

（五）应用安全

应用安全技术是指为保障各种应用系统在信息的获取、存储、传输和处理各个环节的安全所涉及的相关技术的总称。其中，系统安全技术与网络安全技术是应用安全技术的基础和关键。只有从应用系统的硬件和软件的底层开始，综合集成各种安全技术和措施，才能有效确保应用系统的安全。应用安全涉及如何防止未经授权的访问、身份或资源的假冒、数据的泄露、数据完整性的破坏、系统攻击与入侵、系统可用性的破坏等。信息技术在给人们带来方便和信息共享的同时，也带来了严重的安全问题。随着计算机与网络技术的迅猛发展和广泛应用，信息社会对网络和信息系统等重要基础设施的依赖日益严重。当前，关键信息基础设施以及关系国计民生的重要应用系统除自身的脆弱性外，还面临着越来越复杂的安全威胁，特别是面临的有组织攻击更加复杂多样。同时，物联网、工业控制系统、社会网络等也存在严重的安全问题，信息内容安全、数据安全与用户隐私问题也日益突出。

三、本书的学科体系框架

在网络空间安全实践中，大体上对技术人员的要求和分类是符合我国网络空间安全一级学科包含的学科方向的。不过，网络空间安全的内涵和重点随着技术和应用的发展也在不断发生变化。例如，随着机器学习的广泛应用，数据安全成为技术应用的关键，数据安全相关技术成为应用安全的焦点问题之一；随着软件供应链的发展，关键信息基础设施安全的重要性日益凸显，关于关键信息基础设施的研究及实践，需要针对性的总结和讨论。另外，从理论应用角度来看，本书将密码学与网络空间安全基础进行了合并介绍。最终，为了更好地展示网络空间安全学科的发展现状和发展态势，本书将按图 3-3 所示的学科体系框架进行介绍。这个框架主要包括 5 个方面，即密码学与安全基础、网络与通信安全、软件与系统安全、数据与应用安全、关键信息基础设施安全。其中，密码学与安全基础贯穿网络空间安全的各个部分；网络与通信安全、软件与系统安全是经典的网络空间安全的研究内容；数据与应用安全主要讨论新的应用带来的网络安全与数据安全问题；关键信息基础设施安全既可以看作是各方面研究的综合应用，也可以看作是各方面技术的应用基础。为了更深刻地理解和认识网络空间安全学科的科学意义与战略价值、发展规律与学科特点、发展现状与发展趋势、关键科学问题、重要研究方向等，本书第二篇即第四至八章将较详细地阐述图 3-3 所示的 5 个主要学科方向的发展现状与发展趋势。

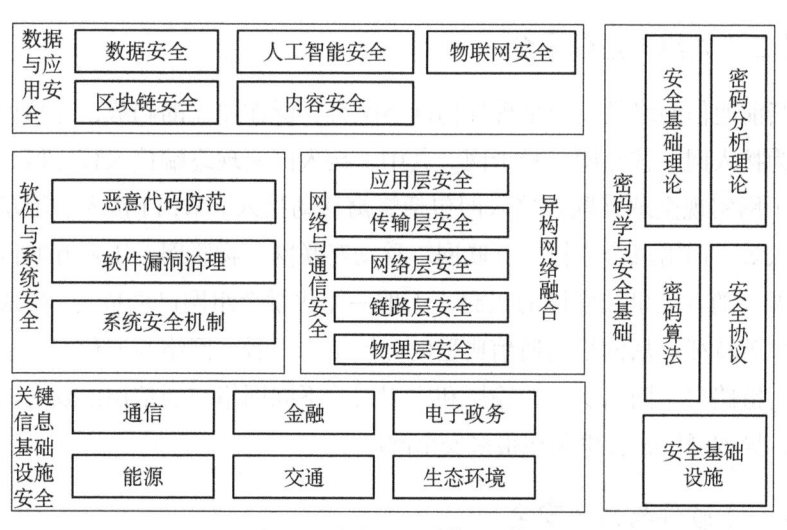

图 3-3　本书的学科体系框架

5个方面的具体内涵描述如下。

（一）密码学与安全基础

密码学与安全基础是网络空间安全学科发展的底座。其中，安全基础理论主要涵盖网络空间安全所依赖的基础理论、安全模型与范式、安全策略等。通过对安全基础理论的研究、发展和应用，可以实现多种多样的功能，达成不同的安全目标，完善网络空间安全的理论体系。密码算法是实现密码对信息进行"明""密"变换的一种特定的规则，是加密算法、解密算法、签名算法和认证算法等各类算法的统称。相应地，密码分析理论是分析和破译密码算法或密码系统的系列方法。安全协议通常是由一系列步骤定义的协议，这些步骤精确地指定了两个或多个实体实现特定安全目标所需的操作，其基本目标是在通信协议中提供信息安全。例如，在不安全的网络环境中提供机密性、认证、完整性或不可抵赖性等。随着应用场景安全需求的不断扩大，安全协议的内涵得到了极大的扩展。相应地，对密码的安全性进行分析和攻击测试，是确保密码算法、方案实际安全的重要手段，也是密码设计阶段不可或缺的关键步骤。安全基础设施为密码算法设计和密码系统运行提供支撑和保障，主要包括密钥管理、PKI、密码标准与测评等。

（二）网络与通信安全

当前通信网络的发展呈现异构网络融合、泛在覆盖的趋势，通信网络可以分为接入网、核心网、骨干网。其中，接入网实现终端接入核心网，并通过骨干网实现全球互联。接入网包括蜂窝移动接入、Wi-Fi 接入、卫星互联网接入等。网络融合支撑了互联网、移动互联网、物联网、工业互联网的蓬勃发展。随着卫星互联网的兴起，天地一体化融合组网已经成为 6G 通信网络的显著特征。从网络与通信典型的分层结构来看，网络与通信安全涉及物理层、链路层、网络层、传输层和应用层等不同网络与通信层的安全问题，当然，异构网络融合也存在很多安全问题。

（三）软件与系统安全

软件与系统安全重点关注软件系统在设计、实现、使用过程中可能遭受到的攻击及其应对方法，主要包括恶意代码防范、软件漏洞治理、系统安全机制等方面。其中，恶意代码或恶意软件是对任何未经用户许可、在计算机或其他终端上运行、侵害用户权益的代码的统称。软件漏洞是指计算机程序的一种安全缺陷，攻击者可以利用软件漏洞来获取机密的数据、破坏系统的运行、提升系统的权限甚至控制整个系统。系统安全机制不仅指软件安全，还包括硬件安全，以及如何进行软硬件协同保护，以构建一个安全的计算机运行环境。其中，软件安全主要着重于保护软件程序运行中的完整性、机密性和可用性。硬件安全侧重于保护诸如CPU、内存、I/O设备等物理硬件设备，并提供一定的基础功能和安全保证，使得软件开发者可以基于此进一步地实现功能各异的应用程序。

（四）数据与应用安全

数据与应用安全是研究各种应用系统在数据信息的获取、存储、传输和处理等各个环节所涉及的安全问题。近年来，数据泄露事件频发，日益严峻的数据安全风险为数字化转型的持续深化带来了严重威胁。为保障数字经济的健康有序发展，提高数据安全风险防控能力，国家、行业、地方相继出台多项数据安全法律法规，规范数据处理活动，提升数据安全保护能力，加强防范数据安全风险。重点研究内容包括数据安全、人工智能安全、物联网安全、区块链安全、内容安全等。

（五）关键信息基础设施安全

关键信息基础设施安全通过防护体系构建、内外部风险管控、系统保障与恢复等主要措施，形成针对性、差异化的防护体系。按照所涉及的网络安全环节，可将关键信息基础设施安全技术体系分为识别认定、安全防护、检测评估、监测预警、管控处置等5个方面。同时，不同行业具体围绕关键信息基础设施安全策略、网络安全组织、访问控制、密码管理、信息安全、物理和环境安全、运行安全、通信安全、系统开发和维护、供应链管理、安全事件管控等方向，建设适宜、充分、有效的安全防护技术和管理支撑体系。这些行业主要包括通信、能源、金融、交通、电子政务和生态环境等。

第四章 密码学与安全基础

第一节 概　述

　　密码学与安全基础是网络空间安全学科发展的根基，为网络空间安全学科的其他研究方向提供理论依据和方法指导，对建立相对独立的网络空间安全基础理论体系具有重要的支撑作用。

　　密码学是在敌手模型下达成信息保障的特定变换理论和方法。随着通信技术、计算机技术、大数据技术与人工智能技术的蓬勃发展，加之密码编码与密码破译之间的相互驱动，密码学迎来了全方位、前所未有的系统性发展。现代密码学经过 70 多年的发展，尤其是随着数字化、网络化、智能化进程的纵深推进，密码的保护范畴，早已从单纯保障信息的机密性，拓展至全方位守护信息及信息系统的机密性、完整性、可用性、可认证性与不可否认性，密码的应用范围也越来越广泛。密码的研究内容从经典的密码基础、密码算法、安全协议等理论，延伸至密码芯片、密码模块、密码设备、密码管理等工程，以及面向网络与信息系统的密码创新应用，形成了理论、工程和应用相互促进的知识体系。密码学形成了归约式证明、安全性刻画、形式化验证、攻防对抗、逆向分析、系统论证等既相对独立又相互作用的研究方法体系。

　　安全基础是网络空间安全的基础理论，为网络空间安全技术发展提供科学的方法和理论支撑。网络空间安全作为一个新兴学科，除了依托密码学相关理论构建起部分安全支撑外，安全基础相对薄弱，其发展空间和潜力很大。网络空间是不断变化发展的空间，是一个复杂的动态系统。网络空间安全跨越物理域、逻辑域、社会域和认知域，尚有许多规律性和基础性问题亟须探索和创新。建立较为完善的安全基础将有利于把不同的知识域统一为广域知识体，从而为网络空间安全开展研究提供严谨的系统理论和科学方法。

本章主要针对密码学与安全基础的研究内容、研究现状、学术成果进行梳理总结，内容包括安全基础理论、密码算法、密码分析理论、安全协议和安全基础设施等。安全基础理论涵盖了网络空间安全理论所依赖的基础、安全模型等方面；密码算法是实现加密和解密的数学函数，是安全协议的核心组件，也是网络空间安全的基础，密码算法主要包括对称密码、公钥密码、杂凑函数等；密码分析理论是分析和破译密码算法或密码系统的系列方法；安全协议是在通信过程中提供信息安全，以达成在不安全的网络环境中提供机密性、认证性、完整性或不可否认性等安全服务；安全基础设施为密码算法设计和密码系统运行提供支撑和保障，主要包括密钥管理、PKI、密码标准与测评和大型密码算法（标准）征集活动等。

第二节 安全基础理论

安全基础理论是构筑网络空间安全理论的基石，主要由密码原语、密码基础组件、安全模型，以及密码方案的安全性证明方法构成。

一、密码基础理论问题

密码基础理论是构造安全密码方案的基础和根本。本小节主要介绍单向函数、随机性理论、数学困难问题计算、可证明安全理论等基础理论内容。

（一）单向函数

现代密码学中的密码方案（包括算法、体制及协议）基于参与者间的计算非对称性构建：合法用户可在概率多项式时间内高效完成算法操作，而敌手（adversary）则难以在概率多项式时间内对加密系统实施有效攻击。单向函数正是这样一类函数，它们正向计算容易，但反向求逆困难。Diffie 和 Hellman 首次提出单向函数的概念[19]，后来姚期智在 FOCS 1982 上形式化了单向函数的定义并进行了理论研究。利用单向函数构造的密码方案，对于概率多项式时间的敌手来说是很难攻破的。在密码学中，所使用的单向函数主要包括单向杂凑函数和单向陷门函数。单向函数的存在性是密码学最基本的假设，也是绝大多数对称密码算法所依赖的基本条件。作为一个计算复杂性问题的函数，单向函数可以用来构造伪随机生成器，进而构造伪随机函数和伪随机置换。单向函数在构造单向杂凑函数、数字签名、承诺、加密和认证等诸多方面发挥着至关重要的作用。只有设计足够安全的单向函数，才能在此基础上设计安全的密码系统。

单向函数是现代密码学最核心的基础理论之一。当前，还未有理论能够证明单向函数是存在的，其存在性的证明是基于计算机科学中一个最具挑战性的猜想。事实上，如果单向函数存在，将证明复杂性类 P/NP 问题中，P 不等于 NP。随着量子计算机的迅速发展，基于传统数学困难问题构造的单向函数方案的安全性受到了严重威胁。因此，抗量子攻击单向函数将成为一个新的研究热点。

（二）随机性理论

在密码学中，随机数起着至关重要的作用。诸多密码算法都离不开随机数的参与。例如，在公钥密码算法中，密钥的生成通常依赖随机数；在密钥交换中，会话密钥也由随机数产生；在密钥分配中，随机数则被用于防范重放攻击。为了实现随机数的安全使用，密码学要求随机数有两个关键的特性，即随机性和不可预测性。随机性是指在该值域范围内，每个数出现的频率相等或近似相等。不可预测性是指对于随机数数列，在已知前段数的条件下，下一个出现的数是不可预测的。

随机数生成器（random number generator, RNG）按随机性来源和产生方式的不同主要分为真随机数生成器（true random number generator, TRNG）和伪随机数生成器（pseudo-random number generator, PRNG）。TRNG 一般是采

集物理或非物理现象的随机性（如电子噪声、电磁辐射）所产生的序列，而 PRNG 则是采用算法将一段随机种子扩展成任意长度的序列。

TRNG 可分为基于物理源的硬件 RNG 和基于外部非物理源的软件 RNG 两类。根据熵源类型的不同，目前主流的硬件 RNG 有基于时间抖动的硬件 RNG、基于亚稳态的硬件 RNG、基于混沌现象的硬件 RNG 和基于量子力学原理的量子 RNG。对于便携式轻量设备，由于难以嵌入硬件 RNG 模块，只能采用基于外部非物理源的软件 RNG。如何设计一个随机性好的软件 RNG 一直是密码学研究的重点。由于基于外部非物理源的软件 RNG 的熵源不可控，因此，其对处理算法设计和实现的安全性要求较高，其安全性分析也十分必要，常见的安全问题有不满足前向安全性、熵源的熵不足等。

PRNG 可分为基于密码算法的 PRNG、基于数学问题的 PRNG 和专用 PRNG 三类。第一类通常基于对称密码算法，如分组密码、序列密码或杂凑函数。第二类通常基于数学困难问题，如 NIST 发布的 Dual_EC_DRBG 就是基于椭圆曲线上的离散对数问题构造的。由于存在后门，Dual_EC_DRBG 于 2014 年被 NIST 废除。第三类是指专门为生成伪随机序列设计的变换，如巧妙综合运用便于软件实现的基础变换构造的软件 PRNG。

（三）数学困难问题计算

现代密码方案的设计，通常需与某个数学计算困难问题建立关联。具体而言，是把一个数学困难问题通过图灵归约的方式，转化为密码方案的破解问题，以数学问题求解的困难性，来确保密码方案的安全性。数学困难问题是可证明安全的密码方案的源头，现代密码学中常用的数学困难问题包括大整数因式分解问题和离散对数求解问题。现有大整数因式分解算法的主体思想是构造平方同余方程，包括 Dixon 算法、二次筛法、一般数域筛法等。其中，数域筛法的计算复杂度是亚指数时间，是上述所有算法中复杂度最低的算法。目前求解离散对数的算法可以分为两大类：一类是通用算法，这类算法适用于所有的循环群，主要包括"小步大步"算法、Pollard's Rho 算法和 Pollard's Lambda 算法；另一类是特殊算法，这类算法只适用于特定的群，主要包括数域筛法和函数域筛法。总体来看，通用算法都是指数时间的，而特殊算法需要亚指数时间。如果只考虑有限域上的离散对数，那么数域筛法及其变体是目前复杂度最低的求解算法。

量子计算技术的迅速发展对许多数学困难问题产生了颠覆性的影响。例如，量子计算模型下的Shor算法可在多项式时间内分解大整数和求解离解对数。一旦大规模的量子计算机可用，大整数因式分解问题和离散对数求解问题将不再是计算困难问题，基于这两种困难问题的密码系统也将被攻破，这给密码学领域带来了新的挑战。因此，基于在量子计算模型下仍然困难的数学问题来构造密码方案得到了众多研究者的关注。这些数学困难问题主要包括以下几类：①格上的最短向量问题（shortest vector problem，SVP）和最近向量问题（closest vector problem，CVP）等（简称为格问题）；②有限域上随机产生的多变量非线性多项式方程组求解问题（简称为多变量问题）；③随机线性编码解码问题、有界编码解码问题和列表解码问题（简称为纠错码问题）；④椭圆曲线同源映射计算问题。其中，基于格问题的密码方案已成为NIST后量子密码算法标准的主流方案。格上最基本的问题是SVP和CVP，而CVP问题可以转化成SVP问题进行求解。求解SVP问题的算法可以分为两类，即精确求解和近似求解。精确求解算法主要使用枚举算法和格筛法。当格的维数较小时，枚举算法效率较高；对于较大维数的格，格筛法效率更高。格筛法的理论时间复杂度为$2^{O(n)}$，要低于枚举算法的时间复杂度$2^{\Theta(n\log n)}$。目前最有效的格筛法是阿尔布雷克特（M. R. Albrecht）等在EUROCRYPT 2019上提出的G6K算法框架，该框架支持使用不同的筛技巧，其时间渐近复杂度为$2^{0.292n+O(n)}$，其中n为相关格的维数。近似求解算法主要包括LLL算法、BKZ算法及其变种BKZ 2.0和Progressive BKZ等。上述算法求解SVP的有效性依赖于近似因子的大小，当近似因子是格维数的多项式函数时，求解SVP问题依然是无效的。另外，还有一个与格问题紧密相关的问题，即带噪声的线性方程组求解问题［也称为含错学习（learning with errors，LWE）问题[56]］，其已被广泛应用到多类新型密码方案的构造中[57]。2005年，雷格夫（O. Regev）将平均困难情况下的LWE问题归约为格上最坏困难情况下的SVP问题。

（四）可证明安全理论

早期密码方案的安全性评判通常都是基于设计者对该方案的最基本组成

构件或模块［也称"极微本原"[25]（atomic primitive）］的安全分析，一般采用启发式分析方法，基于能够规避对"极微本原"的已有攻击方法来达成既定安全目标。这种分析方法存在明显的缺陷，就是新安全分析方法的出现可能导致该方案原来的安全论断不再成立。为解决这一问题，人们提出了可证明安全理论，其核心思想是采用复杂性理论的图灵归约方法，将密码方案的破解问题归约到"极微本原"的破解问题，即用"极微本原"的安全性保障密码方案的安全性。

20世纪80年代，Goldwasser等[58]首先系统地阐述了可证明安全思想，并给出了具有可证明安全的公钥加密和签名方案。然而，该方案是以牺牲效率为代价的，虽然在理论上具有重要意义，但并不实用。直到20世纪90年代中期出现了"面向实际的可证明安全"的概念，特别是贝拉尔和罗加韦在CCS 1993上提出了著名的随机预言模型方法论，使得过去仅作为纯理论研究的可证明安全理论，迅速在实际应用领域取得了重大进展，一大批高效实用的可证明安全方案相继提出。可证明安全性已成为国际密码方案标准征集的必备条件。

二、安全模型

安全模型专门定义了安全性的基本方面及其与网络系统性能的关系。从基础理论角度来看，安全模型可分为信息论模型、控制论模型、博弈论模型、计算安全模型、侧信道安全模型、对抗性模型、量子安全模型。

（一）信息论模型

信息流的安全性可以用信息理论度量进行定量衡量。在承认合法用户和敌手通过噪声和有损信道获得不同信号的条件下，通过信号处理和编码机制利用不对称性来控制信息流和信息泄露。信息论模型的主要代表有窃听信道模型和密钥协商模型。目前，敌手能力越来越强大，如具备主动获取甚至操控信息数据的能力，如何通过准确刻画敌手的能力和具体的安全需求设计并构建信息论模型，成为网络空间安全领域中具有现实意义的挑战。

（二）控制论模型

网络控制论系统被定义为在较为离散的事件驱动前提下，经过各种离散事件有规则的相互作用，从而催生状态演化的一类典型的动态人机系统。通常，网络控制论系统包括施控系统、受控网络、前馈系统和反馈系统。网络控制论系统研究分析方法除了基础的数学分析法、统计分析法外，主要还有系统分析法、建模分析法和仿真分析法。网络控制论系统包括节点模块、链路模块和协议模块，其中，协议模块分为通信协议、安全协议和控制协议。安全协议模块需要使用密码技术来保障安全性，以增强通信协议的安全性和有效性。网络控制论系统主要采用两种方法对协议进行建模：有限状态机（finite state machine，FSM）模型和 Petri 网模型。FSM 模型是四元系统，包括状态数、系统初始状态、原子事件集、状态转换函数集，使用 FSM 模型可以直观地表示协议元素的时序性以及状态随事件变化的关系。Petri 网模型是一个五元系统，包括位置集、转换集、输入函数集、输出函数集以及标记集，使用 Petri 网模型可以借助有向图有效地表示事件的并发性、同步性和序列性。

（三）博弈论模型

博弈论是研究在竞争情形下，参与者如何选择最有利于自己的决策以及这种决策的均衡问题，是研究竞争中参与者为争取最大利益应当如何做出决策的数学方法，是研究多决策主体之间行为相互作用及其相互平衡，以使收益或效用最大化的一种对策理论。在网络空间安全范畴，攻防对抗可抽象为攻防双方在策略上的相互依存关系，即判断一个防守策略是否能够有效防范可能的网络攻击，不仅仅取决于其自身的行为，还取决于攻击者和防御者使用的策略。

在网络空间安全的攻防博弈中需要假定用户都是自私的，那么攻击者就会通过使用安全漏洞等手段损害正常用户的利益，从而达到获取某种收益的目的。使用博弈论来描述网络攻防双方的交互方面的工作已有很多。例如，Manshaei 等[59]综述了网络安全和隐私中的博弈论，涉及物理层和介质访问控制（medium access control，MAC）层安全、应用层安全、网络经济安全、密码学等。阿尔普坎（T. Alpcan）和巴沙尔（T. Başar）在 2006 年国际动态博弈学会（International Symposium on Dynamic Games and Applications，ISDG）上定义了入侵检测博弈论模型的一般形式。

目前，博弈论模型的研究重点从研究具体特定的攻击行为转向对攻防双方组成的对抗系统进行研究，包含攻防双方的主要属性，如攻击目标属性、攻击策略属性等；该模型还抓住了攻防对抗过程中的关键因素，如激励、效用、代价等。同时，利用网络攻防博弈模型也可以推断攻防双方的均衡策略。

（四）计算安全模型

安全性是密码的首要指标，密码安全性研究首先要建立密码的安全模型。密码的安全模型主要关注敌手能力和安全目标。敌手能力是指敌手的计算能力，根据敌手掌握的计算资源是理论上无限还是实际有限，该能力分为理论安全性和计算安全性。具备理论安全性的密码方案很少且通常低效，实际中主要考虑计算安全性，因而，可计算性理论是密码理论的重要支撑。

密码的安全模型形式化刻画敌手的攻击能力和攻击目标，不同攻击能力和攻击目标组合出不同的密码安全模型。攻击能力通常可以按照强弱程度分类，依次为选择密文攻击、选择明文攻击、已知明文攻击、唯密文攻击。而攻击目标通常可以按照高低层次分类，依次为完全攻破、部分攻破和密文不可区分。各分类组合可给出多种计算安全模型，最强安全模型是在最强攻击能力下不能达到最低攻击目标的安全模型，即在选择密文攻击下达成密文不可区分。在计算能力确定的情况下，攻击能力主要是考虑敌手允许获得的信息和获得信息的方式。

对复杂环境下应用的密码尤其是多用户的密码协议，计算安全模型需要综合考虑诸多因素，形成了丰富的模型参数和类型。随着新的攻击手段不断出现，计算安全模型一直受到广泛关注。例如，我国学者赖俊祚等在2021年密码学和信息安全理论与应用国际会议（International Conference on the Theory and Application of Cryptology and Information Security，ASIACRYPT）上提出了双向选择打开计算安全模型，该模型考虑了在多用户环境中，敌手通过渗透部分用户，不仅可以获得被渗透用户发送或接收的信息，还可以获得这些用户的内部状态信息，如加密使用的随机数和解密密钥。

（五）侧信道安全模型

侧信道密码分析是一种针对密码实现（包括密码芯片、密码模块、密码系统等）的物理攻击方法，本质上是利用密码实现在执行密码相关操作时泄露的旁路信息来恢复密钥。在敌手有能力观察到旁路信息泄露的条件下，为了证明密码实现的安全性，侧信道安全模型应运而生。侧信道安全模型主要关注三个问题：一是黑盒安全性，即功能规范的计算安全；二是实现正确性，即密码算法的正确功能实现；三是泄露安全性，即在给定的泄露模型中，执行密码运算是否导致密钥的泄露。例如，阿尔梅达（J. B. Almeida）等在 2016 年快速软件加密国际会议（Fast Software Encryption International Conference，FSE）上讨论了侧信息泄露模型相应的实现级安全概念，将密码实现抽象为由主机、语言、程序、程序输入、随机数和旁路信息泄露组成的泄露模型，并在敌手具有侧信道攻击能力的条件下定义了证明密码实现安全性的方法；E. Fujisaki 等在 ASIACRYPT 2016 上提出了在敌手具有侧信道攻击能力时证明密码实现具有选择密文攻击安全的方法，提出了抵抗连续任意函数篡改的公钥加密方案，并证明了在更强的连续篡改变种的攻击下，不存在抵抗任意函数篡改的安全的数字签名方案；R. Nishimaki 等在 2019 年国际公钥密码学实践与理论会议（International Conference on Practice and Theory of Public-Key Cryptography，PKC）上用基于身份的杂凑证明系统构造了有界检索模型下的侧信道安全模型，并基于此提出了具有侧信道安全的基于身份的公钥加密方案；鲍尔（M. Ball）等在 EUROCRYPT 2019 上提出了可本地解码与更新的不可延展编码满足侧信道安全的上界与下界；H. Chen 等在 ASIACRYPT 2019 上提出了一个在有界泄露模型下利用可穿透组件与不可区分混淆构造泄露容忍系统的框架。

传统的安全模型主要考虑理论安全，而侧信道安全模型则更关注实现安全。侧信道安全模型主要研究如何准确给出密码系统的信息泄露量和如何构造抗泄露安全的密码方案两方面问题。前者面临的关键问题在于如何将理论研究的信息泄露量与具体的侧信道安全紧密结合，后者则需要考虑攻击者在现实应用中所具备的攻击能力，以及针对攻击构造可证明安全的密码算法。侧信道安全模型不仅具备理论价值，而且具有重要的现实意义。

（六）对抗性模型

对抗性模型是用来描述网络攻防双方能力和网络攻击过程的安全模型。例如，"杀伤链"（Kill Chain）模型是由洛克希德-马丁空间系统公司（Lockheed Martin Space Systems Company）提出的一种威胁情报驱动防御模型，用于指导并识别攻击者为达到入侵网络目的所需完成的所有活动。"杀伤链"模型包括 7 个步骤：侦察跟踪（reconnaissance）、武器构建（weaponization）、载荷投递（delivery）、漏洞利用（exploitation）、安装植入（installation）、命令控制（command & control）、目标达成（actions on objectives）。"杀伤链"模型起源于网络入侵防御早期，突出了病毒和漏洞相关的外线防守（perimeter defense），但是无法完整地涵盖现代黑客入侵方式的灵活性，如无文件攻击和利用合法工具进行的离地攻击（living off the land），同时对这种常见的黑客攻击方式只是简单笼统地描述为远程控制及扩散，并没有对攻击方式，产生的影响、危害，以及如何防止进行详细说明，它也没有涉及其他攻防对抗场景，如蠕虫病毒爆发、垃圾邮件和网络社工等。ATT&CK（Adversarial Tactics, Techniques, and Common Knowledge）模型是在"杀伤链"模型的基础上，构建的一套粒度更细、更容易共享的知识模型和框架。它是由 MITRE 组织提出的，目前可分为 3 部分：PRE-ATT&CK、ATT&CK for Enterprise 和 ATT&CK for Mobile。其中 PRE-ATT&CK 覆盖"杀伤链"模型的前两个阶段，包含攻击者在尝试利用特定目标网络或系统漏洞进行相关操作的战术和技术。ATT&CK for Enterprise 覆盖"杀伤链"模型的后五个阶段，包含适用 Windows、Linux 和 macOS 三大系统的技术和战术。ATT&CK for Mobile 包含适用于移动设备的战术和技术。ATT&CK 知识库至今已持续追踪 91 个相对活跃且具有代表性的黑客组织，涵盖了这些组织常用的 97 种攻击工具和 50 种信息收集数据源，同时梳理了它们攻击的行业和组织类型，为组织安全运营的优先级设定提供了参考。

（七）量子安全模型

量子计算是量子物理与信息科学交叉融合的新兴科学技术，对密码学的发展产生了重要影响。传统的 RSA、椭圆曲线公钥密码在基于量子力学的新型计算模型下将不再安全。为了刻画敌手所具备的更强的量子计算能力，实现量子安全的密码设计，量子安全模型应运而生。量子安全模型主要分为抗量子安全模型、量子叠加查询安全模型、全量子安全模型。抗量子安全模型用于刻画部署在经典计算场景下的密码算法，在敌手具备量子计算能力后的计算安全模型，典型代表是博内（D. Boneh）等在 ASIACRYPT 2011 上提出的量子随机预言模型。量子叠加查询安全模型用于刻画部署在量子计算场景下的密码算法，在敌手具有量子计算能力下的计算安全模型，典型代表是博内和詹德里（M. Zhandry）在 EUROCRYPT 2013 上提出的量子叠加查询安全的消息认证码、在 CRYPTO 2013 上提出的量子叠加查询安全的加密方案和签名方案，以及卡普兰（M. Kaplan）等在 CRYPTO 2016 上给出的系列对称密码算法在量子叠加查询安全模型下的分析结果。全量子安全模型用于刻画量子敌手攻击基于量子物理的密码部署在量子计算场景下的安全性，典型代表是 Lo 和 Chau[60]于 1999 年在《科学》杂志上提出的量子信息论模型。全量子安全模型主要用于分析量子密钥分发协议、量子随机数生成协议的安全性。

量子安全模型是一个相对年轻的研究领域，相关理论还需要进一步的发展与完善。一是研究对象亟须拓展，目前针对基础密码算法的量子安全模型较多，但针对复杂网络安全协议的量子安全模型几乎没有；二是量子敌手能力的刻画亟须进一步完善，包括敌手可接入的量子存储资源、量子计算噪声等。另外，安全目标的定义也需结合具体的密码应用场景进一步丰富与完善。

三、小结

在网络空间安全的探索与实践中，安全基础理论和安全模型等方面已经积累了许多成果。随着云计算、大数据、人工智能、量子信息等新兴技术的兴起，以及区块链、物联网等新兴应用的快速发展，网络空间安全的外延不断扩展，安全基础理论会不断丰富。新的安全需求会不断涌现，自然驱动新的安全模型产生，新的随机源构造、构造密码方案的新数学难题探索，以及密码数学难题新型求解算法设计等安全基础理论会不断演进。此外，大部分密码学安全模型针对的是具有传统计算能力的敌手，随着量子计算机的不断发展，如何完善量子安全模型理论成为亟须研究的重要课题之一。

第三节 密码算法

密码算法是用于信息安全保护（如加密和解密）的数学函数。现有的密码算法主要包括对称密码算法、公钥密码算法、杂凑函数和新型密码算法等，用于保证信息的安全，提供机密性、完整性和不可否认性等服务。

一、对称密码算法

对称密码算法（简称对称密码）的加密过程与解密过程使用相同或容易相互推导得出的密钥，即加密和解密两方的密钥是对称的。对称密码因其运算速度快、便于软硬件实现、易于标准化等特点，已经成为信息与网络空间中实现数据加密、消息认证和密钥管理等关键领域的核心部件。针对不同的数据类型和应用需求，对称密码通常分为序列密码和分组密码两种。

序列密码的加密过程是将产生的密钥流和明文数据逐个进行"异或"运算；解密再用同样的密钥流对密文数据逐个进行"异或"。这使得序列密码具有实现简单、便于硬件实施、加解密处理速度快、错误传播率低等特点，因此，在实际应用中，序列密码适用于实时性要求高的场景，如电话和视频通信等。当前大多数国家的军事和外交保密通信仍然以序列密码为主。

序列密码在 20 世纪 80～90 年代发展迅速，我国学者对序列密码的研究较为深入，长期处于国际领先水平。20 世纪 80 年代，肖国镇和 Massey[61]提出了布尔函数的统计独立性概念，并率先应用频谱技术刻画了布尔函数的相关免疫性，被国际上通称为 Xiao-Massey 定理。20 世纪 90 年代，丁存生等[62]提出了布尔函数的稳定性、序列的线性复杂度和周期的稳定性、球体复杂度、重量复杂度等一系列新概念，现统称为序列密码稳定性理论。由于序列密码的安全性主要依赖于其产生密钥流序列的随机性，如何对序列的随机性进行刻画是该领域的主要研究方向。

在序列密码分析方面，20 世纪 80 年代，Siegenthaler[63]提出了相关分析方法，并将其用于非线性组合生成器分析；曾肯成等在 CRYPTO 1988 上提出了线性校验子分析方法，在 CRYPTO 1989 上提出了线性一致性测试分析方法，在 CRYPTO 1990 上改进了线性校验子分析方法并攻破了贝丝（T. Beth）和派珀（F. C. Piper）设计的停走生成器。之后，国外学者相继提出序列密码的快速相关分析等方法。曾肯成等还在理论上将序列密码的分析等效于代数方程组的求解问题，这也是 21 世纪初代数攻击思想的内核。

近年来，我国学者还取得了一些较为突出的原创性成果。张斌等在 CRYPTO 2013 上提出了一种新的密码分析技术——条件掩码方法，给出了对蓝牙加密体制的实时攻击，完整的工作发表在 2018 年的《密码学杂志》（Journal of Cryptology）上；另外，他们还提出了扩域上的快速相关攻击。在序列密码设计方面，冯登国等研制的祖冲之算法（ZUC 算法）于 2011 年被采纳为新一代宽带无线移动通信系统（3GPP LTE）国际标准，用于实现新一代宽带无线移动通信系统的无线信道加密和完整性保护。ZUC 算法先后也成为国家标准和 ISO/IEC 标准。

分组密码是将明文数据分成多个等长度的块（称为分组），每个分组在密钥的控制下变换成等长的密文数据。1949 年，香农提出了设计密码算法的混淆和扩散准则，并预言可通过简单密码的"乘积"来设计满足上述准则的分组密码。分组密码的特点是适应能力强，可用于多种计算平台，易于标准化。在实际应用中，分组密码多用于大数据量的加密场景，如文件加密等。

DES 算法作为最早的数据加密标准，是 1975 年美国 IBM 公司研制的一个分组密码。在 DES 算法公布之初，由于该算法的设计过程并不透明，加之在出口过程中，美国政府限制算法的密钥长度以降低算法安全性，导致人们并不信任该算法。我国学者曾肯成于 1987 年发现了 DES 算法 S 盒的设计缺陷，提出了"熵漏"模型，并在国际密码学会议上做了相关报告。美国新一代商用分组密码 AES 算法采用面向全世界公开征集的方式，促进了分组密码研究的进一步深化，该算法也成为当前广为应用的分组密码算法。

随着分组密码分析的难度越来越大，以及计算能力和数据处理能力的提高，国内外众多学者开始研究如何充分利用计算资源实现密码算法的自动化分析，并开发密码算法的自动化分析平台，以提高密码算法的分析效率。

近年来，对称密码的研究主要集中在实用加密方案的构建上，如对称可搜索加密（symmetric searchable encryption，SSE）、可调整分组密码

（tweakable block cipher，TBC）等。随着侧信道攻击等新型攻击方法的出现和发展，以及对于高效加密的需求日益增强，对称密码、加密方案的软硬件实现的安全性及效率问题也越发受到关注。此外，具有更强抗代数攻击等性能的对称密码也不断被提出。

在 EUROCRYPT 2020 上，格拉西（L. Grassi）等提出了 HADES 方法，该方法使用宽轨迹策略，是一种通用的设计框架，具有较强的抗代数攻击能力；包珍珍等提出了调整-微调（Tweak-aNd-Tweak，TNT）模式，可以由 3 个独立的分组密码构建一个可调整分组密码方案，并证明了该方案具有超生日界 $2^{2n/3}$ 的安全性。在 CRYPTO 2021 上，博叙亚（A. Bossuat）等研究了 SSE 在固态硬盘（solid state disk，SSD）上运行时的效率问题，构建了一个页面高效和存储高效的与数据相关的打包方案，并推导出了新的 SSE 方案，该方案同时实现了高页面效率和高存储效率。在 EUROCRYPT 2021 上，多布劳尼希（C. Dobraunig）等提出了 Ciminion 算法，该算法基于 Toffoli 门，使用乘法实现非线性扩散，提供了一种不同于以往算法的设计思路。

二、公钥密码算法

对称密码因其较好的安全性和高效的加解密效率，是密码学领域早期的研究重点，并在公开网络中实现保密通信方面发挥了重要作用。但对称密码具有 3 个方面的固有缺陷，这些缺陷严重制约了其应用范围。一是密钥协商问题。为了使用对称密码进行保密通信，通信双方要建立一个共享的会话密钥，通常采用的方式是私人会面以交换密钥或者采用可信的方式进行线下的传输，这种建立会话密钥的方式代价较大。二是密钥管理问题。系统中如果有多个人想通过对称密码实现两两之间的保密通信，那么任意两个人之间就要建立一个共享的密钥，系统中人数较多时密钥量很大，并且对于用户来说密钥管理的负担很重，极为不便。三是不具有签名的功能。在对称密码中，通信的双方具有相同的密钥，致使无法明确区分一个密文消息究竟是哪一方产生的。

针对对称密码的这一弊端，1976 年，Diffie 和 Hellman[19]提出了公开密钥密码算法（也简称为公钥密码）的思想，并介绍了公钥加密和数字签名的新构想。自此,开启了密码学史上一场伟大的变革。在一个公钥密码中,解密密钥和加密密钥不同,解密功能和加密功能是分离的,这样,用户的加密密钥可以公开,但解密密钥需要保密。由于加密密钥可以公开,为了保证公钥加密的安全性,要求由公开的加密密钥无法推导出保密的解密密钥,并且在知道解密密钥的条件下解密是容易的。因此,公钥加密设计的核心思想就是要构造一个单向陷门函数。公钥密码如今已成为大多数互联网安全应用的基础,是一种无须事先共享密钥就可以在两个用户之间安全地传送信息的方法,与通信双方必须提前商定密钥的对称密码有本质的区别。

公钥密码的提出被视为现代密码学的开端,具有划时代的意义。公钥密码主要包括公钥加密、密钥交换和数字签名。由 Diffie 和 Hellman 最初所提出的 MH 背包公钥加密算法于 1983 年被沙米尔破译,因而失去了实际意义。真正有生命力的公钥密码是 RSA 算法[20]。RSA 算法是第一个真正安全的公钥密码,是用 3 位提出者名字的首字母命名的。RSA 公钥密码得到了广泛的应用,先后被 ISO、国际电信联盟(International Telecommunication Union, ITU)、环球同业银行金融电讯协会(Society for Worldwide Interbank Financial Telecommunications, SWIFT)等国际标准化组织采纳为标准。1985 年,盖莫尔提出了著名的 ElGamal 公钥密码[22],它是目前国际公认的较为理想的公钥密码,也是目前网络上进行保密通信和数字签名的有效算法。同年,我国学者陶仁骥等利用有限自动机可逆性理论提出有限自动机公钥密码,该类公钥密码在国际上具有一定的影响力,被称为陶陈体制,但后来被发现存在安全缺陷,这限制了其进一步的应用。椭圆曲线密码(elliptic curve cryptography, ECC)是由米勒和科布利茨在 20 世纪 80 年代中期分别独立提出的。椭圆曲线密码可以以较小的参数实现与其他公钥密码相同的安全性,因此,得到了密码学界的广泛关注。特别是椭圆曲线上双线性映射的良好性质,可以为加密算法和签名算法的设计提供更好的工具。2009 年,供职于 IBM 的研究人员金特里提出了一种基于理想格的全同态加密算法,但这种算法需要进行大量的矩阵和向量模运算,算力开销巨大、复杂度高,且密文扩张大。加格(S. Garg)等在 EUROCRYPT 2013 上利用理想格设计了一个多线性映射,不仅可以实现双线性映射能实现的所有体制,还提供了更为强大的功能。量子计算机的快速发展给经典的公钥密码的安全性带来了巨大的威胁，公钥密码的研究已经进入了后量子密码时代。基于格的公钥密码、基于编码的公钥密码、基于多变量方程的公钥密码以及基于超奇异椭圆曲线的公钥密码成为当前公钥密码领域的研究热点。NIST 于 2016 年推出的后量子密码算法征集活动大大促进了抗量子密码算法的研究与进步。目前，NIST 已将在后量子密码算法征集中征集的 CRYSTALS-Kyber 公钥加密算法作为标准发布。

数字签名是一种鉴别机制，它可以使一个消息附加上一段起到签名作用的代码，该代码可保证报文的来源和完整性。我们通常把这个代码称为消息的数字签名。数字签名与我们生活中的手写签名功能类似，但通过密码算法实现签名功能。Schnorr 签名由德国密码学家施诺尔（C. Schnorr）于 1990 年申请并获得专利，该算法是签名算法的一个里程碑成果，后续的数字签名算法（digital signature algorithm，DSA）等一系列签名算法都是基于该算法设计的。同年，乔姆（D. Chaum）提出了群签名的概念。在一个群签名方案中，一个群体中的任意一个成员可以以匿名的方式代表整个群体对消息进行签名；但群成员不可以滥用签名权限，群管理员在需要监管的时候可以获得签名者的身份。群签名在重要军事情报的签发、领导人的选举等多个领域有着广泛的应用前景。1994 年，NIST 正式公布了数字签名标准（digital signature standard，DSS），同年 12 月正式作为美国联邦信息处理标准 FIPS 186 颁布。DSS 中所采用的算法通常称为 DSA。DSA 已经在许多 DSS 中得到推荐使用。2001 年，里韦斯特提出了环签名定义，环签名是一种简化的群签名，环签名中只有环成员没有管理者，不需要环成员间的合作。2004 年，博内等基于 Weil 双线性对提出了一个短签名方案。此外，还有很多具有其他特殊功能的数字签名。例如，盲签名是根据电子商务具体的应用需要而产生的一种特殊签名应用。当需要某人对一个文件签名，而又不让他知道文件的内容时，就需要盲签名。经典数字签名的研究已较为完善，近年来的研究重点主要集中于特殊功能的数字签名以及抗量子的数字签名。2022 年，NIST 选择了 CRYSTALS-Dilithium、Falcon 和 SPHINCS+作为后量子 DSS 候选算法，目前，这 3 个算法已作为标准发布。

近年来，我国学者在公钥密码的研究中取得了一系列重要成果。例如，胡予濮和贾惠文在 EUROCRYPT 2016 上破解了戈德莱希-戈德瓦塞尔-哈勒维（Goldreich-Goldwasser-Halevi，GGH）多线性映射，并指出了其存在的安全漏洞；张江等在 CRYPTO 2016 上提出了格上可编程杂凑函数的概念，给出了从格上可编程杂凑函数到基于身份加密的通用构造，通过直接构造高效的可编程杂凑函数，还提出了格上首个在主公钥为对数长度的标准模型下基于身份的加密方案。

三、杂凑函数

杂凑函数又称为散列函数或 Hash 函数，它可以将任意长度的消息计算压缩到固定长度的杂凑值（也称为散列值或 Hash 值），参与消息接收后的认证等过程，被称为消息的"数字指纹"。利用杂凑函数的抗碰撞性可以保证消息的完整性，从而防止消息的篡改。杂凑函数作为一个密码基础组件，可用于伪随机数生成、消息认证码构造、公钥加密方案和数字签名设计。除此之外，杂凑函数还有其他广泛的应用，如软件保护、区块链和网络协议等。随着信息技术的飞速发展，杂凑函数的安全性愈发重要，杂凑函数相关技术的研究也备受密码研究者的关注。

典型的杂凑函数结构包括 Merkle-Damgard 结构（简称 MD 结构）和 Sponge 结构等，目前所使用的大多数杂凑函数采用的都是 MD 结构。MD 结构的杂凑函数采用固定输入长度的压缩函数进行迭代，通过压缩函数不断重复计算输入的消息分组和前一次压缩处理的结果，将任意长度的字符串压缩为固定长度的消息摘要值。MD 结构的标准杂凑函数主要有 MD4、MD5、RIPEMD、HAVAL、SHA-0、SHA-1 和 SHA-2 等，Sponge 结构的标准杂凑函数主要有 SHA-3 等。

1989 年，RSA 发明人之一里韦斯特提出了 MD2 算法，这个算法首先对信息进行数据补位，使信息的字节长度是 16 的倍数；随后在信息末尾追加一个 16 位的校验和；最后，根据新产生的信息计算出杂凑值。为了加强算法的安全性，里韦斯特在 1990 年又开发出 MD4 算法，MD4 算法同样需要填补信息以确保信息的比特位长度减去 448 后能被 512 整除。1991 年，里韦斯特开发出技术上更为成熟的 MD5 算法。它在 MD4 算法的基础上增加了"安全带"（safety-belt）的概念。Akshima 在 CRYPTO 2020 上介绍了敌手在随机预言模型下进行 MD 杂凑冲突查找的问题，可以找到超过生日界限的优势碰撞。杂凑算法的强无碰撞设计一直是杂凑函数领域的核心和难点问题。

我国学者在杂凑函数方面取得了系列创新成果。例如，王小云等在 EUROCRYPT 2005 上破解了 MD4、MD5、HAVAL-128 等杂凑算法；他们在 CRYPTO 2005 上进一步优化了方案，对 SHA-0 和 SHA-1 算法也给出了碰撞攻击。包珍珍等在 2020 年《密码学杂志》上发表的论文中，针对杂凑组合器的通用攻击，通过设计已知的通用攻击研究这些杂凑组合器的安全性，结果表明大多数杂凑组合器的安全性无法达到普遍认为的那么高。陈宇等在 2022 年《密码学杂志》上发表的论文中，研究了 non-malleable 函数及其应用，该函数可以产生密钥相关攻击（related-key attack，RKA）安全认证密钥派生函数的一般构造，并用于实现众多密码原语的 RKA 安全性。董晓阳等在 CRYPTO 2021 上研究了类 AES 杂凑的自动搜索中间相遇原像攻击并进一步将其扩展到一个基于约束的框架中，通过考虑场景的微妙特性，在密钥恢复和冲突攻击的上下文中找到可利用的中间相遇特征。

四、新型密码算法

随着 5G、大数据、物联网、量子计算等前沿信息技术的快速发展和深度融合，用户间交互信息的范围越来越广、交互的频率越来越高、传输处理的速度越来越快，特殊环境中用于密码运算的存储资源和计算资源受限，密码安全方面也面临更多威胁，攻击者可采取的攻击途径更加多样，特别是量子计算的快速发展将大幅降低传统密码算法的攻击复杂度。为适应不断提升的数据保护需求，应对日益严峻的安全挑战，新型密码算法应运而生，本小节主要介绍认证加密算法、轻量级密码算法、抗量子密码算法和函数加密等。

（一）认证加密算法

认证加密算法是一种同时具有加密和认证两种属性的一体式密码算法。不同于传统的加密算法与认证算法的简单组合，认证加密算法不仅具有更低的实现代价，而且能降低密钥管理的复杂度，减少不同算法之间的衔接隐患。

认证加密算法的概念最早由贝拉尔等在ASIACRYPT 2000上提出，其设计主要分为两类。第一类是分组密码工作模式，典型代表是2003年Rogaway等[64]设计的偏移密码本模式（Offset Codebook Mode，OCB）、麦格鲁（D. A. McGrew）和别加（J. Viega）设计的伽罗瓦/计数器模式（Galois/Counter Mode，GCM）等。这类设计的特点是以黑盒的形式调用分组密码，具有一定的通用性，对软硬件资源没有限制。该类认证加密算法往往可以采用可证明安全方法从理论上证明其安全性。以OCB为例，Rogaway等证明了如果底层的分组密码是一个伪随机置换，那么敌手攻击上层的OCB模式的机密性和完整性的成功概率都是密码意义下可忽略的。

第二类是直接设计的认证加密算法，专注于降低实现代价和效率优化，适用于资源受限的场景，典型代表是波格丹诺夫（A. Bogdanov）等在FSE 2013上提出的轻量级认证加密算法（authenticated lightweight encryption algorithm，ALE）等。直接设计的认证加密算法通常利用消息更新密码算法的状态，消息认证的代价很少，但其安全性不能从理论上证明，只能评估其针对差分分析、线性分析、碰撞攻击、相关密钥攻击等分析方法的安全性。

（二）轻量级密码算法

轻量级密码算法是一类面向资源受限场景下的新型密码算法[65]，应用对象包括嵌入系统、射频识别（radio frequency identification，RFID）设备、传感器网络设备等。早在1994年，国外就已经开展了轻量级密码的研究工作，其性能指标主要从硬件度量和软件度量考虑，分为能量消耗、延时、吞吐率3个维度。轻量级密码针对特定受限场景应用需求，在安全性、运行性能和资源需求方面达到平衡。针对不同的密码功能，轻量级密码又分为以下几种。

（1）轻量级分组密码。波格丹诺夫等多个欧洲学者在2007年密码硬件与嵌入式系统会议（Conference on Cryptographic Hardware and Embedded Systems，CHES）上提出了轻量级分组密码PRESENT。日本学者T. Shirai等在FSE 2007上提出了CLEFIA算法。这两个算法公开后，经过5年的广泛分析，于2012年正式成为ISO/IEC标准，自此也掀起了轻量级分组密码设计和分析的高潮。韩国学者 D. Hong 等在 2013 年提出的轻量级分组密码算法 LEA，也于 2019 年成为 ISO/IEC 标准。我国学者吴文玲等设计的 LBlock 算法、龚征等设计的 KLEIN 算法也得到了学术界的广泛关注。

（2）轻量级序列密码。轻量级序列密码的典型代表是 2012 年入选 ISO/IEC 轻量级序列密码标准的 Trivium。Trivium 是由德坎尼埃（C. De Cannière）和普勒尼尔（B. Preneel）共同设计的序列密码算法，采用了非线性反馈移位寄存器（nonlinear feedback shift register，NLFSR）和分组密码的轮迭代设计思想。该算法虽然是面向硬件设计的快速加密算法，但实际上其软件执行速度也很快。Trivium 算法具有结构简洁、优美、软硬件实现快速、安全性好等特点。2008 年，Trivium 成为 eSTREAM 计划的最终入选算法之一，备受学术界和工业界的关注。

（3）轻量级杂凑函数。2010 年，S. Hirose 等借鉴 AES 轮函数和 MD 迭代构造，提出了轻量级杂凑函数 Lesamnta-LW。该设计也采用了广义 Feistel 网络结构，但其压缩函数并没有跟随 H. Yoshida 等在 2007 年提出的 MAME 采用移位和异或的方式，而是通过调整数据宽度的方式复用了 AES 轮函数的设计。波格丹诺夫等在 CHES 2011 上采用类似于 PRESENT 轻量级分组密码的置换函数，设计出轻量级杂凑函数 SPONGENT。郭建等在 CRYPTO 2011 上基于类似 AES 的轮函数结构和 Sponge 结构，设计出轻量级杂凑函数 Photon。Photon 的特点在于其置换函数采用了 4 比特 S 盒，并通过选择迭代式矩阵将行移位和列混合步骤改为了面向 4 比特的分块操作，这样的做法与 AES 面向字节的设计相比虽然在速度上有所降低，但大大降低了算法的硬件实现开销。Lesamnta-LW、SPONGENT 和 Photon 于 2016 年入选 ISO/IEC 轻量级杂凑函数标准。

（三）抗量子密码算法

抗量子密码（也称为后量子密码）算法是能够抵抗量子计算攻击的新一代密码算法。近几年，各国政府以及标准化组织发起了多个抗量子密码算法相关的重大研究计划，期望发展新的下一代公钥密码标准，从而达到逐步替代现有的 RSA 和 ECC 公钥密码。2016 年，NIST 宣布面向全球征集抗量子公钥密码算法。随着 NIST 抗量子密码标准化项目的逐步推进，抗量子密码算法的设计、分析与标准化受到学术界和工业界的广泛关注。

根据底层困难问题的不同，抗量子公钥密码主要分为以下 5 类。

（1）基于格上困难问题的公钥密码。它最早出现在 1996 年霍夫斯泰因（J. Hoffstein）等提出的 NTRU 方案中，以及奥伊陶伊（M. Ajtai）提出的 SIS 问题及其构造的单向函数中。2005 年前后，雷格夫提出的 LWE 加密方案，极大地促进了格密码的发展。基于格的公钥密码主要有公钥加密、数字签名、密钥交换、同态加密等。入选 NIST 抗量子公钥密码标准提案第三轮的基于格的公钥密码有 NTRU、Kyber、Frodo、Dilithium 等。

（2）基于编码随机译码困难问题的公钥密码。它最早由麦克利斯于 1978 年提出，名为 McEliece，在该算法中公钥制定了一个随机二元 Goppa 码，密文是码字加上一个随机的错误，私钥则允许高效的译码。经过 40 多年的密码分析，McEliece 仍被认为是安全的。基于编码的公钥密码主要有公钥加密、密钥交换等，其安全性依赖于随机码的译码问题。Bernstein 等[39]在 McEliece 的基础之上提出了 Classic McEliece，其本质上是 McEliece 的密钥封装版本，该方案成功进入 NIST 抗量子公钥密码标准提案第三轮。

（3）基于多变量方程求解困难问题的公钥密码。它出现于 20 世纪 80 年代，早期的基于多变量的公钥密码设计都是失败的，第一个突破性设计是 1988 年 T. Matsumoto 和 H. Imai 提出的 MI 公钥密码。帕塔兰（J. Patarin）在 EUROCRYPT 1996 上扩展了 MI 公钥密码，提出了 HFE 公钥密码和 HFEv 公钥密码，但 HFE 公钥密码随后被基普尼斯（A. Kipnis）和沙米尔在 CRYPTO 1999 上利用极小秩方法攻破。HFEv 公钥密码在随后的 20 多年里得到了快速发展，NIST 抗量子公钥密码标准提案第三轮的 GeMMS 就是一类 HFEv 公钥密码。陶成东等在 CRYPTO 2021 上从理论上攻破了 HFEv 签名方案以及 GeMMS。基普尼斯等于 1999 年提出了非平衡油醋签名方案（Unbalance Oil and Vinegar，简记为 UOV 签名）。但 UOV 签名效率太低，为了改进这个缺陷，丁津泰等提出了多层油醋签名，即彩虹签名方案。彩虹签名也入选了 NIST 抗量子公钥密码标准提案第三轮。伯朗（W. Beullens）在 CRYPTO 2022 上针对彩虹签名提出了新的密钥恢复攻击。

（4）基于杂凑函数或分组密码安全性的公钥密码。它最早起源于 1979 年兰波特（L. Lamport）提出的一次签名和默克尔（R. C. Merkle）提出的多次签名。此类签名的安全性仅依赖于杂凑函数的性质，典型的基于杂凑函数的签名方案包括 IETF 的标准 XMSS、NIST 抗量子公钥密码首批标准 SPHINCS+等。

（5）基于超奇异椭圆曲线同源问题的公钥密码。NIST 抗量子公钥密码征集活动中有一个基于超奇异椭圆曲线同源的公钥密码算法 SIKE 进入第四轮评估，2022 年，比利时鲁汶大学的研究人员应用"黏合-分裂"定理在一台普通的 PC 上破解了该算法。

（四）函数加密

函数加密（也译为功能加密）的概念是由博内等在 2011 年密码学理论会议（Theory of Cryptography Conference，TCC）上正式提出的，不同于传统的加密算法，函数加密不仅允许加密者决定用户是否能解密数据，还能决定用户加密什么形式（函数）的数据。由于可实现灵活的细粒度访问控制，函数加密成为当前大数据、云存储环境下加密数据访问控制的重要工具。典型的函数加密包括基于身份的加密、可搜索加密和属性加密（attribute-based encryption，ABE）等。

基于身份的加密概念最早是由沙米尔在 CRYPTO 1984 上提出的，用于简化公钥管理。首个实用的基于身份的加密是由博内等在 CRYPTO 2001 上提出的，该加密方案使用双线性对进行构造，基于双线性 DH 假设，在量子随机预言机模型下被证明满足抵抗适应性选择密文攻击安全性。之后，其他基于身份的密码，包括基于身份的签名、密钥协商等都被陆续提出。

可搜索加密是一种支持用户在密文上进行关键词查找的密码方案。可搜索加密主要分为对称可搜索加密和公钥可搜索加密（public key searchable encryption，PKSE）。典型的对称可搜索加密是由 D. X. Song 等在 S&P 2000 上提出的，该方案使用类似于序列密码的方式进行加密，通过线性扫描来查找特定的关键词。对称可搜索加密主要用于个人数据存储的应用场景中。公钥可搜索加密是由博内等在 EUROCRYPT 2004 上提出的，主要用于邮件路由的应用场景中，方便邮件服务器进行邮件的分发。

属性加密是一类面向具有特定属性的群体可解密的公钥加密方案，密文和密钥都与一组属性相关，加密者可以指定接收者的属性，使得产生的密文只能由满足加密策略属性的用户解密,具有一对多的加解密模式。最早的属性加密由萨海(A. Sahai)和沃特斯(B. Waters)在 EUROCRYPT 2005 上提出,但该方案仅能支持门限访问控制策略。为了表示更灵活的访问控制策略,戈亚尔(V. Goyal)等在 CCS 2006 上提出了密钥策略的属性加密,贝森科特(J. Bethencourt)等在 S&P 2007 上提出了密文策略的属性加密。属性加密可以灵活地表示访问控制策略,从而极大地降低了数据共享细粒度访问控制带来的网络带宽和发送节点的处理开销。

在新型密码算法方面,我国学者也取得了系列重要成果。例如,对于认证加密算法 ALE,吴生宝等在 ASIACRYPT 2013 上给出了泄露状态伪造攻击;史丹萍等在 CRYPTO 2019 上提出了二次布尔函数的精确关联的高效计算,进而给出了 CAESAR 竞赛决赛算法 MORUS 的更优的攻击方法;刘美成在 CRYPTO 2017 上提出了数值映射的概念,建立了非线性反馈密码系统代数次数高效评估模型,并针对 Trivium 等序列密码算法给出了线性时空复杂度的次数估计算法;张江等在 EUROCRYPT 2015 上提出了首个基于格的认证密钥交换协议设计;陈洁在 EUROCRYPT 2015 上提出了更高效的"一对多"属性加密模块化设计框架,显著提升了属性加密效率;来齐齐等在 EUROCRYPT 2021 上提出了适用于格基函数加密的新采样技术,能够使格基函数加密实现更强安全性和更短密文尺寸。

五、小结

由于信息通信与存储应用场景的多样化、复杂化,密码算法的设计面临着前所未有的机遇和挑战。5G 技术的大规模应用与发展,推动了大数据、物联网、工业控制网络(industrial control network,ICN,也简称为工控网络)和自动驾驶等技术的普及,对密码算法的性能指标(如吞吐量、硬件面积和时延)提出了较高要求,这对新一代密码算法的设计提出了严峻挑战。另外,对密码算法的差异化需求,使得试图通过单一算法或单一实现方式形成对所有场景的解决方案不可行,必须设计一个密码算法的多个版本。

目前对称密码的设计主要通过算法整体结构框架搭建以及合适密码学部件组装填充完成,需要综合考虑安全、实现代价及运行效率,这通常依赖于设计者的经验。NLFSR 的研究仍处于起步阶段，同时，针对基于 NLFSR 的序列密码算法的安全性分析目前还没有统一的模式和路线。

现阶段公钥密码算法研究呈百花齐放的态势，主要研究方向包括全同态公钥加密、属性加密、函数加密等。此外，面对当前量子计算技术带来的新环境和新挑战，基于格的公钥加密、数字签名、密钥封装、同态加密等公钥密码算法的研究方兴未艾。公钥密码算法的主要技术挑战包括基础困难性问题的规约、特殊安全模型的构建、公钥密码原语的设计、基于标准困难问题的安全高效公钥密码算法的设计、满足特定应用场景的公钥密码算法设计等。

目前杂凑算法的安全目标是抵抗原像攻击和碰撞攻击，主要通过提高杂凑函数内部操作的复杂性以及提高杂凑输出的长度实现，使得敌手囿于计算机性能瓶颈而无法有效发现碰撞。同时，区块链技术的快速发展，对杂凑算法提出了更高的要求，期待其能够更快、更安全地完成数字签名等任务。目前杂凑算法的主要技术挑战包括内部特殊函数的构造、基于高性能芯片的杂凑加速实现、满足区块链等特殊应用场景的杂凑算法设计等。

认证加密算法、轻量级密码算法、抗量子密码算法、函数加密等新型密码算法，主要用于满足前沿信息技术快速发展对数据保护提出的更高需求，并应对日益严峻的现实安全挑战，相关算法的设计与分析已成为当前学术界的研究热点。当前主要面临以下挑战：评估分析难度大，衡量比较不同算法的功能特性、安全强度时缺乏有效的和广泛认可的手段和方法；设计理论不够成熟，在安全定义、设计思路、构造方式等不同层次上均缺乏共识；等等。

第四节　密码分析理论

密码分析（也称为密码攻击）理论主要从敌手的角度，研究如何分析和破译现有密码算法或系统的密码安全功能。深入的安全性分析和攻击测试，是确保密码算法或系统实际安全的重要手段，也是密码设计阶段不可或缺的关键步骤。同时，密码分析技术的发展为密码设计提供了新的思路。本节主要介绍基于统计的密码分析方法、基于代数的密码分析方法和侧信道分析方法。

一、基于统计的密码分析方法

统计型密码分析方法的基本思想是通过密码原语与随机函数等对象的输入数据、输出数据的统计差异对密码原语进行攻击。典型的统计型密码分析方法有差分分析、线性分析、相关分析、差分-线性分析和中间相遇攻击等。

（一）差分分析

差分分析是一种攻击对称密码的通用方法，其核心思想是找到被分析算法的一个相较于理想的随机置换的更高概率的差分区分器，达到区分密码算法和随机置换的目的，关键是找到被分析算法的一对高概率成立的输入差分和输出差分（输入差分是加密算法的两个输入值的差分值，输出差分是加密算法对两个输入值进行加密后对应输出值的差分值，也就是密文的差分值）。在公开文献中，差分攻击最早由 Biham 和 Shamir[66]提出，该攻击最早应用于 ARX 密码 FEAL 的分析，但起初并没有引起较大的关注，直到其被用于分析 DES，才得到密码学界的广泛关注。实际上，在 Biham 和 Shamir 公开提出差分分析方法之前，DES 的设计者以及 NSA 就已经知道这种攻击方法，这是 DES 抗差分攻击性表现良好的原因之一。

差分攻击被公开提出后，随之产生了许多变种方法，包括不可能差分分析、截断差分分析、相关密钥差分分析和旋转差分分析等。不可能差分分析在攻击中使用的是密码算法不可能的差分转移；截断差分分析不关心差分的具体值，只关心某些字节上的差分是否非零；相关密钥差分分析不仅允许攻击者在明文中引入差分，而且允许攻击者在密钥中也引入差分；旋转差分分析通过改变差分的定义，研究一对具有循环移位关系的输入经过密码算法加密后得到的密文之间的循环移位关系。我国学者胡西超等在 ASIACRYPT 2020 上根据状态的传播，重新定义了不可能差分与不可能的 (s+1)-polytopic 转换，该定义统一了经典的不可能差分与不可能 polytopic 转换模型，并改进了搜索模型。

（二）线性分析

线性分析利用明文比特、密文比特和密钥比特之间的线性关系（该线性关系是以一定概率成立的）对目标进行攻击，是一种已知明文攻击。线性攻击的思想最早出现于1985~1991年，但较为完整和系统的形式是由松井充（M. Matsui）在EUROCRYPT 1993上分析DES时提出的。在理想随机置换下，关于明文比特、密文比特和密钥比特的线性方程式成立的概率应接近1/2。因此，如果线性方程式成立的概率远远偏离1/2（概率值偏离1/2的程度称为偏差），攻击者就可以利用这一特性对目标算法进行区分攻击或密钥恢复攻击。与差分攻击类似，线性攻击成功的关键是找到一个偏差较大的线性逼近式或线性特征。分析者通常先分析和搜索被分析加密算法局部的线性逼近，在统计独立的假设下，基于堆积引理构造被分析加密算法全局的线性逼近。

欧兹德米（B. Özdemir）和贝内（T. Beyne）在CCS 2023上提出了对Feistel结构密码算法的新通用攻击，使用与密钥无关的线性特征进行多维线性分析，以利用Feistel结构中的特定漏洞。他们通过将攻击应用于CAST-128和LOKI91来证明其方法的有效性，8轮的CAST-128算法的密钥恢复攻击数据复杂度为2^{35}，时间复杂度为2^{111}；6轮的LOKI91算法的密钥恢复攻击数据复杂度为2^{31}，时间复杂度为2^{37}。

（三）相关分析

相关分析是一种攻击基于线性反馈移位寄存器（linear feedback shift register，LFSR）的序列密码的分析方法。在公开文献中，相关分析最早由Siegenthaler[63]提出并应用于分析非线性组合生成器类型序列密码，以分而治之的策略恢复其LFSR的初始状态。相关分析的基本思想是将恢复LFSR初态问题转换为译码问题。序列密码算法的LFSR部分被视作一个线性码，初始状态被视作信息位，LFSR的输出序列被视作码字。序列密码算法的非线性部分被视作噪声信道，密钥流（或密钥流派生）序列被视作接收到的码字。因而，攻击序列密码的关键是找到LFSR输出序列与密钥流序列之间的一个高相关性线性逼近关系，即分别找到输出序列和密钥流序列的下标集合，使得下标集合对应的输出序列元素异或总和与下标集合对应的密钥流序列元素异或总和的异或值等于 0 的概率与等于 1 的概率有显著差别。

相关分析方法提出后，出现了许多改进的技术，主要包括条件相关分析和快速相关分析等。这两种攻击方法都利用了某些序列密码算法在特殊条件下的相关性要比一般相关性更大的特点。

条件相关分析又分为基于输入相关性的条件相关分析和基于输出相关性的条件相关分析。基于输入相关性的条件相关分析利用特定输入条件下滤波函数输入变量之间的相关性；Y. Lu 等在 CRYPTO 2005 上扩展了条件相关分析方法，并提出了基于输出相关性的条件相关分析。基于输出相关性的条件相关分析在部分输入未知且均匀随机的条件下，利用任意一个函数输出的条件相关性进行密码分析。输出条件相关性是输入条件相关性的反向推广，适用于敌手可得到密钥流且可访问由密钥部分控制的计算过程的场景。在此基础上，张斌等在 CRYPTO 2013 上发展并提出了基于条件掩码的条件相关分析方法。

快速相关分析主要包括基于概率迭代译码算法的快速相关分析和基于信息集译码算法的快速相关分析两种类型：基于概率迭代译码算法的快速相关分析的主要目的是改正分而治之相关分析中时间复杂度与 LFSR 长度成指数关系的缺点；基于信息集译码算法的快速相关分析则引入了快速 Walsh-Hadamard 变换，可以更高效地对校验式求值，避免了冗余计算。同时，噪声折叠技术和比特绕过技术的使用，可以更好地折中时间复杂度和数据存储复杂度。史臻等在 EUROCRYPT 2022 上提出了对 SNOW-V 和 SNOW-Vi 序列密码的相关攻击。该攻击基于搜索 LFSR 的二进制流与 SNOW-V 和 SNOW-Vi 的密钥流之间的相关性。

（四）差分-线性分析

差分-线性分析是由兰福德（S. K. Langford）和赫尔曼在 CRYPTO 1994 上提出的一种组合攻击方法。以分组密码为例，通常情况下，找到一个覆盖较长轮数的高概率差分或高偏差线性逼近是困难的。此时，如果能找到覆盖 r_1 轮的高概率差分和覆盖 r_2 轮的高偏差线性逼近，就可以构造 r_1+r_2 轮的差分-线性攻击，其基本原理如下。

对一个加密函数 E，将其分成 E_0 和 E_1 两部分，$E = E_1 \circ E_0$。在 E_0 部分找到一个 r_1 轮高概率的差分，在 E_1 部分找到一个 r_2 轮高概率的线性关系，根据堆积引理和独立性假设连接起来就可以得到一个 $r_1 + r_2$ 轮的差分-线性攻击。虽然这种假设在大多数情况下是合理的，但是也存在一些与上述假设偏离很大的情形。Blondeau 等[67]利用差分分析和线性分析之间的关系，在 E_0 和 E_1 统计独立的假设下，给出了计算线性-差分偏差的精确公式，但该公式仅具有理论意义，并不实用。限制这一公式实用性的原因有两点：一是在实际密码中 E_0 和 E_1 并不完全独立；二是假设的计算公式中需要进行穷举计算，这显然是不可行的。我国学者刘韵雯等在 EUROCRYPT 2021 上提出了旋转差分-线性分析方法，并给出了模加操作的旋转差分-线性相关度的计算公式。然而，该公式仍然存在一定的局限性：一是该公式的成立依赖一定的假设，要求模加操作的输入比特是独立的；二是该公式只适用于输出掩码汉明重量为 1 的情形。因此，产生了两个公开问题：一是如何弱化甚至摆脱相关度计算时的假设；二是如何计算任意输出掩码的旋转差分-线性相关度。我国学者刘美成等在 CRYPTO 2021 上从代数角度给出了差分-线性分析的新解释，进一步研究了差分和线性分析两部分的结合相关性，他们通过引入差分代数过渡型（differential algebraic transitional form，DATF），发展了差分-线性分析相关度评估的新理论和密钥恢复攻击新方法，并将其应用于算法 Ascon 和 Serpent 的分析，得到的相关度理论值比巴-奥恩（A. Bar-On）等在 EUROCRYT 2019 上给出的相关度理论值更为精确。

（五）中间相遇攻击

中间相遇（man-in-the-middle，MITM）攻击是由迪菲和赫尔曼在 1977 年提出的。该技术的实现需要通过一个刻意构造的分组密码，令 E_K 是一个分组长度为 n 比特的分组密码，并且加密过程需要两个独立的密钥 K_1 和 K_2，即 $C = E_K(P) = F_{K_2}(F_{K_1}(P))$，两段密钥可以级联起来 $K = K_1 \| K_2$。因此，对任意一个明密文对 (P,C)，通过对明文 P 使用 K_1 进行加密，再对密文 C 使用 K_2 进行解密，可以分别从两个方向计算出中间值 V。这两个计算是独立进行的，因此对于前后两个密钥的所有可能性，都可以计算出相应的中间值并将其存储在以密钥值为索引的表中。在正确的密钥对 (K_1, K_2) 下，中间

值 V 一定相等，即 $F_{K_1}(P) = F_{K_2}^{-1}(C)$，因此，通过两个表中的碰撞元素，就可以找到候选密钥。通过这种方法，使用 $2^{|K_1|+|K_2|}$ 次计算，就可以将密钥空间的大小从 $2^{|K|} = 2^{|K_1|+|K_2|}$ 缩减到 $2^{|K_1|+|K_2|-n}$，通过已知明密文对能确定最终的唯一正确密钥。

然而，在实际中很少出现上述这种可以将一个密码算法分成两部分独立计算的情形。这时可以采用三子集中间相遇攻击：设 E_K 是一个分组长度为 n 比特的分组密码：

$$E_K(P) = H_{K_3\|K_2}\left(G_{K_1\|K_2\|K_3}\left(F_{K_1\|K_2}(P)\right)\right)$$

其中，$K = K_1 \| K_2 \| K_3$。假设 G 的某个中间状态的 m 比特信息可以在未知 K_3 的情况下根据 $F_{K_1\|K_2}(P)$ 的值正向计算得到，同时还可以在未知 K_1 的情况下根据 $H_{K_3\|K_2}^{-1}(C)$ 的值逆向计算得到。此三子集中间相遇攻击可以将含有 $2^{|K|} = 2^{|K_1|+|K_2|+|K_3|}$ 个可能值的密钥空间划分成 $2^{|K_2|}$ 个大小相同的子空间，在每一个子空间中，K_2 的值是固定的。如此对目标算法进行一个前述的基本的中间相遇攻击，在每个子空间上，根据 $2^{|K_1|}+2^{|K_3|}$ 的复杂度可以将密钥可能值的数量规模从 $2^{|K_1|+|K_3|}$ 缩减到 $2^{|K_1|+|K_3|-m}$，通过执行 $2^{|K_2|}$ 个基本的中间相遇攻击缩减整体的密钥空间。这种类型的中间相遇攻击不仅可以用来恢复密钥，还可以开展针对杂凑函数的碰撞攻击和原像攻击。我国学者董晓阳和包珍珍等在 CRYPTO 2021 和 EUROCRYPT 2021 上系统地使用基于约束规划的语言刻画了中间相遇攻击的实质，将中间相遇密钥恢复攻击、原像攻击和碰撞攻击统一为一个闭合计算路径上的信息传播问题，并给出了字级对称密码中间相遇特征的局部传播规则和"中性字"自由度的准确计算公式。

二、基于代数的密码分析方法

（一）代数攻击

代数攻击是一种将密码算法分析问题转化为超定（方程个数远多于变元个数）非线性高次方程组求解问题的分析方法。代数攻击的成功主要取决于求解方程的能力。有限域上代数方程组求解是数学科学与复杂性理论中著名的 NP 困难问题，即使是二次方程组，也已经被证明是 NP 问题。

源自密码分析领域的各类线性化方法早期备受学界的关注，如 Linearization 算法、基普尼斯和沙米尔提出的 Relinearization 算法、库尔图瓦（N. Courtois）提出的 XL 算法等，它们主要通过扩张方程数量和线性化单项式来求解方程组。

从解线性方程组的经验得到启发，要实现代数攻击，需要发展一套消元方法，使得方程组可以化为类似于三角阵的形状。目前有两种方法实现这个目标：一种是基于 Gröbner 基方法的 F4 算法；另一种是为实现几何定理机器证明而提出的"吴方法"，即吴特征列方法。从目前公开的研究结果来看，Gröbner 基方法已经成为能够用多项式方程描述系统的标准处理工具。

（二）立方攻击

立方攻击是迪努尔（I. Dinur）和沙米尔在 EUROCRYPT 2009 上提出的一种新型的代数攻击，尤其是对序列密码有着强大的分析能力。在代数攻击中，每个密码算法的输出（即密文）都可以唯一地表示成关于公开变量和秘密变量的代数多项式。立方攻击通过选取恰当的公开变量（明文或初始向量），称它们为立方（cube）变量，对得到的密文进行求和，得到的只包含秘密变量（密钥）的多项式就是超级多项式（super polynomia）。

立方攻击在预处理阶段得到超级多项式，在在线阶段对输出求和，联合超级多项式建立关于密钥比特的方程，直接对密钥进行恢复。立方攻击中关键的一步是恢复出给定立方对应的超级多项式。

在早期的立方攻击中，分析人员使用实验的方法来恢复超级多项式。他们首先通过一些线性测试，确定出超级多项式是线性的，进一步建立起关于密钥比特的线性方程，最终通过解这些线性方程就可以得到关于密钥的信息。即使后来有人提出用二次检测进行改进的想法，但是这种基于黑盒式实验的方法只可以恢复非常简单的超级多项式，而且受限于实验规模，立方攻击能达到的轮数也是有限的，也无法进行立方规模更大的立方攻击。

托多（Y. Todo）等在 CRYPTO 2017 上提出了借助可分性（divisibility）来恢复超级多项式的攻击方法。可分性是 2015 年出现的一种用于探测密码算法代数结构的性质。基于可分性的立方攻击的主要思想是：对可分性在密码算法中的传播进行建模，通过搜索特定的可分性，确定立方集合对应的超级多项式中一定不含有哪些秘密变量（密钥比特），然后再对可能存在于超级多项式中的密钥比特建立真值表，使用真值表恢复出超级多项式。这种基于可分性的立方攻击无须进行黑盒式实验，便可以直接恢复超级多项式的具体形式，克服了先前攻击的缺陷，从而可以对更大规模的立方攻击进行理论分析。

近几年，我国学者在立方攻击方面取得了一系列重要进展。例如，王庆菊等在CRYPTO 2018上改进了托多等的方法，可以更高效地恢复更加复杂的超级多项式。王森鹏等在ASIACRYPT 2019上提出了一种使用三子集可分性（divisibility with three subsets）来恢复超级多项式的方法，三子集可分性相较于传统的可分性，刻画密码算法代数结构更加精确，可以恢复出更多轮数密码算法的超级多项式。郝泳霖等在EUROCRYPT 2020上提出了使用不带未知集合的可分性（divisibility without unknown subsets）来恢复超级多项式的方法，可实际恢复出确切的超级多项式，并提高了对密码算法进行立方攻击的更高轮数。胡凯等在ASIACRYPT 2021上从多项式的角度对可分性进行了分析，并提出了单项式传播的概念。他们还进一步提出了一项不依赖于多重集合就可以推导的易于理解的传播规则，称其为单项式预测技术。此外，他们使用分而治之的方法，恢复了更复杂的超级多项式。叶晨东和田甜在ASIACRYPT 2021上给出了在实际复杂度下对805轮Trivium的密钥恢复攻击，使用一台装载GTX-1080图形处理单元（graphics processing unit，GPU）的PC，在几个小时内恢复出了805轮Trivium的密钥。

三、侧信道分析方法

设备运行时具有的依赖于敏感数据的可测量物理效应（如功耗、电磁辐射、声音）或可感知运行状态（如缓存访问快慢、程序执行快慢），会造成不同程度的信息泄露。对这些信息进行统计分析，用于恢复敏感数据的攻击技术称为侧信道分析（side-channel analysis，SCA）。自1996年计时攻击（timing attack）被提出以来，已经有若干通过侧信道分析成功破译现实世界中的密码系统的案例，这对密码设备构成了严重威胁。因此，侧信道分析受到了学术界的广泛关注。

（一）计时攻击

计时攻击是通过测量密码设备执行加密操作所花费的时间差异来获取敏感信息的一种侧信道攻击技术。该技术最早可以追溯到1996年针对RSA的模幂运算的计时攻击。现有针对密码算法的计时攻击面向公钥密码和分组密码，泄露样本可为功耗、电磁、缓存等，在普通处理器甚至GPU上都有成功攻击的实例。由于在实际攻击中存在噪声干扰，计时攻击往往难以从一次运行所泄露的样本中恢复完整的敏感信息，难以精确测量每一个操作的耗时，因而通常需要重复采集多次并测量若干操作的整体执行时间，再展开密钥恢复。

随着侧信道分析技术的发展，越来越多的密码芯片信息泄露渠道被发现，攻击者构建更强区分器的能力得到显著提升，可实施侧信道攻击的场景越来越复杂，距被攻击目标设备的物理距离也越来越远。这些变化对密码算法的实现、密码设备的设计、密码系统的防护提出了更高的要求。

（二）功耗分析

功耗分析（power analysis），又称能量分析，是目前最成熟、研究最深入的侧信道分析技术之一。该技术根据信息利用方式可分为简单功耗分析（simple power analysis，SPA）和差分功耗分析（differential power analysis，DPA）两大类：前者利用密码算法操作不同而产生的泄露差异信息，通过观测功耗随时间变化情况（变化曲线）来识别密钥的相关操作，获取部分乃至整个密钥的值，主要应用于攻击公钥密码系统等；后者主要利用密码算法处理的中间值与功耗泄露的线性关系，通过测量密码芯片功耗并利用统计分析方法关联密码算法中间值获取密钥信息，主要应用于攻击对称密码系统等。

（三）电磁攻击

电磁攻击（electromagnetic attack）是利用密码设备在处理不同操作和数据时芯片电流变化引起的电磁场变化信息进行攻击的一种侧信道攻击技术。该技术可利用电磁探头等设备收集电磁信号样本，并利用统计分析方法对敏感信息进行恢复。电磁攻击和功耗分析有很多相似之处，前者可以探测到更加局部的泄露信息，后者通常噪声更小。此外，功耗分析通常需要修改部分电路结构以便于测量,可被归类为主动攻击。与之形成强烈对比的是,电磁攻击通常不需要修改电路,可被归类为被动攻击,因此,电磁攻击的隐蔽性更强,更难被发现。

(四)缓存攻击

缓存攻击(cache attack)是一种侧信道攻击技术,它利用进程间竞争使用缓存的共享机制,通过非特权的攻击进程,对并行运行于同一处理器上的其他进程实施攻击。该技术依托的底层原理是:虽然存储在缓存中的数据受到虚拟内存机制的保护(如隔离机制),但相关元数据以及访问该缓存进程的内存访问模式并没有受到完全保护。目前缓存攻击按照采集的时间类型的不同可分为轨迹驱动攻击(track-driven attack)、时间驱动攻击(time-driven attack)和访问驱动攻击(access-driven attack)。现有缓存攻击技术已可以将缓存侧信道攻击扩展到末级缓存,如此一来,攻击者和受害者之间不再需要共享处理器核或内存。

(五)声音攻击

声音攻击(acoustic attack)是利用密码设备在执行密码算法时泄露的声学频谱信息来区分密钥或者敏感信息的一种侧信道攻击技术。目前大多数侧信道攻击研究主要集中在功耗、电磁、缓存这类泄露上,很少对声音这种古老的窃听信道进行研究。沙米尔和特罗默(E. Tromer)在EUROCRYPT 2004上的自由交流版块对处理器的声音与其正在进行的计算操作之间存在的相关性进行了初步的概念上的证明。根金(D. Genkin)等在CRYPTO 2014上提出了一种利用声学信息提取RSA密钥的方法,通过收集计算机解密某些选定密文时产生的声学信号,在1小时内提取出完整的4096位RSA私钥。目前针对声音攻击展开的研究相对较少,仍有大量的研究工作亟待展开。

四、小结

当下,密码算法的应用环境与应用场景日新月异,新型密码算法也随之层出不穷。与传统对称密码算法相比,这些新型设计的实现代价更低,安全冗余预留更激进，安全性论证更复杂。传统的手工分析方式在量与质两个方面都已不再适应当前密码分析的需求，密码算法的分析方法呈现出自动化、精细化、智能化的发展趋势。

基于量子计算的密码分析受到学术界的关注，目前的结果还比较初步，这是一个未来值得进一步探索和深入研究的问题。

近年来，密码学界对基于特殊组合优化方法（如 MIP、SAT、SMT、CP）的自动化密码分析技术青睐有加。研究基于组合优化的密码算法自动化分析技术，具有重要的理论意义和实用价值。一方面，密码分析与实现的自动化研究可以显著降低人力和时间成本，显著提升密码分析的精确性和可靠性，也必将推动密码算法设计与分析的系统化。另一方面，密码学中的新问题，反过来也将推动组合优化理论和求解工具的进步，并为其提供广阔的实践平台。

除了 MIP、SAT/SMT 等自动化技术，近几年深度学习方法也被用于密码算法的安全性分析，以提高分析效率。尽管自动化技术可以使得密码区分器的搜索更加高效，但这个过程仍然很耗时，并且攻击者需要对攻击的密码算法有很好的了解。相比传统的构造区分器的过程，基于深度学习的区分器模型更加简洁，且具有通用性。通过使用深度学习，密码分析可能具有更少的数据复杂性，以至于可以在 PC 上实现整个过程。机器学习等 AI 技术必将为密码算法的安全性分析带来更多的机遇和可能。

第五节 安 全 协 议

安全协议是由一系列步骤定义的协议，这些步骤精确地指定了两个或多个实体实现特定安全目标所需的操作。安全协议的基本目标是在通信协议中提供安全属性，例如，在不安全的网络环境中提供机密性、认证、完整性或不可抵赖性等。本节主要介绍安全协议的设计与应用以及形式化分析方法。

一、安全协议的设计与应用

随着应用场景安全需求的不断扩展，安全协议的内涵得到了极大的扩展。本小节主要介绍密钥协商协议、身份认证协议、零知识证明、秘密共享协议和 SMPC 等安全协议。

（一）密钥协商协议

密钥协商协议（也称为密钥交换协议，简称为密钥协商或密钥交换）允许双方或多方通过交互形成共享的会话密钥。协议需要包含多种安全属性，例如，一方或双方可能需要向另一方进行身份验证，协议保证输出密钥的随机性等。在理想情况下，会话密钥是短暂的密钥，被限制在短时间内使用（如单个会话连接）。密钥协商协议要求密钥保密的同时，通常也会要求提供源身份验证，身份验证根据采用的密码原语不同，可分为基于对称的和基于公钥的方案。下面根据协议的应用场景分别介绍通用协议、网络协议和特定应用协议。

1. 通用协议

密钥协商协议起源于经典的 DH 密钥协商协议，其核心思想是：借助离散对数问题的计算困难性，实现只有通信双方才能计算出正确的密钥。尽管该协议能够抵御被动敌手攻击，但协议本身并不验证消息，这带来了较大的安全风险。MTI 协议通过整合长期和短期输入将认证融入 DH 交互流程，后续大量的协议设计也采用了该思想，但该思想不能同时保证抵御密钥泄露伪装（key compromise impersonation，KCI）攻击和确保前向安全性。为同时实现这两个目标，人们提出了 MQV、HMQV、NAXOS、SIGMA 等协议。

近几年，我国学者在密钥协商方面取得了多项重要成果。例如，当前安全协议的正确性和安全性主要基于游戏（Game）来刻画，考虑的主要是经典计算模型下的安全，对量子计算模型下的安全设计方法和思路仍需进一步加强。江浩东等在 CRYPTO 2018 上提出了一种抗量子安全密钥建立协议的通用设计理论，在量子随机预言模型下证明了安全性并给出了最优安全归约，被 NIST 后量子密码标准化候选算法广泛采用；徐秀等在 ASIACRYPT 2019 上给出了基于超奇异同源的认证密钥协议的设计方法和安全性证明；刘翔宇等在 ASIACRYPT 2020 上给出了首个标准模型下的两轮紧归约的、支持显式认证的认证密钥交换协议；韩帅等在 CRYPTO 2021 上给出了首个标准模型下的紧安全的认证密钥协商协议。

2. 特定协议

特定协议通常是为特定的任务设计的，经典协议包括 TLS 协议、SSH 协议、IPsec 协议等。其中，TLS 协议主要用于保护未经认证的客户端和经过认证的网站之间的通信安全，TLS 协议具备标准化实现库、向后兼容性以及全平台适配性，其目前得到了最广泛的应用。该协议已经被 IETF 标准化。目前该协议的最新版本为 TLS 1.3。该协议的握手模式主要有两种。一种握手模式是完整的，一次往返时间（1-RTT）握手，使用公钥证书进行服务器和（可选）客户端身份验证，以及（EC）DH 密钥交换；另一种握手模式是恢复或预共享密钥（pre-shared key，PSK）模式，该模式的身份验证基于对称的预共享密钥。最近，Drucker 和 Gueron[68]发现了 PSK 握手过程中的自拍攻击（selfie attack）。道林（B. Dowling）等在 CCS 2015 上以及戴维斯（H. Davis）等在 EUROCRYPT 2022 上分别进一步给出了完整的 1-RTT 握手的计算安全性证明。我国学者李新宇等在 S&P 2016 上针对 TLS 1.3 协议的安全问题，对 TLS 中用于实现客户端和服务器间认证并生成会话密钥的多重握手协议进行了形式化安全分析。他们提出了一种新型的多层-多阶段安全模型，并证明了 TLS 1.3 的安全性。这一研究成果被国际标准化组织 IETF 在 2018 年发布的 TLS 1.3 新标准中引用，成为 TLS 标准 20 多年历史上首个引用的来自中国的研究成果。

此外，为了实现具有前向安全性的更简洁、更高效的协议，对抗能够泄露密钥计算中间结果的敌手，具有棘轮结构的认证密钥交换协议被提出，其利用规律性的密钥更新保护会话密钥安全，目前该类协议被广泛应用在 WhatsApp、Facebook Messenger、Skype 等应用中。

3. 特定应用协议

在更多更具体的应用场景下，还存在着大量的特定应用协议，包括适用于无线局域网（wireless local area network，WLAN）安全通信的 WEP/WPA、近场通信（near field communication，NFC）的 Bluetooth 和 ZigBee、无线通信的 LTE、5G 协议以及支持央行适用芯片卡的 EMV 系统等。其中，无线网络中的认证密钥协商协议（Authentication and Key Agreement，AKA）一直是无线网络安全的研究重点，在 3G/4G 的网络协议设计中已经考虑了 AKA 协议的设计和全面部署，并在 5G 环境中提出了具备隐私保护功能的

AKA 协议。我国学者王宇辰等在 USENIX Security 2021 上提出了隐私保护且标准兼容的 5G-AKA 协议，可以在不更改用户标志模块（subscriber identity module，SIM）卡和基站的情况下解决当前 5G 标准存在的用户追踪问题。

（二）身份认证协议

身份认证协议（即身份验证机制）是通信双方通过密码学方法互相确认身份真实性的交互协议。其核心目标是通过凭证验证确保通信主体（人或系统）的身份真实性，为后续授权建立信任基础。根据认证方式的不同，目前主要有用户口令、用户静态密钥或私钥等形式，其认证机制如下。

1. 口令认证机制

利用用户名-口令是最常见的身份认证方式之一。但长期的实践表明，如果服务器保存口令不善，就很容易受到网络攻击。近年来，学术界围绕如何保护口令提出了很多改进措施，其中包含口令加固服务、基于安全硬件模块的口令数据库保护以及双因子认证（two-factor authentication，2FA）机制。然而，这些措施并没有改变用户名-口令认证机制本身，以及这一机制中容易导致凭证泄露的脆弱点。此外，口令具有无须专用硬件和方便记忆的优势，结合密钥交换，一些口令认证密钥交换（password authenticated key exchange，PAKE）协议也被提出并用于 TLS 等协议的认证过程。为了避免基于口令的认证协议造成用户身份泄露，D. Q. Viet 等在 2005 年印度国际密码会议（International Conference on Cryptology in India，INDOCRYPT）上进一步提出了匿名口令认证的概念，能够在实现用户-口令认证的同时保护用户隐私。我国学者张振峰等在 CCS 2016 上提出了基于代数的消息认证码的匿名口令认证协议，该协议消除了对同态加密的依赖，与 ISO/IEC 20009-4 中的机制相比有显著的效率提升。亚雷茨基（S. Jarecki）等在 EUROCRYPT 2018 上基于不经意伪随机函数构造了 OPAQUE 协议，该协议能够抵御预计算攻击，并无须 PKI 支持。匿名口令认证也吸引了 ISO 的关注，ISO 和 IEC 发展了 ISO/IEC 20009 标准的第四部分：基于弱秘密的机制，我国学者杨婧和张振峰在 INDOCRYPT 2018 上提出的匿名口令认证机制被其收录。

2. 基于公钥的强认证机制

与口令认证机制不同的是，强认证机制以密码学原语作为信任源，其中，最具代表性的协议包括 RADIUS、FIDO2 等协议。2014 年，线上快速身份验证（Fast Identity Online，FIDO）联盟公布了第一版通用认证框架（Universal Authentication Framework，UAF）协议标准，该标准提供了一个使用数字签名算法进行强认证的框架，旨在促进强认证机制的部署和应用，以取代目前互联网中广泛部署的用户名-口令认证系统。最近，FIDO 联盟在 UAF 协议和通用第二因素（universal second factor，U2F）认证协议的基础上，提出了 FIDO2 标准。该标准确保服务提供商能够通过 FIDO2 标准在 Web 上部署兼容于 FIDO UAF/U2F 协议的认证系统，从而扩展了强认证机制的应用范围。利亚斯塔尼（S. G. Lyastani）等在 S&P 2020 上针对 FIDO2 中的强认证机制进行了评估。

3. 基于生物信息的认证机制

基于生物信息的认证采用个人身体的某些特征来实现实体的身份认证，认证采用的要素可能是指纹、脸谱、虹膜、声纹或其他一些特殊的生物特征。在认证过程中，可以使用单个或多个特征。2002 年，ISO 成立 JTC 1/SC 37 用于推进国际生物识别标准。为了促进全球互操作的目标，国际民用航空组织（International Civil Aviation Organization，ICAO）选择面部识别技术作为标准化生物识别手段，用于最小可分辨温差（minimum resolvable temperature difference，MRTD）机器辅助身份确认。此外，国际民用航空组织还选择了手指和虹膜的规格作为其认证方式的一个选项。不同国家参照生物识别国际标准应用制定了本国的生物认证标准，如西班牙的电子身份证与电子护照。近年来，我国制定形成了多项公共安全领域生物特征识别标准，包括 GB/T 35742—2017、GB/T 35676—2017、GB/T 35736—2017、GB/T 35735—2017、GB/T 35678—2017 等。

（三）零知识证明

零知识证明在 1984 年由戈德瓦塞尔、米卡利（S. Micali）和拉科夫（C. Rackoff）3 个人提出，论文题目是《交互式证明系统中的知识复杂性》（"The knowledge complextiy of interactive proof systems"）。其核心目标是：允许证明者（prover）通过交互协议向验证者（verifier）证明某个断言成立，并且验证者无法从交互过程中获取除断言真实性外的任何额外信息。进一步地，零知识证明协议（也称为零知识证明系统，简称为零知识证明）则要求证明除陈述的真相外，不会揭示其他任何信息。

1. 零知识证明协议

首个零知识证明协议是由 Goldreich 等[69]提出的，该协议能够针对任意语言提供交互式的证明。Goldreich 和 Oren[70]发现，对于非平凡语言，由两轮的任意输入构建零知识证明系统是不存在的；而 Barak 等[71]已经给出了交互式证明的理论下界。为降低交互式证明较高的通信代价，Blum 等[72]提出了非交互式零知识证明（non-interactive zero-knowledge proof，NIZKP）的概念。格罗思（J. Groth）等在 CRYPTO 2006 上给出了第一个适用于任何 NP 语言的完善的 NIZK 论证系统，该系统也是第一个适用于任何 NP 语言的通用可组合安全 NIZK 论证系统。为了进一步提升协议效率，格罗思和萨海在 EUROCRYPT 2008 上给出了基于对运算构造的抽象证明框架，该框架被广泛应用于设计高效的基于双线性对（pairing）的非交互式零知识证明。

我国学者在零知识证明方面取得了一系列重要成果。例如，邓燚等在 FOCS 2009 和 ASIACRYPT 2011 上解决了一系列高安全性零知识证明系统的重大公开问题，包括证明双重可重置猜想，以及 BPK 模型中常数轮双重可重置零知识论证系统的存在性，为论证协议的安全性分析提供了新工具；杨汝鹏等在 CRYPTO 2019 上提出了新型的零知识论证系统，该系统支持矩阵向量关系和整数关系，并突破了原有证明系统受到常数稳定性误差的限制；冯瀚文和唐强在 CRYPTO 2021 上提出了证据可验证零知识证明的概念，并将其应用于构建非延展的杂凑函数、支持本地验证的群签名以及明文可验证的公钥加密方案；杨糠等在 CCS 2021 上提出了一系列的固定轮数的零知识协议，这一系列协议支持十亿级甚至数万亿级的门电路，保证了在超大规模电路规模下的低内存占用；翁晨凯在 S&P 2021 上提出了恒轮交互零知识证明协议，该协议的验证算法非常高效，其验证算法的内存和运行时间与非密码电路的规模线性相关。

2. 简洁非交互知识论证

近年来，随着零知识协议在区块链等实际场景中的应用需求增加，寻求更高效、更低通信代价、更短验证时间的协议成为研究的热点。根据基利恩（J. Kilian）在 STOC 1992 上提出的简洁证明的思路，金特里和维克斯（D.

Wichs）在 STOC 2011 上提出了公共参考字符串（Common Reference String, CRS）模型下的简洁非交互式论证（succinct non-interactive argument, SNARG）方法，并由比坦斯基（N. Bitansky）等在 TCC 2013 等会议上将其推广到简洁非交互式知识论证（succinct non-interactive argument of knowledge, SNARK）。目前的 SNARK 构造思路主要有以下几条路径：第一条是基于交互证明，如戈德瓦塞尔-卡莱-罗思布卢姆（Goldwasser-Kalai-Rothblum, GKR）协议；第二条是基于 MIP；第三条是基于常数轮多项式交互式预言证明（interactive oracle proof, IOP）；第四条是基于线性概率可检查证明（probabilistically checkable proofs, PCP）。更具体的是，前三条构造路径将信息理论上安全的协议与可提取多项式承诺方案结合来构造论证系统。最终的论证系统将继承密码学和初始化的假设，其效率将受限于所选多项式承诺方案的效率瓶颈。常见的多项式承诺方案根据不同的计算开销有多种实例化方案，例如，通过 IOP 和 Merkle-hashing 能够形成 FRI 承诺、Ligero 承诺以及 Brakedown 承诺；或是通过基于离散对数难题的 Σ 协议；抑或是基于凯特-扎韦鲁查-戈德堡（Kate-Zaverucha-Goldberg, KZG）承诺方案并采用双线性映射和可信初始化的构造。

根据不同的结合方式，目前主要的 SNARK 实例化构造方式有以下几类：第一类是结合 IP 和基于 FRI 的（多线性）多项式承诺的 Virgo 方案；第二类是结合 IP 和基于离散对数多项式承诺协议的 Hyrax 方案；第三类是结合 IP 和基于 KZG 的多项式承诺协议的 zk-vSQL 和 Libra 方案；第四类是结合 MIP 和多种基于离散对数多项式承诺协议的 Spartan、Kopis 和 Xiphos 等；第五类是结合常数轮多项式 IOPs 和基于 FRI 的多项式承诺的 Aurora、Fractal 和 Redshift 等，结合常数轮多项式 IOPs 和基于 KZG 的多项式承诺的 Marlin、PlonK 等。还有一部分方案继承基于线性 PCP 的 GGPR 等。除以上方法外，MPC-in-the-head 是另一类构造论证系统的方法，该方法通过利用 SMPC 协议并通过相应的方法将其转化为（零知识）IOP，并通过 Merkle-hashing 和 Fiat-Shamir 将其转化为非交互论证。此类论证方法与以上的方法相比较有更大的证明尺寸和更高的验证成本，但它们的证明运行时间更短。

在以上方案中，可以实现固定常数的群元素的证明的只有常数轮多项式 IOPs 结合基于 KZG 的多项式承诺（Marlin 方案），以及线性 PCP（Groth16

方案）。其中，基于线性 PCP 方法是证明规模最小的，因为它的证明只包含 3 个群元素；而 Marlin 方案的证明大小则是其 4 倍大。但这两种方法都需要可信初始化（因为它们使用结构化 CRS），这会产生有害信息，致使必须丢弃，否则一旦泄露，敌手便能够伪造证明。同时，在这两种方法中，证明者需要对向量或多项式进行 FFT 或多项式除法，该操作费时、空间复杂度高，而且很难进行并行化，致使证明者的计算开销较大。

（四）秘密共享协议

秘密共享协议（也称为秘密共享方案，简称为秘密共享）是一种将秘密安全分发给各方的方法，只有获得授权的成员子集才能重建秘密。秘密共享是密码学中的一个重要工具，是 SMPC、拜占庭、门限密码学、访问控制、属性加密等各类密码算法或协议的重要组成单元。

1979 年，Blakley 和 Borosh[73]、Shamir[74]分别独立地提出了门限秘密共享的概念，即能够重构秘密的成员需要大于或等于某个阈值。学术界基于不同的数学工具构造了多种门限方案，例如，基于中国剩余定理（Chinese Remainder Theorem，CRT）、线性码的构造等，这些方案均是半诚实安全的，即仅考虑半诚实的敌手。随后，伊托（M. Ito）等在 1987 年 IEEE 全球通信年会（IEEE Global Communications Conference，GlobeCOM）上提出并构建了通用访问结构的秘密共享方案，给出了针对任意的、一般性的单调访问结构的秘密共享方案。Benaloh 和 Leichter[75]证明了：如果一个访问结构可以用一个小的单调公式描述，那么它就具有一个高效的完美秘密共享方案。以上方案中的秘密是来自域内的一个元素，伯蒂尔森（M. Bertilsson）等在 AUSCRYPT 1992 上将其推广到了域上的向量形式。此类方法均是线性的，即秘密的分发方案采用了线性映射。

在线性方案中，每个参与方参与恢复秘密的作用都是等价的，参与方之间可互相替代。针对不同参与方参与恢复秘密的能力不同的情况，西蒙斯（G. Simmons）在 CRYPTO 1988 上提出了基于析取分层访问控制结构的概念，而塔萨（T. Tassa）等在 TCC 2004 上利用伯克霍夫插值给出了该概念的具体实现。

秘密共享在应用时需要考虑的一类重要情形是如何抵抗内部欺骗。针对这种需求，需要设计一种可以对份额的正确性进行验证的秘密共享方案，即可验证的秘密共享（verifiable secret sharing，VSS）方案。VSS 是在基础秘密共享方案之上增加验证算法形成的。随着研究的推进，目前已提出的诸多 VSS 方案也提供了防止共享者欺骗的功能。从安全模型划分，VSS 也可分为计算安全和无条件安全两种，前者一般依赖于困难问题安全假设。无条件安全 VSS 方案不依赖于任何计算安全假设，但对敌手结构有着严格的要求，即 $n \geqslant 3t+1$。在同步通信模型中，方案的效率一般通过轮数衡量，热纳罗（R. Gennaro）等在 CRYPTO 2010 上给出了无条件安全 VSS 通信复杂度的下界，随后阿普勒鲍姆（B. Applebaum）等在 STOC 2020 上给出了具体构造。

抗泄露（leak-resistant）秘密共享可容忍非授权集合中的敌手获取其他参与者份额的部分信息，但仍然能保证秘密的安全。抗泄露秘密共享这一思想是由戈亚尔等在 STOC 2018 和本·哈穆达（F. Benhamouda）等在 CRYPTO 2018 上分别提出的，但仍然能给出了特定门限阈值的抗泄露设计方法。戈亚尔等在 CRYPTO 2018 上针对一般性访问结构和非适应性敌手，提出了抗泄露的秘密共享方案。库马尔（A. Kumar）等在 FOCS 2019 上聚焦于多个参与者的份额联合泄露问题，提出了新模型的解决方法。斯里尼瓦桑（A. Srinivasan）等在 CRYPTO 2019 上聚焦于通用门限方案的抗泄露设计，并针对信息率和抗泄露信息率提出了几乎最优的方法。

（五）SMPC

SMPC 也称为 SMPC 协议或方案。SMPC 是指参与方通过合作或借助半可信第三方，以各自拥有的私有数据为输入，协同完成某个约定函数的计算，计算过程要求参与方除了结果之外不泄露任何其他额外信息。在未来以密文为主的云存储和计算环境中，SMPC 是实现多个参与方在不泄露隐私情况下，共享协同计算结果、挖掘数据价值的重要工具，如百万富翁问题就是在不泄露两者资产的情况下仅输出谁更加富有的判定信息。姚期智在 FOCS 1986 上提出了安全两方计算协议。戈德莱希等在 STOC 1987 上提出了可以计算任意函数的 SMPC 协议及其安全性定义，初步建立了 SMPC 的理论框架，后续相继提出了 SMPC 安全模型、基础工具、通用协议、定制协议和计算系统等理论成果。

1. 基于混淆电路的通用 SMPC 构造

首个 SMPC 协议是采用混淆电路（garbled circuit，GC）与不经意传输（oblivious transfer，OT）相结合的方法构造的。由于任何函数的计算都可以以布尔电路的形式完成，因此，该协议是构建通用安全 SMPC 协议的基本方案之一。然而，在安全性上，因此该协议仅满足半诚实模型安全，在敌手可不按照协议规定执行的情况下（即恶意模型中），该协议是不安全的，例如，敌手可构造错误的混淆电路等。为了在恶意敌手模型下构建通用高效的 SMPC 协议，人们提出包括基于预处理模型、cut-and-choose 技术的 SMPC 协议，确保协议中的混淆电路是诚实构建的。通用 SMPC 协议的设计研究主要集中在不经意传输和混淆电路的安全模型、安全假设和效率的改进上，或基于具有新属性的不经意传输或混淆电路变体，构建新的 SMPC 协议，如非交互式安全两方计算、高效的认证混淆安全两方计算。

2. 基于同态的通用 SMPC 构造

初始的基于同态加密或类同态加密构造的 SMPC 通用协议需要多轮交互才能完成任意运算的实现，并且计算电路深度复杂时交互和通信负荷较大。后续基于门限全同态加密（Threshold Fully Homomorphic Encryption，Threshold-FHE）方案和基于多密钥 FHE（Multi Key-FHE）方案的 SMPC 协议被提出。阿沙罗夫（G. Asharov）等在 EUROCRYPT 2012 上基于 LWE 假设使用门限全同态加密构建了带有随机字符串 CRS 的抗半恶意敌手的 3 轮 SMPC 协议，并利用非交互零知识证明实现在任意数量恶意敌手模型下的 4 轮 SMPC 协议。基于门限全同态加密的 SMPC 在每次计算时，需要计算参与方共同产生用于本次计算的临时全同态公私钥，而现实应用中用户更倾向于使用长期公私钥实现 SMPC。随着各类多密钥 FHE 方案的提出，人们相继提出对应的 SMPC 方案，在功能上提出由单跳动态多方计算扩展到支持多跳同态运算的动态 SMPC 方案，在安全性上提出各种安全模型下的安全 SMPC 方案以抵抗半恶意敌手、恶意敌手和混合敌手的攻击。

3. 专用场景下的 SMPC 构造

SMPC 的通用构造旨在为任意复杂度的任意计算提供通用方法，但在实际应用场景中，系统有时仅需要重复性地完成单一计算即可满足现实需求。因此，针对特定问题的 SMPC 协议研究和系统开发不需要追求对计算类型的全面支持，而是仅以特定计算功能的高效实现为主要目标，通过摆脱对混淆电路、不经意传输等通用组件的依赖，成为面向现实应用的研究领域之一。目前 SMPC 尝试解决的经典问题主要包括隐私保护的科学计算问题、隐私集合交集（privacy set intersection，PSI）问题、密文机器学习问题以及针对这些特定 SMPC 问题的专用计算系统等。密文排序问题主要分为无相等数据的保密排序问题和一般情况下（有相等数据）的保密排序问题，主要方案包括基于排序网络、不经意关键词排序、快速排序等在恶意敌手模型下的安全高效的解决方案。PSI 问题旨在解决隐私保护前提下求集合交集问题，阿巴迪等利用多项式性质将隐私交集问题转化为多项式最大公因式问题求解，并将两方交集推广到多方；基于 OT 扩展，平卡斯（B. Pinkas）等在 USENIX Security 2014 上提出了可提升协议效率的 PSI 协议。密文域上的统计学习和机器学习旨在实现隐私保护条件下的数据挖掘，从而实现对敏感数据的分析、总结、预判等，主要包括密态数据的统计和机器学习。

4. SMPC 的高效应用

为满足现实应用场景的需求，专用 SMPC 系统的研究和开发逐步从理论研究向实践转化。2004 年，第一个安全两方计算系统——Fairplay 系统被提出，成为 SMPC 系统的首次尝试。后续工作通过优化和集成 Yao 协议的组成模块，提升计算系统效率，以满足大规模密态数据的高效计算需求。以 Fairplay 系统为代表，基于 Yao 协议的第一代 SMPC 系统利用内置固化的混淆电路来生成目标函数代码。新一代计算系统使用了可编程目标代码，包括 Obliv-C、基于 ObliVM-GC 的 ObliVM、Frigate 等。

当前，我国相关团队积极参与 SMPC 国际标准的制定，牵头制定了安全多方计算技术框架（Technical Framework for Secure Multi-Party Computation）[国际电信联盟电信标准化部门第十七研究组（ITU-T SG17，安全研究组）]（2019 年 8 月立项）和安全多方计算推荐实践（Recommended Practice for Secure Multi-Party Computation）（IEEE 2842—2021，2021 年 11 月正式发布）等标准。

二、安全协议的形式化分析方法

1978 年，随着第一个安全协议即 Needham-Schroeder 协议被提出，安全协议的安全性分析也一直在持续发展中。最初，人们采用手工证明和启发式的攻击检验方法来发现协议设计中存在的问题。随着协议攻击方法的层出不穷，协议的流程得到了改进，安全标准不断提高，传统方法的局限性也逐渐暴露出来。严谨的形式化分析逐渐成为公认的证明协议安全性的方法。形式化分析方法使用逻辑模型对协议流程和安全属性进行建模，将协议是否满足安全属性（如机密性、认证性）形式化描述为协议逻辑模型中的所有状态对于安全属性抽象出的逻辑公式是否成立的问题。

多列夫（D. Dolev）和姚期智（A. Yao）在 FOCS 1981 上最先采用形式化方法来分析安全协议，并提出了 DY 模型，对网络环境下的敌手建立了形式化模型。当前对安全协议的形式化分析方法主要分为两种：计算模型（computational model）和符号模型（symbolic model）。计算模型使用比特串描述协议交互消息，将密码原语建模为字符串上的概率算法，将敌手建模为概率图灵机，将协议的安全性归约为敌手的优势概率可忽略的情形。符号模型分为模态逻辑、模型检测和定理证明方法，其将协议交互消息抽象为项，将密码原语抽象为满足某些等式条件的黑盒函数，使用跟踪属性和等价属性来描述协议的安全属性。符号化的抽象使得符号模型更适用于状态搜索的自动化分析，可以更容易地发现复杂系统下的逻辑问题，由此产生了一批性能良好的分析工具。

目前，形式化分析方法被应用在最新的安全协议的安全性能评估工作中，包括安全传输层协议 TLS 1.3 的草案设计、新一代的移动通信技术 5G 认证与密钥协商（Authentication and Key Agreement，AKA）协议的安全性分析、区块链、物联网技术中的协议安全性证明等。

形式化理论在安全协议验证中的应用主要集中在形式化分析、形式化设计及自动化工具开发 3 个方面。随着密码技术的不断发展和安全应用需求的不断扩大，安全协议的结构也越来越复杂化，这些变化对现有的形式化协议分析技术提出了极大的挑战，进一步推动形式化分析中理论和工具的发展，对安全协议的安全性分析和脆弱性的探索具有重要的指导意义。1989 年，

BAN 逻辑的提出开创了安全协议形式化分析的先河。BAN 逻辑通过逻辑知识和信念来描述协议的流程和目标，简单实用，抽象程度高，可以揭示安全协议中存在的缺陷和冗余。

30 多年来，安全协议形式化分析技术的持续发展在模型检测方法、计算模型方法、自动化分析工具、对大型协议的分析应用等方面，都取得了大量成果，特别是在模型检测方法的发展中，现有方法已经取得了较好的检测效果。不过截至目前，形式化分析方法面对很多现实协议的复杂场景，仍存在许多待完善的研究问题。

（一）基于模型检测的工具

2000 年之前使用的基于模型检测的工具大多是基于 Dolev-Yao 模型的，可实现安全协议在公开信道上对机密性、认证性等基本安全属性的自动化分析验证，包括 Interrogator、NRL、UPPAAL、Murϕ、FDR、Revere、Brutus 等模型检测工具。

2000 年之后，基于模型检测的工具主要研究解决状态爆炸、等式理论扩展、代数运算模拟、高级敌手模型和搜索算法应用、工具输出表现形式等问题，陆续提出了 ProVerif、Hermes、AVISPA、PRISM、Scyther、YAPA、CPN、ASPIER、Maude-NPA、Tamarin、APTE 等工具。

ProVerif 工具支持无限会话并行，可实现对认证性、机密性、观察等价性等属性的验证，该工具已成功对 WEP-SKA、OAuth 2.0、MaCAN 等协议进行了安全性分析。在此基础上，阿拉皮尼斯（M. Arapinis）提出了 StatVerif 工具，内含扩展程序语言，可以输出 Horn 规则，实现对可变全局变量的协议分析。Scyther 工具已对 IKEv1、MQV、NAXOS、TLS、WiMAX 的 IEEE 802.16 和 PKM 等协议进行了分析。迈耶（S. Meier）等为了扩展工具的应用范围和代数性质，基于 Scyther 工具的逆向搜索算法提出了 Tamarin 工具。Tamarin 使用多集重写规则建模协议流程，将协议执行空间抽象为一个标记转移系统，使用一阶逻辑描述协议安全属性，支持双线性对运算等多种代数性质。该工具适用于分析多种协议，尤其适用于具有复杂控制流的协议或者具有全局状态的协议。

熊焰等在 USENIX Security 2019 上将人工智能引入形式化分析领域，提出了一个新的通用框架 SmartVerif，其内部的动态搜索策略能够借助强化学习智能地搜索证明路径，这一动态策略设计简单又灵活。包象琳和李晓宇在 USENIX Security 2020 上利用 SmartVerif 对区块链系统、以太坊智能合约等新型协议开展了系统性研究。

（二）基于定理证明的工具

保尔森（L. Paulson）提出了 Isabelle/HOL 工具，该工具能够实现协议分析过程中迹的归纳证明。Paulson 利用协议执行迹上的归纳、状态检测和逻辑分析，结合 Isabelle/HOL 工具，已成功对 Needham-Schroeder 协议、Yahalom 协议、Otway-Rees 认证协议等经典协议进行了安全性分析。宋晓冬在 1999 年 IEEE 计算机安全基础研讨会（IEEE Computer Security Foundations Symposium，CSF）上基于串空间理论提出了 Athena 工具，该工具通过逆向搜索结合状态缩减算法，减小了状态空间爆炸问题的可能性，可实现对机密性、认证性以及部分电商协议属性的安全性分析。

Durante 等[76]基于 SPI 演算语言提出了 S3A 工具。该工具将需要验证的安全属性转化到形式化描述的等式证明上，使得机密性的验证更加严格，但严重影响了分析效率。科蒂尔（V. Cortier）借鉴保尔森（L. Paulson）的归纳思想，提出了 Securify 工具。该工具避免了模型检测方法中的状态搜索不全和状态爆炸问题，降低了定理证明方法的数学证明的复杂度，从而支持具备无限会话、无限随机数以及无限主体的协议分析。

此外，基于定理证明的工具还包括 PVS、Coq、SETHEO、SPASS v3.5 等，它们被广泛应用于定理证明系统的分析和验证。2010 年后，专门用于协议分析的纯定理证明工具使用减少，而模型检测技术凭借其自动化程度高、验证效率高的优势，在协议分析中的应用范围迅速扩展，逐渐成为该领域的主流方法。

（三）基于计算模型的工具

CryptoVerif 是布兰切特（B. Blanchet）在 CSF 2007 上提出的基于计算模型的协议自动分析工具。该工具通过游戏序列实现属性的证明，每个游戏被形式化为一个概率多项式时间的进程演算，能够描述对称密码、公钥密码、数字签名、消息认证码等密码学原语的安全属性。

第四章 密码学与安全基础

针对协议分析过程中 CryptoVerif 工具描述与 OCaml 执行之间的编译问题，布兰切特等在 2012 年可用性、可靠性和安全性国际会议（International Conference on Availability，Reliability and Security，ARES）上公开了实现协议描述与执行同步的编译器。该编译器的关键特性是：若敌手以 p 的概率未满足某安全属性，则在 CryptoVerif 工具描述下，敌手同样以 p 的概率不满足该属性；若协议在 CryptoVerif 工具的计算模型下验证为安全，则在执行过程中也应安全。该工具已成功对全球移动通信系统（Global System for Mobile Communications，GSM）用户的身份认证协议、无线 RFID 系统和通用移动通信业务（Universal Mobile Telecommunications Service，UMTS）中的认证密钥协商协议等进行了安全性分析。类似地，基于游戏的分析工具还有巴特（G. Barthe）与格雷瓜尔（B. Grégoire）开发的 CertiCrypt 工具和 EasyCrypt 工具。卡内蒂（R. Canetti）等在 CSF 2019 上利用 EasyCrypt 工具实现了在 UC 框架下的协议分析。

三、小结

安全协议与应用的深度融合极大地扩展了安全协议研究的内涵与外延。安全协议的设计与分析领域仍然面临着大量的新要求，并展现出众多新方向。

目前安全协议的安全性分析主要基于经典计算模型，但随着量子计算的发展，如何设计和实现新的抗量子安全协议是值得关注的问题。近年来，NIST 开展了后量子密码算法征集，最终目标是遴选出包括公钥加密、数字签名、密钥封装等在内的标准化算法，以微软、谷歌为代表的国际科技巨头纷纷参与实施了后量子密码算法在 TLS、OpenVPN 中的应用迁移工作。但目前实现抗量子计算的安全协议，尤其是复杂的安全协议仍少见报道。

安全协议是实现消息可靠传递的重要工具。近年来，设计具备特殊性质的安全协议以解决经典的信息安全问题，已成为安全协议发展的新方向，特别是利用共识协议解决经典拜占庭问题，已成为重要研究方向。共识协议作为分布式账本处理能力、可扩展性和安全性的核心广泛受到关注，产生了包括工作量证明、权益证明和委员会投票等多种类型的协议。

在大数据场景下，海量用户对隐私保护的需求会越发强烈，云服务提供商强烈需要对海量用户数据进行分析、学习，以对用户形成精确的画像并提供更精准的服务推送。二者在数据利用需求和隐私保护需求之间的矛盾逐渐凸显，需要各类新型的安全协议的支持，但现有的安全协议和方案仍存在一些问题。例如，针对密态数据计算问题，由于效率限制，真正适合单用户海量密态数据计算的全同态解决方案尚不成熟；在解决特定计算问题时，研究者仍需要定制和开发专用的 SMPC 方案和系统；等等。

第六节　安全基础设施

安全基础设施是保证信息安全管理的重要环节，为网络空间安全提供一致、有效的基础服务，保证数据和网络资源的安全。本节主要介绍密钥管理、PKI、密码标准与测评以及大型密码算法（标准）征集活动等。

一、密钥管理

密钥管理是密码技术应用的关键，包括密钥的生成、存储、分配、更新、备份、保护、丢失和销毁等内容。不同的密码系统（如对称密码系统和公钥密码系统）下，密钥管理的方法也有所不同。密钥管理不仅影响系统的安全性，而且涉及系统的可靠性、有效性和经济性。密钥管理与特定的安全策略紧密相关，而安全策略又根据系统环境中的安全威胁制定。密钥管理的目的是建立和维护系统中各个实体间的密钥关系，以确保使用恰当，并有效抗击各种可能的威胁，从而保护信息和信息系统的机密性、完整性等。

在安全策略的指导下，密钥管理研究涵盖从密钥生成到最终销毁的全过程，形成了一个完整的技术体系，包括密钥生成、分配、存储保护、更新、备份恢复等技术。密钥管理方法总体可以分为集中式、分布式和分散式三种。集中式密钥管理方法利用密钥分发中心（key distribution center，KDC）集中管理系统中的密钥，KDC 接收用户请求，并为用户提供安全的密钥生成、密钥分配和密钥更新等服务。其优点是便于进行密钥管理和实施身份认证等措施，缺点是容易发生单点故障，并且对网间流量有较高要求，代表方法有组密钥管理协议（Group Key Management Protocol，GKMP）、逻辑密钥层次（Logical Key Hierarchy，LKH）。分布式密钥管理方法中各方处于对等地位，密钥分配取决于各方间的协商，不受其他限制。其优点是不存在单点故障问题，缺点是密钥管理更加困难，代表方法有 DH 密钥交换。分散式密钥管理方法是集中式密钥管理方法和分布式密钥管理方法的结合，将参与组播的成员进行分组，每个子组存在一个控制节点即组安全代理（group security agent，GSA），两个层次分别可以采用集中式密钥管理方法或分布式密钥管理方法。其优点是可以将安全威胁控制在子组内不向外扩散，缺点是 GSA 需要转发组间通信内容，易成为系统瓶颈和故障点。代表方法有 Iolus、域间组密钥管理等。

二、PKI

PKI（公钥基础设施）是由硬件、软件、人员、策略和规程组成的系统，用来实现基于公钥密码体制的密钥和证书的产生、管理、存储、分发和撤销等功能。PKI 体系是计算机软硬件、权威机构及应用系统的结合。它为实施电子商务、电子政务、办公自动化等提供了基本的安全服务，从而使那些彼此不认识或距离很远的用户能通过信任链安全地交流。

（一）发展历程

美国的 PKI 建设经历了三个阶段：1996 年前的无序阶段，1996～2002 年以联邦桥认证机构（Federal Bridge Certificate Authority，FBCA）为核心的体系搭建阶段，以及 2003 年之后策略管理与体系建设并行的阶段。1996 年以前，很多政府部门自建 PKI 系统，如美国邮政服务部门、社会安全部门、美国国防部、美国能源部、美国专利商标局等。1996 年，美国提出了联邦桥接计划，并于 2001 年正式公布，计划是最终建立一个覆盖美国 80 个机构、19 个部的 PKI 以保护电子政府的通信安全。

欧洲在 PKI 基础建设方面也成绩显著。欧盟已颁布了 1999/93/EC 法规，强调技术中立、隐私权保护、国内与国外相互认证以及无歧视等原则。为了解决各国 PKI 之间的协同工作问题，它采取了一系列措施：积极资助相关研究所、大学和企业研究 PKI 相关技术；资助 PKI 互操作性相关技术研究，并建立 CA 网络及其顶级 CA；于 2000 年 10 月成立了欧洲桥 CA 指导委员会，于 2001 年 3 月 23 日建成了欧洲桥 CA。

我国的 PKI 建设始于 1998 年，政府及相关部门高度重视 PKI 产业的发展。2001 年，PKI 技术被列为"十五" 863 计划信息安全技术主题重大项目，并于同年 10 月成立了国家 863 计划信息安全基础设施研究中心。国家电子政务工程中明确提出要构建 PKI 体系。我国已全面推动 PKI 技术的研究与应用。2004 年 8 月 28 日，我国颁布了《中华人民共和国电子签名法》，该法自 2005 年 4 月 1 日起施行，规定电子签名与手写签名或者盖章具有同等的法律效力。这部法律的诞生极大地推动了我国的 PKI 建设。1998 年，我国成立了第一家实体运营的数字证书认证中心——上海市数字证书认证中心。此后，PKI 技术在我国的商业银行、政府采购以及网上购物中得到了广泛应用。国内的 CA 机构大致可分为区域型、行业型、商业型和企业型四类，并出现了北京数字认证股份有限公司、中国金融认证中心、上海市数字认证中心、长春吉大正元信息技术股份有限公司等一批 PKI 服务提供商。

（二）PKI 系统组成

一个典型的 PKI 系统包括 PKI 策略、软硬件系统、证书认证机构（CA）、用户注册系统（RA）、证书发布系统和 PKI 应用等组件。

PKI 策略建立和定义了一个组织信息安全方面的指导方针，同时也定义了密码系统使用的处理方法和原则。它包括一个组织怎样处理密钥和有价值的信息，根据风险的级别定义安全控制的级别。

CA 是 PKI 的信任基础，它管理公钥的整个生命周期，其作用包括发放证书、规定证书的有效期和通过发布证书撤销列表确保必要时可以废除证书。

RA 作为用户和 CA 之间的一个接口，获取并认证用户的身份，随后向 CA 提出证书请求。它主要完成收集用户信息和确认用户身份的功能。这里的用户是指将要向认证中心（即 CA）申请数字证书的客户，可以是个人，也可以是集团或团体、某政府机构等。注册管理一般由一个独立的注册机构（即 RA）来承担。它接受用户的注册申请，审查用户的申请资格，并决定是否同意 CA 给其签发数字证书。注册机构并不给用户签发证书，而只是对用户进行资格审查。因此，RA 可以设置在直接面对客户的业务部门，如银行的营业部、机构人事部门等。当然，对于一个规模较小的 PKI 应用系统来说，注册管理的职能可由 CA 来完成，而不设立独立运行的 RA。但这并不是取消了 PKI 的注册功能，而只是将其作为 CA 的一项功能而已。PKI 国际标准推荐由一个独立的 RA 来完成注册管理的任务，这样可以增强应用系统的安全。

证书发布系统负责证书的发放，如可以通过用户自己，或是通过目录服务器发放。目录服务器可以是一个组织中现存的，也可以是 PKI 方案中提供的。

PKI 的应用非常广泛，包括应用在 Web 服务器和浏览器之间的通信、电子邮件、电子数据交换（electronic data interchange，EDI）、在互联网上的信用卡交易和虚拟专用网（virtual private network，VPN）等。通常来说，CA 是证书的签发机构，它是 PKI 的核心。众所周知，构建密码服务系统的核心内容是如何实现密钥管理。公钥密码体制涉及一对密钥（即私钥和公钥），私钥只由用户独立掌握，无须在网上传输；而公钥则是公开的，需要在网上传送。因此，公钥体制的密钥管理主要是针对公钥的管理问题，较好的方案是数字证书机制。

PKI 中最关键的组件是 CA，其安全性至关重要，为了提高 CA 的安全性，研究人员提出了不同的技术。例如，T. Wu 等在 USENIX Security 1999 上提出了基于 RSA 的单层式弹性 CA 结构；我国学者荆继武等在 CCS 2003 上提出了基于 RSA 的双层式弹性 CA 架构；冯登国主持研发了一套自主可控的弹性 PKI 系统，并主持构建了我国 PKI 标准体系。

（三）PKI 相关标准

PKI 标准可分为两类：一类用于定义 PKI；另一类用于 PKI 的应用。下面主要介绍定义 PKI 的标准。

1. ASN.1 基本编码规则的规范——X.209（1988）

ASN.1 是描述在网络上传输信息格式的标准方法。它由两部分组成：第一部分（ISO 8824/ITU X.208）描述数据、数据类型及序列格式，即数据的语法；第二部分（ISO 8825/ITU X.209）描述如何将数据组成消息，即数据的基本编码规则。这两个协议除了在 PKI 体系中被应用外，还被广泛应用于通信和计算机的其他领域。

2. 目录服务系统标准——X.500

X.500 是一套已经被 ISO 标准化的目录服务系统标准，它定义了一个机构如何在全局范围内共享其名字和与之相关的对象。X.500 是层次性的，其中管理域（机构、分支、部门和工作组）可以提供这些域内的用户和资源信息。在 PKI 体系中，X.500 用于标识实体，如机构、组织、个人或服务器。尽管 X.500 的实现需要较大投资，且比其他方法速度较慢，但它仍被认为是实现目录服务的最佳途径之一，因其具备信息模型、多个功能和开放性等优势。

3. 轻量级目录访问协议（Lightweight Directory Access Protocol，LDAP）——LDAP v3

LDAP 规范（RFC 1487）简化了笨重的 X.500 目录访问协议，并且在功能性、数据表示、编码和传输方面都进行了相应的修改。1997 年，LDAP v3 版本成为互联网标准。LDAP v3 已经在 PKI 体系中被广泛应用于证书信息发布、证书撤销信息（Certificate Revocation Information，CRI）、信息发布、CA 政策以及与信息发布相关的各个方面。

4. 数字证书标准 X.509（1993）

X.509 是 ITU-T 制定的数字证书标准。在 X.500 确保用户名称唯一性的基础上，X.509 为 X.500 用户名称提供了通信实体的鉴别机制，并规定了实体鉴别过程中广泛适用的证书语法和数据接口。X.509 的最初版本公布于 1988 年，由用户公开密钥和用户标识符组成。此外，X.509 还包括版本号、证书序列号、CA 标识符、签名算法标识、签发者名称、证书有效期等信息。这一标准的最新版本 X.509 v3 引入了扩展信息字段，以提供更多灵活性和特殊应用环境下的信息传递能力。

5. 在线证书状态协议

在线证书状态协议（Online Certificate Status Protocol，OCSP）是 IETF 颁布的用于检查数字证书在某一交易时刻是否仍然有效的标准。该标准为 PKI 用户提供一条方便快捷的数字证书状态查询通道，使 PKI 体系能够更有效、更安全地在各个领域中被广泛应用。

6. PKCS 系列标准

公钥加密标准（Public Key Cryptography Standards，PKCS）是美国 RSA 信息安全公司（RSA Cybersecurity）及其合作伙伴制定的一组公钥密码学标准，包括证书申请、证书更新、证书作废表发布、扩展证书内容以及数字签名、数字信封的格式等方面的一系列相关协议。

（四）信任模型

在实际网络环境中，通常都不只有一个 CA，多个 CA 之间的信任关系必须保证原有的 PKI 用户不必依赖和信任专一的 CA，否则将无法扩展、管理和包含更多的用户。信任模型建立的目的是确保一个认证机构签发的证书能够被另一个认证机构的用户所信任。常见的信任模型有以下 4 种：严格层次信任模型、分布式信任模型、以用户为中心的信任模型和交叉认证模型。

1. 严格层次信任模型

严格层次信任模型是一个以主从 CA 关系建立的分级 PKI 结构，它可以被描绘为一棵倒转的树。在这棵树上，根代表一个对整个 PKI 域内的所有实体都有特别意义的 CA——根 CA，在根 CA 的下面是多层子 CA，与非 CA 的 PKI 实体相对应的树叶通常被称作终端用户。在严格层次信任模型中，上层 CA 为下层颁发证书，所有的实体都信任根 CA，以根 CA 作为信任点。信任关系是单向的，上层 CA 可以而且必须认证下层 CA，但下层 CA 不能认证上层 CA，根 CA 通常不直接为终端用户颁发证书而只为子 CA 颁发证书。在两个不同的终端用户进行交互时，双方都提供自己的证书和数字签名，通过根 CA 对证书的有效性和真实性进行认证。只要找到一条从根 CA 到一个证书的认证路径，就可以实现对证书的验证。

2. 分布式信任模型

分布式信任模型与严格层次信任模型中的所有实体都信任唯一 CA 不同，把信任分布在两个或多个 CA 上。在分布式信任模型中，CA 间存在着交叉认证。因为存在多个信任点，单个 CA 安全性的削弱不会影响到整个 PKI。因此，该信任模型具有更好的灵活性，但其路径发现比较困难，因为从终端用户到信任点建立证书的路径是不确定的。

3. 以用户为中心的信任模型

在以用户为中心的信任模型中，每个用户自行决定信任和拒绝哪些证书，没有可信的第三方作为 CA，用户就是自己的根 CA。通常，用户的信任对象一般为关系密切的用户。以用户为中心的信任模型具有安全性高和用户可控性强的优点。但是其使用范围较小，因为要依赖用户自身的行为和决策能力，这在技术水平较高的群体中是可行的，而在一般的群体中是不现实的。

4. 交叉认证模型

交叉认证模型是一种把以前无关的 CA 连接在一起的机制，可以使得它们各自终端用户之间的安全通信成为可能。交叉认证有两种类型：域内交叉认证和域间交叉认证。

（五）安全服务

PKI 的应用非常广泛，其为网上金融、网上银行、网上证券、电子商务、电子政务等网络中的数据交换提供了完备的安全服务功能。PKI 作为安全基础设施，能够提供身份认证、数据完整性、数据机密性、数据公正性、不可抵赖性和时间戳等安全服务。

1. 身份认证

由于网络具有开放性和匿名性等特点，非法用户通过一些技术手段假冒他人身份进行网上欺诈的门槛越来越低，从而对合法用户和系统造成了极大的危害。身份认证的实质就是证实被认证对象是否真实和是否有效的过程，它被认为是当今网上交易的基础。在 PKI 中，认证中心为系统内每个合法用户提供网上身份认证。

2. 数据完整性

数据完整性就是防止非法篡改信息，如修改、复制、插入、删除等。在交易过程中，要确保交易双方接收到的数据与原数据完全一致，否则交易将存在安全问题。如果依靠观察的方式来判断数据是否发生过改变，在大多数情况下是不现实的。在网络安全中，一般使用杂凑函数的方法来保证通信时数据的完整性。通过杂凑函数将任意长度的数据变换为长度固定的数字摘要，并且原始数据中任何一位的改变都将会在相同的计算条件下产生截然不同的数字摘要。这一特性使得人们很容易判断原始数据是否发生非法篡改，从而很好地保证了数据的完整性和准确性。

3. 数据机密性

数据机密性就是对需要保护的数据进行加密，从而保证信息在传输和存储过程中不被未授权者获取。在 PKI 中，所有的机密性都是通过密码技术实现的。密钥对分为两种：一种称作加密密钥对，用作加解密；另一种称作签名密钥对，用作签名。一般情况下，用来加解密的密钥对并不对实际的大量数据进行加解密，只是用于协商会话密钥，而真正用于大量数据加解密的是会话密钥。在实际的数据通信中，首先发送方产生一个用于实际数据加密的对称算法密钥，此密钥被称为会话密钥，用此密钥对所需处理的数据进行加密。然后，发送方使用接收方加密密钥对应的公钥对会话密钥进行加密，连同经过加密处理的数据一起传送给接收方。接收方收到这些信息后，首先用自己加密密钥对中的私钥解密会话密钥，然后用会话密钥对实际数据进行解密。

4. 数据公正性

PKI 中支持的公正性是指数据认证。也就是说，公证人要证明的是数据的正确性，这种公正取决于数据验证的方式，与公证服务和一般社会公证人提供的服务是有所不同的。在 PKI 中，被验证的数据是基于对原数据杂凑后数字摘要的数字签名、公钥在数学上的正确性和私钥的合法性。

5. 不可抵赖性

不可抵赖性保证参与双方不能否认自己曾经做过的事情。在 PKI 中，不可抵赖性来源于数字签名。由于用户进行数字签名的时候，签名私钥只能被签名者自己掌握，系统中的其他实体不能做出这样的签名，因此，在私钥安全的假设下，签名者就不能否认自己做出的签名。保护签名私钥的安全性是不可抵赖问题的基础。

6. 时间戳

时间戳也称为安全时间戳，是一个可信的时间权威，使用一段可以认证的数据来表示。在 PKI 中，权威时间源提供的时间并不需要正确，仅仅需要用户作为一个参照"时间"，以便完成基于 PKI 的事务处理，如时间 A 发生在时间 B 的前面。一般的 PKI 系统中都设置一个时钟统一 PKI 时间。当然也可以使用官方时间源所提供的时间，其实现方法是从网中这个时钟位置获得安全时间，要求实体在需要的时候向这些权威请求在数据上盖上时间戳。一份文档上的时间戳涉及对时间和文档内容的杂凑值的签名，权威的签名提供数据的真实性和完整性。一个 PKI 系统中是否需要实现时间戳服务，完全取决于应用的需求。

三、密码标准与测评

（一）密码标准

我国自 1996 年确立商用密码发展战略以来，逐步建立健全密码管理法规和技术标准规范。2019 年 10 月 26 日，我国颁布了《中华人民共和国密码法》，该法自 2020 年 1 月 1 日起施行。依据《中华人民共和国密码法》等法律，修订后的《商用密码管理条例》于 2023 年 4 月 14 日经国务院通过，2023 年 7 月 1 日起施行。2011 年 10 月，经国家标准化管理委员会批准，国家密码管理局设立了密码行业标准化技术委员会。商用密码标准化是实现商用密码技术自主创新、促进商用密码产业发展、构建商用密码应用体系的重要支撑。自密码行业标准化技术委员会成立以来，陆续发布了一批商用密码技术标准，截至 2023 年 5 月，国家标准化管理委员会已发布的现行商用密码国家标准 40 余项；国家密码管理局已发布商用密码行业标准 140 余项。

我国密码标准体系主要包括以下 7 类标准。

（1）密码基础类标准。这类标准主要对通用密码技术进行规范，它是体系框架内的基础性规范，主要包括密码术语与标识标准、密码算法标准、算法设计与应用标准、密钥管理标准等。

（2）基础设施类标准。这类标准主要针对密码基础设施进行规范，主要包括证书认证系统安全协议、数字证书格式、证书认证系统密码及相关安全技术等。

（3）密码产品类标准。这类标准主要规范各类密码产品的接口、规格以及安全要求。

（4）应用支撑类标准。这类标准主要针对密码报文、交互流程、调用接口等方面进行规范，主要包括通用支撑和典型支撑两个层次。

（5）密码应用类标准。这类标准是对使用密码技术实现某种安全功能的应用系统提出的要求以及规范，包括应用要求、应用指南、典型应用和密码服务等子类。

（6）密码测评类标准。这类标准针对标准体系所确定的基础、产品和应用等类型的标准出台对应的检测标准，如针对随机数、安全协议、密码产品功能和安全性等方面的检测规范。其中，对于密码产品的功能检测，分别针对不同的密码产品定义检测规范；对于密码产品的安全性检测则基于统一的准则执行。

（7）密码管理类标准。这类标准主要包括国家密码管理部门在密码标准、密码算法、密码产业、密码服务、密码应用、密码监查、密码测评等方面的管理规程和实施指南。

ISO 与国际电工委员会（International Electrotechnical Commission，IEC）共同成立了联合技术委员会（Joint Technical Committee，JTC），该委员会负责制定信息技术领域中的国际标准。信息安全分技术委员会（ISO/IEC JTC1 SC27）是 JTC1 下专门从事信息安全标准化的分技术委员会，是信息安全领域中最具代表性的国际标准化组织。ISO/IEC JTC1 SC27 共有 6 个工作组，其中，WG2 是 SC27 下设的负责密码相关标准制定的工作组，其制定的密码标准主要包括机密性、实体鉴别、不可否认性、密钥管理（包括随机数生成和素数生成等）和数据完整性（包括消息鉴别、杂凑函数、数字签名、时间戳等）。

（二）密码测评

1. 密码测评技术

密码测评技术是信息安全测评的重要内容，它是构建国家信息安全测评认证体系的基础，也是指导密码技术产品和密码系统安全测评的有效手段。

2. 我国密码模块测评体系（产品测评）

我国国家密码管理局主要参照《信息安全技术 密码模块安全要求》（GB/T 37092—2018）和《密码模块安全检测要求》（GM/T 0039—2015），将密码模块测评划分为四级，一级为最低级别，四级最高。

一级：计算机加密硬件板卡属于该级别，适用于已经配置了物理安全、网络安全以及管理过程等控制措施的运行环境。

二级：安全二级硬件密码模块具有拆卸证据的功能，但不针对探针攻击；对安全二级软件密码模块的逻辑保护由操作系统提供。二级应为软件密码模块能够达到的最高等级。

三级：安全三级密码模块能够检测并防护直接访问和探测的物理攻击；执行服务时会验证操作员的身份和权限；能够有效防止电压、温度等环境异常对模块安全性的破坏；具备非入侵性攻击缓解技术的有效性证据和测试方法；有效保护明文关键安全参数或密钥分量的输入和输出。

四级：安全四级是标准中的最高安全等级。除了安全三级提供的物理防护功能，安全四级密码模块提供了覆盖整个密码模块的防护机制，即从任何角度和以任何方式对密码模块的入侵都会被检测到。安全四级密码模块可以抵抗使用特制工具的高强度长时间攻击。

在密码模块测评中，使用的工具软件来源包括以下几类：一是测评机构自研软件或平台；二是通用公用软件和部分公司对外出售的专用测试工具，如 Wireshark 等；三是由商用密码检测认证中心向国内测评机构提供的测试工具。

3. 我国密码系统测评（系统运行前和运行中测评）

商用密码应用安全性评估（简称"密评"）指在采用商用密码技术、产品和服务集成建设的网络和信息系统中，对其密码应用的合规性、正确性和有效性等进行评估。

密评工作的责任主体是涉及国家安全和社会公共利益的重要领域的网络和信息系统的建设、使用、管理单位。密评对象包括基础信息网络、涉及国计民生和基础信息资源的重要信息系统、重要工业控制系统、面向社会服务的政务信息系统，以及关键信息基础设施、网络安全等级保护第三级及以上的信息系统。

密评主要依据被测信息系统通过评审的密码应用方案和《信息系统密码应用基本要求》（GM/T 0054—2018），从总体要求、物理和环境安全、网络和通信安全、设备和计算安全、应用和数据安全、密钥管理以及安全管理等方面开展评估。

密码应用（系统）评估属于运行中评估，是由评估单位对密码系统展开的定期评估，根据《信息系统密码应用基本要求》（GM/T 0054—2018）和《信息安全技术 网络安全等级保护基本要求》（GB/T 22239—2019），结合该密码系统评定的安全等级，逐项进行符合性测试。

在密码系统评估过程中使用的工具多为通用工具和自研工具，与密码模块测评中使用的工具集相似。

四、大型密码算法（标准）征集活动

标准化组织在信息技术革命的进程中发挥着重要的作用，是许多前沿信息技术发展的有力推手。早在1977年，美国国家标准局（National Bureau of Standards，NBS）发布了第一个关于DES的联邦信息处理标准（FIPS 81），开启了密码技术标准化的进程。21世纪以来，在许多国际和国家标准化组织以及密码学术组织的推动下，一系列密码算法征集活动得以发起，这些活动推动着密码设计与分析技术不断发展。从算法征集活动中脱颖而出的密码算法，陆续成为行业标准、国家标准和国际标准，推动着密码行业和学科的发展。本小节主要介绍国际上影响力较大的几个密码算法征集活动。

（一）新型欧洲签名、完整性和加密方案计划

新的欧洲签名、完整性和加密方案（New European Schemes for Signatures, Integrity, and Encryption，NESSIE）计划是由欧洲卓越密码网络（European Network of Excellence for Cryptology，ECRYPT）发起的，该计划的目的是通过公开征集和透明评价，提出一套强制的密码学标准，以满足工业界对信息安全的广泛需要。这套标准包含分组密码、序列密码、消息认证码、数字签名和杂凑函数等。NESSIE计划是一个为期三年的密码计划，于2000年1月正式启动。第一轮共征集到42个算法，第二轮有24个算法胜出，最终有12个算法入选，其中包括5个已经公开的算法。综合而论，NESSIE计划的算法设计思想比较传统，分组密码受AES影响比较大，主要利用Feistel或者SPN结构，序列密码依然采用驱动序列和非线性函数的方式生成伪随机密钥流。然而，随着代数攻击成功破解了LILI-128、SOBER和

SNOW 2.0 等采用传统"非线性改造"设计的候选算法，直接导致序列密码征集计划被迫中止。于是，ECRYPT 启动了一个更大的序列密码研究项目——eSTREAM。

（二）eSTREAM 计划

过去序列密码更多应用在军方，公开的序列密码算法设计较少，而且这些算法大多是以线性反馈移位寄存器为乱源进行设计的。在 2004 年 RSA 数据安全会议上，众多密码学家齐聚一堂，沙米尔提出的"序列密码，生还是死？"这一问题引起了大家激烈的争论。在 AES 被广泛应用的年代，沙米尔提出需要设计专用的序列密码算法。另一种观点是，使用 AES 的序列密码模式也能达到所要求的目的。有人对序列密码算法表示怀疑，因为在之前的 NESSIE 计划中没能征集到合格的序列密码算法。沙米尔认为，序列密码有分组密码不具有的优势：一是在软件算法中可以实现高吞吐量；二是在硬件实现中可降低资源消耗。eSTREAM 计划由 ECRYPT 于 2004 年启动，在软件实现中具有高吞吐量、在硬件实现中实现低资源消耗列为算法的要求。沙米尔的两条意见被采纳：一是面向软件应用的序列密码算法应具有高吞吐量；二是面向硬件应用的序列密码算法应具有较低的资源消耗。除了这两条，一些专家还指出在加密算法中加入认证机制是非常重要的，因此，在软硬件算法中要求尽可能加入认证机制。与常规序列密码一样，除了秘密密钥外，还要求使用初始向量（initial vector，IV）。在认证模式中，应该提供认证标签（authentication tag），用未加密的辅助数据进行认证。经过 3 轮遴选，2008 年收官时 7 个序列密码算法最终入选，包括 4 个面向软件实现的算法和 3 个面向硬件实现的算法。

（三）CAESAR 竞赛

CAESAR 竞赛由国际密码学会（International Association for Cryptologic Research，IACR）主导发起，从 2013 年 1 月开始到 2017 年 12 月结束，整个竞赛活动持续了 5 年。算法的设计主要基于分组密码、序列密码、Sponge 结构，或者基于置换和压缩函数。最终，6 个算法在满足轻量性、高性能或者深度防御中表现出色，并于 2019 年 2 月公布为最终入选算法。这 6 个算法都具有可并行性、算法与随机数无关、支持在线运行等特点，根据不同的应用场景，这些算法可以分为 3 类：①轻量级应用：Ascon、ACORN；②高性能：AEGIS-128、OCB；③深度防御：COLM、Deoxys-II。

（四）SHA3 征集

杂凑函数是一种将任意长度的消息压缩到某一固定长度的消息摘要的函数。它具有单向性、实现速度快、防碰撞等特性，可以保障数据认证性、完整性，在网络信息系统中应用广泛。最早的安全杂凑标准 SHA-1（FIPS PUB 180-1）发布于 1995 年，2001 年 NIST 发布的 SHA-2 是 SHA-1 的后继者。SHA-3 竞赛由 NIST 组织发起，目标是制定"一种新的杂凑算法来扩充和修订"FIPS 180-2。2007 年 1 月竞赛启动，2012 年 10 月 NIST 宣布 Keccak 算法为新的 SHA-3 标准。Keccak 算法使用海绵函数，此函数会将数据与初始的内部状态做 XOR 运算，这是无可避免可置换的（inevitably permuted）。

（五）轻量级密码算法竞赛

2013 年，NIST 启动了轻量级密码的标准化研究立项，旨在征集适用于受限环境的轻量级加密算法，在保证算法安全的前提下显著降低算法的实现成本。该项目的目的体现在以下几个方面：一是了解真实世界的应用需求和特征；二是了解 NIST 已批准的算法在应用上出现的不足；三是政府、产业界、学术界三者结合；四是规划轻量级密码部件的未来标准。轻量级密码竞赛从 2015 年 7 月开始，整个竞赛活动持续了 6 年时间，项目在轻量级密码的设计上提出以下 7 点考虑：安全强度、灵活性、多重功能下的低开销、密文扩展、侧信道、明文-密文对的数量限制、相关密钥攻击。在算法的初期发布和评估阶段，密码研究人员对候选算法进行了广泛的分析和攻击，其中包括差分分析、不可能差分攻击、截断差分分析、Cube 攻击、SAT 求解器、代数 Cube 攻击以及侧信道攻击等。轻量级密码竞赛于 2021 年 3 月宣布 10 个算法获选最终标准算法集：ASCON、Elephant、GIFT-COFB、Grain128-AEAD、ISAP、Photon-Beetle、Romulus、Sparkle、TinyJambu、Xoodyak。

（六）抗量子密码标准征集活动

2015 年，NSA 宣布了抗量子密码算法的迁移计划。同年，NIST 发布了一份后量子密码（Post-Quantum Cryptography，PQC）报告，该报告极大地推动了公钥密码算法的更新换代和后量子密码算法的研究。NIST 的后量子密码报告强化了量子计算机出现的预期，同时，NIST 也开始在全球范围内开展后量子密码算法标准的征集工作。2022 年 7 月，NIST 公布了首批标准化的算法以及进入第四轮的 4 个候选算法。NIST 抗量子密码标准化时间线见表4-1。NIST 抗量子密码标准化项目是面向全球征集 3 类基础公钥密码算法，分别是公钥加密算法、密钥封装机制和数字签名算法。目前，NIST 抗量子提案的候选算法根据底层的困难问题主要分为 5 类：基于格上困难问题的公钥密码、基于编码随机译码困难问题的公钥密码、基于多变量方程求解困难问题的公钥密码、基于杂凑函数或分组密码安全性的公钥密码、基于超奇异椭圆曲线同源问题的公钥密码。

表 4-1　NIST 抗量子密码标准化时间线

年份	NIST 抗量子密码标准化标志性事件
2015	后量子世界的网络安全研讨会
2016	正式启动抗量子密码标准化项目，并发布算法征集文档
2017	算法提交截止，共收到来自全球 25 个国家的 82 提案，共 69 个进入第一轮（中国 3 个）
2018	NIST 第一届抗量子密码算法标准化会议
2019	NIST 公布进入第二轮的 26 个提案（中国 1 个）
2019	NIST 第二轮抗量子密码标准化会议
2020	NIST 公布进入第三轮的 15 个提案，7 个决选方案，8 个备选方案
2021	NIST 第三轮抗量子密码标准化会议
2022	NIST 公布首批 4 个标准化算法、进入第四轮的 4 个候选算法，并发起新的数字签名算法征集
2023～2024	首批 PQC 标准草案讨论与正式标准发布

（七）我国密码算法设计竞赛

为了推动我国密码算法设计和实现技术进步，中国密码学会于 2018 年年底举办全国密码算法设计竞赛，涌现出一系列的优秀算法，最终 14 个公钥密码算法和 10 个分组密码算法成功入选，其中入选一等奖的 3 个公钥密码算法 Aigis-sig、LAC.PKE 和 Aigis-enc 均属于格密码。我国全国密码算法设计竞赛获奖算法见表 4-2。

表 4-2 我国全国密码算法设计竞赛获奖算法

奖项	公钥密码算法	分组密码算法
一等奖	Aigis-sig、LAC.PKE、Aigis-enc	uBlock、Ballet
二等奖	LAC.KEX、SIAKE、SCloud、AKCN	FESH、ANT、TANGRAM
三等奖	OKCN、Fatseal、木兰、AKCN-E8、TALE、PKP-DSS、Piglet-1	Raindrop、NBC、FBC、SMBA、SPRING

五、小结

随着新应用需求的出现，安全基础设施仍面临许多挑战，如资源受限网络中的公钥证书与身份的绑定问题、匿名环境中证书的管理问题、密钥管理方案中信息泄露的定量分析、生物密钥长度过小和存储更新的问题、用户数增加场景下密钥管理服务的可用性和可扩展性以及密码设备和密码系统的风险预测问题、危机应急响应等技术提升问题等。

标准国际化正成为国际竞争的重要形式。我国高度重视商用密码国际标准化工作，大力推进以我国自主设计研制的 SM 系列密码算法为代表的中国商用密码标准纳入国际标准，积极参与国际标准化活动，并面向国际公开征集新一代商用密码算法，加强国际交流合作。

第七节 总 结

在网络空间安全学科的探索与实践中，围绕密码学与安全基础已经展开了很多研究，网络空间安全的基础理论随着时间的推移而不断发展和完善。密码学与安全基础是支撑网络空间安全学科发展的底座，为网络空间安全其他研究方向提供理论依据和方法指导，对网络空间安全学科建立独立的专业知识体系具有重要意义。

（1）网络空间安全学科具有典型的交叉融合属性，需要全新的基础理论支撑学科发展。网络空间的规模和复杂度都远超过传统计算机网络，网络空间安全跨越物理域、逻辑域、社会域和认知域，传统的网络安全、信息安全理论和方法难以满足研究需求，因此，需要新的网络空间安全理论。网络空间安全学科是在计算机、通信、微电子、数学、物理、生物、法律、管理和教育等学科的基础上交叉融合发展而来的，其理论基础和方法论也与这些学科相关，但在学科的形成和发展过程中又丰富和发展了这些理论，从而形成了自己的学科理论基础。没有一个科学领域能覆盖网络空间安全所有突出的问题，但网络空间安全仍存在和其他一些领域相似的地方，通过借鉴密码学、模型检测、博弈论等领域的观念，将有助于确定网络空间安全研究的方向。密码学研究如何在有敌手存在的环境中通信，其对敌手攻击能力的刻画、攻击模式的分类以及密码系统的安全性评估方法都可以为网络空间安全学科的基础研究提供有益的参考。

（2）网络空间安全学科的研究对象具有复杂性和系统性，要用系统化的方法和发展的视角开展基础理论研究。信息技术革命是一个不断演进和发展的过程，网络空间在演进和发展的过程中，不断地解决其可扩展性、安全性、高性能、移动性、实时性等瓶颈问题。以云计算、大数据、人工智能、区块链、量子信息等为代表的前沿信息技术，驱使网络空间安全学科的内涵不断丰富，一方面扩展了网络空间安全学科的研究内容，另一方面面向自身数据保障提出了新的安全需求。网络空间安全除了关心芯片安全、系统硬件与物理环境安全、系统软件安全外，更关注网络信息系统的整体安全性，对网络空间安全的研究要从传统的方法论发展为系统的方法论，同时也要关注新兴信息技术与网络空间安全技术的融合发展。

（3）网络空间安全学科具有鲜明的对抗特性，在对抗博弈中螺旋式发展基础理论是学科发展的内在驱动力。网络空间安全领域的斗争本质上都是攻防双方的斗争。网络空间安全学科的每一分支都具有攻和防两个方面，如网络的攻与防、密码的加密与破译、病毒的制毒与杀毒、信息的隐藏与提取等。因此，必须从攻和防两个方面进行分析研究。在进行信息系统安全和网络安全设计时，首先要进行安全威胁分析和风险评估，必须了解系统攻击和网络攻击的理论和方法，否则就无法设计出安全的信息系统和安全的网络系统。信息系统和网络系统的设计不仅要能抵抗已知攻击，而且能抵御未预料到的攻击。要对攻击方式、防御手段、应对策略等要素进行科学、系统的分类，使得信息系统面临安全威胁时，能迅速分析并识别出攻击方式所属的类别，及时选取针对性的策略，实施对应的有效防御。

随着云计算、大数据、物联网、人工智能等新兴技术的兴起，网络信息安全边界不断弱化，安全防护内容不断增加，对数据安全、信息安全提出了巨大挑战。面对复杂多变的网络环境，技术的革新推动着网络信息技术的不断发展，进而对网络空间安全领域的安全基础理论研究提出了新的要求。在安全基础理论方面，要重点关注抗量子安全的格密码背后的基础理论、面向新兴技术场景的安全模型建模、安全基础设计的可用性和可扩展性等问题。在密码算法方面，重点关注特定场景下可重构可配置密码算法结构与安全性分析方法、特殊安全模型的构建、公钥密码原语的设计等。在安全协议方面，重点关注抗量子安全协议设计与可证明安全方法、异步网络环境下共识协议设计、跨域协同安全模型与分析等。在密码分析理论方面，重点关注基于特殊组合优化方法的自动化密码分析技术、基于深度学习的密码算法的安全性分析方法等。

第五章 网络与通信安全

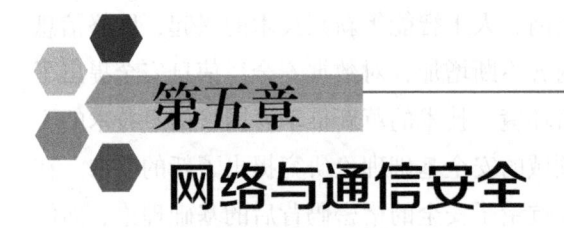

第一节 概 述

当前通信网络的发展呈现出异构网络融合、泛在覆盖的趋势,通信网络可以分为接入网、核心网、骨干网。网络与通信典型的分层结构包括物理层、链路层、网络层、传输层和应用层,各种形态的网络在这些层次中都有相应的安全机制。学术界和工业界在相关领域都已取得了大量的研究成果。伴随着传输技术、计算技术的快速发展,新型网络与通信安全机制也不断涌现。

本章首先分析物理层、链路层、网络层、传输层和应用层近年来的安全研究进展,随后围绕移动通信网、卫星互联网、工业控制网等应用场景,展望网络与通信安全的未来发展趋势。

第二节 物理层安全

物理层安全利用无线信道传输的随机特性和接入设备的物理指纹特征为信息传输安全、接入设备认证提供新的内生安全机制,为传统链路层和网络层的数据加密、身份认证等安全机制提供补充。目前,物理层安全研究和应用主要从两个角度展开：一是单纯地利用物理层资源来进行安全防护，即物理层安全传输；二是利用物理层和其他层结合的跨层安全防护。其中，目前研究最广泛的是基于物理层的身份认证技术。本节重点介绍物理层安全传输和物理层身份认证技术的发展现状和发展态势。

一、物理层安全传输

物理层安全传输可以分为狭义和广义两种。狭义物理层安全传输是指利用物理层传输资源，在无需共享密钥的情况下进行安全传输，该模型是1975年由Wyner[77]提出的窃听信道模型，目标就是从信息论安全角度不断逼近香农"完善保密"。而广义物理层安全传输是指与传统加密算法融合，在物理层进行加解密的技术。本小节重点从这两个方面展开介绍。

（一）物理层安全传输的关键问题

1. 逼近香农"完善保密"的通信安全一体化

一次一密是能够达到香农"完善保密"的唯一方式，而利用物理层资源逼近一次一密方法主要体现在以下几个方面：一是利用无线信道的唯一性、时变性和随机性等内生安全属性，从信道中提取随机密钥，能够生成第三方无法测量、无法重构、无法复制的密钥，从而保证密钥的安全性。二是通过无线内生属性与可重构智能表面（reconfigurable intelligence surface，RIS）等新兴技术的结合，充分挖掘RIS的电磁环境定制能力和电磁可重构特性，从增强无线信道熵与精细化感知无线信道两个角度双管齐下，同时提高无线通信容量和无线密钥生成速率，逼近"一次一密"的安全效果。三是通过内生安全与传统安全防护技术的结合，实现点面融合，逼近"一次一密"。具体而言，利用随机、时变的无线信道密钥拓展密码算法的密钥空间，增强密码算法的安全强度，并实现算法复杂度与安全强度的按需调控。四是将"一次一密"加密安全拓展到"一次一认证"认证安全，研究基于高速动态密钥的高强度认证，并设计加密认证一体化协议与机制，具备逼近"一次一密"和"一次一认证"的一体化能力。五是通过设计内生于信号通信过程、信号传输辅助的无线密钥生成方法，形成通信安全一体化的高速无线密钥生成机制,实现密钥速率与通信速率的高能效适配。

2. 传统密码技术融合的物理层安全传输加密

物理层安全传输加密是一种新兴的安全通信技术。5G以及未来的6G通信,将会采用大规模天线、高频段、大带宽等空口技术,使得无线内生安全元素更加丰富,为物理层安全技术的实现提供了天然资源。物理层安全传输加密是计算要求高且复杂的加密算法和技术的替代方案。其实质是利用无线信道的差异设计与位置强关联的信号传输和处理机制,使得只有在期望位置上的用户才能正确解调信号,而在其他位置上的信号是不可恢复的。由于在无线通信过程中,数据传输具有一定的开放性和广播性,物理层传输的安全性能下降,容易受到窃听者的干扰与攻击,因此,需要在物理层应用加密技术,进一步提高传输的安全性。当前的物理层安全传输技术利用物理层无线信道的特性实现传输保密,传统加密技术在上层使用加解密操作来保护通信,将二者进行跨层技术结合,可以进一步提高通信系统的保密性能。物理层安全传输加密技术利用无线信道的物理特性来实现基于用户位置的安全,不同位置的用户对合法信道不可测量、不可复制,在物理层可有效解决移动通信无线侧的安全问题。此外,对于一些资源受限的网络,传统加密技术由于开销大,难以应用;而物理层加密可以弥补传统加密的空缺,为网络传输提供安全性保障。

(二)主要研究进展

物理层安全技术与无线信道的绑定关系,使得物理层安全技术在无线通信中的应用具有得天独厚的优势,吸引了很多研究者投入到对物理层安全的研究中。

1. 逼近香农"完善保密"的通信安全一体化技术

Zhang等[78]针对物联网的安全通信提出了一个基于物理层安全的框架,该框架利用收发器的射频指纹(radio frequency fingerprint,RFF)验证用户身份,利用无线信道生成加密密钥,进而可以规避传统基于密码的方案的限制。施塔特(P. Staat)等在2021年IEEE国际个人室内移动无线通信会议(IEEE International Symposium on Personal, Indoor and Mobile Radio Communication,PIMRC)上提出了一种基于智能反射面(intelligent reflecting surface，IRS）随机信道响应的无线密钥生成体系结构，该结构利用合作红外跟踪为生成的加密密钥提供随机性。Ribouh 等[79]提出了一种基于信道状态信息（channel state information，CSI）的真实车辆环境下密钥生成方法，利用每个子载波的 CSI 值作为密钥生成的随机源，增强了 V2V 通信的安全性。Li 等[80]针对 5G 网络探索了基于信道互惠的密钥生成（channel reciprocity-based key generation，CRKG）技术，即密钥生成依赖于时间、频率和空间域的互反信道特征。阿万（M. F. Awan）等在 2019 年的国际医疗信息通信技术研讨会（International Symposium on Medical Information and Communication Technology，ISMICT）上针对无线植入式医疗设备的安全通信问题提出了一种利用接收信号强度（received signal strength，RSS）中观察到的体内随机性生成对称密钥的方法。

2. 传统密码技术融合的物理层传输加密技术

基于信息论的安全理论基础，许多研究者聚焦于开发和设计可实现保密的信道码上。Thangaraj 等[81]从信息论角度研究了窃听信道的基本限制和编码方法。R. Liu 等在 2007 年 IEEE 信息理论研讨会（IEEE Information Theory Workshop，ITW）上提出了一种具有新的可实现保密率的安全嵌套码结构，改进了文献[81]在主信道为无噪声，且窃听者信道为一般的二元对称无记忆信道时的结果。Pham 等[82]提出了人工噪声辅助预编码的设计，以增强多用户单窃听者窃听可见光通信（visible light communication，VLC）网络中的物理层安全。Mukherjee 和 Swindlehurst[83]提出了波束形成解决方案，并研究了提高多输入多输出（multiple-input multiple-output，MIMO）系统窃听信道中物理层安全性能的方法。

近年来，工业界也非常关注物理层安全传输技术的进展。在物联网的安全通信中，机密信号由基于有源折射 RIS 的发射器发送，可以利用无源反射 RIS 来提高用户在多个窃听者情况下的保密性能[84]。针对物联网中节点存在的安全问题，Marabissi 等[85]提出了基于物理层安全和机器学习的物联网节点认证和身份欺骗检测的方案。Sulyman 和 Henggeler[86]讨论了在无线系统物理层使用 MIMO 和波束形成解决方案，以提高物联网链路安全性的实用性。

近年来，还出现了将物理层安全技术与上层加解密技术相结合的跨层协作物理层安全技术。针对 6G 系统中的潜在攻击，Lu 等[87]讨论了 PHY 跨层安全解决方案，并研究了基于强化学习的 6G 物理层跨层安全与隐私技术。针对双层下行链路密集异构网络中存在多个窃听者情况下的安全通信，Zhang 等[88]提出了一种基于跨层合作的物理层安全解决方案，在其他合法用户的服务质量（quality of service，QoS）和发射功率的约束下，通过联合优化 MBS 和协作 FBS 的波束形成向量，可以最大化系统保密率。无线网络的调度方案通过考虑链路质量、传输速率和时延等网络参数来确定每个网络节点的分组传输机会，但这些方案并没有考虑安全性。针对这个问题，孙东来等在 2011 年 IEEE 国际通信会议（IEEE International Conference on Communication，IEEE ICC）上在 IEEE 802.11 MAC 的分布式协调功能（distributed coordination function，DCF）中引入了一种新的调度方案，来确定在分组传输的约束条件下实现完善的物理层安全。

二、物理层身份认证

身份认证是无线通信领域中一个重要的安全措施。现有的大多数无线通信系统通过基于密码学的上层认证协议实现身份认证，但是基于密码学的上层身份认证在一些新兴无线通信系统（如物联网、车联网、智能电网、认知无线电网络、无人机网络和无人驾驶）中的应用受到很大的挑战。而物理层身份认证由于其低复杂度、高兼容性等优点成为传统身份认证的重要补充。物理层身份认证在大量低功耗，甚至零功耗及拓扑复杂易变网络中得到了应用。

（一）物理层身份认证的主要挑战

物理层身份认证主要针对计算和通信资源受限的无线设备。传统基于密码学的身份认证机制可以在大部分移动通信系统中有效地保障接入设备的安全。然而，随着 6G 场景海量物联网终端接入移动通信网络，终端系统能力受限极大地限制了传统的安全机制在物联网终端系统中的应用，导致物联网终端设备普遍存在着窃听和欺骗攻击所引发的安全威胁。在实际物联网部署中，受限于物联网终端设备身份认证功能的局限性，当前无线网络系统中的网关设备广泛采用的是基于白名单、黑名单的方法对无线接入设备的链路层以上身份标识（如 MAC 地址、BSSID、IP 地址）进行认证。而设备的链路层以上身份标识是易于伪造的，这就使得单一针对身份标识的防护容易失效，安全防护程度不高。因而，如何应对 6G 移动通信网络中大规模终端的无线接入安全是一个亟须解决的难题。

（二）主要安全解决方案与部署进展

近年来，物理层身份认证技术为解决海量终端的低延迟身份认证及接入提供了新的思路。无线通信物理层特征包括设备指纹和无线信道。发射设备的射频器件在制造工艺上的误差，使得发射出的无线电波具有不同的特征。每一个无线设备发出的无线电波的特征被称为设备指纹。由于设备指纹具有长期稳定性、身份唯一性以及不可克隆性的特性，基于设备指纹的身份识别可以有效地解决无线通信设备的安全接入问题。同时，设备指纹认证技术本身并不需要在终端设备中增加额外的硬件或算法，其部署实施仅需要在网关设备中。因此，设备指纹身份认证技术非常适合用于类似物联网这样的终端能力受限的无线网络接入系统中，是解决和提升 6G 移动通信网络中大规模终端的无线接入安全的一种有效机制。

对无线设备物理层特征中的射频指纹进行识别的技术也被称为辐射源个体识别（又称为特定辐射源识别）(specific emitter identification，SEI) 技术，最早可追溯到对电台、雷达等大功率设备进行个体识别所开展的相关研究。近年来，随着对通信安全需求的不断提升以及人工智能等新兴技术的快速发展，射频指纹识别技术也成为研究热点。在早期的射频指纹识别中，主要是从信号的波形入手，直接或通过小波变换、希尔伯特变换等方式提取波形中的特征。随着对该技术研究的深入，射频指纹特征提取也渐渐分为瞬态信号特征提取、稳态信号特征提取这两种主要的信号特征提取方式。其具体提取的特征主要包括波形特征、参数特征、变换域特征和统计特征。随着神经网络技术的快速发展，原本难以利用的射频复杂特征也可以借助神经网络特别是卷积神经网络进行利用，以实现认证。人们也将特征提取与认证两个环节进行合并，直接将原始 I/Q 数据作为源数据输入神经网络，以实现端到端的认证。此外，在特定场景下，可使用对抗神经网络来实现在大规模自组网设备中实现认证等。然而，神经网络本身还是"黑盒"，其解释性差，并且它在进行物理层认证时容易产生过拟合等问题。当面对全新数据集时，如果不进行参数调整而直接应用，其效果往往不尽如人意。

（三）主要研究进展

学术界提出了一系列研究方案用于在不同的应用场景下实现物理层身份认证。从技术路线而言，主流方案可分为基于假设检验的物理层身份认证和基于神经网络的物理层身份认证。

1. 基于假设检验的物理层身份认证

基于假设检验的物理层身份认证所使用的射频指纹通常是直接提取或经过简单信号处理得到的简单射频指纹，再将简单射频指纹进行数学变换，构建其随机分布以计算其置信区间，当新的射频指纹经过相同的变换后落在置信区间内即完成认证。例如，法里亚（D. B. Faria）和谢里顿（D. R. Cheriton）在2006年ACM无线安全研讨会（ACM Workshop on Wireless Security, WiSec）上在802.11协议中采用似然估计的方法完成了物理层身份认证，其采用直接采集的接收信号强度作为射频指纹；科布（W. E. Cobb）等在2010年IEEE军事通信会议（IEEE Military Communications Conference, IEEE MILCOM）上采集射频ID卡的瞬时功率谱密度、相位噪声、载波频偏特征后，使用多重最大似然判别法对采集的信号的多个特征进行了联合认证。

2. 基于神经网络的物理层身份认证

通常在提取的射频指纹较为复杂且特征点较多的情况下，使用基于神经网络的物理层身份认证，应用神经网络的自解释性实现认证，通常用于针对正交调制中I/Q两路信号的不平衡性产生的射频指纹进行认证。例如，查特吉（B. Chatterjee）等在2018年IEEE国际面向硬件安全和信任研讨会（IEEE International Symposium on Hardware Oriented Security and Trust, IEEE HOST）上使用RNN完成了基于IQ不平衡（I-Q imbalance, IQI）的物联网设备认证，在文献[89]中使用ANN完成了基于IQI的物联网设备认证；达内夫（B. Danev）等在USENIX Security 2009上对信号进行希尔伯特变换和主成分分析后，提取发射机的IQI进行认证。

第三节 链路层安全

传统的链路层在物理层之上,通过规程或协议控制数据的传输,以保证被传输数据的正确性。有线局域网的典型介质接入控制层(MAC 层)包括以太网协议等,这些技术已经得到了广泛应用。随着无线接入技术以及新型工业控制网络的蓬勃发展和广泛应用,无线接入安全、各类工控总线的安全成为近年来链路层安全广泛关注的问题。本节重点介绍蜂窝网、无线局域网、近距离通信、卫星互联网等接入安全技术的发展现状和发展趋势。

一、蜂窝网接入安全

蜂窝网络链路层安全方面主要是确保终端能够经过基站合法接入核心网,其主要关注的是终端与核心网的双向认证和密钥协商过程。蜂窝网络,除了关注传统的终端接入认证外,还涉及蜂窝车联网(C-V2X)终端、NB-IoT/eMTC 等物联网终端接入认证等。

(一)蜂窝网络接入认证的主要挑战

在蜂窝网络中,各类型的终端与蜂窝基站通过无线空口链路连接。然而,无线空口链路面临许多安全挑战。首先,相比于有线链路,攻击者更易在无线空口链路中安装窃听设备。例如,在 C-V2X 中,攻击者可能通过空口窃听车辆与基站交互的地理位置等信息,进而追踪车辆等。其次,攻击者还可以利用窃听到的数据发起其他攻击,重放窃听的数据,致使接收方耗费大量的资源重复处理失效的数据。再次,攻击者可以进一步修改、伪造数据,导致接收方接收到错误消息,并据此做出错误的判断。例如,在窄带物联网 NB-IoT 场景中,攻击者可能重放物联网设备的数据,致使接收方对终端采集的数据进行了错误判断。最后,攻击者还可以充当通信双方的中间人,拦截正常的网络通信数据,进行数据篡改和嗅探,而通信双方却毫不知情,这可能导致关键数据泄露等问题。通信网络中确保用户隐私也是至关重要的。一旦获取了用户终端的隐私信息，攻击者可以进一步追踪终端地理位置等信息，这可能导致用户财产受损，甚至威胁用户的生命安全。

为确保蜂窝网络中仅合法的终端可以参与获得网络服务，同时仅合法的基站侧实体可提供网络服务，也为确保终端与基站侧实体间交互数据的安全性以及终端隐私保护等安全特性，应设计终端接入认证协议。

蜂窝网络发展迅速，从第一代蜂窝移动通信技术到目前广泛使用的第五代蜂窝移动通信技术，蜂窝网络安全标准也在不断演进。第一代蜂窝移动通信技术没有考虑安全问题，也没使用安全技术，用户信息以明文传输，对信息的窃听和伪造非常容易。第二代蜂窝移动通信技术（如GSM）考虑了安全问题，可以实现网络侧实体对终端的认证，但是并未实现终端对网络侧实体的认证，所以仍然存在伪造网络侧实体的可能。第三代蜂窝移动通信技术和第四代蜂窝移动通信技术，均可以实现网络侧实体与终端的双向认证，但是仍然存在终端身份标识泄露等问题[90]。第五代蜂窝移动通信技术不仅可以实现网络侧实体与终端的双向认证，还采用公钥密码算法来确保终端身份标识的隐私性。但是，第五代蜂窝移动通信技术的接入认证机制也已经被证实存在诸多安全隐患，如易遭受可追踪性攻击、缺乏密钥确认等[91]。

（二）主要研究进展

针对蜂窝网络接入安全问题，学术界和工业界已经提出了大量的解决方案。这些解决方案主要分为两大类：终端接入认证方案和终端切换认证方案。

1. 终端接入认证方案

第三代合作伙伴计划（3rd Generation Partnership Project，3GPP）组织通过技术规范（Technical Specification，TS）33.501发布了第五代移动通信系统的身份认证和密钥协商协议（即5G-AKA）。相比3G/4G网络的鉴权/加密/完整性保护方式，5G端到端的网络安全认证架构更加安全可靠，引入了公钥加密来隐藏用户身份，从而提高了移动用户的隐私性，它是保障5G网络安全的核心协议。目前在5G移动通信网络中注册和认证设备的基础是提供给每个设备的通用用户身份识别模块（universal subscriber identity module，

USIM）。随着物联网的大规模部署，提供 USIM 并单独认证每个设备将十分困难。针对这个问题，基于组的身份认证协议被提出。Goswami 和 Choudhury[92]改进了 5G-AKA 协议，并提出了一种 5G 蜂窝网络中高效的物联网设备远程注册和群组接入认证方案，称为 IoT-5G-AKA。该方案使用 ECC 算法加密，允许通过已注册的 UE 远程注册物联网设备，并允许通过单个 UE 注册的多个设备在一个组中一起进行身份认证，从而降低身份认证期间的信令和通信成本。由于使用了 5G-AKA 协议中的基于身份认证向量和挑战响应技术，该方案更易被 3GPP 的 5G 蜂窝网络所采用。Ma 等[93]提出了一种典型的 5G-V2X 车辆组播业务模型，并基于该模型提出了一种基于组的组播业务认证和数据安全传输方案。在该方案中，同一无线电接入网（radio access network，RAN）覆盖范围内的大型车辆被构造成一个组，并与内容提供商链接，以便使用 5G 网络安全分发的密钥来访问组播服务，该方案支持组播业务认证与授权、组播业务数据保护、密钥分发保护、匿名性、不可链接性和协议抗攻击性。针对车联网场景中车辆设备接入蜂窝网络，Gharsallah 等[94]改进了已有的 4G 蜂窝网络接入认证机制，并提出了一种组认证和密钥协商方案。大规模车辆构建一个群组，来完成与 4G 核心网络实体的相互认证，可减少从大规模车辆到网络侧控制消息的传输数量。然而，该方案仍然继承了 4G 认证机制的一些安全漏洞，如隐私泄露等问题。Braeken 等[95]提出了改进的 5G-AKA 协议，该协议完全基于对称密钥和通用用户身份模块硬件中的可用加密单元。与标准 5G-AKA 协议相比，该协议不需要额外的防篡改存储要求，并能提供匿名性、不可链接性、相互身份认证和机密性，而对称密钥的使用可降低计算成本。Yadav 等[96]在这一基础上进行了改进，实现了完美的前向保密性。针对基于信息破译和消息重发的攻击，Liu 等[97]提出了一种两阶段接入认证协议 TR-AKA，该协议仅通过两轮消息交换即可完成用户与蜂窝网络之间的双向认证，并应用临时身份变量组替换真实信息进行传输。使用 Tamarin 工具进行验证，结果表明 TR-AKA 可以实现双向认证和隐私保护的目标。5G-AKA 协议仅在存在被动攻击者的情况下才具有隐私保护功能，并且仍然容易受到主动攻击者的可链接性攻击，主动攻击者可以通过执行这些攻击来跟踪目标手机，从而使用户的隐私受到威胁。针对这一问题，王宇辰等在 USENIX Security 2022 上提出了隐私保护的 5G

认证密钥协商协议设计方法，该方法基于密钥封装机制，在兼容标准条件下可解决当前 5G-AKA 协议存在的隐私安全问题，能够在不更换用户 SIM 卡、保持现有的 5G 服务网络部署的基础上抵御链接攻击。Gao 等[98]针对 5G 网络认证机制中存在的安全问题，如密钥泄露、中间人攻击、单点失败等，提出了一种基于区块链的非对称认证和密钥协商协议（Blockchain Based Asymmetric Authentication and Key Agreement Protocol，BC-AKA）。认证过程中使用的密钥由对称密钥替换为非对称密钥，用于存储传统 5G 核心网络中密钥的数据库由区块链网络替换。采用非对称密码算法可以实现较强的安全属性，但是，在同一个安全等级下，非对称密码算法的计算开销和通信开销远大于对称密码算法。因此，基于非对称密码算法的接入认证方案并不适用于资源受限的终端设备，如部分资源严格受限的物联网设备等。

在工业界，针对 5G 网络对安全的超高要求，中兴通讯提出了基于中兴通讯 Cloud Native SDM 的统一用户安全认证解决方案，该方案不仅为 5G 网络提供了端到端的鉴权认证和加密机制，而且可实现 2G/3G/4G/5G/IMS 多网络接入下的统一鉴权认证，确保全网络的安全可靠。用户接入时，该方案按照 5G-AKA 鉴权算法进行鉴权认证，当用户侧和网络侧完成双向认证后，才允许用户接入网络。

2. 终端切换认证方案

韩铠鸿等在 2019 年 IEEE 无线通信和网络会议（IEEE Wireless Communications and Networking Conference，IEEE WCNC）上针对 5G 网络中大量部署蜂窝基站导致频繁切换等问题，基于匿名标识机制以及杂凑函数操作，改进了已有的认证协议。Cao 等[99]针对 5G 超密场景中多种不同类型的蜂窝基站共存导致潜在频繁切换等问题，结合 SDN 技术，提出了一种 5G 超密场景下基于用户能力的隐私保护方案。该方案可以实现 UE 与蜂窝基站之间的相互认证与密钥协商，同时可有效降低切换认证时延。Yazdinejad 等[100]针对 5G 网络中终端频繁切换导致网络性能下降，进而可能导致安全和隐私等问题，提出了一种新的身份认证方法，利用区块链和 SDN 技术来消除异构小区之间重复切换中不必要的重新身份认证。

二、无线局域网接入安全

无线局域网由于具有有线网络所无法比拟的灵活性和便利性，被广泛应用于商业、医疗、教育、军事等众多领域。无线局域网在给人们带来便利的同时，其安全问题日益突出，越来越受到人们的重视。相比于有线网络，无线局域网的主要安全防护机制在物理层和链路层存在较大的区别。本小节重点介绍无线局域网链路层安全方面的主要挑战和研究进展。

（一）无线局域网接入认证的主要挑战

无线局域网应用无线通信技术将计算设备互联起来，从而构成互联互通、资源共享的无线网络。在无线局域网中，终端设备与接入点之间的无线电波不要求建立物理的连接通道，即无线信号是开放的，任何具有无线接收设备的电子产品都能收到这个无线信号。相比于蜂窝网络，无线局域网所使用的频段公开，所以任何能够接收这些频段信号的无线设备都能够截获无线局域网的无线电信号，并进一步解调出通信数据。此外，无线局域网中的接入点也存在安全隐患。由于无线局域网中的接入点具有价格低、安装方便等特点，攻击者只需将无线局域网连接到接入点网络内部便可以实现与网络端口的有效连接，从而盗取用户的重要信息。无线局域网空间和频段的开放性以及接入点的安全隐患则导致无线局域网易遭受窃听攻击、数据伪造攻击、假冒攻击、中间人攻击、重放攻击等。

在无线局域网中，解决假冒攻击、中间人攻击的主要手段是采用认证机制，即终端与接入点网络之间完成相互认证，以确保只有合法的终端可以和合法的接入点进行通信。解决窃听攻击的主要手段则是采用加密机制，将通信数据加密后再公开传输，即使攻击者从公开信道窃取并获得密文，也无法解密获得的明文数据。解决数据伪造攻击的主要手段则是采用数据完整性保护机制，而解决重放攻击的主要手段则是采用时间戳、随机数、序列号等机制。

目前无线局域网领域有几个典型标准，包括由国际组织 IEEE 802.11 工作组提出的 IEEE 802.11 系列标准、由欧洲电信标准化协会（European Telecommunications Standards Institute，ETSI）开发的 HiperLAN 系列标准以及我国提出的无线局域网鉴别与保密基础结构（WLAN authentication and privacy infrastructure，WAPI）等。目前主流的标准是 IEEE 802.11 系列标准，IEEE 802.11 系列标准中定义的用于无线局域网的安全协议也在不断地更新和完善。最初的也是最基本的是有线等效保密（Wired Equivalent Privacy，WEP）协议，WEP 协议可以支持认证、加密、数据的完整性保护等。但是，WEP 协议中的认证机制过于简单，很容易破解；该认证机制仅为单向认证，接入点能认证终端，但终端不能认证接入点。WEP 协议中采用的 RC4 加密机制易被破解，且易遭受重放攻击等。WEP 完整性算法难以防止报文在传输过程中被篡改。为解决 WEP 协议在认证、数据加密和完整性管理等方面存在的缺陷，Wi-Fi 组织并建立了一个临时的保护协议——Wi-Fi 保护访问（Wi-Fi Protected Access，WPA）。WPA 协议采用 IEEE 802.1X 框架对用户身份进行认证，改进了 WEP 中的完整性校验算法以及 RC4 加密算法。但是，WPA 协议本质上采用的还是 RC4 加密算法，仍然存在较大的安全隐患。WPA2 协议是 WPA 协议的升级版，其中，最大的提升就是采用 AES 加密算法。但是，AES 加密算法对硬件的要求较高，在某种程度上还是不能满足要求。我国自主研发的 WAPI 采用证书机制实现双向认证，可以提供更好的安全性。

（二）主要研究进展

Zhang 和 Ma[101]针对无线局域网标准 IEEE 802.11ah 身份认证存在的问题，提出了一种基于 IEEE 802.11ai 标准中规定的初始链路建立的快速密钥重认证方案。Kumar 和 Om[102]讨论了 5G-WLAN 异构网络中的隐私和安全问题，提出了一种 5G-WLAN 集成架构；同时，他们提出了一种适用于下一代 5G-WLAN 异构网络融合的基于 USIM 和 ECC 的切换认证，可以提供安全无缝的网络连接。亚达夫（A. K. Yadav）等在 IEEE ICC 2022 上指出已有的基于可扩展认证协议（Extensible Authentication Protocol，EAP）框架的无线局域网协议容易遭受攻击，例如，不支持完全前向保密，无法抵抗重放攻击、同步攻击、特权内部攻击等，或者需要较高的计算和通信成本。为此，他们提出了一种用于 IEEE 802.11 WLAN 的基于 EAP 的轻量级认证协议，该协议不仅可解决现有 WLAN 认证协议中的安全问题，而且具有成本效益。另外，Yadav 等[103]针对已有的无线局域网方案中存在的安全和性能问题，提出了一种基于轻量级可扩展认证协议 EAP 的 WLAN 连接物联网设备认证协议，该协议提供较为健壮的安全特性，同时可以有效降低计算、通信以及存储开销等。

三、近距离通信安全

近距离通信一般是指通信收发双方通过无线电波传输信息，且传输距离限制在较短范围（几十米）以内。近距离通信技术具有低成本、低能耗等优点。近年来，近距离通信的应用模式不断创新，应用场景也越来越多样化。近距离通信包括的范畴较多，如 RFID、NFC、无线传感器网络（wireless sensor network，WSN）、人体域网（body area network，BAN）、蓝牙、无线个人区域网（wireless personal area network，WPAN）、ZigBee 等。本小节重点介绍近距离通信在链路层安全的主要挑战和研究进展。

（一）近距离通信安全的主要挑战

在近距离通信中，攻击者可以窃听收发双方之间的无线链路，并对窃听到的信息进行分析，从而获得一些有利的信息。然后，攻击者利用这些信息，对近距离通信系统进行有目的的攻击，如追踪设备位置等。防止窃听的主要手段是对通信内容进行加密，确保攻击者只能拿到密文形式的通信内容。攻击者还可以通过近距离通信接口破坏通信数据、修改数据、重放之前的有效数据等，导致接收者收到无效数据。防止破坏、修改、重放数据的主要手段则是接收者对数据完整性进行鉴别（也称为认证）。此外，攻击者可以假冒通信中的任何一方身份与另外一方进行通信。防止攻击者假冒身份的主要方式就是身份鉴别。在近距离通信中，只有当合法的消息以及通信目标在一定范围内时，才允许进行相应的操作，然而攻击者可以假冒与通信方之间的合法通信距离，如中继攻击（relay attack）。为了防止距离欺骗攻击，可以使用距离边界协议，即通过测量通信双方的消息传输时间，计算相应的距离，并判断通信距离的有效性。此外，攻击者可以追踪通信方的位置，例如，在射频识别场景中可以实施针对标签所附着实体位置的攻击。由于近距离通信场景中的部分设备资源受限，攻击者可通过发起 DoS 攻击使设备无法正常工作。例如，在射频识别场景中，攻击者可通过控制读写器向标签发送大量恶意请求，使标签始终繁忙，消耗大量存储和计算资源，进而无法响应读写器的正常请求。

近距离通信涵盖范畴较广，不同范畴有不同的国际标准。例如，无线个人区域网络主要用于个人电子设备与计算机的自动互联，其物理层和 MAC 层均是由 IEEE 802.15 系列标准定义的，但网络层及安全层等协议是由各自的联盟开发的。

（二）主要研究进展

针对近距离通信中存在的安全问题，学术界也已提出大量的解决方案。例如，针对射频网络，郑丽娟等在 2017 年 IEEE 计算科学与工程国际会议和国际嵌入式与普适计算会议 [IEEE International Conference on Computational Science and Engineering（IEEE CSE）and IEEE International Conference on Embedded and Ubiquitous Computing（IEEE EUC）] 上提出了一种 ECC 认证协议，该协议具有相互认证、机密性、匿名性、可用性、前向安全性、可伸缩性等优点，但在抵抗隐私泄露、重放攻击、假冒攻击等方面还存在不足。针对无线传感网络，Gope 和 Hwang[104]提出了一种轻量级匿名身份认证方案，用于保护无线传感器网络中的实时应用程序数据访问，然而，该方案不能实现传感器节点的隐私保护。随后，Gope 等[105]引入了一种改进的轻量级物理安全匿名相互认证方案，根据物理不可克隆函数，用户和传感器在网关的帮助下完成相互认证，但该方案无法支持完全前向安全。Li 等[106]提出了一种基于 ECC 的无线医疗传感器网络三因素认证方案，该方案可以实现双向认证，但计算和通信开销较大。目前学术界关于近距离通信安全的研究内容较多，种类也较为丰富。

四、卫星互联网接入安全

由于卫星网络空中接口链路高度开放，通信数据易被窃听，卫星信号易被伪造。首先，针对卫星链路安全，首要问题就是设计用户终端接入认证机制。其次,卫星互联网中,由于通信节点的高速运动,接入节点会频繁发生切换,这一过程会引起重复性的安全接入认证,进而引发安全服务的不连续性,甚至中断。因此,研究卫星互联网中认证节点的安全无缝切换,实现可信保持,是卫星互联网持续性安全保障的关键。本小节重点介绍卫星互联网接入安全方面的主要挑战和研究进展。

(一) 卫星互联网接入安全的主要挑战

卫星互联网接入安全的主要挑战表现在以下几个方面。

1. 差异化的接入认证

考虑到接入卫星网络的不同类型的用户需求,需要设计差异化的接入认证机制。例如,对于普通卫星终端的接入认证方案,在保证安全性的前提下应尽可能减少认证开销;对于时延要求极高的关键卫星终端的接入认证方案,应减少星地间通信时延,实现不依赖归属网络的快速认证,避免归属网络故障等影响;对于Ka终端的接入认证方案,可使用基于公钥密码和对称密码相混合的密码方案,以提供强安全性。

2. 无缝安全切换

由于卫星与用户之间的相对运动速度快,对于多波束卫星的快速移动,在用户静止的情况下单个波束扫过用户的时间长度仅为数十秒至数分钟,当用户终端所处网络覆盖的卫星发生变化或所处卫星波束发生变化的时候,必须要进行切换操作才可以实现业务的连续性。在切换认证的过程中,接入网络对执行切换认证的用户身份进行合法性验证并进行密钥协商,以实现用户身份和安全链路的可信保持。但是,切换可能导致用户安全网络服务断链,因此,需要设计无缝安全切换认证机制,确保用户网络服务的安全、可靠和连续性。

3. 用户隐私保护

相对于传统的地面网络,卫星网络具有覆盖范围更大、拓扑结构变化更加频繁、空中处理器能力不足、卫星节点的资源严格受限、通信链路高度开放等特点,这些特点使得卫星网络传输的信息极易遭受假冒、重放、篡改以及窃听等攻击。当用户终端连接卫星时,卫星必须要确保用户身份的安全性。如果用户将自己的真实身份放在链路中进行传输,那么这些信息很容易被窃取，从而导致用户身份和位置隐私的泄露。因此，保护卫星网络中用户身份和位置隐私是至关重要的。

4. 抵抗攻击的能力

卫星互联网中，用户规模庞大且种类繁多，通信的时延较高，卫星节点的资源有限，信道高度开放，因此，用户与卫星的通信容易遭受中间人、重放和 DoS 等攻击。即使攻击者无法窃取用户与卫星的实际通信内容，但是如果攻击者截取历史消息，并频繁地向卫星发送，可能导致合法用户访问受限、卫星资源浪费，甚至造成卫星瘫痪等。因此，针对卫星互联网中用户的认证机制，应能够抵抗多种类型的攻击，为用户提供优质的通信服务。

综上所述，针对卫星网络空中接口链路高度开放、节点拓扑动态变化、星地时延较高、通信数据容易窃听、卫星信号被伪造等安全问题，需要设计安全高效的用户终端接入认证机制。作为卫星互联网的第一道安全防线，用户终端接入认证机制可以有效抵抗多种类型的网络攻击，防止卫星和用户的隐私泄露。同时，为实现资源的有效利用，针对差异化终端需要设计有针对性、定制化的安全防护机制。为确保不同类型终端接入网络后仍可获得连续的网络服务，需设计统一安全的切换认证服务。作为卫星互联网的第二道安全防线，切换认证机制可保证用户通信的连续性。由于用户的频繁切换带来的计算开销较大，因此，切换认证机制的设计应低时延、轻量化，避免用户网络服务的断续连通等问题。

（二）主要研究进展

Ma 等[107]针对天地一体化网络场景基于格密码提出了抗量子的终端接入认证方案。该方案可以实现单个终端或海量物联网设备并发安全接入卫星网络，但该方案耗费了大量的计算开销。此外，一些方案通过使用杂凑函数、不健壮密码等技术降低计算开销，但此类方法的安全性受限。Liu 等[108]提出了一种基于杂凑运算和异或运算的轻量级认证方案，每一次的接入认证都基于更新的用户临时身份进行杂凑运算和异或运算。Qi 和 Chen[109]提出了一种改进的用户接入认证方案，该方案利用轻量级的异或运算和杂凑运算完成用户的接入认证，地面控制中心无须存储大量身份密码等信息。由于单颗卫星覆盖范围小，移动速度快，卫星信号的覆盖范围在动态移动，导致终端需要及时地切换卫星接入点。为了提供不间断的卫星通信服务，提高用户的通信质量，需要设计简单高效的切换认证机制，从而实现用户的信任传递和可信保持。Xue 等[110]针对双层卫星网络架构，使用门限技术生成组密钥，根据组密钥计算生成切换认证的会话密钥。

目前卫星网络接入安全有较多参考方案，但是现有方案存在各种各样的安全性和性能问题，尚无法满足未来空天地一体化网络复杂场景下的各种需求。

第四节　网络层安全

近年来，网络层安全关注的重点是路由协议的安全增强、域名解析系统的安全增强，以防止对网络性能带来的破坏以及网络劫持等攻击的实施。同时，支撑网络实体认证的新型 PKI 技术以及 SDN 的安全也受到了广泛关注。

一、路由系统安全

互联网路由系统在网络空间中起着"导航"的作用，决定了网络数据包从源到目的的转发路径。一旦路由系统出现异常，将会直接影响网络的互联互通特性。域名系统（domain name system，DNS）通常主要采用边界网关协议（border gateway protocol，BGP）和开放最短通路优先（open shortest path first，OSPF）协议交换彼此的路由信息。本小节重点介绍域内和域间路由系统面临的主要安全威胁，以及路由系统安全方面的主要解决方案和研究进展。

（一）路由系统面临的主要安全威胁

路由协议在设计之初默认所有的路由通告行为都是真实可信的，因而未能考虑任何加密认证措施。这使得路由系统至今仍然面临着安全性与稳定性两个方面的挑战。

1. 域间路由抖动/路由震荡

不同路由器节点的计算处理能力以及出入流量过滤策略存在差异，一些异常路由更新行为，如过快或过多的通告撤回路由信息或者所选路径周而复始的交换更迭，可能会使得计算处理性能较差的路由器直接崩溃，甚至引发网络瘫痪的严重后果。

2. 域间路由前缀劫持攻击

攻击者通过其控制的自治域边界路由器发布虚假的 BGP 通告消息，宣告针对拟攻击地址前缀的虚假路由，利用 BGP 路由更新机制污染其他自治域。如果虚假路由未能被有效过滤，受害者网络流量将被劫持至攻击者指定的网络。BGP 路由劫持是互联网长期存在的重大安全威胁。

3. 域间路由欺骗攻击

除了路由前缀劫持攻击外，攻击者还可以在路由通告 AS-Path 中添加额外的跳数，以逃逸源验证安全检查机制；攻击者还可以从 AS-Path 中移除特定的自治域，抑或是向 AS-Path 中添加大量冗余中间节点，以增加其他自治域路由器的存储需求。

4. 域内虚假链路状态通告攻击

针对 OSPF，攻击者通常会伪装成合法的域内路由器，广播伪造的 OSPF 协议链路状态通告报文，在规避源合法路由器的 fightback 机制的前提下，使得域内路由器生成错误的路由表项，进而将发送给目标地址前缀的网络流量，错误地发送给攻击者所操控的服务器。上述路由攻击可实现破坏域内拓扑或者窃听域内路由消息。

（二）主要安全解决方案与部署进展

为保障路由系统的安全特性，缓解虚假路由通告的安全威胁，学术界和工业界提出了许多方案。依据实际效益，这些方案从弱到强依次包括以下 4 类：①源认证，验证自治域所宣称的 IP 地址前缀所有权是否属实；②路径认证，验证路由通告中的路径在实际网络环境中是否存在；③安全源 BGP，源认证与路径认证技术的组合应用；④安全 BGP（S-BGP），通过数字签名验证路由更新消息的真实性。

为推进路由安全协议的大规模部署，IETF 早在 2006 年就成立了安全域间路由工作组（Secure Inter-Domain Routing，SIDR），并将 S-BGP 的一种变体标准化，即 BGPsec。目前，资源公钥基础设施（Resource Public Key

Infrastructure，RPKI）和 BGPsec 的组合已经在工业界得到实际应用。RPKI 是基于现有码号资源分配体系的一种层次化 PKI，其主要目标是提供一个加密保护的网络资源信息集中存储库，其中，IP 前缀所有者信息是主要类型之一。RKPI 依赖于每个自治域对接收的路由更新信息进行数字签名验证，并拒绝未授权的路由前缀通告。

2014 年，国际互联网协会（Internet Society，ISOC）发起了一项全球倡议项目，即路由安全相互协议规范（Mutually Agreed Norms for Routing Security，MANRS）。MANRS 项目旨在通过运营商、交换中心、内容分发网络（content delivery network，CDN）、云服务商、设备商和政策决策者等各方合作，解决互联网路由劫持、路由泄露和地址仿冒等问题，提升网络空间的安全性和弹性。MANRS 项目使用一种相互认可的路由规范，旨在减少最常见的路由安全风险，具体包括以下几方面内容：路由过滤，防止错误路由的传播；防范源地址伪造；在全球范围内验证对外宣告路由。截至 2024 年，全球 195 多个国家的 1073 个组织机构已经加入 MANRS 项目。

MANRS 项目观测到，2019 年 1 月份仅有 10%的合法路由起源声明证书，2021 年 2 月则增长至 28%，而且不合法的路由起源声明证书正在大幅减少。

（三）主要研究进展

学术界提出了一系列研究方案用于检测网络中的异常路由通告。从技术路线而言，主流方案可分为基于数据面的异常路由检测方案和基于控制面的异常路由检测方案。

1. 基于数据面的异常路由检测方案

基于数据面的异常路由检测方案主要是通过监视目标地址前缀的数据可达性，或追溯数据经过的具体路由器，来发现异常路由。该类方案的缺点是需要部署额外探测设备。例如，施新刚等在 2012 年 ACM 网络测量会议（ACM Internet Measurement Conference，IMC）上针对互联网环境中流量黑洞类型的 BGP 劫持提出了 Argus 检测系统，它采用被污染的自治域中主机无法与受攻击前缀中的地址通信这一关键现象作为基本思路；韦维耶（P. A. Vervier）等在 NDSS 2015 上对基于前缀劫持的垃圾邮件攻击事件与 BGP 劫持之间的关系进行了多角度分析，通过捕获垃圾邮件、Traceroute 和 BGP 监视等手段来确定垃圾邮件地址块。

2. 基于控制面的异常路由检测方案

基于控制面的异常路由检测方案主要是通过分析新收到的路由宣告及检测路由器状态是否异常，来发现异常路由。该类方案的缺点是需要较多人工维护，并存在显著误报。例如，Schlamp 等[111]提出了前缀劫持检测系统 HEAP，基于形式化语言提出了一种路由形式化表达模型，形式化描述各类型攻击；Sermpezis 等[112]提出了一种新式的 BGP 前缀劫持攻击检测与威胁消除系统 ARTEMIS；Zhang 等[113]提出了一种轻量化、实时部署的前缀劫持攻击检测系统。

二、DNS 安全

DNS 提供域名和 IP 地址等互联网资源之间的映射关系，是互联网的重要基础设施。DNS 的安全稳定运行，是几乎所有互联网活动的首要条件，同时也为数字证书签发、邮件身份认证等网络安全业务提供支撑。然而长期以来，DNS 相关安全事件频发，催生了一系列现实安全威胁，产生了许多不良后果。本小节在分析 DNS 面临的主要安全威胁的基础上，重点介绍 DNS 安全方面的主要研究进展。

（一）DNS 面临的主要安全威胁

DNS 的基本结构由客户端、递归域名服务器（recursive name server）和权威域名服务器（authoritative name server）构成。一般来说，客户端向递归域名服务器发送域名查询报文，由递归域名服务器依次查询权威域名服务器，并将查询结果返回给客户端，即完成一次域名解析。DNS 中的客户端和服务器通过 DNS 协议交换域名解析数据。DNS 面临的主要安全威胁如下。

1. 域名协议安全特性缺失导致的安全风险

DNS 协议标准最初形成于 20 世纪 80 年代，采用基于 UDP 协议的明文传输模式进行域名解析数据交换，缺乏对消息机密性和完整性的保护。这一特性导致接收方无法验证域名报文的来源和真实性，从而面临众多安全风险。

（1）中间人域名劫持攻击。由于域名解析报文采用明文传输模式，所有位于域名解析路径上的网络中间设备（如家用路由器、防火墙）均可以对其内容进行嗅探，并伪造相应的虚假应答数据返回给域名查询发起方，导致域名被劫持。

（2）缓存污染攻击。为提高域名解析性能，递归域名服务器一般设置缓存（cache），当接收到合法响应报文时，在一定时间内对解析结果进行暂时存储。当递归域名服务器未部署防御机制时，攻击者可通过路径外注入（off-path injection）的方式伪造响应报文，使受害服务器将虚假的解析结果写入缓存，并在缓存有效期内持续将错误解析结果提供给客户端，导致域名被劫持。

（3）域名解析路径劫持攻击。攻击者通过修改客户端 DNS 服务配置、DNS 流量重定向、搭建恶意域名服务器等方式，改变域名解析报文的正常解析路径，进而提供伪造的响应报文，导致域名被劫持。

（4）DoS 攻击。域名服务相关的 DoS 攻击主要包含两类情况：一类是针对域名服务器（如互联网根服务器）的 DoS 攻击，该攻击造成域名解析服务不可用，严重者甚至导致大面积网络中断；另一类是利用 DNS 应答报文较查询报文大的特性，将域名服务器作为流量放大器，通过伪造源 IP 地址的方式攻击其他目标。

2. 域名滥用行为及其监管

域名作为互联网重要的基础资源，被大量的网络攻击行为滥用。如何对域名滥用行为进行有效监管是一个较大的挑战。

（1）域名变换与网络钓鱼攻击。通过对知名域名进行变换，生成和知名域名具有相似视觉效果或相似语义的新域名，以用于发起网络钓鱼攻击。常见的变换方式有拼写错误（typosquatting）、比特位反转（bitsquatting），以及国际化域名的同形异义（homographic domain）等变换。

（2）域名生成算法（domain generation algorithm，DGA）与僵尸网络（botnet）。通过算法生成的域名以时间作为参数，常被用于僵尸网络对傀儡机的周期调度。在特定的时刻，攻击者仅需注册由算法批量生成的其中一个域名，即可维持对傀儡机的控制。另外，通过算法生成的域名列表更新频繁，导致监管难度增加。

3. 域名协议安全扩展的部署态势监测

针对 DNS 协议缺乏安全特性的特点，IETF 近年来先后建立了 DPRIVE、DoH、ADD 等域名协议安全工作组，引入并标准化了 DNSSEC 协议、加密域名协议等一系列域名协议安全扩展，为 DNS 报文提供机密性和完整性保障，缓解了域名劫持、缓存污染、隐私泄露等安全威胁。然而近期的研究表明，部分安全协议的部署规模仍然低于预期。此外，安全协议部署存在问题，将影响协议的安全功能。因此，需要对域名协议安全扩展的全网部署态势进行持续监测，推动安全协议的进一步部署应用，并及时识别和纠正错误配置。

（二）主要研究进展

1. DNS 面临的新型安全威胁

（1）域名劫持和缓存污染攻击。Kaminsky[114]通过暴力猜解实现了缓存污染，这一攻击手段影响了几乎所有的域名服务器软件和互联网上层应用。在此漏洞被修补后，赫茨伯格（A. Herzberg）等在 2012 年欧洲计算机安全研究研讨会（European Symposium on Research in Computer Security，ESORICS）上提出强制报文分片技术，曼（K. Man）等在 CCS 2020 上提出通过构建网络侧信道的方式，实现伪造 DNS 响应报文。此外，刘保君等在 USENIX Security 2018 上发现，全球占比高达 7.3%的自治系统劫持去往大型公共域名解析服务的域名请求报文，以达到节省流量成本的目的。

（2）同形异义域名滥用。霍尔格斯（T. Holgers）等在 USENIX Security 2006 上最初提出了同形异义域名滥用的概念，并预测其将逐渐被网络攻击者利用。进一步地，刘保君等在 2018 年 IEEE/IFIP 可靠性系统与网络国际会议（IEEE/IFIP International Conference on Dependable Systems and Networks，DSN）上提出了一种基于视觉相似性特征的同形异义域名检测方法，这证实同形异义域名滥用已成为一种普遍的安全风险。

（3）过期域名管理和抢注。利弗（C. Lever）等在 S&P 2016 上证实，大量曾被恶意软件使用或被黑名单标记的域名在过期后被重新注册和被用于恶意用途；阿基瓦特（G. Akiwate）等在 IMC 2021 上发现，不规范的域名过期删除机制可能导致隐蔽的域名劫持攻击。

（4）DNS 负载均衡攻击。张丰露等在 CCS 2023 上披露了一种破坏云

DNS 平台权威域名服务器负载均衡的攻击方式，该攻击方式利用一些权威域名服务器对部分 DNS 查询采取"保持沉默"的响应策略的特点，通过构造针对特定域名的查询来影响主流递归 DNS 软件负载均衡算法的运行结果，以达到控制发往权威域名服务器访问流量的目的。此类攻击对包括 BIND9、PowerDNS、Microsoft DNS 在内的主流 DNS 软件构成了威胁，同时揭示了 DNS 负载均衡机制的脆弱性。这强调需要采取措施来增强 DNS 基础设施的安全性，以防止此类攻击对互联网服务造成的潜在破坏。

（5）DNS 数据泄露。奥泽里（Y. Ozery）等在 NDSS 2024 上提出了一种名为 ibHH 的轻量级实时 DNS 数据泄露检测方法，该方法被特别设计用于高效处理大规模网络流量。该方法通过分析超过 50 亿个真实世界 DNS 查询，验证了其方法的有效性和实用性。此外，他们还提供了一个针对该方法的开源实现，并在资源利用方面（尤其是内存消耗和计算时间）展示了其相较于现有技术的显著优势，这一成果为实时监控和防御 DNS 数据泄露提供了新的工具和视角。

2. DNS 安全扩展

（1）DNSSEC 协议。T. Chung 等在 USENIX Security 2017 上进行了距今最近的 DNSSEC 协议系统性部署应用规模测量研究，并发现协议部署规模较低且存在大量的错误配置，如数字签名错误、签名资源记录不齐全、弱密钥的使用等。

（2）加密域名协议。L. Zhu 等在 S&P 2015 上最初提出并实现了加密域名协议原型，他们证实加密域名协议能够缓解域名劫持和报文嗅探攻击，同时产生的服务器性能开销与当前的硬件水平相匹配。在此基础上，陆超逸等在 IMC 2019 上对加密域名协议的全球部署态势进行了测量研究，证实其部署规模稳步增长，并发现了多项协议部署过程中的现实缺陷。进一步地，Singanamalla 等[115]提出了改进后的 Oblivious DoH 域名安全协议模型，可进一步保护互联网用户隐私。

三、SDN 安全

SDN 是一种将网络基础设施中控制功能与转发功能解耦的新型网络架

构，具有良好的可扩展性和编程性。早期 SDN 更侧重于控制面可编程。近年来，随着数据面可编程技术的飞速发展，SDN 在控制面与数据面两个层面实现了可编程性，这标志着 SDN 2.0 时代的到来。SDN 技术虽然极大地简化了网络管理，但也为网络基础设施带来了诸多安全威胁。因此，本小节在分析 SDN 面临的主要安全威胁的基础上，重点介绍 SDN 安全方面的主要安全解决方案和研究进展。

（一）SDN 面临的主要安全威胁

1. 控制面的控制器 DoS 攻击

SDN 的数据面在遇到未知网络流时，会向控制面上报信息，请求下发转发策略。因此，SDN 极易受到 DoS 攻击。攻击者让大量受控终端向 SDN 入口网关发起大量网络请求，造成大量 packet_in 消息被转发至 SDN 控制器，最终导致 SDN 控制器带宽以及服务资源耗尽，无法响应正常用户的请求，进而严重影响网络的服务能力。

2. 控制面的控制器劫持

SDN 控制器的功能复杂性导致其实现过程中存在诸多安全漏洞。攻击者可利用存在的漏洞最终达到将合法控制器下线，甚至以伪造的控制器代替合法控制器的目的。例如，主流 SDN 控制器均存在一定数量的有害竞争条件，攻击者可以定位并利用这些漏洞，从而导致 SDN 控制器的崩溃下线。SDN 控制器被劫持，可进一步导致数据流劫持、信息泄露，甚至全网瘫痪等严重后果。

3. 控制面的拓扑污染攻击

SDN 控制器负责主机与链路发现的拓扑服务管理存在安全漏洞，攻击者可据此发起拓扑污染攻击。比较常见的拓扑污染攻击是主机位置劫持以及链路伪造攻击。其攻击原理是：控制器对主机位置改变以及网络链路变化相关的消息缺乏有效的消息认证机制，无条件信任一切收到的消息。攻击者利用这样的漏洞，可以在网络中伪造出虚假的主机和链路，进而可以引起网络中信息传输的混乱、网络崩溃等问题，甚至网络被攻击者完全控制。

4. 数据面的 OpenFlow 交换机劫持

SDN 数据面交换机普遍提供了生成树服务。该服务的初衷是避免形成转发回路。然而，在 SDN 中，攻击者可借用生成树服务漏洞实现 OpenFlow 交换机劫持的效果。攻击者先利用中间人攻击手段，获取受害交换机的 MAC 地址、IP 地址等信息，然后利用生成树服务，使原有交换机无法正常工作，之后将自己的 MAC 地址与被攻击交换机的 IP 地址映射在一起，向所属控制器进行重新注册和认证，从而取代原来的合法交换机。

5. 应用层面的恶意应用攻击

SDN 通过在 SDN 控制器内运行 SDN 应用，实现对 SDN 的高效管理。攻击者可以开发恶意 SDN 应用，通过北向接口操纵 SDN 控制器，使其成为恶意控制器，直接对网络进行破坏。此外，攻击者也可以直接通过南向接口篡改数据面的流表规则，发起流量劫持攻击，甚至还可以直接污染其他合法 SDN 应用，或者非法调用其他 SDN 应用，对网络造成破坏。有人认为，恶意 SDN 应用是 SDN 中最严重的安全威胁。

（二）主要安全解决方案与部署进展

虽然学术界和工业界对 SDN 安全高度重视，但目前不存在全局式系统性的 SDN 安全解决方案。其原因在于，SDN 涉及软件工程、分布式系统、计算机网络等多领域知识，其安全问题自然也应从不同维度去强化。而不同维度的安全解决方案，最终共同构成了 SDN 安全防线。因此，下文将聚焦 SDN 安全态势评估，梳理一些有代表性的安全解决方案，介绍其部署进展。

1. SDN 安全渗透测试框架 DELTA

SDN 控制器作为 SDN 的神经中枢，其安全态势评估是学术界和工业界都高度关注的问题。一种直观且可行的思路是：针对 SDN 开展自动化渗透测试。这一方面的代表性安全解决方案是 S. Lee 等在 NDSS 2017 上提出的安全评估开源框架 DELTA，经过数年持续开发，目前该项目已经被开放网络基金会（Open Networking Foundation，ONF）安全组采纳，旨在帮助渗透测试人员嗅探 SDN 的安全性。该工具包含一个识别 OpenFlow 路由器安全性能和控制器部署的框架，还包括一个专门定制的模糊测试模块，以发现 SDN 网络中的未知安全漏洞。

2. SDN 网络转发异常行为验证框架 VeriFlow

SDN 在实际运行中面临的一个问题是：由于网络配置错误和隐藏网络攻击的影响，控制面制定并下发的网络策略和数据面实际执行的规则，并不总是一致的。如何快速、准确地发现潜在的不一致性，是 SDN 安全态势评估要解决的关键问题之一。戈弗雷（P. B. Godfrey）在 2013 年 USENIX 网络系统设计与实现专题讨论会（USENIX Symposium on Network System Design and Implementation，NSDI）上提出的 VeriFlow 是这一方面的里程碑性工作之一。后来，戈弗雷基于 VeriFlow 创建了 VeriFlow 公司。VeriFlow 于 2019 年被 VMWare 公司收购。可以预计，借助 VMWare 的商业影响力，VeriFlow 未来将会在 SDN 安全态势评估方面发挥更大的效用。

（三）主要研究进展

学术界提出了一系列研究方案从应用面、控制面、数据面强化 SDN 安全。从技术路线而言，主流方案可分为控制面的漏洞挖掘与防御、控制面拓扑污染攻击与防御以及数据面异常转发行为发现与定位等。

1. 控制面的漏洞挖掘与防御

作为 SDN 的神经中枢，SDN 控制器是攻击者首选的高价值攻击目标。此外，SDN 控制器自身难免存在诸多安全漏洞。因此，发现 SDN 控制器的潜在安全漏洞并制定针对性防御措施，对确保 SDN 安全运行至关重要。为此，设计开发针对 SDN 控制器的渗透测试框架受到人们的关注。例如，S. Lee 等在 NDSS 2017 上基于模糊测试的思想，开发了面向 SDN 的安全评估框架 DELTA，实现了 SDN 控制的漏洞识别过程的自动化与标准化。F. Xiao 等在 S&P 2020 上利用南向接口自定义字段相关漏洞，提出了可利用的恶意数据依赖关系创建方法，该方法可被用于非法调用 SDN 控制器敏感功能；同时，为应对这一攻击，他们还设计开发了一种自动安全测试工具 SVHunter，该工具可以发现 SDN 控制器中的敏感方法，并可自动化创建恶意数据依赖关系发起攻击。

2. 控制面拓扑污染攻击与防御

攻击者可利用 SDN 控制器漏洞，污染 SDN 控制器全局视野，以便实现诸如主机劫持、链路伪造、中间绕过等一系列衍生攻击。在 SDN 面临的众多威胁中，拓扑污染被认为是最危险的攻击之一。因此，拓扑污染攻击与防御是 SDN 安全方面的研究热点，该研究催生了一系列研究成果。比较有代表性的工作是马林（E. Marin）等在 CCS 2019 上对斯科维拉（R. Skowyra）等在 DSN 2018 上提出的 TopoGuard+、阿利穆罕默迪法尔（A. Alimohammadifar）等在 ESORICS 2018 上提出的 SPV、耶罗（S. Jero）等在 USENIX Security 2017 上提出的 SecureBinder 等针对 SDN 的拓扑污染攻击及经典防御方案进行了全面且深入的分析，发现了新型拓扑污染攻击方法，并给出了防御措施。

3. 数据面异常转发行为发现与定位

SDN 通过控制面将网络管理意图，转换成低层网络指令并下发给相应网络设备。一个自然而然的问题是：在潜在的网络攻击影响下，数据面的实际转发行为是否和预期的一致。为此，人们提出了一系列面向 SDN 的网络验证技术，这些研究成果对监测 SDN 承载的网络服务（如网络切片）的正常运行至关重要。例如，Li 等[116]提出在数据面插入测量相关流表，并通过收集统计信息，分析并未存在异常转发行为的交换机以及流表；G. Liu 等在 NSDI 2021 上基于可信计算和密码技术，设计出网络切片上各个网元间的逐跳验证协议，以确保数据流可以按需、按序地通过各节点。

在工业界，微软提出了 SecGuru 和 RCDC，并将它们部署在其 Azure 云平台上。其中，SecGuru 主要致力于对部署在数据面防火墙的访问控制策略规则进行验证，RCDC 对整个 Azure 云平台的路由转发行为进行形式化验证。阿里巴巴集团提出并实际部署了面向大规模广域网数据面异常转发行为系统 HOYAN。HOYAN 通过持续发现数据面设备转发模型中的错误行为来提升准确率，并通过"全局模拟和局部建模"的设计思路来提升系统的可扩展性，以确保在超大规模数据中心网络下保持高精度的验证结果。

此外，工业界还提出了一些基于 SDN 的系统性安全防护方案。例如，华为提出针对云数据中心的 SDN 安全解决方案。该解决方案的核心在于提出了一种敏捷控制器，该控制器具备支持灵活编排和自动化安全服务、基于智能感知的安全策略动态调整以及边界-租户-虚拟机多级防护等特性，从而提升基于 SDN 云数据中心的安全防护效率。

网络层还存在 IP 地址的伪造问题，这是当前互联网体系结构的一个安全性缺陷。针对该问题，我国学者吴建平等[117-118]提出了真实源地址验证体系结构SAVA。

第五节 传输层安全

传输层主要支持两个主机的进程之间的通信，负责在网络中端到端的数据传输服务，在给定的链路上通过流量控制、分段/重组和差错控制来保证上层应用数据传输的可靠性。传输层安全的主要实现技术是 TLS，在传输服务 TCP/UDP 协议上，需要安全协议确保数据在传输过程中的机密性和完整性，并使用身份认证机制对数据传输两端进行实体确认。本节重点介绍传输层面临的主要安全威胁及主要研究进展。

一、传输层面临的主要安全威胁

传输层需提供以下功能：①协议与端口，传输层可以为不同的应用提供不同的传输服务，每种服务使用的端口号具有差异；②套接字，每一个端口都与套接字相关；③排序，传输层会对比较大的数据进行分组，接收端需要进行排序。因此，传输层面临的主要安全威胁如下。

（1）序列号拦截。TCP 为了快速滑窗协议/错误重传/避免重复接收，使用了序列号，攻击者拦截某些序号的消息，并针对 TCP 序号记下正确的应答。

（2）开放端口的监听。攻击者需要采集服务信息，以便确定攻击的方式。暴露服务器的多个端口会加大风险隐患，但是开放端口越少，提供的服务就越有限。

（3）信息泄露。如果传输层传输协议数据不进行加密处理，就会存在数据被窃听的风险。

因此，针对以上传输协议存在的风险和问题，应提供相应的安全服务并采用安全机制，如表 5-1 所示。

表 5-1　TLS 需提供的安全服务和安全机制

安全服务	安全机制
数据机密性	分组密码、序列密码
数据完整性	基于杂凑函数或其他类似 HMAC 的结构计算的 MAC
双向鉴别	X.509 v3 数字证书
数据源鉴别	MAC
抗重放攻击	包序列号

二、主要研究进展

针对以上主要安全威胁，工业界和学术界不断修改完善 TLS，并加强其研究。

（一）TLS 标准化进程

TLS 即 RFC 5246，是目前互联网最广泛采用的传输层安全信道建立方案。TLS 多用于 Web 服务的安全，由早期的 SSL 协议演化而来，最初由网景通信公司开发，后来 IETF 将 SSL 更名为 TLS。该协议主要用于 HTTPS 协议中。

TLS 自提出以来，经历了多次版本更新，低版本的 TLS（如 TLS 1.0）存在许多严重漏洞，如无法抵抗降级攻击、中间人攻击等。于是，2008 年进行了改进，如 TLS 1.2 被提出、SHA-256 杂凑算法被引入以代替 SHA-1 等。TLS 1.2 与 TLS 1.0 的步骤及原理基本一致，TLS 1.2 为目前网络兼容性最强的版本，与 TLS 低版本相比主要有以下几点改进之处。

（1）TLS 1.2 在密钥协商验证操作中，对 Finished 报文（即表示密钥协商正确）的计算由 MD5 和 SHA-1 组合的方式升级为单次 SHA-256，有效提高了效率及安全性。

（2）TLS 1.2 在证书验证操作及服务器密钥交换环节中，通过在报文中增加两个字节，以说明其签名算法的类型，从而实现了对多个公钥签名及杂凑算法的兼容。

（3）TLS 1.2 相较 TLS 1.0，数据加密的方式也有所提升。在密码分组链接（cipher block chaining，CBC）模式下对数据加密前填充的随机数可以不进行加解密操作，优化了传输及计算效率。然而，由于 TLS 1.2 兼容了老旧的 CBC 模式，这导致其存在漏洞，从而使得中间人攻击能成功实施。

TLS 1.3 版本即 RFC 8446，于 2018 年提交为正式标准，这次更新包含了在安全、性能和隐私方面的重大改进。TLS 1.3 在总体步骤上与之前版本保持一致，但在握手阶段修改了协议内容，进而有效提高了连接效率，相比于 TLS 1.2 减少了一半的握手时间，对于移动端网站访问能减少近 100ms 的延迟。TLS 1.3 握手协议不再支持静态 RSA 密钥交换，需要使用具有前向安全性的 DH 密钥协商协议，但仅需一次交互即可完成握手。

此外，TLS 1.3 与之前版本比较有以下差异。

（1）TLS 1.3 引入了 PSK 协商机制，并支持在握手中的应用数据传输及零往返时间（0-RTT），以减少交互轮数，高效建立连接。但零往返时间将导致有过交互记录的客户端及服务器记住彼此，忽略安全检查，使用之前的密钥开展即时通信，这可能带来安全隐患，如零往返时间数据的前向安全性。

（2）TLS 1.3 摒弃了 3DES、RC4 及 AES-CBC 等加密方案，废弃了 SHA-1、MD5 等杂凑算法，提高了连接安全性。

（3）ServerHello 后的握手消息均进行加密传输，减少了空口传输可见明文。

（4）TLS 1.3 禁止加密报文的压缩及收发双方的重协商，以防止降级攻击，攻击者无法通过使用旧版本协议攻击已知漏洞。

（5）TLS 1.3 摒弃 DSA 证书的使用。

以上更新有效提高了 TLS 的安全性及连接效率，目前 Chrome、Microsoft Edge、Firefox 及 macOS Safari 等主流浏览器已支持 TLS 1.3。

此外，基于中华人民共和国密码行业标准即 GM 系列标准算法，我国发布了《信息安全技术 传输层密码协议（TLCP）》（GB/T 38636—2020）用于保护网络传输过程中的数据安全。该协议可以在传输层上提供端到端的加密和身份认证服务，有效防止被动攻击、中间人攻击等安全威胁。TLCP 协议是一种基于 TCP/IP 的通信协议，用于建立客户端和服务端之间的通信连接，该协议提供了一系列原语，用于进行数据的发送和接收，使客户端和服务务端可以按照一定的规则进行通信。TLCP 协议包括记录层协议和握手协议族，握手协议族包括密码规格变更协议、报警协议以及握手协议。TLCP 协议通过封装底层网络通信协议的复杂性，提供了一个简单易用、高效可靠的接口，以便在应用程序开发过程中使用接口。

TLCP 协议具有以下特点：①TLCP 协议提供了一组简单通用的 API，为开发者编写代码提供便利。②TLCP 协议提供了高效可靠的数据传输机制，保证了数据的稳定传输。该协议会基于网络状况自适应调整传输数据量，并且会自动重传丢失的数据。③TLCP 协议支持灵活的数据格式，可以通过自定义的方式实现多种数据格式的传输。

此外，它还提供了一系列的数据编解码函数，便于对数据进行编解码处理。

TLCP 协议可以用于网络游戏、即时通信、云应用，它能够提供灵活的数据格式以及高效、安全、可靠的数据传输服务。国密浏览器端，360 安全浏览器、奇安信可信浏览器在标准发布后陆续支持 TLCP 协议。国密服务器和网关端也积极跟进了 TLCP 协议的支持，例如，国密 SSL 实验室（https://www.gmssl.cn）实现了 Nginx、Apache、Tomcat、Netty、SpringBoot 的 TLCP 支持。IETF RFC 8998 中增添了国密算法 TLS_SM4_GCM_SM3 和 TLS_SM4_CCM_SM3，且基于 SM2 单证书实现，该标准目前在国际层面获得了认可。后续 TLCP 协议也需要吸收 TLS 1.3 或其他传输层标准协议，以推出新版本。

（二）学术研究进展

TLS 的发展在学术界也得到了广泛关注。纳迪尔·阿里·汗（Nadir Ali Khan）等在 2022 年 IEEE 应用信息学国际研讨会（IEEE Applied Informatics International Conference，IEEE AiIC）针对 TLS 中的溺水攻击，提出了一种基于 PKI 方法，用于在进行 TLS 握手过程时封装客户端和服务端之间的消息，该方法无须认证凭据，包括客户端-服务器证书和客户端-服务器密钥交换。Ayuninggati 等[119]针对 TLS 使用中基于 PKI，但 PKI 存在漏洞等情况，集成设计了传输层证书安全管理系统，并创建了一个基于区块链的注册和 CA 服务器。在证书管理中，CA 签署的域证书存储在注册服务器上，证书服务器和 CA 注册服务器转发给拥有该域的组，并通知域管理者。与现有

PKI 产品相比，上述基于区块链的 PKI 方案和注册表适用于安全和治理分析。针对 5G SDN 网络中 TLS 连接受到的降级攻击，斯约霍尔姆谢尔基奥（M. Sjoholmsierchio）等在 2021 年 IEEE 网络软件化国际会议（IEEE International Conference on Network Softwarization，IEEE NetSoft）上使用协议拨号方法来加强安全保证，以提供额外的和可定制的安全性。他们考虑并评估了 OpenFlow 协议操作的两种拨号方法，即向独立于 TLS 的 SDN 控制通道添加每条消息身份验证，并在 TLS 实现的可选情况下提供了抵抗降级攻击的鲁棒性。

此外，一些新场景如物联网环境下的数据安全传输也是研究热点。Paris 等[120]在消息队列遥测传输协议（Message Queuing Telemetry Transport，MQTT）的基础上，实现了 SSL/TLS，并在典型物联网测试台上对网络性能进行了评估和分析。对系统进行压力测试的实验结果表明，消耗能量存在 4 倍差异，启用 SSL/TLS 的节点电池只能维持无 TLS 节点寿命的 1/4，因此，SSL/TLS 加密对于电池操作的物联网节点来说不是一个可行的解决方案。受限应用协议（Constrained Application Protocol，CoAP）即 RFC 7252，是物联网中资源受限设备的标准通信协议，许多物联网部署需要代理来支持边缘设备和后端之间的异步通信，这允许（不受信任的）代理访问 CoAP 消息的敏感部分。受限 RESTful 环境的对象安全性（Object Security for Constrained RESTful Environments，OSCORE）即 RFC 8613，是一种最新的标准协议，它在应用层支持 CoAP 消息提供端到端的安全性。与常用的标准数据报传输层安全（Datagram Transport Layer Security，DTLS）即 RFC 6347 不同，OSCORE 有效地为 CoAP 消息的不同部分提供选择性、完整性的保护和加密。因此，OSCORE 通过中间不受信任的代理实现端到端安全，同时仍然允许它们执行预期的服务，这显著提高了安全性和隐私性。Gunnarsson[121]等实现了 OSCORE 并评估了其效率，评估结果表明，在每条消息的网络开销、内存使用、消息往返时间和能源效率方面，OSCORE 显示出比 TinyDTLS 更好的性能，从而在没有额外性能损失的情况下提高了 OSCORE 的安全性。

第六节 应用层安全

应用层安全是指采用安全协议确保高层应用程序端到端的通信，在应用层面上保护数据和系统免受各种威胁和攻击。应用层端到端安全协议是用于保护通信发送方和接收方之间安全通信的协议，这些协议旨在防止中间人攻击、窃听攻击、篡改攻击和数据泄露等，并确保数据在端到端传输过程中得到充分的安全保障。本节重点介绍 HTTP/Web 安全和应用层端到端安全的主要安全威胁/挑战和研究进展。

一、HTTP/Web 安全

作为最成功的网络应用，基于 HTTP 协议的 Web 应用在日常生活中占据着非常重要的地位。经过多年的发展，Web 先后经历了 1.0、2.0 阶段，目前正在朝着 Web 3.0 时代迈进。虽然 Web 的能力越来越强大，但随之而来的是 Web 业务攻击面不断增大，DDoS、漏洞利用、数据爬取、业务欺诈等安全威胁层出不穷。本小节在分析 Web 业务面临的主要安全威胁的基础上，重点介绍 HTTP/Web 安全方面的主要研究进展。

（一）Web 业务面临的主要安全威胁

1. 应用层 DDoS 攻击

应用层 DDoS 攻击又称为第 7 层 DDoS 攻击，是指针对 OSI 七层模型中第 7 层的恶意行为。攻击者通过 HTTP GET、HTTP POST 等常见的 HTTP 协议请求，构建数据洪流，从而发起攻击。与 DNS 放大等网络层攻击相比，应用层 DDoS 攻击特别有效，可以以更少的攻击代价，消耗大量网络资源和服务器资源。此外，应用层 DDoS 攻击的攻击流量更容易隐藏在正常流量之中，具有检测难、应对难的特点。

2. Web 漏洞利用攻击

Web 应用程序本身存在诸多脆弱性。通过对各种 Web 漏洞的利用，可以达到窃取用户敏感信息、控制底层操作系统等不同目的。根据漏洞触发点的不同，Web 漏洞利用攻击可以分成以下五类：①输入相关的通用漏洞，如跨站请求伪造（cross-site request forgery，CSRF）攻击；②服务端脚本相关漏洞，如会话劫持攻击；③后台相关漏洞，如 SQL 注入攻击；④输出相关漏洞，如跨站脚本（cross-site scripting，CSS）攻击；⑤平台相关漏洞，如核弹级 Log4Shell 漏洞。

3. 网络钓鱼攻击

网络钓鱼攻击是指攻击者在欺诈性电子邮件、短信或网站中嵌入恶意网址，诱导用户点击恶意网址，达到诱使用户下载恶意软件、窃取用户个人数据或敏感信息的目的。近年来，基于二维码的网络钓鱼活动开始流行。网络犯罪分子利用用户对二维码的固有信任，在二维码中嵌入恶意链接（指向恶意网站或者恶意软件下载地址），以窃取用户信息。

4. 在途攻击

在途攻击者利用 HTTP 协议的安全漏洞，将攻击者隐匿在两个设备（通常是 Web 浏览器和 Web 服务器）之间，并拦截或修改这两者之间的通信。然后，攻击者可以收集信息，并且假冒通信双方中的任意一方。除网站之外，这些攻击还可能针对电子邮件通信、DNS 查询和公共 Wi-Fi 网络。在途攻击者的常见目标包括 SaaS 企业、电子商务企业和金融应用程序的用户等。

（二）主要研究进展

1. 应用层 DDoS 攻击检测技术

近年来，应用层 DDoS 攻击层出不穷。攻击方式与手法在不断演进升级，如从集中式高频请求逐步演进为分布式低频请求，从请求报文中携带显著恶意特征变化为重放合法请求流量，伪造搜索引擎爬虫流量等。而在攻击的频率与规模上，应用层 DDoS 攻击也呈现出不断增长的趋势。针对攻击手法的升级变化，工业界的安全实践多从以下两方面着手应对：一是在运营对抗上，在攻击发生的事前、事中和事后各阶段，通过梳理资产信息、分析攻击报文并进行特征提取、识别攻击流量等手段不断提升防护对抗效果；二是在防护能力建设上，可以引入支持多维度特征组合的限速功能、验证码等功能模块来提升对高级复杂的应用层 DDoS 攻击的识别处置能力。

学术界也提出了多种方法防护 DDoS 攻击，例如，王晨旭等在 2017 年 IEEE 信息取证与安全汇刊（IEEE Transactions on Information Forensics and Security，IEEE TIFS）上提出了一种基于 Sketch 技术的应用层 DDoS 攻击检测与防御机制；Y. Feng 等在 2020 年 IEEE/ACM 国际服务质量学术研讨会（IEEE/ACM International Symposium on Quality of Service，IWQoS）上提出了一种基于强化学习的应用层 DDoS 防御方案检测技术；李元杰等在 CCS 2021 上提出了一种新策略以对抗智能型未知 DDoS 攻击，该策略通过实施多跳流量分散，降低攻击者的动机，从而提高网络的安全性。

2. HTTP/3 相关技术

HTTP/3 是 HTTP 协议家族的第 3 个主要版本。不同于其前任 HTTP/1.1 和 HTTP/2，HTTP/3 基于 UDP 协议的 QUIC 协议（而非 TCP 协议）实现。基于 HTTP/3 协议实现的 Web 应用以及 API 接口将具备更好的安全性。QUIC 是谷歌提出的一种更安全、更快速的新型传输层协议。得益于 QUIC 协议的安全特性，基于 HTTP/3 的 Web 应用具有以下安全优势：①默认的基于 TLS 的端到端加密；②完全前向保密性（PFS）；③抗重放攻击；④基于源地址令牌的来源认证；⑤确保通信双方之间可达性的路径验证。

HTTP/3 是近年来应用层协议的研究热点。例如，S. Chaudhary 等在 2023 年神经信息处理系统大会（Conference on Neural Information Processing Systems，NeurIPS）上针对 HTTP/3 协议构建了数据集，开发了性能测试工具，并研究了 HTTP/3 对流媒体性能的影响，为理解和优化 HTTP/3 在流媒体应用中的表现提供了实证基础；M. Zhan 等在 IEEE TIFS 2023 上提出了一种网站感知的协议混淆神经网络，只需少量 QUIC 数据集即可训练分类器，以实现对加密流量中访问的网站进行识别。

3. Web 应用及 API 防护技术

近年来，随着移动互联网的迅猛发展，海量的企业核心业务、交易平台都依赖 Web 技术为用户提供服务。此外，第三方 API 接口调用、基于 Web 的微服务架构，也高度依赖 Web 技术实现系统间交互。这一趋势导致 Web 敞口风险不断扩大。传统的 Web 防火墙（WAF）已经难以应对新形势下的安全威胁。工业界目前提出了名为 Web 应用及 API 防护（web application and API protection，WAAP）的技术。这是一种旨在保护 Web 应用程序和 API 免受各种日益复杂的网络攻击的安全技术。

WAAP 技术集成了 DDoS 防护、机器人管理、机器学习能力、API 安全和访问控制等功能，采用多元防护、主动防御等理念，能更好地应对当前的 Web 安全威胁。美国信息技术服务公司高德纳（Gartner）预测，到 2026 年，40%的企业会基于更高级的 API 防护能力选择 WAAP 解决方案。目前各大公司，如 CDN 的发明者美国阿卡迈技术公司、华为，均高度重视 WAAP 产业化进展，并推出了相关的解决方案。

二、应用层端到端安全

端到端安全协议用于在两个网络高层节点之间进行双向身份认证，并同时协商密钥，以采用密钥确保端到端数据通信安全。与在网络接入认证阶段网络核心节点对每个传入网络节点进行身份认证相比，它具有更高的可靠性和鲁棒性。

（一）应用层端到端安全协议的挑战

当前，应用层端到端安全协议面临诸多挑战，主要包括以下几个方面。

1. 密钥管理与分发

为实现认证与密钥协商，需要为通信双方节点提前预置后续用于认证的密钥。通常，有离线预置密钥机制和在线预置密钥机制两种预置密钥机制。在线预置密钥，即设备在运行过程中仍然可以预置密钥。在线预置密钥机制需要依托一个合法的授权机构，即合法的授权机构为所有各类型设备、各类型服务器分发密钥，例如，3GPP 提出的通用引导架构（Generic Bootstrapping Architecture，GBA）和应用程序认证与密钥管理（Authentication and Key Management for Applications，AKMA）机制就是依赖于核心网实体完成后续密钥的分发。但是，这种密钥预置机制存在一定的安全隐患。例如，在 GBA/AKMA 机制中，核心网实体可以决定/导出终端与服务器之间的通信密钥。由于部分端到端通信节点不愿意或不相信依赖核心网实体完成密钥协商，所以可以考虑离线预置密钥机制。离线预置密钥，即在设备出厂前完成密钥的预置。针对业务应用较为单一等场景，可以先离线完成认证相关密钥的预置，然后基于认证密钥完成端到端的相互认证与密钥协商。但是，针对较为复杂的场景，离线预置密钥可能会耗费较多的资源开销。

2. 端点安全性

在应用层端到端通信中，端点的安全性至关重要。如果发送方或接收方端点受到恶意软件、漏洞或未经授权访问的影响，可能导致端点数据或密钥泄露。因此，确保端点设备的安全性是一大挑战，需要确保端点操作系统和应用程序等的安全维护与更新，或者使用双因素认证等机制来防止外部未经授权访问等。

3. 端点合法性

在应用层端到端通信中，端点的合法性也至关重要。攻击者可能会利用系统或者协议中的漏洞，试图伪造通信的发送方或接收方，以欺骗通信双方并获取未经授权的访问或信息。因此，确保端点的合法性也十分具有挑战性，可以采用数字签名、证书验证等机制防范端到端通信中的伪造攻击。

4. 端到端数据安全

端到端数据在传输的过程中，可能会遭受攻击者的窃听、篡改等攻击，所以需要确保端到端数据的机密性和完整性等。因此，在设计端到端安全协议的过程中，首先需要考虑端到端之间的安全通信密钥，并用此密钥确保端到端数据的机密性和完整性等。

5. 安全性与性能的平衡

端到端安全协议在使用过程中无疑会增加通信的开销，可能影响通信的性能和延迟。因此，在设计端到端安全协议时，需要权衡安全性和性能，在确保性能的情况下提供较强的安全性。

（二）主要研究进展

为了解决应用层端到端安全面临的主要挑战，工业界和学术界针对这些挑战提出了一系列安全解决方案，并取得了多项研究成果。

1. 工业界主要研究进展

3GPP 组织为保障应用层安全制定了两种机制，即 GBA[122-123] 和 AKMA[124]。这两种机制均利用运营商网络安全基础设施来实现终端与应用服务商之间应用层共享密钥的安全分发，使得应用程序在可靠的 5G 已有认证机制的基础上,可以对终端进行进一步的认证和密钥协商,而无须发起新的 UE 验证程序,从而避免第三方应用服务商部署额外的安全设施,并保证终端与服务商之间端到端的安全认证。GBA 机制于 2006 年发布,发展历史较长,截至 2023 年,3GPP 组织仍在更新维护该机制,该机制所属技术规范号为 TS 33.220。AKMA 机制是 3GPP 组织向 5G 引入的一项新安全功能,属于 2019 年由中国移动牵头组织的 GBA 演进研究项目,在 3GPP R17 阶段正式成为技术规范,该技术规范号为 TS 33.535。GBA 机制与 AKMA 机制之间的相同点在于,这两种机制均使用现有运营商网络安全基础设施,为多类型终端和所有应用服务商提供统一的密钥管理,从而高效保障了用户终端与服务商的身份认证和安全通信,简化了安全机制的实施,并避免了终端和服务商额外的成本负担。GBA 机制发展时间较长,与 GBA 配套的技术体系更加完善和成熟;AKMA 是 5G 中引入的一项新安全功能,诞生时间较短,技术规范仍然需要更新维护。另外,由于 GBA 机制中 UE 需要重新执行 5G 安全认证机制,而 AKMA 机制在 UE 执行主认证机制之后便可执行,因此,相比于 GBA 机制,AKMA 机制的信令开销更小,更加轻量。

3GPP 组织利用 GBA 安全机制,提供了一系列扩展的安全服务,包括为订阅者在线安全分发签约证书,订阅者通过 HTTPS 安全访问网络应用功能(Network Application Function,NAF),NAF 主动向订阅者推送消息时的安全认证与密钥协商等服务。GBA 在应用创新方面的具体表现是在 2019 年世界物联网博览会期间,中国移动联合中兴、美格、爱立信等多家单位成功将运营商 GBA 机制应用于车联网领域,还联合 23 家单位共同发布了《车联网通信安全与基于 GBA 的证书配置》白皮书;2020 年中国电信在业界率先发布《5G SA 安全增强 SIM 卡》白皮书,在增强 SIM 卡中新增了 GBA 功能。

AKMA 在 3GPP R17 阶段正式形成技术规范 TS 33.535。在 R18 阶段中,3GPP 在技术报告 TR 33.737 中继续开展关于 AKMA 第 2 阶段标准的研究,报告内容围绕两个关键问题展开,分别是漫游场景下的 AKMA 和在 AKMA 中引入应用代理。相关讨论主要集中在漫游这一问题上,通过各家公司、高校以及组织等 3GPP 成员的多轮讨论,到 2023 年 3 月为止,基本确定了内部 AF/外部 AF 在漫游场景下 AKMA 的参考架构、根据 AF 类型(内部 HPLMN AF/内部 VPLMN AF/外部 AF)划分的三种场景,但漫游的具体方案尚未有定论。同时在 R18 阶段中，有一些问题虽然目前未在 TR 33.737 中被确立为关键问题，但也引起了人们的广泛讨论，如诺基亚、OPPO 等公司提出的 AKMA 中的密钥更新问题，以及诺基亚提出的 AKMA 中的用户隐私问题。

随着移动互联网应用市场的蓬勃发展，用户面临设立和记忆多组用户名和口令的难题，针对该问题，FIDO 联盟制定了一套开放的、可扩展的、可互操作的技术规范，该技术规范可允许任何网站或应用程序和 UE 进行交互，从而提高应用通信的安全性，改善用户体验，提高身份认证的投资回报，降低受骗风险。该技术规范包含两套协议，即 UAF 协议和 U2F 协议，前者支持指纹、语音、虹膜、脸部识别等生物识别方式，在用户和设备之间通过前述生物识别方式实现本地认证；后者支持 U 盾、NFC 芯片、TPM 等硬件设备，往往使用"密码+硬件设备"来实现增强认证，属于双因子认证范畴。其技术原理本质上是采用公私钥签名技术，FIDO UAF 认证器往往会预配置认证私钥，在实现本地认证后，通过签名技术实现远端服务器对认证器的认证。在 FIDO 第一代技术之上提出的 FIDO2，包括 Web 认证（Web authentication，WebAuthn）和客户端到身份验证器协议（client to authenticator protocol，CTAP），可以实现浏览器应用服务的安全认证。

2. 学术界主要研究进展

Huang 等[125]专门介绍了 AKMA 机制的设计动机和增强特性，还有与现有标准机制的区别。Yang 等[126]使用 Tamarin 专门针对 AKMA 机制通过形式化建模进行了安全性分析，结果表明，UE 和归属网络、归属网络和应用服务器之间的不同等级的认证和机密性等多种安全属性均通过验证，并且考虑了 UE 和应用服务器之间在密钥确认方面存在的两种不同情况。其中，在无密钥确认流程的情况下，UE 和应用服务器之间的安全性无法得到有效保障；相反，有密钥确认流程的 AKMA 机制的安全性能够有效验证。针对在非漫游情况下如何在移动用户和 MEC 应用程序之间提供安全和隐私保护的通道问题，Akman 等[127]设计了 5G AKMA 具备增强隐私属性的新版本，使用 ProVerif 验证了 AKMA 技术规范，指出了一个新的欺骗攻击以及其他安全和隐私漏洞，并提出了一个针对欺骗攻击的解决方案。宾德尔（N. Bindel）等在 S&P 2023 上对 FIDO2 进行了正式的安全分析，并证明了 FIDO2 的 WebAuthn 2 和 CTAP 在细粒度安全和协议模型方面可以安全地抵御传统敌手。他们还证明了使用后量子安全的密钥交换机制和签名算法对 FIDO2 进行实例化，可以在相同的模型下确保其对量子敌手的攻击是安全的。此外，他们提出了针对 WebAuthn 2 的改进方案，以提高其对某些类型的降级攻击的恢复能力。巴尔博萨（M. Barbosa）等在 CRYPTO 2021 上对新 FIDO2 协议进行了可证明安全分析，该分析证实了 WebAuthn 身份认证的安全性，然而他们发现 CTAP2 只在弱意义上是可证明安全的。因此，他们提出了一种名为 sPACA 的通用协议替代 CTAP2，以提供更高的安全性和效率。另外，他们还从各组件的安全性出发对 FIDO2 和 WebAuthn+sPACA 提供的整体安全保障进行了分析。然而，巴尔博萨等的模型没有考虑隐私性，并且仅涵盖了本地存储密钥的令牌。汉兹利克（L. Hanzlik）等在 S&P 2023 上分析了 FIDO2 中的 WebAuthn 协议，并增强了现有的安全模型。他们为 FIDO2 的 WebAuthn 组件提供了正式的隐私定义，并引入了全局密钥撤销的概念，以防止身份认证令牌的访问丢失。他们还通过形式化定义证明了 BIP32 密钥派生可用于高效的令牌实现。该实现支持全局密钥撤销，并与现有服务器实现完全兼容。

第七节　异构网络融合发展带来的安全问题及发展趋势

近年来，蜂窝移动通信与新兴的卫星互联网已经呈现出融合组网的趋势，5G、6G 赋能的工业互联网也出现了许多新的安全特征。为此，本节从移动通信网络安全、卫星互联网安全和工业互联网安全 3 个视角重点介绍异构网络融合发展带来的安全问题及发展趋势。

一、移动通信网络安全

（一）移动通信网络安全发展现状概述

移动通信网络安全随着移动通信架构及相关技术的发展而不断地演进，早期主要关注通信技术本身。第一代移动通信几乎没有采取任何安全措施，移动台把其电子序列号（electronic serial number，ESN）和网络分配的移动标志号码（mobile identification number，MIN）以明文方式传送至网络，若二者相符，则可实现用户的接入，从而出现了大量的"克隆"手机，导致用户和运营商受到了严重的安全威胁。

第二代移动通信主要有基于时分多址（time division multiple access，TDMA）的 GSM 系统、DAMPS 系统以及基于码分多址（code division multiple access，CDMA）的 cdmaOne 系统。这两类系统的安全机制都基于对称密码体制，采用共享密钥的安全协议，实现对接入用户的单向认证和数据保密，但在身份认证机制和加密算法的安全性等方面存在安全隐患。

第三代移动通信采取了诸多安全策略和措施，包括双向身份认证、增加密钥长度、使用高强度的加密算法和完整性算法、增加信令完整性保护机制，并提出了保护核心网络通信节点的机制。但面对新的业务、全开放式的 IP 网络和不断升级的攻击技术，移动网络仍面临较大的安全威胁，攻击者可以利用网络协议和系统的脆弱性，未经授权访问敏感数据，未经授权处理敏感数据，以及干扰或滥用网络服务，从而对用户和网络资源造成损害。

第四代移动通信的安全措施主要包括 5 个安全功能组，即网络接入安全、网络域安全、用户域安全、应用域安全以及安全服务的可视性、可配置性。此外，4G 网络的安全策略还包括认证与密钥协商过程，以实现用于用户安全的所有操作，即安全密钥生成和相互认证。尽管如此，4G 网络仍存在一些安全风险和威胁，例如，基于 IP 的移动性管理自身的设计缺陷、再定位与快速无缝切换的支撑能力不足、存在被伪基站欺诈的风险。

第五代移动通信的安全措施主要涉及 6 个安全域[42]，包括接入安全域、网络安全域、用户安全域、应用安全域、可信安全域和安全管理域。5G 提供了比 4G 更强的安全能力，主要包括以下几点：①服务域安全，针对 5G 全新服务化架构带来的安全风险，5G 通过采用完善的服务注册、发现、授权安全机制及安全协议来保障服务域安全。②增强的用户隐私保护，5G 网络使用加密方式传送用户身份标识，以防范攻击者利用空中接口明文传送用户身份标识来非法追踪用户的位置和信息。③增强的完整性保护，在 4G 空中接口用户面数据加密保护的基础上，5G 网络进一步支持用户面数据的完整性保护，以防范用户面数据被篡改。④增强的网间漫游安全，5G 网络提供了网络运营商网间信令的端到端保护，防范以中间人攻击方式获取运营商网间的敏感数据。⑤统一认证框架，4G 网络的不同接入技术采用不同的认证方式和流程，难以保障异构网络切换时认证流程的连续性，而 5G 采用统一认证框架，能够融合不同制式的多种接入认证方式。

综上所述，5G 针对服务化架构、隐私保护、认证授权等安全方面的增强需求，提供了标准化的解决方案和更强的安全保障机制。5G 不仅囊括 4G 的所有安全措施，还将在部署过程中考虑新技术驱动带来的安全需求和垂直行业服务驱动带来的安全需求。对于新技术驱动带来的安全需求来说，5G 的 NFV、SDN 以及云计算等功能使得传统网络依赖物理设备隔离提供安全保障的方式在 5G 网络中不再适用，5G 必须考虑这些新技术带来的基础设施安全问题，从而保障 5G 业务在虚拟化环境下安全运行。对于垂直行业服务驱动带来的安全需求来说，不同的垂直行业对安全的需求差异极大，有些服务选择基于 5G 网络本身提供的安全保障，而有些服务则希望保留自身系统对安全的控制。因此，5G 网络提供了更加灵活的安全配置。

（二）现有安全技术在 5G 中应用面临的主要挑战

未来移动通信强调"全覆盖、全频谱、全应用、强安全"的发展愿景，面对强安全需求，依据文献[42]和 IMT-2020（5G）推进组在 2020 年的《5G 安全报告》中的分析，现有安全技术在 5G 中应用面临的主要挑战如下。

1. 接入安全

接入控制在现有 5G 安全中扮演着重要的角色，起到了保护频谱资源和通信资源的作用，也是为设备提供 5G 服务的前提。不同于 4G 同构的网络接入控制（即通过统一的硬件 USIM 卡来实现网络接入认证），5G 对各种异构接入技术和异构设备的支持使得 5G 的接入控制的实现更加复杂，给 5G 接入认证、接入控制带来了很大的挑战。具体来说，现有安全技术亟待解决的问题有以下 3 点：①跨越底层异构多层无线接入网的统一认证框架；②海量终端设备的频繁接入；③抗 DoS 攻击。

2. 切片安全

网络切片安全问题是网络安全域最重要的问题。切片体现了 5G 网络的灵活性，然而，5G网络却很难为切片提供持续的安全隔离机制，从而导致切片的安全性难以保障，易出现以下漏洞和故障：①网络切片管理的敏感数据可能会通过一些侧信道攻击被另一个网络切片的应用非法获得；②一个切片内部的错误和故障可能会对其他切片产生影响；③不同网络功能在切片间难以共享，基础网络功能和第三方提供的网络功能在切片中无法共存。

3. 用户隐私保护

用户隐私保护是用户安全域最重要的问题。由于5G提供的业务种类繁多，开放的网络架构使得用户数据以及用户使用网络过程中产生的一系列与人身、财产相关的多种隐私信息的保护面临更严峻的考验。在传统的通信网络中（主要是3G和LTE），用于用户长期身份标识的国际移动用户识别码（international mobile subscriber identity，IMSI）在用户首次向网络进行认证的时候，会直接以明文的形式在信道中传输，这导致了用户身份隐私的破坏。此外，由于5G接入网络包括LTE接入网络，攻击者有可能将用户诱导至LTE接入方式，从而导致针对隐私性泄露的降维攻击，5G隐私保护也需要考虑此类安全威胁。

4. 可信安全

5G网络为了优化用户体验、提供新型商业模式，向大量第三方应用开放网络，以实现网络和第三方应用的互动，并优化网络资源配置。网络能力开放是5G网络的基本功能，如果在开放授权过程中出现信任问题，恶意第三方可能通过获得的网络操控能力对整个5G网络发起攻击。此外，随着用户（设备）种类增多、网络虚拟化技术的引入，用户、移动网络运营商和基础设施提供商之间的信任问题也比以前的网络更加复杂。如何针对开放网络设计制定和部署相应的可信安全，防止攻击者发起基于网络能力开放的一系列攻击，是现有安全技术的一个盲区。

5. 安全管理

安全管理包括安全上下文和密钥管理。在5G网络中，设备移动、设备在不同接入网之间切换均需要考虑安全上下文的迁移和管理，迁移过程中不同网络对密码算法的支持情况不同，涉及算法的重协商、上下文的标识和存储安全。而安全上下文受限于设备的计算能力，亦需要全新的处理方式。在密钥管理方面，5G应用场景丰富，密钥种类呈现多样化的特点，具体包括专门用于控制平面和用户平面的机密性/完整性保护密钥、用于保护无线通信端信令和消息传输的密钥、用于支持非 3GPP 接入的密钥、用于保证网络切片通信安全的密钥、用于支持与 LTE 系统后向兼容的密钥等。这一系列密钥既需要保持整体系统的统一性，又需要具备一定的独立性，以确保每个部分的安全性互不影响。此外，5G 用户种类多样，包括各种设备，还需要提供基于非对称密码、基于生物信息等的用户身份识别技术。

6. 证书管理

5G 引入 PKI 来加强用户身份的机密性保护以及网络各节点之间的相互认证。PKI 的引入使得系统必须维护庞大的 CA 系统。一方面，PKI 对 CA 容量要求高；另一方面，PKI 面临一系列证书管理的开销，如大量并发的证书申请、证书更新、证书撤销等操作。因此，必须加快促进 CA 技术的发展，并将其高效部署于网络系统中。此外，5G 面临着 PKI 升级换代所带来的安全挑战和影响。

7. 密码算法

密码算法是保证安全通信的关键组件，目前常用的对称密码算法均不存在安全性问题。但随着量子计算技术的发展，移动通信网络也需要结合未来的发展趋势，扩展密钥长度，并考虑算法的量子安全性。因此，需要改进和提高密码算法的适应性。与此同时，一些传统的密码算法计算代价大，与绿色节能的基本要求存在一定的冲突。因此，必须考虑轻量级的密码算法。

8. NFV

NFV 会带来以下安全风险：①在虚拟环境中，管理控制功能高度集中，一旦其功能失效或被非法控制，将影响整个系统的安全稳定运行；②多个虚拟网络功能（virtual network function，VNF）共享下层基础资源，若某个 VNF 被攻击，将会波及其他功能；③由于网络虚拟化大量采用开源和第三方软件，引入安全漏洞的可能性加大。因此，需要针对 NFV 提出相应的安全管控技术和措施，以防止安全漏洞被攻击者利用，造成网络受损、瘫痪等严重后果。

9. 边缘计算安全管理

当前尚未出现较为成熟的针对边缘计算所提出的安全技术，而边缘计算的应用会带来以下风险：①边缘计算节点下沉到核心网边缘，在部署到相对不安全的物理环境时，受到物理攻击的可能性更大；②在边缘计算平台上，可部署多个应用，共享相关资源，一旦某个应用因其防护较弱而被攻破，将会影响边缘计算平台上其他应用的安全运行。因此，需要提出相应的技术和措施，加强边缘计算设施的物理保护和网络防护。

（三）6G 发展愿景及安全需求

为了解决 5G 现有的安全缺陷，提供高可靠性、低时延、高传输速率服务，提高系统覆盖率，实现万物互联，满足 2030 年及之后的移动通信需求，6G 将以人为中心作为发展愿景，而非以机器、应用或数据为中心。为了满足这些需求，6G 无线通信网络将会产生新的范式转换。6G 发展愿景如图 5-1 所示[128]。

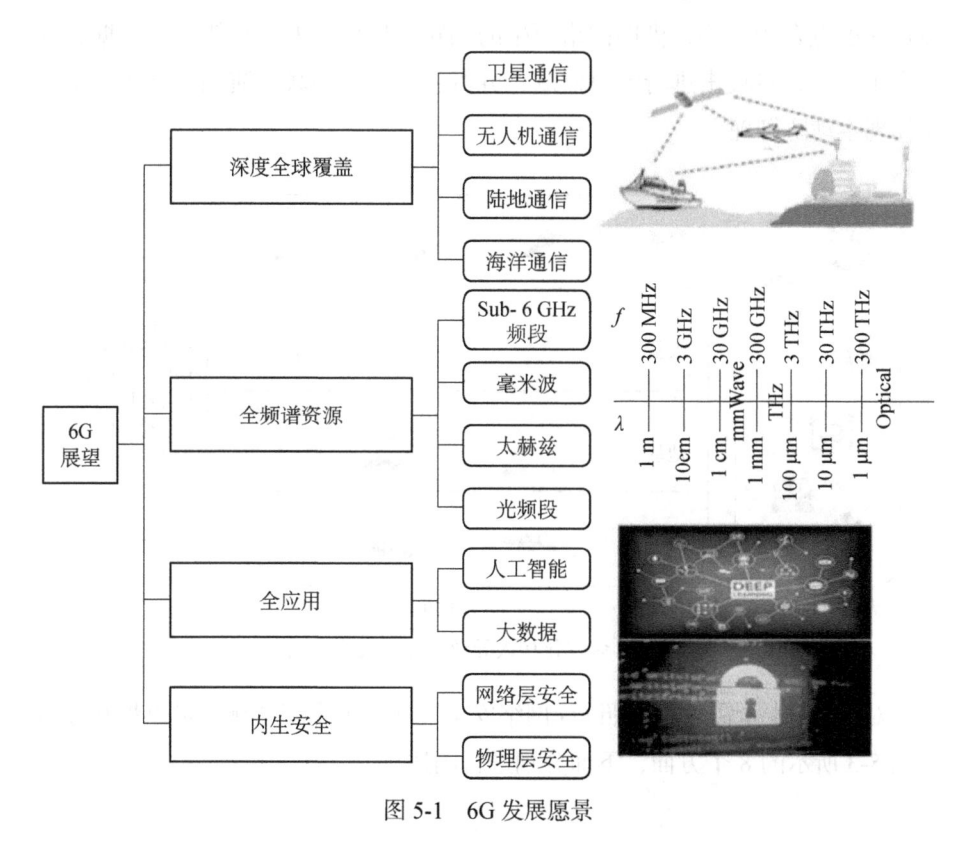

图 5-1　6G 发展愿景

6G无线通信网络将会是空天地海一体化网络,用于提供深度全球覆盖。卫星通信、无人机通信、陆地通信、海洋通信将极大地扩展无线通信网络的覆盖范围。为了提供更高的数据传输速率,包括Sub-6 GHz频段、毫米波、太赫兹、光频段在内的全频谱资源将会被充分挖掘。为了实现全应用愿景,人工智能与大数据技术将与6G无线通信网络高效融合,以实现更好的网络管理与自动化。此外,人工智能技术可以实现网络、缓存、计算资源的动态调配,以提高下一代网络的性能。为了实现强安全愿景,需要在构建网络之初就要考虑安全的设计,尤其是要把一些本原的和可预测的安全机制在构造网络时就进行实施。

由于6G将融合空天地海一体化发展,其展现出的多样化的接入场景也将涉及更多的安全威胁,如图5-2所示。同时,6G对基础信任机制、智能协同、存证与溯源、应急处置等需求将更为旺盛。6G将充分利用人工智能和大数据深度融合的优势,借助网络原生的感知、计算、人工智能、大数据、数字孪生能力,对攻击进行实时监测、分析、溯源、关联、演练、预防,全方位体现主动防御理念。

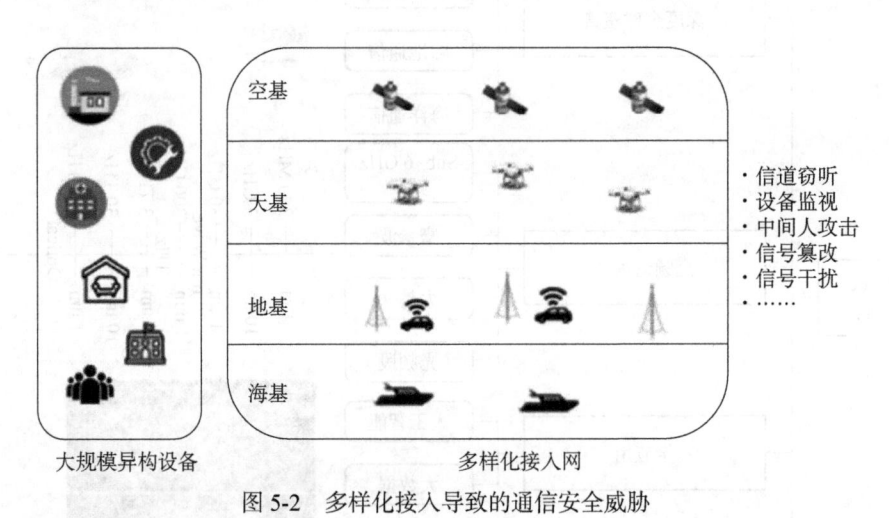

图5-2 多样化接入导致的通信安全威胁

对于6G安全需求,参照6G网络安全设计的8个安全域,可以将其分为如图5-3所示的8个方面,下面分别进行阐述。

图 5-3　6G 安全需求

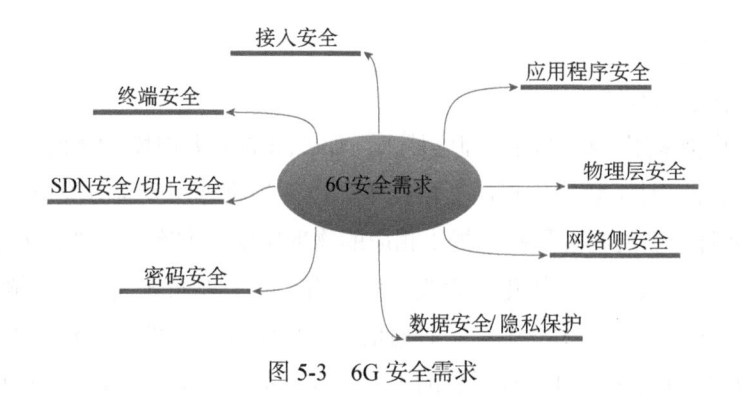

1. 终端安全

6G 是一个以陆地移动通信网络为核心的空天地海一体化"泛在覆盖"通信网络，海量异构终端不仅意味着网络内部与外界之间有了更多不安全的攻击入口，也对网络接入认证协议、接入控制协议提出了更高精度的要求。现有机制尽管提高了用户身份认证过程的安全性与身份机密性，但依然存在接入后的合法用户被跟踪、用户服务被降级甚至掉线的漏洞。同时，6G 垂直行业应用催生下的多样化软件定义切片网络由于切片接口开放、切片间协议差异等增加了接入攻击口，使终端接入的安全形势变得更为严峻。终端的安全需求包括防范恶意终端身份伪造、可信终端接入保障、接入终端干扰降级防范等。6G 终端安全机制应从身份认证增强的角度保障海量异构终端设备的接入真实、接入可信以及接入终端的防跟踪防掉线保护。

2. 接入安全

接入安全具体体现为保障用户接入网络的数据安全，而其安全需求主要包含以下内容：①UE 与网络之间信令的机密性和完整性安全保护，包括无线接入网和核心网信令保护；②UE 和网络之间用户数据的机密性和完整性安全保护，包括 UE 与无线接入网之间的空口数据保护；③UE 与核心网中用户安全节点之间的数据保护。

3. 应用程序安全

应用程序的安全需求主要体现在能够保证用户和业务提供方之间的安全通信上。应用程序安全面向的是用户实际使用的应用程序，涉及用户的安全体验和利益，其安全性需求较多，如病毒木马检测、脚本注入、零日漏洞等。涉及的安全防护方法可能包括代码审计、加密流量分析、模式识别等相关技术内容。

4. 物理层安全

6G 将会采用一些新的物理层技术，如 Cell-free 大规模 MIMO、IRS、可见光通信等。对于新的物理层通信技术，以往的物理层安全方案已经不再适用，需要针对新的物理层技术提出相应的物理层安全方案。此外，未来的 6G 将会是一个空天地海一体化的无线通信网络，除了地面无线通信传输，还需要支持海洋、天空、太空中的实时通信，这些空间区域的信息传输方式和传输媒介都与地面无线通信有明显的不同，在不同的空间区域需要使用不同的安全策略来满足通信的安全需求。

5. 网络侧安全

网络侧安全同样是 6G 安全需求的一个重要部分。随着无线通信技术在垂直行业的全面渗透，6G 将充分融合利用物联网、边缘计算、人工智能、大数据等技术，在生产制造业、教育医疗业等领域深度赋能。而行业应用驱动下大规模异构设备连接、泛在智能与网络通信计算能力的不断下沉，也为网络侧安全带来了新的威胁与挑战。具体来说，网络节点的分布式部署及边缘节点自身资源的局限性，使得边缘网络面临着边缘数据受威胁、网络状态易探知、分布式架构难防御等安全挑战。对于边缘数据安全保护，网络侧安全既应充分保障大规模异构小数据的机密性和完整性保护，提高数据抗篡改、抗伪造的能力，又应全面地增强边缘数据的安全共享能力，以支撑 6G 网络基础设施融合共享开放的新局面。同时，边缘网络应提高安全感知能力与分布式防御能力，通过多样化抽样的感知、多维化的威胁分析与高可信的风险预判，增强对异常边缘节点的流量控制，优化安全隔离与高优先级的状态处理机制，使网络具备缓解攻击和主动免疫的安全能力。

6. 数据安全/隐私保护

6G 将会极大地满足人们对日常生活的智能化需求，如智能家居、智能汽车、虚拟智能助手等，这些智能化的服务需要基于对人们生活以及生理数据的大量收集。同时，如人体植入物、人脑思维感知等应用需要收集大量与人们体征有关的数据，这些数据本身就是非常隐私且敏感的。因此，未来 6G 的数据安全和隐私保护将会上升到新的高度。针对 6G 的新特征和应用场景，可以采取区块链、差分隐私、联邦学习、建立信任模型等方法进一步提高对用户隐私和数据的保护。

7. 密码安全

量子计算机的研究进展使得攻击者有可能具备使用量子计算机对现代密码算法进行破解的能力。6G 的密码体系需要将攻击者具有大规模的量子计算能力列入考虑范围，需要基于大规模量子计算机的计算能力，设计全新的公钥密码算法和相关的安全协议。

8. SDN 安全/切片安全

当前 5G 的一个典型特征是通过对通信功能的软件化实现网络功能的前置化部署，从而减少业务通信的时延，提高网络的反应能力。在 6G 中，SDN 和网络切片的应用将比 5G 更加普遍。可以预见，6G 将会根据不同的业务场景，依据软件功能虚拟化技术建立大量的网络切片，以实现 6G 中特殊的网络性能需求。因此，如何保证网络切片的建立、管理等过程的安全性，如 UE 接入切片的授权安全、切片隔离安全等，将成为 6G 安全需要解决的问题。

（四）移动通信网络安全未来发展趋势

移动通信网络架构日趋复杂，数据量呈指数级增长，数据来源更加丰富，内容更为细化，网络数据分析的维度更加广泛。传统的安全技术和措施难以保证其安全，因此，需要不断创新和发展新型安全技术和措施，以满足和适应移动通信网络的安全需求。

综上所述，移动通信网络安全未来发展的重点如下。

1. 针对移动信息系统的整体安全模型与防护机制

构建富有弹性的 6G 安全保障体系是未来的发展趋势，这就需要进行创新研究，主要研究内容包括实现弹性的新理念、新思想和新策略，富有弹性的安全架构和安全模型，高效安全的多层次网络切片控制理论与方法，面向 6G 的攻击检测和新型漏洞检测方法与工具，面向 6G 的安全监管和治理方法与工具等。

2. 物理层身份认证技术

物理层身份认证利用设备特征进行身份识别检测，其识别成功率受到环境变化、设备内在的特征偏差、检测精度等因素的影响。因此，物理层身份认证可以在大多数场景下作为现有的基于密码学的安全接入方式的补充，在不具备更新或输入密钥的情况下，或在对网络延迟敏感的低延迟接入场景中作为安全接入身份认证方法进行使用，实现在海量终端中的高准确性和环境鲁棒性。

3. 与底层空口技术融合的高强度安全理论与方法

改变通信和安全相互割裂的模式，打造通信与安全相结合的密钥分发和安全机制，针对超大连接通信，设计密钥生成方案，解决海量密钥管理和分发的问题；在超低时延场景中，实现低开销、与通信一体化的加密机制；在 6G 网络高速通信中，研究高速密钥生成方法，实现逼近"一次一密"的目标；研究主动攻击下的密钥协商技术，实现对主被动信息物理攻击的防御；设计能够抵抗量子计算机和经典计算机攻击的安全解决方案。

二、卫星互联网安全

（一）卫星互联网概述

卫星互联网是通过卫星向全球用户提供互联网接入服务的网络系统，是通过一定数量的卫星组网实现全球覆盖，构建空间网络信息交换基础设施，直接为地面、海洋和空中用户提供宽带互联网接入等通信服务的新型网络，具有广覆盖、低时延、宽带化等特点。2020 年编写的《"新基建"之中国卫星互联网产业发展研究》白皮书对卫星互联网作了比较详细的阐述。

卫星互联网由包括天基骨干网、天基接入网和地基节点网在内的天基网络、地面互联网、移动通信网等多种异构网络互联、融合而成，采用统一的技术体制和标准规范，如图 5-4 所示。

1. 天基骨干网

天基骨干网由若干个处于地球静止轨道（geostationary orbit，GEO）的高轨卫星节点联网组成，承担着网络中数据转发/分发、路由、数据传输等重要功能，可实现网络的全球、全时覆盖。

2. 天基接入网

天基接入网由若干个处于高轨或低轨的卫星节点联网而成，包括高轨卫星移动接入网、低轨星座接入网等，为陆基、海基、空基、天基等多维度用户提供网络接入服务。

3. 地基节点网

地基节点网由关口站、一体化网络互联节点等地基节点联网组成，主要实现对天基网络的控制管理、信息处理，以及天基网络与地面互联网、移动通信网等地面网络的互连等。

4. 用户段

用户段包括各种类型终端，如卫星手机、各种数据接入设备、综合信息服务平台以及业务支撑系统等。

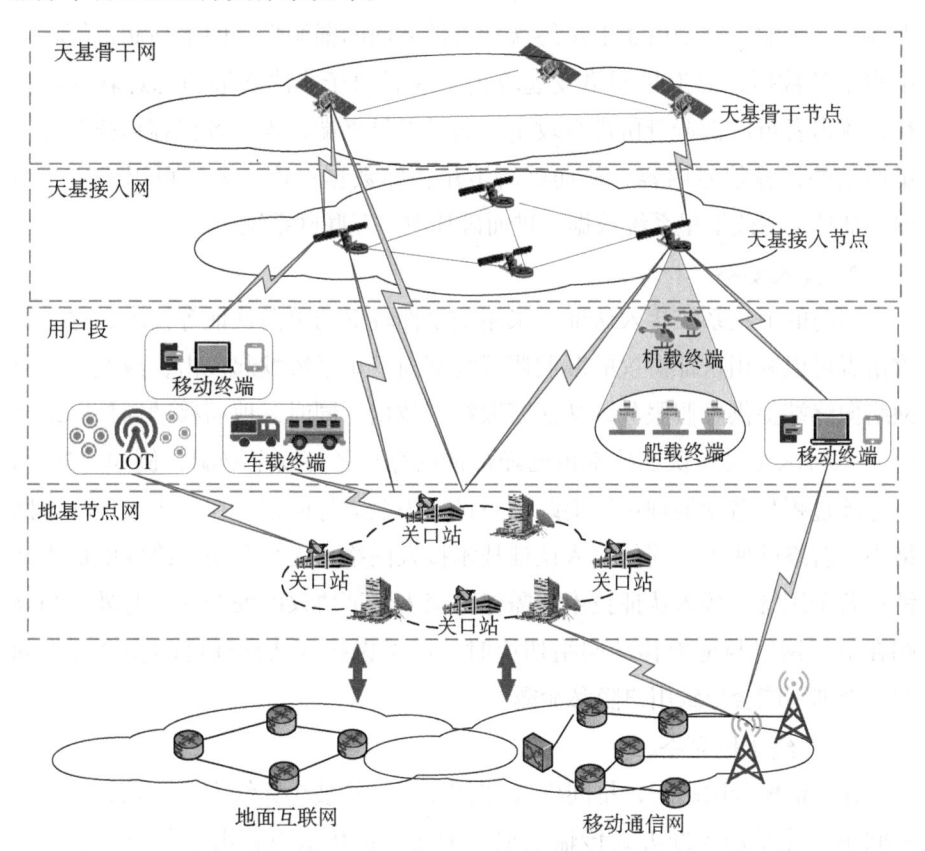

图 5-4　卫星互联网示意图

（二）卫星互联网面临的主要安全挑战

由于卫星互联网安全标准缺失，同时卫星星载资源有限，卫星网络运营商以运营成本为主要关注对象,对安全的关注度不够,这就造成当前卫星系统普遍存在安全机制缺乏或安全机制较差的问题。随着卫星互联网时代的来临,这将带来极大的安全风险。具体面临的安全挑战主要包括以下几个方面。

1. 终端安全

卫星终端是天地网络为各类用户提供通信服务的重要载体,包括便携终端和固定终端等多种形式。终端的安全是终端间、终端与卫星/地面站间进行安全通信的前提,一旦终端被恶意攻破,将给合法用户甚至天地网络造成重大损失和影响。这是由于卫星终端软硬件方面的漏洞带来的木马病毒等窃取用户隐私数据,对卫星网络发起攻击;或者由于非法终端和恶意软件的存在,攻击者可以伪造身份进行攻击。通过卫星终端,攻击者很容易截获与卫星通信的传输信号内容,从而破解卫星传输数据;攻击者还可以进一步窃取、劫持、篡改卫星系统数据,进而破坏卫星互联网系统。

2. 接入安全

当前的卫星系统接入认证仍采用安全性较低的单向认证等技术,这导致攻击者可以利用认证协议的漏洞假冒终端向卫星系统发起攻击,或假冒卫星网络向终端提供虚假服务,从而窃取终端数据。同时,地面移动通信网络采用的 5G-AKA 接入认证技术也已经被证明存在各种安全漏洞,例如,5G 网络寻呼过程易遭受地理位置追踪、身份标识泄露等问题。在未来天地融合网络中,若终端使用不同的接入认证技术接入网络,无疑会增加终端的成本开销;若采用统一接入认证技术,需保障接入认证协议的安全性。此外,当终端在卫星网络与地面移动网络切换时,需考虑接入认证许可的安全分发问题,否则可能会导致用户隐私泄露。

3. 无线传输安全

在星地融合网络中,星间/星地采用激光、微波等无线方式通信,地面终端间也可能采用无线方式传输数据。无线通信传输设备由于其媒介的特殊性,更容易遭受嗅探、中间人等攻击,导致数据传输过程中被拦截、篡改、恶意插入等的可能性大大增加。

(1)空口频谱干扰。卫星互联网是开放式系统,容易受到如杂波干扰、电磁干扰、邻星干扰、相邻信道干扰等恶意干扰,这些干扰可能导致链路无法正常通信，甚至整个卫星互联网系统瘫痪等问题。

（2）空口 DDoS 攻击。由于星载资源受限，无法支撑大量终端同时接入卫星网络，攻击者可以采用劫持/仿冒大量终端发送接入请求，从而导致信令风暴或关键节点拥塞，进而使卫星互联网系统瘫痪，无法提供服务。

（3）空口重放攻击。攻击者可以通过拦截或盗取终端与卫星的通信数据，再把它重复发给卫星，来达到欺骗系统的目的，获得合法身份后再进一步进行数据窃取或其他攻击行为。

（4）数据传输安全。在卫星互联网系统中，终端与卫星之间、卫星与卫星之间，以及卫星与地面站之间的通信都是通过无线链路进行传输的。由于星载资源受限，传输链路缺乏安全防护机制或防护机制安全性较低，从而导致数据在传输过程中仍然存在被窃取、篡改等风险。

4. 星间/星地组网安全

卫星网络涉及多种传输链路，包括天基骨干节点之间的骨干链路、天基骨干节点与地基骨干节点之间的骨干链路、天基骨干节点与用户间的星地宽带通信链路、天基骨干节点与低轨星座的星间互联链路等。卫星网络存在链路开放、星间拓扑网络动态时变以及星上存储和计算资源有限等特点，容易遭受各种被动攻击和主动攻击，如干扰、窃听、DoS 攻击、数据伪造或篡改、实体假冒等[129]。卫星网络作为空天地一体化网络中的重要组成部分，建立安全可靠的星地和星间链路，构建安全卫星架构，是保障用户安全接入卫星网络、获得可靠网络服务的第一步。组网安全的技术特点和安全需求如下。

（1）星上处理与星间链路。区别于以往的透明工作转发模式，目前卫星互联网中的卫星大多具有星上处理能力，可以对接收到的数据包进行解析、存储和转发。卫星间可以建立微波或激光链路，并在运动过程中保持连接，这极大地增强了系统的灵活性和独立性。

（2）动态安全组网。中地球轨道（medium earth orbit, MEO）、低地球轨道（low earth orbit, LEO）卫星高速运动使得网络拓扑动态变化，桥接互联所形成的互联网络拓扑动态变化。低轨卫星节点接入高轨网络，并成为空间互联网的重要路由节点。由于链路不断断开与重连，一方面，网络必须确保节点身份的合法性，避免非法或敌方节点混入网络；另一方面，节点也必须确信当前网络的安全性,避免接入未知的不安全网络。此外,卫星与地面关口站之间的链路安全也需要维护,实现卫星/关口站等实体的双向身份认证以及安全的密钥协商是保障组网安全的关键技术。

(3)快速卫星切换。不同卫星的位置服务区也各不相同。MEO、LEO覆盖范围小,为扩展覆盖范围,较低轨道卫星可接入较高轨道卫星。但是 LEO 等较低轨道卫星由于绕地速度较快,需要切换不同的较高轨道卫星接入点,以保持安全、连续的网络通信服务。卫星在切换过程中可能会造成网络通信断续连通等问题,为此,需设计安全切换协议,确保卫星节点的安全、快速、无缝的切换。由于当前卫星网络支持星上链路,为满足不同切换时延要求,安全切换机制应该能够支持星间协同安全切换和星地协同安全切换两种模式。

(4)通信传输安全。卫星采用广播方式通过无线传输媒介传递信息,这导致卫星网络没有可信域。信道上存在被动窃听的威胁,这种威胁不会对网络系统中的任何信息进行篡改,也不会影响网络的操作与状态,但是可能造成严重的信息失泄密。甚至在被动窃听的基础上,存在着进一步的安全威胁,攻击者将被动窃听和重放结合起来,可冒充有特权的实体进行消息篡改等主动攻击。例如,非授权地改变信息的目的地址或者信息的实际内容,使信息发送到其他地方或者使接收者得到虚假的信息;冒充网络操作和控制中心配置空中卫星,控制卫星的运行,甚至可以在卫星上放置特洛伊木马程序,利用被控制的卫星来窃取信息、删除信息、插入错误信息或修改信息等。另外,对于无线信道,攻击者可以通过在物理层和 MAC 层阻塞无线信道来干扰通信。这些行为将使卫星网络通信的可用性、完整性、机密性、认证性受到威胁。

5. 卫星互联网测控运维安全

卫星互联网测控运维安全主要负责对天基骨干网、天基接入网、地基节点网以及地面网络中的节点设备、节点运行过程、节点间链路通信等进行安全监测、安全维护、攻击防范、资源管控等。卫星互联网测控运维主要包括网络资源管理、业务流量管理和网络状态管理等。

卫星互联网测控运维安全的核心需求是根据环境的特性实时监控网络状态信息、评估网络运行状态、判断故障、防御攻击。其技术特点与安全需求如下。

（1）物理实体实时监测。在卫星互联网中，物理实体种类多、数量大，并且大多数实体处在无线网络中，极易受到攻击。例如，卫星可能会因外部环境的影响而遭受物理损坏，进而无法提供网络服务。因此，需要对物理实体运行状态进行实时监测。

（2）无人自动运维。目前，在实际的卫星系统中，运维功能大多是通过计算机辅助的方式并结合人力来完成的，在单层的较为简单的网络中，这种机制尚可以满足需求。在卫星互联网中，卫星节点、卫星种类、通信数量成倍增加等问题，导致传统的基于人力的故障诊断、性能评估等手段不再适用。

（3）测控运维安全机制轻量化。为实现高效的卫星互联网测控运维，管控中心不可避免地需要卫星节点辅助完成网络维护，例如，获取卫星节点状态信息等。但是，当前卫星网络资源严格受限，无法进行较为复杂的操作，也无法存储大容量数据。因此，需要针对卫星互联网考虑较为轻量级的测控运维安全机制。

（4）运维数据采集动态化。在采集运维数据的过程中，需要考虑网络状态动态变化以及数据真实性的问题。现有的运维方法大多进行静态的网络维护，忽略了网络拓扑、业务流量动态变化的问题，无法针对突发情况（如应急救灾）进行组网调整。

（三）卫星互联网的主要安全需求

归纳起来，卫星互联网的主要安全需求包括以下几个方面。

1. 接入和业务广覆盖下的攻击溯源需求

卫星通信的广覆盖会使得卫星互联网业务覆盖范围或终端接入地理位置远大于地面通信基站的地理覆盖范围，甚至可以超出国境限制。这使得一旦发生源于地面终端的针对卫星或其他网络空间的攻击行为，很难对其进行攻击溯源或地理定位。

2. 星基接入高动态切换下的可信保持需求

在基于 5G 建设的卫星互联网开展业务时，卫星的高动态会使得终端在通信中在多个卫星节点间频繁切换，这使得数据传输、通信、身份认证鉴权等在链接切换时面临安全连续性中断，进而导致终端通信链路断续连通等问题。为确保终端通信的连续稳定性，在发展基于5G的卫星互联网业务时必须考虑切换可信性保持的问题。

3. 天基节点在轨运行中的安全防护可升级需求

通信卫星是高度集成的产品，集成的各个软硬件在初始设计时都可能存在安全漏洞和设计缺陷，一旦攻击者利用安全漏洞入侵卫星系统，便可以实施监听、窃取、破坏系统数据等攻击。针对上述问题，需要地面设施对设施进行操作和系统升级、修补漏洞。然而目前在轨卫星重编程技术还不成熟，很难弥补在轨卫星的安全漏洞。

4. 卫星互联网数据不落地中的安全监管需求

与传统地面互联网相比，卫星互联网可通过天基基站进行数据传输，只要组网卫星在位置、拓扑等方面条件合适，数据可在一定地理范围内不落地传输。这便无法达到国家监管部门对语音、数据等的监管要求，会在通信内容合法性、数据出入境等方面带来新的监管风险。

5. 面向卫星互联网的安全标准完善需求

目前面向卫星互联网的安全标准尚不完善，随着卫星互联业务的逐步推广，会有越来越多的运营商、设备商、服务商等参与进来，产业链的逐步丰富需要有完善、统一的安全标准对各方在系统设计、网络建设、业务推广等方面进行规范、约束和评估。

6. 切片技术带来的安全需求

随着社会进步和经济发展，新兴的通信场景越来越丰富，差异性也越来越大。卫星网络的应用场景也越来越广泛，例如，卫星网络可以随时随地为包括边远地区在内的用户提供无缝连接的较高数据速率的服务；在需要大量、广泛的低功耗节点连接的场景中，卫星网络需要在低功耗和低成本的限制下连接数百万个设备；针对车联网、工业控制等垂直行业对实时、可靠通信的性能要求，卫星网络需要提供低时延和高可靠性的通信服务。然而，传统卫星通信无法为多样化的应用提供不同的服务，难以在一个网络中同时满足上述要求。5G网络切片通过将一个物理网络分片成多个逻辑网络，可以使用同一个物理网络同时支持不同应用场景的按需定制服务。在网络切片的支持下，网络资源可以根据相应的服务质量需求动态、高效地分配到逻辑网络切片。因此，将卫星网络与 5G 切片结合，在满足多样化应用需求的同时，实现不同服务器间的隔离，从而提高卫星通信系统的灵活性和有效性。但是，随着网络架构的调整，网络切片也带来了新的安全风险。例如，网络切片隔离的不足导致跨切片攻击和数据泄露风险等。此外，网络切片为实现多业务场景承载，将引入更多的网络信令，如果切片资源之间未做出合理的规划，网络将承载较大的调度负荷，并存在信令风暴等风险隐患。因此，应加强切片的安全隔离防护，并优化相关需求。

（四）卫星互联网安全未来发展趋势

从以上分析可以看出，卫星互联网安全关乎个人、组织、企业，乃至国家利益，保证卫星互联网安全至关重要。当前卫星互联网面临诸多安全风险，虽然在部分风险点上可以有相应的应对措施，但是总体仍然面临较多的安全挑战。卫星互联网体系和架构复杂且庞大，在安全建设方面应该做好体系化的顶层设计，既要立足当下，也要布局长远。具体而言，一方面，有针对性地采取策略；另一方面，进行体系化的安全防护建设，综合考虑安全管理体系、安全技术体系和安全运营体系，保障基础设施安全和物理环境安全。

要打造卫星互联网安全防护技术体系，需要在通信网络安全、边界防护、计算环境安全、链路安全等方面加强高弹性的主动防御能力，同时加强基础设施安全建设和实体的物理安全防护。

1. 通信网络安全

除需要保证通信机密性、完整性和可用性外，可以从网络架构方面考虑建立卫星互联网安全弹性架构，采用动态异构冗余架构使系统对外呈现出不确定性，让攻击者难以形成有效的探测和攻击链；减少执行体共有漏洞和后门等威胁，有效防御协同攻击；增加系统的容错能力，提高系统的可靠性。

2. 边界防护

非法用户一旦接入卫星网络，可能会通过一些恶意或错误的操作对卫星通信资源进行破坏。因此，首先需要设计安全的接入认证安全切换机制来保护卫星网络资源，以保证网络资源不被非法使用和访问。需要提出新的接入认证安全切换机制，重点考虑星地传输时延较长、星载资源受限等约束条件，严格控制传输与计算处理开销等。其次，在设计边界防护方案时，应考虑零信任架构，在身份认证设计、访问控制、策略管理等方面应遵循零信任原则。

3. 计算环境安全

计算环境涉及服务器、网络设备等硬件和数据库、操作系统、中间件等软件，为了减少未知安全漏洞带来的安全隐患，消除软硬件断供引发的不确定性风险，一方面需要确保这些硬件和软件的安全，另一方面需要构建可信计算执行环境，采用专用硬件和可信固件，做到安全资源隔离。

4. 链路安全

采用广播方式的卫星存在被动窃听的安全威胁，攻击者还可以将被动窃听和重放结合起来，冒充有特权的实体进行消息篡改等主动攻击。因此，需要针对卫星网络的窃听、仿冒、重放、篡改、伪造等典型攻击形式，设计星间和星地数据安全传输机制和协议，以确保传输数据的机密性、完整性和认证性；而且应该严格控制安全机制在计算上和带宽上的开销。

三、工业互联网安全

（一）工业互联网发展现状概述

回顾工业互联网的发展历程，从传统的控制网络发展到现场总线，再到现在热点的工业以太网及工业无线网，都实现了更高实时性、可靠性的通信需求。工业互联网发展的不同阶段对应不同类别的工业互联网协议，各类协议在实时性、安全性和可靠性等方面的侧重点有所不同，因此，也适用于不同的行业应用。

1. 现场总线网络协议

传统的控制网络包括计算机集中控制系统（centralized control system，CCS）和分布式控制系统等。现场总线网络协议包括控制器局域网（controller area network，CAN）总线、PROFIBUS、rofibus、DeviceNet、CC-Link 等协议，其中，CAN 总线协议作为一种针对串行数据通信的 ISO 标准，已被广泛应用于汽车、工业自动化控制、航空航天等领域。

2. 工业以太网

工业以太网是工控网络近年来的研究热点，与其他介质相比，其具有稳定良好的传输质量，且适用于大型工业网络，相关协议包括 Modbus、DNP3、IEC 系列等。Modbus 协议是一种采用请求/应答方式的应用层消息传输协议，该协议定义了一个控制器能认识/使用的消息结构，支持在各种网络体系结构内进行简单通信[130]。Modbus 协议在设计之初，优先考虑了功能、效率和可靠性，但缺乏认证、授权、加密等安全设计。而且在具体实现时，该协议存在缓冲区溢出、功能码滥用等安全漏洞。DNP3 协议是一种用于自动化组件之间的分布式网络协议，提供数据的分片、重组、校验、链路控制等服务。与 Modbus 协议相比，DNP3 协议是双向的，而且支持异常报告。在保证效率和实时性的同时，DNP3 协议具有高可靠性，在安全性方面也有所提高，如 DNP3 变体协议已在响应/请求处理中加入了授权机制。然而，引入安全机制的同时，也会带来复杂度的增加。IEC 系列协议（如 IEC 60870-5-101、IEC 60870-5-104）是电力行业的主要工控协议，其标准定义了开放的 TCP/IP 接口在工控电力系统网络中的使用，协议工作量小，易实现。IEC 系列协议也存在认证、授权、加密缺乏以及缓冲区溢出、功能码滥用等安全缺陷。

3. 工业无线网

与有线网络相比，工业无线网无须布线，基于无线设备并采用 IEEE 802.11（a/b/g/n）、Rfieldbus、ZigBee 等无线通信协议实现网络通信。虽然工业无线网能够节省网络运营成本，但其网络稳定性和质量受地理位置和外界干扰的影响较大。

尽管工控网络有诸多通信协议，但特定行业通常仅使用一种或几种特定协议或企业专用协议。例如，在电力行业，IEC 系列协议、Modbus、DNP3 等工业以太网协议是主流；油气行业工控网络和市政行业供电/暖/气主要协议包括 Modbus、DNP3、Profibus 和 Moxa NPort 系列专用协议；卫星、防御系统、电梯等采用 MELSEC-Q 网络通信协议。

4. 时间敏感网络

时间敏感网络（time-sensitive networking，TSN）是未来工业网络中的先进技术之一，其遵循标准的以太网协议体系，进一步定义了以太网数据传输的时间敏感机制，确立了融合网络中数据确定性传输的通用标准，为实现 OT/IT 网络融合提供了技术基础，并提高了标准以太网的实时性和可靠性。

自 2000 年以来，许多公司和标准化组织一直在为 TSN 生产产品和制定标准，主要用于构建更可靠的、低延迟的、低抖动的通信网络。这些网络由具有特殊功能的网桥组成，网桥使用标准以太网链路与标准 MAC/PHY 层互连。自 2012 年以来，该技术已发展到路由器和网桥的使用，并且对时间敏感的部分功能已添加到以太网和无线标准中。

在实际的工业控制网络中，为了保障数据通信的实时性，TSN 技术也是工业控制网络关注的热门技术。IEC 和 IEEE 于 2017 年联合成立了 P60802 工作组，旨在定义 TSN 应用工业自动化网络的方案类标准。为定义 TSN 应用于车载网络的方案类标准，IEEE 802.1DG 工作组在 2019 年成立。

基于工业以太网的物理接口，TSN 技术结合工业控制网络通信标准来构建工业控制网络结构（工业以太网数据链路层传输），从而提高工业设备之间的连接性和通用性。目前 TSN 的相关研究包括调度与路由、网络时延分析、冗余性和容错性等。TSN 与其他技术的融合创新也是学术界和工业界的研究热点，例如，TSN 与边缘计算、SDN、5G 等技术的融合。在融合各种技术优势的同时，还需克服随之带来的技术挑战问题。在行业应用方面，TSN 在制造业工业网络和车载以太网络中均有较好的应用前景，但从理论到实践的过程中，全面部署并应用 TSN 还需更多的工作。此外，如何提高 TSN 与外网的互连性、TSN 的安全稳定性，也是亟待解决的问题之一。

（二）工业互联网安全现状

随着工业物联网、工业互联网、工业 4.0 等新技术、新理念的推进，工业控制网络的安全问题逐渐暴露。工业控制网络通常是指工业控制系统中的网络部分，是一种依赖多种通信设备，将工业场景中各个生产流程和自动化控制系统连接起来的通信网络。相比于传统通信网络，尤其是互联网，工业控制网络具有底层通信设备异构、通信方式和协议多样的特点。同时，由于工业场景的特殊性，工业控制网络对网络实时性和可用性的要求高，甚至高于其对安全性的要求。这在采用专用硬件和软件运行专有控制协议的隔离系统，同时网络互联性不强的早期并无问题，攻击者难以实施网络攻击。然而，随着广泛可用的低成本以太网、互联网协议和无线设备逐渐取代旧的专有技术，在互联网上，无安全措施的工业控制网络增加了发生网络安全漏洞和事件的可能性。

在早期，工业控制网络对安全性考虑不足。近些年，随着工业互联网的发展，大量网络漏洞被爆出，工业控制网络漏洞问题日益凸显。国家计算机网络应急技术处理协调中心的国家信息安全漏洞共享平台-工控漏洞子库统计显示，截至2023年10月，平台收到工业控制相关的漏洞报送共计3200余条，其中，高危漏洞1496余条。如图5-5所示，在2010~2023年，2020年工控网络安全问题最为严峻，该年漏洞报送数量高达652条，其中不乏一些目前广泛在用的运行系统的漏洞。

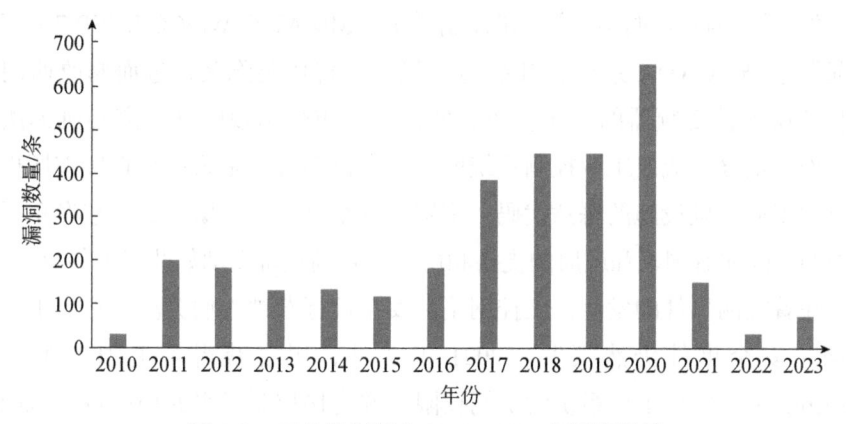

图 5-5 工业控制行业 2010~2023 年漏洞数量

目前，针对工业控制网络的病毒已经导致了一系列安全事故，进而引发了工控系统中敏感信息的泄露。其中，APT攻击由于高隐蔽性和高危害性受到了大量关注。工业控制网络面临的攻击从攻击途径可分为两类：一类是由于工业控制网络配置错误引发工控设备直接暴露；另一类是由于攻击者通过其他攻击方式间接进入工业控制系统。对于前者的直接攻击，当工业控制网络直接暴露在网络上时，攻击者可以直接利用无安全措施的工业控制设备和网络协议的漏洞，来发起攻击。例如，施耐德电气的Modicon可编程逻辑控制器系列中的M580 PLC是施耐德电气为工业物联网架构而构建的首个高端集成控制器，其于2019年被发现存在DoS漏洞。攻击者利用该漏洞发起DoS攻击，导致PLC的控制服务停止，进而使其不能再利用I/O模块对执行器进行控制，最终造成生产中断等事故。对于后者的间接攻击，例如，工控电脑市场占有率位于世界前列的研华科技所研发的基于浏览器架构的监视控制与数据采集（Supervisory Control and Data Acquisition，SCADA）系统被连续爆出多个漏洞，包括文件系统权限存在本地权限提升漏洞、关键资源权限分配不正确漏洞、路径操作存在安全漏洞等问题，这些漏洞使得攻击者可以替换二进制文件或加载的模块，或者执行任意代码，进而侵入工业控制网络并发起攻击。

工业控制网络的价值远超普通的网络，通常一次工业宕机带来的损失达上亿元。同时，一些攻击不乏国家力量在其中主导。工业控制网络遭受到 APT 攻击的典型案例是 2010 年震网蠕虫病毒对 SCADA 系统进行攻击的事件，该病毒通过西门子公司控制系统（SIMATIC WinCC/STEP 7）存在的漏洞感染 SCADA 系统，PLC 写入代码并将代码隐藏，进而修改西门子控制器所连接变频器的工作参数，使得伊朗布什尔核电站的离心机无法正常工作，最终完成对工业控制系统的攻击。该病毒也是第一个直接破坏现实世界中工业基础设施的恶意代码。俄罗斯安全公司卡巴斯基实验室发布了一个声明，除非有国家和政府的支持和协助，否则很难发动如此规模的攻击。

随着震网事件的发生，工控网络的安全性逐渐被人们关注，然而工业控制网络安全事件仍然频发。2021 年 2 月，黑客获得了美国奥尔兹玛（Oldsmar）水处理工厂系统的访问权限，并直接控制了水处理设备，试图将某种化学物质的含量提高到可能使公众面临中毒风险的程度，这一行为严重危害了国家公共安全。调查者在调查该事件过程中，还牵扯出了"水坑攻击"恶意脚本，其专门针对水处理基础设施设计。表 5-2 总结了 2020～2022 年典型的工控网络安全事件。目前除震网病毒以外，还有 Havex、BlackEnergy、Pipedream、Trisis 等多款专门针对工业控制相关领域的特定恶意软件工具。

表 5-2　2020～2022 年典型的工控网络安全事件

年份	安全事件	具体描述
2020	美国天然气管道运营商遭受攻击	由于钓鱼邮件的恶意链接，一家未公开名字的天然气管道运营商遭受攻击。攻击从信息技术（IT）网络渗透到操作技术（OT）网络，促使关闭压缩设施达两天之久
2020	以色列供水设施突遭袭击	以色列国家网络局发布公告称，收到了多起针对废水处理厂、水泵站和污水管的入侵报告，因此，各能源和水行业企业需要紧急更改所有联网系统的密码，以应对网络攻击的威胁

续表

年份	安全事件	具体描述
2021	奥尔兹玛水处理厂攻击事件	攻击者获得了奥尔兹玛水处理工厂系统的访问权限，并直接控制了水处理设备，试图将某种化学物质的含量提高到可能使公众面临中毒风险的程度
2022	乌克兰能源供应商成为恶意软件的攻击目标	乌克兰一家能源供应商遭受新型恶意软件攻击，攻击者通过操控工业控制系统，意图在4月8日制造停电事件

随着近些年工控安全事故的频发，各国逐渐意识到工控安全的重要性，并采取了针对性的措施。针对工控安全，首先还是增强管理者的安全意识，增加安全培训，从而避免一些较为低级的安全事故。例如，一些工控设备仍然采用系统默认密码，甚至面向IT网络的管理系统仍采用默认密码，从而给攻击者突破IT网络提供了便捷的途径。其次，企业网络和传统IT网络，或者说IT网络与OT网络的边界防护逐渐受到了重视。由于IT网络和OT网络缺乏健壮的边界防护和访问控制，攻击者在攻破企业IT网络后，可以轻而易举地对OT网络中的工业控制设备展开攻击，直接破坏生产环境。尤其是在全球新冠疫情期间，为了支持远程作业，很多企业增加了远程进入工业控制系统的方式，而安全防护不到位的远程系统也给攻击者提供了便利。在如今，工控设备的性能也逐渐提高，即使采用一些计算复杂的信息加密技术，仍然可以保证工控系统的实时性和可用性。最后，安全加固始终只是安全门卫的功能，难免出现部分攻击者突破了门卫的防护，进入系统内部，实施攻击。尤其是目前大量APT攻击和勒索病毒的出现，系统安全态势感知和检测也逐渐成为热点。

安全标准的确立和相关立法可以有效推动工业控制网络安全的发展。目前，各国相继出台与工控相关的安全标准和立法。例如，我国为了应对新时期的安全防护，在《信息安全技术 网络安全等级保护基本要求》（GB/T 22239—2019）中对工控系统的个性化安全保护提出了要求，引领我国网络安全等级保护工作走向深入。同时，我国于2016年出台了《工业控制系统信息安全防护指南》，并先后发布了《信息安全技术 工业控制系统产品信息安全通用评估准则》（GB/T 37962—2019）、《信息安全技术 工业控制系统安全管理基本要求》（GB/T 36323—2018）、《信息安全技术 工业控制系统专用防火墙技术要求》（GB/T 37933—2019）、《信息安全技术 工业控制系统网络审计产品安全技术要求》（GB/T 37941—2019）、《工控系统动态重构主动防御体系架构规范》等一系列国家标准规范。美国也在近些年提出了相关标准，例如，NIST 于 2022 年发布了《运营技术安全指南》[Guide to Operational Technology（OT）Security］的征求意见稿，其是《工业控制系统安全指南》[Guide to Industrial Control Systems（ICS）Security］的升级版。该标准的更新主要包括从 ICS 到 OT 的范围扩展、对 OT 威胁和漏洞的更新，以及对 OT 风险管理、推荐实践和架构的更新。与此同时，美国也提出了《NIST 网络空间安全框架》，助力于保障基础设施网络安全。此外，IEC 也自 2013 年开始陆续发布了 IEC 62443 的系列标准，用于保障工控系统安全。安全的实现不仅依靠各种复杂的安全技术，还依赖于国家法律法规的威慑。在法律法规层面，我国也于 2021 年 9 月 1 日正式实施《关键信息基础设施安全保护条例》。而欧盟也于 2022 年 5 月就新的立法达成协议，将对关键行业组织实施共同的网络安全标准。

（三）工业互联网安全需求

工业控制网络与传统网络存在着极大的差异，特别是对于信息安全的关注侧重点明显不同。传统网络更看重信息的机密性和完整性，而工业控制网络更看重生产过程的可用性和实时性。

工业控制网络由传统隔离的私有网络发展到互联互通的工业互联网，其网络安全漏洞和事件发生的可能性有所增加，这会使得工业控制网络遭受到更多和更大的网络攻击风险。工业控制网络面临的安全需求主要包括以下几个方面。

1. 现场总线通信安全

首先，工控作业现场环境复杂，现场设备维护可能缺乏连接认证，进而导致设备运行参数易被攻击者篡改。其次，工控网络接入设备海量异构，其安全威胁较传统以太网更为突出，例如，易遭受针对硬件的 APT 攻击。再次，现场设备和控制系统，包括 PLC、DCS 等均面临多种安全漏洞威胁。最后，为兼顾数据传输的实时性，在工业内网和互联网物理隔离的传统理念下，现场总线协议基于明文传输，这不可避免地泄露了数据的机密性，也难以保证数据完整性；在高实时性的要求下，一旦现场总线控制网络发生网络单点故障问题,数据的可用性和实时性均无法满足。

2. 内外网接入安全

在工业化和信息化的融合推进下,工控系统打破了原有的封闭性,网络互联、信息共享和数据通信是基本功能需求,但由此也给系统带来了来自互联网的安全威胁。保证内外网接入安全是工控网络安全需求之一。

工业控制网络设备多样,内外网接入的途径也呈现多样化,网络病毒(如 Stuxnet、Sandworm 和 BlackEnergy)可能会依据对应的硬件驱动去构造相应的数字签名,从而实现对工业局域网的接入,并进一步对其内部网络进行传播和攻击,由此直接破坏工业基础设备。除病毒攻击外,网络互联还给工控系统带来了诸多脆弱性,包括未授权非法访问和 DoS 攻击等,采用防火墙等隔离措施并不能保证绝对的安全。此外,在工控网络内部,除了内网主机安全漏洞(如针对 Windows 系统的病毒),也存在系统内部人员未授权访问外部网络,系统缺乏基本的访问权限控制和有效的身份认证机制,亦存在设备随意接入、人员越权访问、人员误操作、未及时更新补丁等安全问题。

3. 无线通信安全

在工控网络向工业无线网络发展的进程中,工业无线通信安全也是工控网络安全必不可少的一部分。

首先,针对多跳架构的无线通信环境,用户数据从源到目的地会逐跳传输,但如果任何一点发生故障,则需使用备用路径完成通信过程,这不仅会带来较大的路由负担和增加带宽占用率,更严重的是还增加了安全风险。另外,在无线网络中,干扰和加扰是公共安全问题,攻击者在无线网络中使用攻击设备影响正常操作[131]。此类问题一旦发生在工业控制网络中,就有可能造成巨大的经济损失甚至人员伤亡。

其次,工业控制网络中底层的传感器/执行器设备通常计算能力有限,并且存储容量低。因此,标准的安全解决方案,如公钥加密和扩频技术,不能被所有无线节点应用[132]。此外,这些无线网络系统通常由异构子系统组成,这些子系统在防御机制方面能力差异性较大。在此种情况下,整个系统可达到的安全级别由最易受攻击的节点决定,即存在所谓的"木桶效应"。

（四）工业互联网安全未来发展趋势

在工业发展面临智能化、数字化、网络化、精细化需求的大趋势下，工业互联网融合了新一代信息通信技术和工业经济，是工业转型的新型网络和关键基础设施。与传统工业控制网络相比，工业互联网要求工业领域控制和信息系统实现多业务类型、多厂商设备的支持，在数据互联互通、低时延高质量安全传输、广覆盖等方面有着更高的要求。要实现传统产业跨越式发展并满足更高业务、性能和安全需求，寻求新一代信息通信技术和工业互联网的融合发展是加速新型工业化进程的必然趋势[133]。按照技术的不同，未来主流的融合发展方向将分为以下几类。

1. 5G+工业互联网

5G 作为新一代信息通信技术的代表，其高速度、大容量、低时延、高可靠的性能优点契合了工业互联网的通信需求，为提高工控数据传输效率和工控应用实时性提供了技术支撑。以 5G 技术赋能工业互联网是工业数字化转型的重要切入口，在 2021 中国 5G+工业互联网大会上，发布了 11 份白皮书和钢铁、电力、物流等六大领域 58 个典型应用案例。目前，5G+工业互联网组网模式和商业模式逐渐成熟，典型应用场景和重点行业在不断推进，但同时仍面临着诸多挑战，例如，5G 网络本身面临更复杂的安全威胁，5G 与工业互联网的安全风险叠加。此外，还需进一步推动产业链补链强链，加快新型基础设施建设，从深度和广度上拓展加强融合应用等。

2. 工业物联网

作为物联网在工业领域的应用，工业物联网继承了物联网的技术特性，而且满足了工业场景对更高数量级数据高效处理的应用需求，具有智能感知、泛在连通、精准控制、数字建模、实时分析和迭代优化的特征。工业物联网是工业互联网中的"基建"，可提高工业流水线生产的效率和可扩展性，并减少时间和成本，是传统工业转型至工业 4.0 不可或缺的技术之一。在海量数据、异构网络和复杂业务流程等挑战下，实现多种设备安全连接、数据高效安全管理、异构系统高效协作是未来工业物联网技术亟待解决的问题。

3. 工业 SDN

工业 SDN 将 SDN 引入工业互联网中，可充分发挥 SDN 的技术优势，灵活实现对工业生产线的快速动态配置，打破当前 OT 网络和 IT 网络之间的界限，进而构建智能、高效、扁平的 IT/OT 融合网络。目前，工业 SDN 在工业异构网络融合组网、跨网络调度方面已取得了一定的应用成果，但总体上还处于起步阶段。除此之外，设计适合工业 SDN 的控制逻辑、设计部署在数据平面的工业网络设备、对工业 SDN 系统进行性能评估等将是未来需要进一步深入研究的问题。

4. 新技术赋能工控网络安全

针对工控网络存在的异常行为、协议漏洞、系统脆弱、未授权访问等安全威胁，AI、区块链、数字孪生和内生安全技术也将赋能工控网络安全。

（1）AI 赋能工控网络安全。增强工控设备在网络中的可见性。将 AI 整合到网络访问模块，使得连接到或访问网络中的每一个设备具有可见性且能被追踪，可更快确定设备及网络性能问题。

AI 对工控网络安全威胁进行分析、检测和自动预测，可帮助识别工控系统网络中存在的安全漏洞，对历史攻击数据进行学习，预测未知攻击；基于海量设备数据分析异常数据，进行网络流量检测和数据流特征分析[134]，识别异常流量等。此外，用户行为分析产品也可使用机器学习算法进行恶意软件检测。

在事件分析和响应方面，针对攻击事件，AI 可挖掘其过去的警报信息、网络信息、安全日志、攻击带来的影响，以及其他相关信息，揭示其内在的关联性；AI 可用于创建事件响应手册，基于历史攻击事件和新事件学习内容，适时修改响应手册，对事件实时响应做出指导，从而实现从传统的自动化响应到 AI 自主响应的提升。

（2）区块链赋能工控网络安全。工控系统中传统的访问控制机制均由集中式实体进行权限管理，或依赖于可信第三方管理属性，为用户生成基于属性的密钥，但这种方法存在单点失效和信任依赖问题。区块链的去中心化、不可篡改、公开可审计性等特征可为工控系统提供新的访问控制基础架构，采用智能合约可信执行访问权限，实现去中心化权限和密钥管理；链上存放交易完整日志信息用于审计。

工控网络及业务流程复杂，存在安全监管难的特点。基于区块链构建工控网络安全分布式监管架构，识别和实时追溯工控系统供应链中的恶意参与者，同时克服智能合约自身存在的安全漏洞。

（3）数字孪生赋能工控网络安全。"工业安全数字孪生"的理念将通过创造数据孪生空间，为工控网络安全体系提供低成本评估验证。通过数字孪生技术构建高仿真度的攻击欺骗网络，构建精确的安全态势感知和应急防御体系。

（4）内生安全技术赋能工控网络安全。传统的工控网络安全技术路线依靠"挖漏洞"、"打补丁"和"设置蜜罐"等方法，然而工控系统的设计必定存在脆弱性和缺陷，传统的安全机制也很难抵御未知漏洞、后门、陷门等不确定性威胁，同时也会引入新的安全隐患。基于内生安全理念和技术构建工控安全防护体系是未来发展的新兴方向，以内生安全为核心，探索内生安全技术框架，建立动态工控网络安全防御体系，增强工控网络自身免疫力。

（5）新技术的自身挑战。以上技术在赋能工控网络安全的同时，也会带来一系列的挑战和痛点问题。对于 AI，攻击者可能从 AI 本身存在的安全隐患入手发动攻击，如 AI 模型安全问题（对抗样本、数据投毒攻击）、数据安全问题（模型替代、逆向攻击）和承载系统安全问题（电路扰动、代码注入攻击）。在解决 AI 自身安全威胁的同时，未来还需重点探索如何将其安全融合到工控网络安全中，提高异常检测、事件响应的实时性，实现工控网络各层安全防护协同一体化。另外，区块链自身的公开透明性可能会加剧隐私泄露，与链下存储和计算相比，链上存储和计算代价更为昂贵，可扩展性低是区块链的主要瓶颈。在工控网络数据量庞大和高实时性处理要求下，研究面向工控网络的高效共识算法，解决区块链透明性和工控网络中隐私保护需求之间的矛盾是区块链赋能工控网络的重点和难点。此外，工业安全数字孪生需要解决工控网络建模和多维工厂数据预测分析建模问题。在工控环境异构资源条件有限的情况下，内生安全构造也面临异构度保证等挑战。

总而言之，尽管国内外已发布了工控系统安全和工业互联网部分安全标准，也制定了工控安全相关政策法规，但对于工控网络关键技术、各行业安全标准规范以及相关的政策法规还需进一步完善。安全标准规范包括工控网络安全技术框架、安全防护技术要求和测试评价方法等基础共性类标准，以及"5G+工业互联网"、TSN、SDN 等关键技术类标准；针对不同行业领域应用场景的安全需求，制定面向电力、钢铁、石油化工等各工控行业的应用标准和行业标准。

第六章 软件与系统安全

第一节 概　　述

软件与系统安全是网络空间安全学科的关键组成部分。伴随着万物数字化浪潮，软件与系统安全已经成为个人、组织和整个社会安全与稳定的重要保障。计算机系统作为互联互通的重要节点频繁遭受网络攻击，成为引发敏感信息泄露、基础设施瘫痪等网络攻击的关键渠道和主要载体，严重威胁国家安全、社会稳定和公民个人利益。针对计算机软件的恶意攻击不仅会造成个人信息泄露、引发金融欺诈和商业间谍活动等风险，还会对关键基础设施、政府机构和军事系统构成严重威胁。因此，确保软件与系统安全对于保护国家利益、维护社会秩序、促进经济繁荣和保障公民个人利益至关重要。2020年新冠疫情以来，远程办公模式的高速普及进一步打破了个人设备和用户隐私的物理隔离，软件与系统安全正面临着愈发严峻的挑战和威胁。

近年来，针对计算机系统与软件的安全威胁影响越来越大、范围越来越广、层次越来越深。2015年，恶意软件Industroyer攻击乌克兰电网系统，直接控制配电变电站的开关和断路器，导致乌克兰超过一半地区停电。2016年，基于Mirai僵尸网络的恶意攻击致使美国多座城市互联网瘫痪。2022年，中国科学院软件研究所在Python官方扩展包仓库中检测到恶意代码包，能够实现包括窃取隐私信息、种植持久化后门、远程控制等一系列攻击活动，影响了数百个开源项目。万物互联使网络攻击的影响面扩大至物理世界，对重要基础设施安全构成威胁，对系统安全机制提出新的挑战。搭载计算机系统的平台种类越来越多，智能家居、智能汽车等新平台的相继出现，进一步放大了规模化网络攻击造成的破坏；软件开发门槛逐渐降低，开发、版本迭代和软件分发周期逐渐缩短，对系统安全机制的完备性提出了更高的要求。

随着软件规模的扩大和漏洞挖掘技术的进步，被发现的软件漏洞数量也逐年增加，成为系统安全的主要威胁。根据国际权威漏洞发布组织通用漏洞和风险（Common Vulnerabilities and Exposures，CVE）的统计，1999 年发现的软件漏洞数量不到 1600 个，而 2021 年新发现的软件漏洞数量已突破 20 000 个。软件漏洞可导致攻击者在未授权的情况下访问或破坏系统，形成原因包括开发人员疏忽及水平受限、编译器安全缺陷、程序功能逻辑复杂、程序测试不充分等。而受制于软件高度复杂的功能逻辑，漏洞的发现、分析和修复依然大量依赖人工，安全漏洞的长修复周期为攻击者利用漏洞提供了窗口。2021 年，被全球广泛应用于业务开发的日志组件 Apache Log4j 被曝出严重漏洞，包括苹果、亚马逊、微软在内的几乎所有公司都受到该漏洞影响，知名企业谷歌的分析师表示完全修补所有受影响的系统需要数年时间。

随着系统安全研究的进一步深入，全球互联网的骨干网设备和各国信息基础设施的进一步完善，恶意代码攻击和漏洞防御技术之间的攻防态势不断升级，国家级攻击者的加入致使重要的计算机系统、平台和软件成为国际交锋的战场。网络攻击活动普遍更加隐蔽化，攻击团体体现高度的有组织化，网络黑色产业上下游产业链也日渐完备。

同时，为了满足攻防对抗的需求，攻防双方采用的技术和工具日渐自动化和智能化，漏洞利用与防御也作用于更深的软件调用栈。总的来看，目前软件与系统安全生态系统的发展呈现出以下几个特点。

1. 攻防技术智能化

人工智能技术的飞跃式发展赋能网络空间攻防，推动智能化攻防技术发展。近年来，软件种类与数量高速迭代更新，网络攻击层出不穷、快速演变，传统基于人工审计的防御难以应对。在安全防护方面，将人工智能技术广泛应用于恶意行为检测、软件漏洞挖掘、威胁情报收集等方面，大幅缩短了网络安全威胁发现与响应时间，能够快速识别、检测和处置安全威胁，为打击和防御网络犯罪提供了有力支持。在攻击侧，漏洞自动化利用等技术逐渐成熟，缩短了发动攻击的准备时间，进而降低了攻击成本，扩大了攻击规模。人工智能技术的广泛应用，也使得恶意攻击行为具备自适应学习能力，能根据目标防御体系的差异实现变异与进化，提高自身的隐匿性与攻击成功率。恶意代码还利用"概念漂移"（concept drift）等方式针对人工智能缺陷展开攻击，使得网络空间攻防博弈进一步加剧。

2. 漏洞利用和防御纵深化

随着计算机系统设计分层化日渐明晰，网络空间攻防逐渐由传统的层内攻防转向攻击面更大、全方位防御更难的层间攻防。层间安全漏洞防御出现"水桶效应"——系统的全局安全性取决于其多层体系中的最薄弱层。跨软件层漏洞大量出现，攻击者针对系统薄弱层或层间薄弱环节展开攻击，并利用已攻破层向相邻层进行渗透，使得漏洞攻击呈现更大的攻击面，纵深防御体系应运而生。纵深防御基于操作系统的分层设计与实现方式，将隔离机制、访问控制机制、完整性保护机制等防御机制分别在操作系统内核层、虚拟化层、硬件层中形成了不同的实施方案，但在保证安全性的同时也带来了额外的性能开销。跨层纵深防御须尤其重视安全收益和额外性能开销的权衡，近年来，基于软硬件协同的安全机制因其在安全性和性能上的良好表现，受到了广泛关注与应用。

3. 恶意攻击组织化

自动化、工具化的网络犯罪加剧了软件系统遭受有组织网络攻击的风险。一方面，网络犯罪黑色产业形成了完备的上下游技术和利益链，恶意软件成为黑产获利"富矿"。恶意软件的制作、分发、攻击和收益分配呈现明显的系统化、组织化特征，犯罪团伙之间高度分工，紧密配合，形成了包括数据窃取、账号交易、黑产工具开发、虚假流量、跑分平台等在内的完整黑色产业生态链条。另一方面，信息产业竞争格局趋于稳定，国际互联网的骨干网设备和世界各地的重要信息基础设施使用的硬件、操作系统和应用软件产品被西方大国垄断，对应计算机系统中的相关漏洞和各类后门程序成为相关情报机构的攻击目标的抓手。系统漏洞成为国家战略资源，国家级攻击者开始加入，安全漏洞趋向武器化。据中国国家计算机病毒应急处理中心披露，美国中央情报局组织研发了蜂巢（Hive）恶意代码攻击控制武器平台，秘密定向投放恶意代码程序，并利用该平台对多种恶意代码程序进行后台控制，为后续持续投送"重型"武器进行网络攻击创造条件。

第二节 恶意代码防范

恶意代码或恶意软件是任何未经用户许可，在计算机或其他终端上运行，侵害用户权益的代码的统称。

随着信息技术的发展和网络黑色产业链的泛滥，恶意代码的传播模式经历了4个发展阶段。第一阶段，单机传播。在20世纪80年代，计算机之间尚未实现互联，恶意代码只能依靠磁盘和文件在计算机之间进行复制传播。当时的恶意代码也以单机传播的磁盘病毒和文件宏病毒为主，如Brain、Empire.Monkey、Concept Virus等。第二阶段，网络无差别传播。随着互联网的普及，计算机之间实现了直接互联，恶意代码借助于电子邮件等网络媒介快速传播，在短时间内爆发大规模攻击。例如，2004年爆发的MyDoom蠕虫，在几个小时内传遍了全球，其传播占据了全球电子邮件通信量的1/10，致使全球互联网速度减慢了约10%，这样的传播速度与影响范围是单机传播模式难以比拟的。第三阶段，定向持续渗透。随着恶意代码的发展上升到国家间"网络战"对抗层面，以持续性和隐蔽性为特点的APT攻击开始出现。与前一阶段的快速传播与集中爆发不同，APT攻击存在较长的潜伏期，其在潜伏期协同利用多类型恶意软件以全面渗透目标系统。例如，新型的恶意软件滴管等攻击性较低、隐匿性更高的恶意代码分发渠道被预先植入目标主机，持续分发多种恶意软件以达到长期渗透目的。APT攻击在爆发时通常已完成了全面渗透，难以被快速清除，因此，其能够对目标系统发起持续深度攻击，造成更严重的安全威胁。第四阶段，黑产传播。随着网络黑产的泛滥，恶意代码已被广泛地作为一种牟利工具，在地下黑产网络快速蔓延，恶意代码组织也借助网络黑色产业链实现了大规模扩张。近年来，恶意软件即服务（Malware-as-a-Service，MaaS）等地下商业模式的出现，为低级攻击者提供了开展和管理恶意代码活动的能力，显著降低了开发和传播恶意代码的门槛。至此，恶意代码呈现出组织化、系统化等特征，其生态已基本成型。

面向日渐复杂化的恶意代码生态，如何针对恶意代码进行高效精准的分析、检测和溯源是当前网络空间面临的重要挑战。恶意代码分析旨在理解恶意代码的传播模式、攻击方式以及对抗手段，是检测、清除和防御恶意软件的基础和前提。在此基础上，恶意代码检测采用动静态分析识别软件潜在恶意行为。针对恶意软件日渐成熟的对抗技术，如何综合利用数据分析、深度学习等智能技术，提高恶意代码检测能力是当前主流研究趋势之一。恶意代码溯源通过识别恶意代码传播和攻击过程中遗留的足迹特征，对恶意代码家族及源头恶意组织进行追踪定位，实现对恶意代码的趋势把控与精准打击。

一、恶意代码分析

恶意代码分析是对捕获的恶意代码样本进行逆向工程的过程，尝试从不同角度、使用不同方法快速理解恶意代码内部的传播模式、攻击方式、行为特征等信息。传统恶意代码分析方法主要包括人工的二进制代码静态分析和动态分析方法。目前捕获的恶意代码样本数量太多，达到每天几十万新样本的数量，远远超过人工分析所能承受的数量。为实现高效精准分析海量的恶意代码样本，恶意代码自动分析方法不断出现，如自动的函数调用分析、执行控制分析、污点分析等。恶意代码的感染平台也从传统的计算机和智能手机平台，扩展到物联网设备中，如智能家居设备、自动驾驶汽车等，甚至国家关键信息基础设施，如智能电网、智慧城市等。这些物联网设备的计算和存储能力有限，难以在设备上直接进行复杂的软件逆向分析。为解决物联网领域的恶意代码分析问题，侧信道分析技术被提出。随着人工智能技术的发展，基于深度学习的图像分类、图分类算法也被引入恶意代码分析的家族分类问题中，这使恶意代码分析更加自动化。恶意代码分析可以获得大量恶意代码相关的威胁情报信息，但是这些花费大量资源分析得到的信息，时效性非常短，其有效时间甚至小于威胁情报的分发和部署所需时间。因此，如何深入理解恶意代码，获得覆盖面更全、时效性更长的分析结果，是目前恶意代码分析面临的重要挑战。

（一）基于静态特征的恶意代码分析方法

传统的恶意代码分析方法基于恶意软件的静态特征，从文件特征和代码特征两个角度进行恶意代码分析。

1. 基于文件特征的静态恶意代码分析

静态分析是一种针对恶意代码文件特征的分析技术，通常用来对恶意代码进行初步分析。文件静态分析不执行恶意代码，分析过程覆盖文件中的所有代码和数据。文件静态分析主要包括字符串分析、文件头信息分析、信息熵分析、反汇编代码分析、二进制字节序列分析、操作码序列分析等。静态特征信息包括攻击者的邮件地址、远程控制使用的 C&C 信息、恶意行为调用的 API 函数、特殊的字节序列等。这些静态特征信息可以分析恶意代码的意图，为恶意代码检测提供关键的特征。但是恶意代码为对抗静态特征分析技术，采用加壳、加密、多态、变形等方法对容易暴露的文件静态特征信息进行混淆，增加了静态分析的难度。

恶意代码的静态分析虽然易受到代码混淆等技术的干扰，但是静态分析的速度快，覆盖整个文件，对文件中海量的 CPU 指令和数据进行快速初步分析，定位可疑的代码或者数据。通过静态分析初步了解恶意代码的整体信息，为病毒分析工程师深入研究恶意代码的功能提供指导，有效提升分析速度。

2. 基于代码特征的恶意代码分析

Q. Feng 等在 CCS 2016 和 CCS 2017 上提出的属性控制流图（attributed control flow graph，ACFG）是在传统控制流图（control flow graph，CFG）的基础上提取二进制基本块的统计特征和结构特征属性，将 CFG 中基本块转化成固定长度的数字向量，用于描述函数功能的相似性。恶意代码的 CFG 描述非常复杂，ACFG 实现了将 CFG 转化为一个特征向量矩阵。唐宁（E. Downing）等在 USENIX Security 2021 上在 ACFG 的统计属性与结构属性基础上，增加了恶意功能属性，设计了 DeepReflect 恶意代码功能函数识别和检测框架。根据二进制基本块所在函数的 API 调用情况，将基本块赋予了文件操作、网络操作、进程操作等 10 种功能属性，进一步描述了代码所关联的恶意活动信息。ACFG 的二进制代码功能相似性描述能力，配合无监督的聚类算法，可以有效整合已知的海量恶意代码分析知识和经验，大幅提升对未知代码的分析速度和准确性。

（二）基于动态行为分析的恶意代码分析方法

随着攻防对抗的加剧，新型恶意软件利用混淆、加壳等技术对抗静态代码分析，为了有效分析恶意软件代码，人们采用动态行为分析技术，在运行时捕获软件恶意行为。

1. 基于沙箱的恶意行为分析

动态分析是一种针对恶意代码执行过程中行为特征的分析技术，通常用来对恶意代码进行深入分析。恶意代码的动态分析需要在一个高度可控的、安全的运行环境中进行，以防止恶意代码在动态执行过程中对计算机系统和网络造成破坏。动态分析通常需要沙箱环境来执行恶意代码。沙箱构建了一个虚拟的代码运行环境，对恶意代码动态执行过程进行监控，并获得恶意代码的详细执行轨迹。从恶意代码的执行轨迹中提取其动态行为信息，如文件操作、网络行为、进程操作、服务操作、系统配置操作等，从而有效对抗静态文件混淆技术对恶意代码分析的干扰。阿翁佐（S. Aonzo）等在 USENIX Security 2023 上对 110 名病毒分析员和机器学习模型进行了恶意代码分析测试。110 名病毒分析员中有 72 人是初级分析员，38 位是专家。实验结果显示，机器学习模型的判定过程更依赖于静态分析特征，初级分析员和专家在恶意代码的判定过程中都更喜欢使用动态分析特征。基于沙箱的恶意代码动态分析特征更加准确，但是受到执行路径的限制，并不能全面覆盖恶意代码的行为，通常与静态分析相结合，提升分析的全面性。

沙箱是一个虚拟的可控执行环境，与真实的执行环境有一定差异。恶意代码通过特定的方法可以感知到是否在沙箱环境中运行，例如，米拉米尔哈尼（N. Miramirkhani）等在 S & P 2017 上提出的 "ware and tear"、A. Yokoyama 等在 2016 年网络攻防国际学术会议（International Symposium on Research in Attacks, Intrusions and Defenses，RAID）上提出的沙箱指纹识别等方法，导致恶意代码的动态行为发生改变。沙箱的抗逃逸能力一直在不断地提升，并不断改进与恶意代码的交互能力，有效触发恶意代码的更多行为，实现对恶意代码更准确的动态分析。

2. 基于污点传播的恶意行为分析

面对二进制恶意代码中海量的 CPU 指令,污点传播分析可以定义关键的数据为污点源,并过滤掉与污点源无关的 CPU 指令,从而提升分析效率。重要的恶意代码分析信息,例如,来自用户的输入或通过网络接收到的数据,被赋予一个标签(污点)来表示其来源。当恶意代码执行一个操作污点数据的指令时,该污点将被传播到任何受影响的内存区域。当受污染的数据到达一些预定义的代码或内存片段(也称为污点汇聚点)时,分析进程可以重新跟踪污点数据流。跟踪污点数据流可以深入了解恶意代码与系统或者用户的交互方式和过程。可使用的污点分析工具有 Vigilante、Panorama、Dytan、TQana 等。虽然污点传播技术主要用于识别隐私泄露等恶意行为,但其识别结果仍然存在误报。杨哲慜等在 CCS 2013 上提出采用用户意图界定隐私泄露行为,后续工作在此基础上采用用户界面文字、图标等特征消除隐私泄露误报。

3. 侧信道分析

传统恶意代码分析技术依赖于从操作系统、存储器、虚拟机等可控环境中提取分析数据。任何类型的计算设备都可能成为恶意代码的攻击目标,如 PCI 卡、物联网设备、硬盘驱动器、医疗设备等。大多数情况下,这些设备的系统不支持传统的恶意代码分析技术。侧信道分析技术无须从操作系统的角度跟踪恶意代码的行为,可以通过这些设备的功耗、电磁辐射或内部 CPU 事件来分析设备组件的行为。达斯(D. Das)等在 S&P 2019 上使用统计或者机器学习方法,通过分析当前行为与正常行为的偏差来发现设备的异常行为。侧信道分析无法提供有关操作系统或者设备内部事件的详细信息。针对一些新型恶意攻击(如恶意挖矿攻击),侧信道分析技术也可被恶意攻击者针对性绕过,洪赓等在 CCS 2018 上指出了这一问题,并结合恶意挖矿的行为意图,提出了基于其动态行为特征的攻击检测方法。

(三)基于人工智能的恶意代码分析方法

近年来人工智能技术的成熟为分析恶意代码带来了新的机遇,基于人工智能的恶意代码分析技术逐渐兴起,在恶意代码的同源分析等领域表现出良好效果。

1. 图像转换分析

图像和恶意代码都是二进制编码文件。基于图像的恶意代码分析技术将二进制代码视为二进制灰度图像，将图像领域的分析方法应用于恶意代码分析中。基于图像的分析技术可以快速分析大量的恶意代码样本，对恶意代码进行快速的分类分析，是当前恶意代码分析的研究热点之一。拉夫（E. Raff）等在 2018 年国际人工智能协会人工智能会议（AAAI Conference on Artificial Intelligence，CAI）上将恶意代码二进制文件作为模型输入，训练神经网络模型 MalConv。该方法不再需要人工参与恶意代码的特征提取，由神经网络直接把二进制代码序列看作图像进行学习和建模。程杰仁等[135]基于恶意代码知识图谱，提出了一种具有可解释能力的恶意代码检测集成框架。马鑫等[136]通过多维序列的特征提取建立了基于注意力机制和卷积神经网络机制的恶意代码分类模型，并验证了注意力机制在恶意代码分类检测领域的有效性。

虽然基于图像的恶意代码分析技术能够将图像领域已有的技术加以应用，但是图片分析过程会对二进制代码的语义造成破坏并引入新的噪声，进而影响检测模型的鲁棒性。二进制恶意代码原本只是一维线性的序列结构，强制转化为长度固定的二维图片后，通常会造成语义连续性破坏和引入代码关联噪声等问题。转化为图片后，恶意代码序列被截断为二维的定长序列片段，引入了多字节 CPU 指令或者数据的截断问题，导致图片边缘位置的代码语义破坏。而且图片的二维空间结构导致定长的二进制代码片段产生了额外的上下关联关系，这种上下关联关系在二进制代码的语义中是不存在的，导致额外的代码语义噪声，进而影响模型对恶意代码识别的准确度。不同分辨率的图片会改变二进制代码片段的切分长度，产生不同的上下关联关系，而且恶意代码的变异和多态会导致上下关联噪声的放大，使模型容易出现漏报。基于图像的恶意代码分析方法可以对已知的恶意样本进行快速的识别和分类，但恶意代码在快速变异和进化，基于图像的分析方法在抵抗混淆的能力和未知样本的预测能力方面还有待进一步提升。

2. 基于图结构的恶意代码分析

基于图像的恶意代码分析方法从二维图片角度研究恶意代码之间的相似性识别，缺乏对恶意代码执行过程的语义描述，易受到恶意代码的变形、多态等混淆技术的干扰。图结构分析方法基于恶意行为 API 调用图来建立恶意代码分析模型，相对于图像分析方法能更好地描述恶意代码的语义和控制逻辑信息。S. Hou 等在 2017 年第 23 届 ACM SIGKDD 知识发现和数据挖掘国际会议（23rd ACM SIGKDD International Conference on Knowledge Discovery and Data Mining）上基于 API 调用关系，将 Android 应用程序表示为结构化的异构信息网络（heterogeneous information network，HIN），基于元路径来度量恶意代码的相似性。G. Zhao 等在 2018 年软件工程基础研讨会/欧洲软件工程大会（26th ACM Joint European Software Engineering Conference and Symposium on the Foundations of Software Engineering，ESEC/FSE）上将恶意代码的控制流图与数据流图映射到统一编码语义矩阵，提出了 DeepSim 算法，增强了对代码功能相似性的度量。图卷积网络（graph convolutional network，GCN）在恶意代码分析领域也取得了较好的效果。已有研究表明，可基于恶意代码函数调用图和函数属性分析，构建结构化的程序表示图（program representation graph，PRG），使用 GCN 将 PRG 嵌入密集向量中生成程序的图表示。基于图结构的分析方法对恶意代码的语义和内部控制逻辑关系进行了深入的提取和分析，有效增强了模型的抵抗混淆的能力和未知样本的预测能力。但是受到加壳、反沙箱、虚拟执行等技术的干扰，全面、完整地提取恶意代码的语义信息是目前基于图结构的分析方法面临的一个重要挑战。

3. 基于人工智能的恶意代码分析的新挑战

国际知名杀毒软件评测机构 AV-TEST 公布的统计数据显示，平均每天捕获到超过 45 万个恶意代码样本。人工分析速度慢，难以适应恶意代码数量的增长速度。各种最新的机器学习算法都已被应用在恶意代码分析领域。机器学习的前提假设是底层数据的分布规律要具有一定的稳定性。现实环境中，恶意代码在不断变异和进化，其数据的分布规律不具有稳定性，相关工作可参阅若尔达内（R. Jordaney）等在 USENIX Security 2017 上的论文文献[137]。恶意代码可以通过模仿攻击（mimicry attack）、梯度下降、投毒等攻击方法，使底层数据产生概念漂移，并诱导机器学习模型产生严重的退化问题，相关工作可参阅田建文等在 USENIX Security 2023 上的论文文献[138]。王志等[139]提出的多模型协同分析方法，基于模型预测结果的置信区间度量，实现对各种机器学习方法分析能力的整合；通过从多个角度学习恶意代码数据的分布规律，缓解恶意代码概念漂移问题。

二、恶意代码检测

恶意软件在不断地演变和进化中，持续对网络空间构成安全威胁。为阻止恶意软件传播和运行，人们提出各类检测技术，有效提升了对网络安全威胁的发现和防御能力。起初，人们主要采用传统的检测手段，例如，基于签名、启发式规则等，这些手段根据对已知样本的数据或行为特征进行分析，对目标样本进行恶意性判别。但是，在病毒产业链等的推动下，恶意软件开发和对抗技术得到不断发展，未知样本越来越多，传统的恶意软件检测技术无法及时响应并处理新出现的恶意样本，而且容易被绕过。基于签名和启发式的检测技术流程十分耗时，对新威胁的反应非常迟钝；基于云的检测技术过于依赖网络资源，攻击者已提出如暂时性断开网络、重定向云服务器域名等攻击来绕过该技术；而基于校验和等检测技术虽能检测已知或未知的恶意软件，但通常无法给出具体病毒名称。随着恶意样本数量的不断增加，以及现代技术的计算能力的不断提升，人们开始运用机器学习及深度学习技术来辅助恶意软件检测，以提高对未知恶意软件的检测效果。

（一）基于机器学习的恶意软件检测方式

随着计算能力的提升，人们开始采用机器学习来应对上述技术缺陷，对安全专家精心选择的软件特征（如 API 调用序列、系统调用、函数调用图）进行关联信息的提取，建立模型来判断样本是否存在特征上的联系。以此联系为基础，模型进一步对软件进行检测和分类。基于这种思路，恶意软件检测可以分为两种应用方式，即解决恶意软件二分类和恶意家族的多分类问题。常用的机器学习算法包括：朴素贝叶斯分类器、支持向量机（support vector machine，SVM）、K-NN、决策树、随机森林（random forest，RF）等。阿尔普（D. Arp）等在 NDSS 2014 上提出的 Drebin 通过静态反汇编提取恶意软件的权限、API 调用、APP 及硬件组件等 545 000 个不同的特征，表示成多维向量空间，然后通过 SVM 进行特征学习以达到检测恶意软件的能力。Onwuzurike 等[140]提出的 MAMADroid 使用 FlowDroid[141]提取 Android

程序的 API 调用序列，并将其表示成马尔可夫链，然后使用 RF 算法进行恶意软件检测。Zou 等[142]提出的 IntDroid 使用 Androguard 提取 Android 应用程序的函数调用图，选取使用最高的 1%的节点作为调用图的中心节点，并计算敏感 API 调用与中心节点之间的亲密度（交流频率），以此为应用程序特征，输入 1-NN、3-NN、RF 算法进行训练以获取恶意软件检测模型。不难发现，研究人员选取的应用程序特征越来越复杂，从最初的简单的系统调用、权限字符串到以函数调用图形成亲密图特征，来提取更高层次的语义关系，以提高恶意软件检测的准确度。

（二）基于深度学习的恶意软件检测方式

机器学习技术在恶意软件检测和分类领域具有较好的辅助检测效果，但是安全专家的专业知识仍然在其中发挥着关键作用。手工的特征选择是一个非常耗时的过程，而且提取出来的特征一般具有一定的针对性。随着深度学习技术在图像分类和文本分类方面的成功使用，人们意识到使用深度学习技术来进行恶意软件检测和分类，可以克服前面提到的在特征工程方面的难点。相对于机器学习而言，深度学习有以下优点：①对抽象和高度非线性模式的学习能力，这有助于捕获复杂数据的内在特征；②允许自动学习特征，并具有多个抽象层次，这有助于提高泛化水平，减少安全专家的人工干预；③帮助识别潜在特征[143]。总体而言，深度学习在捕获语义特征方面具有一定的优势。叶艳芳等在 IJCAI 2019 上提出了 AiDroid 工具，该工具通过一个结构化的 HIN 建模了不同类型的实体，如 API、国际移动设备识别码（international mobile equipment identity，IMEI）、签名以及关联，然后提出一种基于元路径的方法，根据语义信息获取应用之间的相关性，最后利用卷积神经网络来训练模型，对未知软件样本进行恶意行为分类。

（三）恶意软件检测所面临的问题

在软件分析过程中，对目标样本数据分析是否彻底和全面会影响分类判定的结果。而随着恶意软件的不断演变，也发展出一些新的技术来阻碍恶意软件分析过程。如今大多数恶意软件都会采用加壳技术。人们想要完整地分析软件，并获取高质量样本集合，则需要对其进行脱壳处理。如何保证代码已完整还原、重建是脱壳技术的一大难点。程斌林等在 CCS 2018 上提出在加壳的恶意软件执行过程中，如果正在调用的 API 是通过查找已重建的 IAT 进行寻址的，则表明原始代码已经被还原，并设计了一种高效的脱壳方法，称为 BinUnpack。考虑到脱壳恶意软件重建的问题，程斌林等在 USENIX Security 2021 上提出了 API-Xray 框架。另外，在沙箱分析过程中，逃避技术也被恶意软件普遍使用来隐藏自身恶意行为，逃避动态软件分析。其中，运行环境指纹检测是一种主要方法。宋文纳等在 CCS 2021 上借助容器技术，实现了高透明性的软件分析环境 VPBox。为了应对逃避型恶意软件感知的特定设备属性和模拟器启发式检测，结合恶意软件的敏感特性，VPBox 提供了广泛的设备属性定制选项，其中包括 Android 系统属性定制、用户级设备属性定制以及内核级设备属性定制。

在各种机器学习和深度学习算法逐渐被应用到恶意软件检测领域的过程中，训练模型也面临着许多问题。首先，一个常见的问题是训练数据可能包含有噪声的标签。含有噪声的数据集可能会从两个方面损害恶意软件检测系统：①使检测系统的效果降低；②错误地评估一些检测模型的真实效果，例如，一些假阳性的案例实际上是由于错误标记的样本导致的。同时也需要保证训练数据与测试数据的时空一致性。其次，训练模型基本会遇到模型老化问题，即概念漂移，特别是在恶意软件会根据防御手段逐渐演化、增强功能、逃避检测的情况下，导致机器学习/深度学习分类模型的性能随着时间的推移而显著下降。若尔达内等在 USENIX Security 2017 上提出的 Transcend 引入主动学习算法，通过选择少量具有代表性的恶意软件样本来维持检测模型的有效性。张晓寒等在 CCS 2020 上提出了 APIGraph 框架，对选取的 API 特征进行语义相似性聚类，以减缓模型老化的问题。但是这种方式只对基于 API 特征的检测模型有效。再次，检测结果缺乏可解释性，检测工具需要具有解释其所做决策背后的逻辑以及使人相信其决策准确性的能力。最后，对抗性恶意软件也是需要关注的问题之一。恶意软件开发者利用机器学习技术来防止恶意软件被反病毒软件检测到，输入这种对抗性恶意软件，会使恶意软件检测工具产生不正确的预测。

恶意软件检测技术通过结合机器学习和深度学习，能够取得较好的检测效果。目前，在优化软件特征和模型构建方式方面仍然在持续不断地努力，以期能更好地应对未知恶意软件入侵。随着各种最新的机器学习算法和深度学习网络架构被应用在软件检测领域，人们也逐渐将研究目标转移到样本数据集处理和解决模型自身问题上，如训练数据集的构建、模型安全性、模型健壮性、模型可持续性等。整体而言，在学术界，国内外保持着"你追我赶"的研究趋势，共同推动恶意软件检测技术的发展。此外，国内商用恶意软件检测引擎也取得了显著的进展。例如，安天公司的威胁检测引擎，利用基于工程师智能化分析平台以及机器智能迭代学习积累形成了 AVL 自有知识库。

三、恶意行为溯源

网络攻击追踪溯源是指利用各种手段追踪网络恶意行为的发起者。攻击者为了更好地隐蔽自己，通常并不直接从自己的系统向目标发动攻击，而是采用基于"跳板"的隐秘攻击方式。此时，被攻击者只能看到攻击报文在最后到达目标时出现的中间"跳板"地址，无法获得攻击者真实源主机的地址，使得中间的"跳板"成为攻击者的替罪羊。为了进一步增加攻击的隐秘性，攻击者还对传输的数据进行加密，同时控制多个"跳板"，并以级联的方式构成"跳板链"来对目标实施更为隐秘的攻击。此外，攻击者还会通过跨多个自治域（autonomous system，AS）[144]和采用多种破坏追踪的干扰手段[145]来使得对攻击者精确溯源更加困难。发展迅速的匿名通信技术旨在保护用户的网络通信隐私，主要采用重路由机制，通过对传输报文的加密和转发、网络流间报文的混淆、添加掩饰报文流等手段隐藏通信流中的通信关系，以达到发送者匿名、接收者匿名或者收发双方间通信关系匿名的目的。

当前对网络攻击追踪溯源的方法主要分为基于 IP 报文标记的溯源技术和基于网络流量分析的溯源技术。基于 IP 报文标记的溯源技术虽然可以追溯到发送带有假冒源地址报文的攻击者的真实位置，但需要利用 IP 报文传输路径上的路由器作为中间媒介实施追踪，同时需要占用较多的系统带宽和资源，这将降低路由器的路由性能，并且无法有效追踪那些链路实施加密且隐藏在"中间跳板"或匿名通信信道后的真实攻击源。因此，基于网络流量分析的溯源技术是对链路实施加密且经"跳板"或匿名通信信道的隐秘攻击者进行追踪的主要途径。

流量分析追踪技术是指通过截获并分析网络通信流量的各种模式而非通信内容以获取有价值信息，从而确定攻击源位置的一种技术，可以分为被动流量分析和主动流量分析两种类型。基于被动流量分析的入侵追踪技术仅观察网络流量的通信模式，而不改变网络流量本身，以网络流水印为代表的主动流量分析追踪技术通过对网络流量的主动调制，能产生特征明显的通信模式，从而更易提高追踪的效率、准确性和健壮性。

（一）传统 IP 网络追踪溯源

网络追踪溯源方法大体上分为自治域内溯源和跨自治域溯源两类，从溯源算法分析实时性来看又可以分为反应式（reactive）追踪和主动式（proactive）追踪[146]。反应式追踪即受害者发现被攻击后开始追踪，不过，这类方法只有在攻击尚在进行的前提下才能发挥作用。主动式追踪是在数据包转发的同时进行实时监测、标记，或采用一定策略进行信息记录，无论溯源过程中攻击是否停止都可以进行追踪。

传统 IP 网络追踪溯源的主要使用场景是追踪 DoS 攻击的源头。IP 网络追踪溯源方法中最具有代表性的两种方法是概率包标记溯源法和日志记录溯源法。第一种方法的基本思想是：路由器采用一定概率给数据包做标记，当接收方收到的经过标记后的数据包超过一定数量时，就可使用标记信息进行路径重构，并最终找出原始发送地址。相比于给每个数据包都做标记的方法而言，该方法的优点是记录的样本数变少，大幅减轻了路由器负担。其缺点是重构路径时可能会面临组合爆炸问题。重构路径时所需要标记的数据包数量大，很难检测到小数据流。另外，该方法存在标记欺骗问题，攻击者可以伪造标记数据包，达到破坏溯源的目的。第二种方法的核心思想是：将终端的网络行为信息以日志的形式记录在路由器或者特定的日志数据库中，之后再利用数据挖掘与分析技术计算出完整攻击路径。Snoeren 等[147]提出了一种基于报文摘要（杂凑值）的 IP 追踪溯源方法，该方法相比传统的日志溯源法所使用的日志空间更小。日志记录溯源法适用于攻击发生以后进行溯源，没有实时性要求的应用场景。其缺点是路由器开销比较大，日志格式不统一，不同运营商日志无法共享，而且需要全网络实施，因此，日志记录溯源需要较多的资源支持，实际可操作性不强。近年来，传统IP网络追踪溯源技术主要是基于最早提出的技术的一些改进[148]和组合使用[149]。

（二）被动流量分析追踪技术

被动流量分析追踪主要通过分析网络流本身的特征，例如，网络流中的报文（包）数、包的定时、包的大小等，对网络流进行关联分析，从而确定真正的入侵攻击源，相应的追踪方法包括信息量追踪（message volume traceback）、数包追踪即数据包标注追踪（packet marking traceback）、通信模式追踪（communication pattern traceback）以及计时追踪（timing traceback）等。

信息量追踪和数包追踪分别是指通过分析进出网络消息的长度或消息的数量来推测通信关系的追踪方式。He和Tong[150]采用基于网络流中包数的方法实现入侵追踪。塞里扬托夫（A. Serjantov）和休厄尔（P. Sewell）在ESORICS 2003上针对数包追踪进行了深入的分析，指出在轻负载网络中数包追踪具有很好的追踪效果。通信模式追踪主要基于这样一种认识，即网络通信过程中通信双方一般只会有一方处于数据发送状态，而另一方处于接收状态，因而可以通过这种应答模式来推测发送者和接收者之间的通信关系。计时追踪是指从时间上推测发送者和接收者之间的连接关系。Y. Zhang和帕克森（V. Paxson）在USENIX Security 2000上将交互网络流视为ON/OFF过程，通过对网络流中ON/OFF行为进行匹配判断实现对两个网络流的关联。

在信息量追踪、数包追踪、通信模式追踪和计时追踪等追踪技术中，计时追踪尤其具有重要意义，与时间信息相关的往返时间（round-trip time，RTT）、包间隔（inter-packet delay，IPD）、网络流速率等统计属性都可成为网络流水印追踪的基础。Hopper等[151]提出利用通信延时信息来确定通信双方身份的机制。纳斯尔（M. Nasr）等在CCS 2018上提出了一个基于深度学习的新型流量关联框架DeepCorr，以提高Tor匿名网络中流量关联的精确性，该框架通过专为Tor网络定制的深度学习架构来识别流量中的关联模式，有效地适应动态和复杂的网络噪声，其核心优势是不需要特定目的地或电路的训练就能够广泛识别和关联任意两个Tor连接的流量；该框架还能够应对流量通过不同 Tor 电路传输的情况，显示了其对流量变化的强大适应性。之后，Se Eun Oh 等在 S&P 2022 上提出了一种采用深度学习技术的网络流量关联攻击方法 DeepCoFFEA，专为提升 Tor 匿名网络中的流量分析精度，通过深度学习训练的特征嵌入网络，将 Tor 流量映射到一个低维特征空间，使得相关联的流量对在该空间内的表示更为相似，便于识别和比较。DeepCoFFEA 的关键创新之一是其放大机制，通过将流量分解为多个短时间窗口，并在这些窗口中应用投票机制来提高关联的准确性，从而有效降低了误报率。

（三）主动流量分析追踪技术

主动流量分析追踪是通过在发送端或接收端的目标流量中嵌入特殊信号，然后检测接收端或发送端侧的流量，以便识别信号并确认发送端和接收端之间的通信关系。这种类型的攻击也被称为基于流水印的攻击，可以分别从网络层、协议层和应用层 3 个层面阐述。

在网络层，攻击者可以利用诸如流量速率、包延迟间隔和包大小等特征来将信号嵌入目标流量中。例如，W. Yu 等在 S&P 2007 上提出了一种水印嵌入方法，将不可见的直序扩频信号（direct sequence spread spectrum，DSSS）嵌入流量中，以调制其流速率模式。然后，嵌入信号和数据内容通过匿名通信网络一起传输到接收方。最后，攻击者可以识别信号并破坏发送者和接收者之间的匿名性。X. Wang 等在 S&P 2007 上研究了基于质心的包延迟间隔的水印技术，通过调整时间间隔质心，可以将一系列二进制信号位嵌入流量中。A. Houmansadr 等在 NDSS 2009 上利用非盲水印的思想调制报文间隔，并且使用扩频技术降低了先前技术中所用的时延，用少量的数据包就能保证流水印的鲁棒性和隐蔽性；为了抵御多流攻击，他们在 NDSS 2011 上还设计了 SWIRL 流水印（flow watermark）机制，该机制是第一个可用于大规模流量分析的盲水印，可抵抗多流攻击和 Tor 网络拥塞，并以不同模式标记每个流。SWIRL 对于包丢失和网络抖动具有鲁棒性，而且引入的延迟较小，因此，隐蔽性较高。此外，可利用随机化来抵抗各种检测攻击，如多流攻击。攻击者还可以通过改变包大小来将信号嵌入目标流量中。例如，Ling 等[152]提出了一种攻击方法，该方法可以控制 Web 服务器并操纵响应

HTTP 数据包的大小，用特定的包长度表示单个十六进制位。通过改变几个包的长度，将消息编码到目标流量中。尽管包长度在单跳代理处被部分填充，但是攻击者仍然可以推断包长度，以便在接收端侧恢复原始信号从而确认发送端和接收端之间的通信关系。另外，为了保证这种攻击的隐蔽性，攻击者需要保持原始包大小的分布和自相似性。为此，攻击者需要选择适当的包并改变其大小。

在协议层，水印攻击可以采用匿名通信系统的不同协议特征。例如，凌振等在 CCS 2009 上在可控 OR 节点上控制 Tor 信元发送规律，在出口节点处连发 3 个 Tor 信元代表信号 1、1 个 Tor 信元代表信号 0，并通过分析信元在网络逐跳传输中可能出现的变化，设计信号恢复算法；在入口节点处对信号进行识别，可以在较短的时间内实现对 Tor 匿名流量通信关系的快速确认。Ling 等[153]还深入探讨了 Tor 的通信协议，发现 Tor 使用高级加密标准的计数器模式（AES-CTR）来加密和解密 Tor 信元。因此，每个 Tor 节点，包括链路中的 Tor 客户端，维持本地计数器以使计数器值彼此同步，以便正确地加密或解密 Tor 信元。该攻击利用多跳路径中的计数器同步机制的特征，并且干扰沿着该路径某节点处的计数器值，导致 Tor 信元的加密/解密失败。通过这种方式，攻击者可快速确认链路的源地址和目的地址之间的通信关系。

在应用层，攻击者可以在服务器端将特殊内容注入目标网络响应流量中，以强制客户端生成特殊流量模式作为信号。然后，攻击者可以在客户端观察到该信号，并确认发送方和接收方之间的通信关系。拉姆斯布罗克（D. Ramsbrock）等在 RAID 2008 上在应用层改变数据包长度，通过在数据包中填充字符来嵌入信号。Wang 等[154]提出了一种新的方法来追踪和识别 Tor 网络中的恶意流量，该方法利用双音多频（dual-tone multifrequency，DTMF）信号技术，通过控制 Tor 出口节点，将额外的数据单元（cell）注入可疑电路中；这些数据单元以两个预定的频率交替传输，代表秘密的二进制信号，目的是在 Tor 的出口和入口节点之间建立联系；当受控入口节点检测到这两个特征频率时，就可以追溯并确定发起恶意流量的僵尸网络 IP 地址；这种技术能够在不干扰正常用户或网络操作的情况下，准确地追踪到恶意流量的源头。查克拉瓦蒂（S. Chakravarty）等在 2014 年被动和主动网络测量国际会议（International Conference on Passive and Active Network Measurement，

PAM）上在 Web 服务器端加入代码让用户下载一个较大且不易被察觉的文件，然后根据统计相关性在收集到的众多入口 NetFlow 流量记录中找到符合此流量特征的入口节点，从而确认通信关系。此类攻击还可在用户的返回流量中注入 JavaScript 代码，以触发用户端浏览器产生特定的信号流量。

第三节　软件漏洞治理

软件漏洞是计算机程序中可被利用的安全缺陷，攻击者可以利用软件漏洞来获取机密数据、破坏系统运行、提升系统权限甚至控制整个系统。近年来，越来越多的软件漏洞被挖掘和利用，甚至被制作成网络攻击武器，如心脏滴血（HeartBleed）、永恒之蓝（EternalBlue）和 Log4j 等，给整个世界造成了严重的破坏和经济损失。因此，解决或缓解软件漏洞成为信息化时代重要的议题，同时也面临着诸多技术挑战。具体而言，软件漏洞的引入方式多种多样，软件的设计、实现和维护等不同阶段均有可能植入漏洞。在软件协同化开发的今天，漏洞不仅可能由安全意识薄弱的开发者引入，也有可能通过第三方供应链被动引入。此外，针对高度复杂的现代软件，如何提高漏洞的挖掘效率，准确诊断漏洞成因，提高漏洞利用的自动化水平以及结合现有软硬件环境提出可靠的漏洞缓解方案，成为近几年的研究热点和亟须解决的关键问题。本节从漏洞发现、分析、利用和缓解 4 个方面阐述相关技术背景和主要进展。同时，人工智能、区块链和隐私保护等技术的迅速发展，给软件漏洞领域带来了新的技术思路和实验场景。因此，本节也将介绍人工智能在软件漏洞发现、分析和自动化利用方面的前沿工作，挖掘其中深层次的应用逻辑并探讨未来的发展趋势。

一、软件漏洞发现

漏洞的发现可以分为人工审计和自动化审计。人工审计即安全分析师根据自身的安全知识进行软件代码的审查，并发现其中存在的漏洞。该方法往往对新型漏洞或复杂的逻辑漏洞的发现具有更多的优势，并且能够更好地进行漏洞的成因分析和修补。但人工审计方法非常依赖安全分析师的专业知识，并且难以应对数量庞大的软件代码，这导致漏洞的发现效率很低。自动化漏洞发现能够借助一系列自动化工具实现对软件代码的分析、特征提取、运行监测等，从而快速地发现和定位软件中的漏洞代码。主流的自动化方法可以简单划分为静态分析方法和动态分析方法。另外，由于人工智能技术的迅速发展，本小节也同时介绍人工智能技术在漏洞发现中的应用、潜力和趋势。

（一）基于静态分析的漏洞发现方法

静态分析技术是一种常见的软件漏洞发现技术。分析人员不需要执行目标程序，通过分析和提取目标程序中的语义信息，借助如抽象语法树、控制流图和数据流图等抽象结构，基于漏洞代码相似度、行为特征或规则实现对漏洞的发现和定位。下面将从3个方面介绍基于静态分析的漏洞发现的常用技术及发展现状。

1. 基于代码克隆的漏洞发现

随着软件规模及复杂度的日益提高，代码复用技术广泛应用于软件开发，并显著提高了软件的研发效率。然而，大量复用已知代码造成了代码漏洞的快速传播，严重威胁软件生态安全。基于代码克隆技术对目标代码中可能存在的安全漏洞进行快速有效定位被逐渐广泛采用。例如，基姆（S. Kim）等在S&P 2017上提出了适用于大规模漏洞检测的方法VUDDY，在函数粒度方面进行相似性分析，并对特征进行过滤，以提高分析效率；同时，代码语义抽象降低了小规模扰动对相似性分析的影响，从而实现对其他变种漏洞的有效检测。肖扬等在USENIX Security 2020上在函数粒度方面对漏洞代码及其对应补丁代码的相关特征进行提取，分别与目标代码进行相似性分析，通过对比分析结果对漏洞存在性进行判定。

2. 基于特征匹配的漏洞发现

基于特征匹配的漏洞发现方法需要专家使用从程序中提取的领域知识来表示程序语义。例如，J. Sohn 和 S. Yoo 在2017年ACM软件测试与分析国际研讨会（ACM International Symposium on Software Testing and Analysis，ISSTA）上提出的FLUCCS从源码程序中提取两组特征：第一组特征源自程序的测试结果，对于结构化程序元素（如语句或方法）的频谱数据，通过专家精心设计的 SBFL（Spectrum Based Fault Localization，基于频谱的故障定位）公式将程序频谱数据作为输入计算并返回风险分数得到程序的第一组特征；第二组特征则是一组代码和变更指标（如程序元素在代码库中存在的时间、程序元素的更改频率、反映形参和局部变量的个数），通过提取上述两组特征，FLUCCS 利用遗传算法和 SVM 实现了漏洞的精准高效的定位。J. K. Siow 等在 2022 年 IEEE 软件分析、演化与再造国际会议（IEEE International Conference on Software Analysis, Evolution and Reengineering, SANER）上将源码当作文本，使用词频-逆文档频率（TF-IDF）来向量化代码片段，并分别利用 SVM、原生贝叶斯和 XGBoost 三种机器学习模型实现了对漏洞的检测。

3. 基于规则的漏洞发现

实际上，有相当数量的安全漏洞是因为 API 的错误使用造成的，因此，在使用静态分析技术挖掘代码中的漏洞时，分析有潜在安全隐患的 API 使用规则是一个重要的研究方向。早期的相关工作往往针对指定的特殊 API 使用规则进行分析，分析人员需要先找到可能存在安全问题的目标 API，然后再确定可能存在漏洞的使用场景，最后使用控制流分析、数据流分析等技术手段挖掘漏洞。然而代码的规模越来越庞大，为了降低人工参与的工作量，近些年的工作更多地聚焦于如何自动发现存在潜在安全隐患的 API 上。它们通过符号执行、统计分析等手段，对 API 的使用方式和安全语义进行研究，从而提高漏洞发现的效率和准确性。例如，Z. Li 等在 S&P 2021 上提出的 ARBITRAR 使用符号执行来自动化分析和学习 API 的使用方式；I. Yun 等在 USENIX Security 2016 上提出的 APISan 针对内核 API 实施了符号执行来揭示 API 的安全语义；K. Lu 等在 USENIX Security 2019 上提出的 CRIX 则利用统计的思想分析 API 使用情况，将用法多的作为正确使用的基准来评判漏洞；张磊等在 CCS 2018 上提出的 Invetter 利用安卓框架中输入验证的不一致行为识别并验证缺失漏洞，发现了多个主流安卓系统的新型逻辑漏洞；刘丁豪等在 CCS 2021 上提出的 IPPO 分析了内核代码在错误处理时对资源、锁等的处理规则，他们使用静态分析技术详细对比了异常处理中的路径组，从而找到了更深层次的逻辑漏洞。

（二）基于动态分析的漏洞发现方法

动态漏洞挖掘技术是指在实际执行程序的基础上采用的分析技术，常用的动态漏洞挖掘技术包括模糊（fuzzing）测试、符号执行等。下面主要从最常见的模糊测试和符号执行两方面介绍当前的研究进展。

1. 基于模糊测试的漏洞发现

基于模糊测试的漏洞发现是一种自动化或者半自动化的软件测试技术，通过构造随机的、非预期的畸形数据作为程序的输入，并监控程序执行过程中可能产生的异常，之后将这些异常作为分析的起点，确定漏洞的可利用性。按程序内部结构分析的量级轻重程度划分，模糊测试技术主要分为白盒、黑盒和灰盒3种。然而，基于模糊测试的漏洞发现面临一些主要挑战。首先，生成高质量的模糊测试样本是一个关键问题。随机生成的畸形数据可能无法触发特定的漏洞，因此，需要设计有效的生成算法和策略来提高测试样本的覆盖率。其次，模糊测试可能导致大量的无效测试输入，这会增加分析的复杂性并降低漏洞发现的效率。最后，模糊测试还可能受限于程序的执行环境和输入的复杂性，例如，某些程序可能需要特定的环境条件或者复杂的输入序列才能触发漏洞。为了解决这些挑战，人们研制了大量的相关工具，如 AFL、VUzzer、Honggfuzz、libFuzzer、Steelix、T-Fuzz、AFLFast、AFLGo、Driller、Ferry 等。按样本生成方式划分，模糊测试的测试输入可分为基于变异和基于生成两种方式。基于变异的模糊测试在修改已知测试输入的基础上生成新的测试用例，以增加样本的多样性；而基于生成的模糊测试则是直接在已知输入样本格式的基础上生成新的测试输入，以便更好地探索程序的边界情况。此外，还有一些改进的模糊测试技术，例如，结合符号执行的混合模糊测试和基于学习的模糊测试方法，可以提高漏洞发现的效率和准确性。近年来，面向结构化软件输入的模糊测试方法针对软件的复杂输入约束提出了多种优化方案，这些方案有助于触发结构化输入软件的深层漏洞，例如，杨哲慜等在 CCS 2023 上提出的方法有效提升了对视频、图像等软件库的深层逻辑漏洞的发现效率。

2. 基于符号执行的漏洞发现

符号执行是一种能够系统性探索程序执行路径的程序分析技术，通过对程序执行过程中的被污染的分支条件及其相关变量的收集和翻译，生成路径约束条件，然后使用可满足性模理论（Satisfiability Modulo Theories，SMT）求解器进行求解，判断路径的可达性以及生成相应的测试输入。通过这种方式产生的测试输入与执行路径之间具有一对一的关系，能够避免冗余测试输入的产生，进而能有效解决模糊测试冗余测试用例过多导致的代码覆盖率增长慢的问题。符号执行技术已经被学术界和工业界应用在漏洞挖掘领域。自从符号执行特别是动态符号执行技术被提出以来，已经有很多相关的工具被应用到实际的软件测试中，如 SAGE、S2E、Mayhem、KLEE、angr 等。Y. Shoshitaishvili 等在 NDSS 2015 上将 SAGE 应用到微软内部的日常开发安全测试中，每天有上百台机器同时在运行此工具，并发现了 Windows 7 系统中约三分之一的漏洞。阿夫耶里诺斯（T. Avgerinos）等在 2014 年 ACM 软件工程国际会议（ACM International Conference on Software Engineering，ICSE）上使用 MergePoint 在 Debian 系统中发现了上百个可利用漏洞。杨哲慜等在 USENIX Security 2022 上提出的 Ferry 采用状态敏感的符号执行方法，有效提升了符号执行在深层软件漏洞挖掘上的效果。

（三）AI 技术在软件漏洞发现中的应用

随着机器学习特别是深度学习技术的快速发展，越来越多的研究人员尝试将深度学习模型应用于漏洞分析领域，对代码语法及语义信息进行较高层次的抽象和挖掘，提升了静态分析效果。例如，Y. Zhou 等在 NeurIPS 2019 上将代码转化为多种图结构（如控制流、数据流）形式，并对图神经网络进行定制，对语义信息进行较深入的挖掘分析，从而提升对代码漏洞的分析准确率。李帅等在 CCS 2022 上提出一种双向程序切片技术，用于建模跨用户个人数据的分享和呈现过程，同时利用神经网络对用户数据结构内的敏感信息进行定位，并据此判断违反数据最小化原则的安卓应用程序。另外，人工智能技术已渐渐应用到模糊测试中来减少人工开销、增强模糊测试各算法因子的效果。基于机器学习的方法运用于对待测程序输入的格式学习并自动生成测试用例，进而减少人工开销。现有的一些成功应用案例有 C 编译器、XML 解析器、JS 解释器等。基于变异的模糊测试通过在符合输入规范的种子文件上进行改动来生成测试用例。现有的工具有 AFL、Honggfuzz 等，通常根据一些固定的经验规则来进行种子挑选，并按一定的变异规则来进行生成操作。使用机器学习方法则可以根据测试过程中产生的数据来进行更智能的决策，例如，使用种子文件的测试效果指导后续的种子选取过程、根据各变异算子的效果动态地调整使用概率、根据测试用例和对应的运行信息来选取要变异的输入位置或采取的变异操作等。李帅等在 USENIX Security 2023 上针对个性化移动服务内的数据分享安全问题，利用人工智能技术实现了对个人用户标签关键参数的识别与构造，助力其发现大量用户标签欺骗漏洞。

总而言之，我国目前在关键基础软件的漏洞挖掘研究方面取得了一定的成绩，包括系统内核、网络协议、编译器、物联网设备、区块链/智能合约、深度学习模型/框架等；但国外针对漏洞发现的研究也具有多项优势，如覆盖的对象更为广泛，尤其是针对特定功能性软件有较为深入的探索，如工业控制系统、数据库、Hypervisor、内存、机器人等，漏洞发现体系较为完善。此外，国外工作支持更多类型的漏洞发现，并在侧信道、API 参数配置、异构计算和并行化等方面已开展了初步的探索，这显示出其对软件安全更深层次和立体的理解。最后，深度学习等现代智能化方法在漏洞发现领域的应用也往往由国外学者最早提出，这显示出其对先进算法的敏锐嗅觉和快速研发能力，但近几年国内学者针对智能化漏洞发现也开展了多项工作。例如，吕晨阳等在 USENIX Security 2019 上的工作、宗佩媛等在 USENIX Security 2020 上的工作。

二、软件漏洞分析

软件漏洞分析是指对已知软件漏洞的形成机理、危害性、补丁修复等方面进行深入剖析，是未知漏洞发现、漏洞利用、漏洞缓解等的重要前提和基础。通过漏洞成因分析，可以更好地评估漏洞的危害，从而有针对性地进行有效和快速的漏洞修复，实现补丁生成与分析；同时，也有助于挖掘相似未知漏洞，指导生成漏洞利用样本等。随着程序分析技术的不断发展，软件漏洞分析研究也由最初的依据专家手工分析逐渐向自动化或半自动化的漏洞分析方法过渡。

（一）漏洞成因分析

漏洞成因分析是指通过识别从漏洞源头到漏洞触发的相关语句，对漏洞产生的原因进行刻画分析。主要采用的技术包括污点分析和符号执行。污点分析技术通过将可疑数据标记为污点数据，跟踪和分析与污点数据相关的数据流来确定漏洞的成因。例如，针对可能导致内存损坏的漏洞，J. Xu 等在 CCS 2016 上提出 CREDAL 工具，它使用崩溃程序的源代码和堆栈帧来确定保存损坏数据的变量，借助控制流图和数据依赖来定位崩溃位置；针对二进制软件中的 Use After Free 漏洞，和亮等在 USENIX Security 2022 上提出 FreeWill 工具，它引用计数优化模型来管理内存对象的生命周期，通过检测不匹配的优化操作，将其作为导致释放后重用漏洞的根本成因。符号执行技术的基本思想则是用符号值作为输入，在达到漏洞触发代码时，得到相应的路径约束，通过约束求解器得到可以触发漏洞代码的具体值。例如，S. K. Cha 等在 S&P 2012 上提出的 Mayhem 综合利用在线和离线符号执行，构建了针对二进制程序的漏洞挖掘与利用自动生成系统；J. Chen 等在 S&P 2012 上提出的 JIGSAW 使用内存 JIT 引擎来降低 JIT 的编译成本，对访问缓存进行了约束规范化，从而能够在更大的搜索范围高效地构造测试用例，进而提高了符号执行的性能。在这些工作的基础上，如何在大规模多种类的漏洞程序上进行准确的漏洞成因分析，成为了当前技术面临的主要问题，也是未来发展的重要方向。周顺帆等在 USENIX Security 2020 上通过复现以太坊交易记录，还原智能合约漏洞攻防过程，可准确评估智能合约漏洞的实际损失和防御机制的有效性。

（二）漏洞危害性分析

漏洞危害性分析是指客观地分析指定漏洞对特定软件或者系统的全面危害。传统软件漏洞利用主要以手工方式实现，不但需要很强的专业知识，而且难以全面挖掘已知漏洞的可利用方式，从而影响漏洞危害评估的准确性和全面性。此外，危害指标大多由专家人为设定，其客观性和统一性难以保证。随着程序分析技术的不断发展，通过自动化漏洞可利用性分析，可以更加全面地评估漏洞的影响范围。依据不同漏洞产生的原因，为漏洞自动化生成可被利用的内存布局，并生成更多的攻击路径。例如，卡内基梅隆大学开发的 PovFuzzer 和 Y. Shoshitaishvili 等在 NDSS 2015 上提出的 Firmalice 借助已知漏洞分析不同输入对程序的影响，并自动化生成不同的漏洞利用样本；王琰等在 CCS 2018 上提出的 Revery 以及 I. Yun 等在 USENIX Security 2020 上提出的 ARCHEAP 均通过分析已知漏洞来自动化构造可被利用的内存空间（如堆分布）；Z. Lin 等在 S&P 2022 上提出的 GREBE 进一步探索漏洞触发的所有可能路径及可利用状态，实现对已知漏洞全面的可利用性与危害性评估。在漏洞危害性评估方面，通用漏洞评分系统（common vulnerability scoring system，CVSS）是面向安全厂商用于漏洞威胁严重等级评估的风险评估系统，通过设定多种指标（如漏洞的可利用方式、复杂度、受影响软件）来量化漏洞危害。人们发现 CVSS 在评估度量标准的选用及评估指标权重分配上主观性很强，正确性、准确性以及可重复性较差，从而利用层次分析法和主成分分析法等对 CVSS 进行修正，以提高其客观性和准确性，并结合漏洞生命周期来细化漏洞危害评估结果。软件数量的增加和复杂度的提升，给软件自动化可利用性评估带来了更新的技术挑战，这些方法的自动化程度以及通用性均有待提高。此外，由于软件供应链越来越依赖组件，如何全面定量化、客观地对漏洞危害进行自动化评估也是未来发展的重要方向。

（三）漏洞补丁分析

漏洞补丁是用于替换原有不安全程序片段的安全程序代码。漏洞补丁分析是指针对已知漏洞的补丁进行修复位置、修复方式、修复完整性等方面的分析。主要采用的技术是补丁比对，通过比较修复前后文件的差异，揭示漏洞的修复位置，进一步分析漏洞的成因和触发机理，有助于软件开发过程中规避已出现的漏洞模式。对于开源软件，补丁本身是程序源代码，打补丁的过程就是用补丁中的源代码替换原有的代码。X. Wang 等在 DSN 2019 上从补丁代码中提取出体现修补前后差异的语法特征，按照漏洞类型对安全补丁进行了实证研究；Cui 等[155]通过对漏洞补丁代码块进行分析，定义了补丁特征，用于辅助基于代码相似性的漏洞检测；刘丙昌等在 ICSE 2020 上通过对修补特征分布情况的统计，探讨了补丁的不完全修复和补丁中引入新的漏洞问题；戴嘉润等在 USENIX Security 2020 上提出了面向 Java 程序的补丁存在性检测技术 BScout，该技术通过跨语言层级的比对，直接验证源代码级别的公开漏洞补丁在二进制程序中的存在性，评估目标程序是否受公开漏洞威胁。对于闭源软件，采用二进制代码比对技术来定位修补的软件漏洞，比较成熟的工具有基于图比较算法的 BinDiff、IDACompare 等。虽然基于结构化的补丁相似性比对是软件漏洞辅助分析的重要方法，但随着反二进制比对混淆代码技术的出现，比对难度不断增加。例如，刘丙昌等在 2018 年 ACM/IEEE 自动化软件工程国际会议（ACM/IEEE International Conference on Automated Software Engineering，ASE）上提出 αDiff，使用神经网络直接对每个函数的原始字节进行分析，并进一步分析每个二进制文件的函数调用图，检测跨版本二进制文件之间的相似性。如何基于漏洞补丁分析开展更多的漏洞相关应用研究，评估补丁的安全性，增强修补程序，在修复漏洞的同时也审核其他可能包含类似漏洞的相似代码进行修复，是未来发展的重要方向。

三、软件漏洞利用

漏洞利用是指使用系统或程序中的某些缺陷来得到计算机控制权或被保护数据的过程，即突破了原有系统或程序的代码或权限限制，进入"异常的机器状态"（weird machine）的过程。漏洞利用作为攻击者破坏软件系统的重要手段，是攻防双方共同关注的焦点，如何提高漏洞利用的自动化程度是该领域研究的热点。布伦利（D. Brumley）等在 S&P 2008 上提出的 APEG、施瓦茨（E. J. Schwartz）等在 USENIX Security 2011 上提出的 Q、S. K. Cha 等在 S&P 2012 上提出的 Mayhem、王明华等在 2013 年通信网络安全与隐私国际会议（Internation Conference on Security and Privacy in Communication Networks，SecureComm）上提出的 PolyAEG、Avgerinos 等[156]提出的 AEG 等是漏洞自动利用中控制流自动利用的代表性方案。H. Hu 等在 USENIX Security 2015 和 S&P 2016 上分别提出的 FLOWSTICH 和 DOP 等则是代表性的漏洞数据流自动利用方案，类似于漏洞挖掘的基础技术，在漏洞自动利用方案中也用到了污点传播、符号执行等技术，实现了对可利用状态和可利用路径等的探索。然而，由于近些年系统和软件防御技术的增强，以及漏洞利用方式的进步，漏洞自动利用在上述较为通用的方案之上需要根据漏洞类型的特点对漏洞利用过程的某个环节进行技术突破，如堆内存相关漏洞的自动利用、Linux 内核漏洞的自动利用、防御机制的自动绕过和针对特定类型程序的漏洞自动利用等。下面对漏洞自动利用的最新进展进行介绍和总结。

（一）堆内存相关漏洞的自动利用

在堆内存相关漏洞利用中，关键是理解和利用堆内存管理器中的内存管理原语（primitive），例如，Linux 操作系统中最常使用的 GLIBC 库中的内存分配原语 malloc、calloc 和对应的内存释放原语 free 等。为了解决这个问题，人们提出一些方法来识别内存管理原语并进一步分析其能力。其中，I. Yun 等在 USENIX Security 2020 上提出的基于模糊测试技术的 ARCHEAP、贾相堃等在 USENIX Security 17 上提出的基于污点分析技术的 HOTracer、赵子轩等在 2020 年 SIG SIDAR 入侵检测、恶意软件与漏洞评估国际会议（SIG SIDAR Conference on Detection of Intrusions and Malware, and Vulnerability Assessment，DIMVA）上提出的 HAEPG 和王琰等在 USENIX Security 2021 上提出的基于符号执行分析技术的 MAZE，实现了内存管理原语识别基础上进一步支持分析原语能力。堆内存漏洞利用的一个难点在于实现利用所需的内存布局。希兰（S. Heelan）等在 USENIX Security 2018 和 CCS 2019 上分别提出的 SHRIKE 和 Gollum 可以实现解释性语言（如 Python、PHP）的堆内存自动布局。另外，王琰等在 CCS 2018 上提出的 Revery 利用导向特定内存布局的模糊测试和控制流拼接技术也能实现对不同堆内存布局的探索，而 MAZE 则可以求解出达到所需内存布局的原语排列。

（二）Linux 内核漏洞的自动利用

内核漏洞不同于一般的用户程序漏洞只能用输入探索程序状态，攻击者可以利用系统调用及其不同序列影响内核行为和状态。因此，对内核漏洞的利用需要攻击者已经具备一定的操作权限，而内核漏洞自动利用的关键就是对可利用的内核对象及其对应的系统调用进行探索。吴炜等在 USENIX Security 2019 上提出一种自动化的从 ROP 构造漏洞利用的方法 KEPLER，Y. Chen 等在 CCS 2020 上提出基于内核弹性对象（elastic object）来绕过保护机制以实现漏洞利用的方法 ELOISE。对于内核数据竞争漏洞，Y. Lee 等在 USENIX Security 2021 上提出 EXPRAC，该方法利用能够引起操控系统中断的各种方式，包括系统调用、硬件中断等，对数据竞争漏洞利用所需的状态进行探索，从而降低对数据竞争漏洞利用的难度。在内核漏洞利用过程中也涉及内存布局问题。W. Chen 等在 USENIX Security 2020 上提出针对内核堆溢出写漏洞的自动化利用工具 KOOBE，该工具能够分析总结生成的 PoC 对内核堆内存的作用能力，通过对相关能力 PoC 的组合实现对堆内存漏洞的利用。Y. Chen 和 X. Xing 在 CCS 2019 上提出针对内核 SLAB 内存管理器的内存布局工具 SLAKE。尽管内核漏洞利用的复杂性导致有些工作尚未实现完全自动化的漏洞利用，但一些研究对内核漏洞的可利用性进行了分析。例如，吴炜等在 USENIX Security 2018 上提出针对内核释放后使用（use after free，UAF）漏洞的利用框架 FUZE，该框架能够识别、分析和评估对内核释放后使用利用有价值的系统调用。此外，通过分析和实验现有的漏洞利用技术，Z. Lin 等在 S＆P 2022 上提出一种针对内核漏洞利用潜力的评估工具 GREBE。

（三）防御机制的自动绕过

当前漏洞防御机制越来越完善，在漏洞利用过程中攻击者采用了各种技巧绕过或攻破防御机制。在漏洞自动利用中，人们也对漏洞利用的绕过做了初步的自动化尝试。其中的一大主要挑战是识别和绕过不同的防御机制。Wang 等[157]提出针对数据执行保护和 Cookie 防护的自动识别并绕过的自动利用系统 AEMB。德罗尼（J. Roney）等在 2021 年 IEEE 安全和隐私研讨会（IEEE Security and Privacy Workshops，SPW）上提出一种针对地址空间布局随机化（Address Space Layout Randomization，ASLR）的绕过方法。陈凯翔等在 USENIX Security 2021 上针对 CFI 防御制中虚函数调用保护的设计缺陷提出评估和逃逸方法。伊斯波格卢（K. Ispoglou）等在 CCS 2018 上提出针对 CFI 防御机制的自动化数据攻击（data-only attack）方案。同时，ROP/JOP 作为绕过漏洞防御机制的基础攻击方法之一，人们也提出了一些自动发现和生成 ROP 链的方法。例如，布里曾丹（B. Brizendine）在 2021 年亚洲黑帽大会（Black Hat Aisa）上提出 JOP ROCKET，通过一个轻量级的虚拟机进行模拟执行以自动化生成完整 JOP 链；努尔穆罕默托夫（A. Nurmukhametov）在 2021 年 IEEE Ivannikov Ispras 公开会议（IEEE Ivannikov Ispras Open Conference，ISPRAS）上提出一种架构无关的 ROP 和 JOP 自动生成方法 MAJORCA；伊尔马兹（F. Yilmaz）等在 2020 年年度计算机安全应用大会（Annual Computer Security Applications Conference，ACSAC）上提出的 GuidExp 将一个完整的 ROP 漏洞利用拆解成多个子目标，并使用优化过的穷举算法生成对应的利用代码片段。此外，信息泄露也是实现防御机制绕过的关键因素。H. Cho 等在 2020 年 USENIX 进攻技术研讨会（USENIX Workshop on Offensive Technologies，WOOT）上针对内核漏洞提出通过利用内核中未初始化栈变量将内核中的指针变量的地址等信息泄露给攻击者的方法，为后续漏洞利用过程提供便利。

（四）针对特定类型程序的漏洞自动利用

有些特定类型程序的漏洞利用结合程序的特点可以得到更好的利用效果。对于浏览器漏洞的自动利用，浏览器漏洞在触发过程中涉及多个模块间的交互操作，导致分析复杂度上升，以及部分代码和数据在运行过程中生成，这导致静态分析无法对该漏洞行为进行完备的分析，胡扎利（A. Alhuzali）在 USENIX Security 2018 上提出一种以静态分析作为指导、结合动态分析以自动验证并构造漏洞利用的工具 NAVEX。针对浏览器的 XSS 漏洞，Moghaddasi 和 Bagheri[158]通过语法演化算法在生成的动态数据中搜索用于攻击的代码片段，并作为模糊测试的输入尝试构造利用；本萨利姆（S. Bensalim）等在 2021 年欧洲系统安全研讨会（European Workshop on Systems Security，EuroSec）上则针对基于 DOM 的 XSS 漏洞，利用动态数据流跟踪的方法实现了自动利用；S. Park 等在 USENIX Security 2022 上提出针对 PHP 对象注入的漏洞自动利用工具 FUGIO。

（五）智能合约的漏洞利用

智能合约的脆弱性多种多样，吸引了众多研究者的关注。针对智能合约缺少一个通用漏洞模型的问题，克劳伯（J. Krupp）等在 USENIX Security 2018 上提出了一个智能合约的通用脆弱性模型，并基于该模型开发了可以自动利用智能合约漏洞的工具 teEther。张晴钊等在 SANER 2020 上提出的 EthPloit 通过模糊测试方法自动迭代生成智能合约交易序列，并基于以太坊虚拟机（Ethereum Virtual Machine，EVM）环境修改的合约执行环境来更好地模拟区块链系统对合约执行的影响，从而高效生成漏洞利用。另外，智能合约的漏洞利用方案通常只变异单个交易序列，这存在一定的局限性。Wang 等[159]开发了基于测试预言机（test oracle）的智能合约漏洞利用工具 ContraMaster。

漏洞自动利用也吸引了我国大量研究者和安全从业者的关注，并取得了一系列重要成果。上述发表在国际期刊或会议上的论文中，Revery、MAZE、VScape、EthPloit 等均是由国内的研究单位完成的。部分工作成果发表于顶级会议上，已经处于国际前沿水平。还有部分工作成果发表在国内的期刊上，对漏洞自动利用技术进行了创新和改进。此外，我国为了推进漏洞利用和漏洞自动利用方面的研究，组织了许多信息安全、漏洞利用方面的比赛，如"强网杯""护网杯""网鼎杯""全国大学生信息安全竞赛"等。夺旗赛（Capture the Flag，CTF）作为锻炼选手的漏洞利用能力的比赛，在国内高校中已经形成了一定的影响力，漏洞利用辅助工具，甚至漏洞自动工具也在 CTF 比赛中得到了应用。有关漏洞自动利用比赛，在效仿美国 2016 年举办的网络超级挑战赛（Cyber Grand Challenge，CGC）中，选手开发并部署自动利用机器人，实现对题目的自动爬取、分析、利用和提交功能。比较有代表性的比赛有机器人网络安全大赛（Robo Hacking Game，RHG）、百度人工智能安全对抗赛（BCTF-AutoPwn）等，清华大学、复旦大学、中国科学院软件研究所、国防科技大学、中国海洋大学等在比赛中展示出漏洞自动利用方面的研究和实践能力。

四、软件漏洞缓解

软件漏洞包括内存破坏漏洞和逻辑型漏洞等。其中，逻辑型漏洞的表现形式千差万别，目前比较依赖打补丁的方式进行阻止，并没有通用的漏洞缓解方案。内存破坏漏洞不仅广泛存在，而且危害性巨大，由于其漏洞机理能够被统一表征，人们提出一系列通用漏洞缓解技术。本小节主要介绍针对内存破坏攻击的漏洞缓解技术。

使用非内存安全语言（如 C/C++）编写的软件易存在内存破坏漏洞，如缓冲区溢出等。攻击者可以利用这些漏洞改变程序行为，例如，攻击者利用代码注入攻击非法写入攻击代码。相应地，DEP 机制限制可写内存的执行权限，使得上载的攻击代码无法执行。再如，攻击者利用程序中已有代码片段进行编程，从而实现代码重用攻击（code reuse attack），而 CFI、ASLR 等方法可以有效缓解这类攻击。此外，攻击者又提出针对非控制数据的攻击（non-control data attack）、面向数据编程（data-oriented programming，DOP）等针对数据的攻击方法，相应地，数据流完整性（data-flow integrity，DFI）等缓解技术也随之提出。

安全编程语言能够从源头上阻止内存破坏漏洞的产生。但由于其类型系统检查过于严格，这极大地限制了低层级系统编程的灵活性。同时，研究表明类型系统仍然存在错误，这导致内存破坏漏洞无法完全避免。例如，由于安全编程语言 Rust 无法验证不安全代码（unsafe code）的安全性，因此，无法完全杜绝内存破坏漏洞。随着通用漏洞缓解技术的持续进步，目前以代码注入和代码重用攻击为代表的控制流劫持类攻击越来越难，面向数据的攻击成为当下最大的安全威胁。此外，诸多漏洞缓解技术由于其较高的性能开销而难以部署，为了进一步降低开销，软硬协同的漏洞缓解技术是目前主要的发展趋势。

（一）内存破坏攻击背景及原理

内存破坏漏洞是指程序的执行行为存在违背程序员设计意图的内存访问情况，如缓冲区溢出、释放后使用等。攻击者利用内存破坏漏洞可以改变程序的行为，实现一系列的内存破坏攻击。代码注入攻击是指攻击者通过向内存中注入和执行恶意代码，实现其攻击意图。随着 DEP 机制的广泛部署，代码注入攻击已经变得非常困难。目前最主要的攻击是代码重用攻击和面向数据的攻击。

代码重用攻击是指攻击者通过编程程序中已有代码片段，实现其攻击意图。以面向返回的编程攻击为例，攻击者在程序中搜寻大量以 RET 指令结尾的指令序列（称之为 gadget），通过修改返回值并操纵栈数据将它们拼接起来，实现完整的攻击语义。在这基础之上，又发展了一系列更高级的代码重用技术，它们通过编程不同类型的 gadget 实现攻击，例如，PCOP[160]和布勒奇（T. Bletsch）等在 ASIACCS 2011 上提出的 JOP 分别在代码中搜索间接跳转 Call 指令、JMP 指令作为 gadget；斯诺（K. Z. Snow）等在 S&P 2013 上提出的 JIT-ROP 能够动态泄露代码内容并在运行时搜索 gadget；比陶（A. Bittau）等在 S&P 2014 上提出的 Blind-ROP 通过远程试探的方式搜索 gadget；博斯曼（E. Bosman）在 S&P 2014 上提出的 SROP 和舒斯特（F. Schuster）等在 S&P 2015 上提出的 COOP 分别利用 sigreturn 和伪造 C++对象发动代码重用攻击。

面向数据的攻击是指攻击者通过操纵非控制数据实现其攻击意图，攻击过程不影响程序的正常控制流。具体包括针对非控制数据的攻击和更高级的面向数据的编程攻击。在针对非控制数据的攻击中，攻击者利用内存破坏漏洞篡改非控制数据，构造有违程序原意的数据流传播关系，可以实现敏感数据泄露或权限提升，例如，陈朔等在 USENIX Security 2005 上所做的研究。在面向数据的编程攻击中，攻击者可以通过操控数据指针对搜集的数据操作 gadget 进行分发和执行，能够实现图灵完备的攻击语义，例如，胡宏等在 S&P 2016 上所做的研究。

（二）内存破坏漏洞缓解技术进展

通用内存破坏漏洞缓解技术的核心思想是围堵漏洞利用的关键路径。根据阻断的不同攻击阶段，现有内存破坏漏洞缓解技术大致可分为以下三种。

1. 从源头上阻止漏洞的产生

该方法在编程语言层面阻止指针越界和悬挂指针，目前有两大技术路线：一是对非内存安全语言（如 C/C++）所写的程序进行安全加固；二是使用新型安全编程语言编写程序。第一条技术路线是使用动态检测技术，对已有程序进行插桩，使其在执行中记录一些关键信息，如指针指向的范围等，并在指针解引用前检查是否违背内存安全。代表性工作成果有发表在 2009 年 ACM 编程语言设计实现会议（ACM Conference on Programming Language Design Implementation，PLDI）上的 soft-bound、Intel Pointer Checker 以及 CCured[161]等，其中，soft-bound 和 CCured 记录了指针指向对象的上下界，在指针解引用时检查访存是否越界；Intel Pointer Checker 支持检查访存越界和悬挂指针。另一条技术路线是使用新型安全编程语言编写程序，在静态程序编译阶段实现安全检查（少量通过程序插桩的方式动态检查），从而避免内存破坏漏洞，如 Rust、Go 语言。

2. 完整性缓解技术阻止代码和重要数据被篡改

针对代码重用攻击，完整性缓解技术可以作用在攻击的两个不同阶段。一个是不阻止代码指针被篡改而是在解引用前确保其跳转的合法性，也就是 CFI [162]技术。其中，如何静态决定每个间接控制流转移指令的合法跳转目标是个挑战性难题。另一个是阻止代码指针被篡改，即不允许攻击者篡改代码指针以达到劫持控制流的目的，也就是代码指针完整性（code pointer integrity，CPI）技术，CPI 为每个代码指针创建元数据以记录指针的真值和所指向的对象，并在指针解引用前检查指针是否被篡改。DFI 技术可以缓解面向数据的攻击，其核心思想是在对象使用时检查是否被攻击者篡改。DFI 首先通过静态数据流分析为每个内存对象记录合法的定义集合（legitimate definition set，LDS），然后在写访存前记录内存对象的运行时定义（runtime definition，RD），最后在读访存前检查内存对象的 RD 是否在 LDS 中。

除此之外，还有通用的完整性缓解技术——软件划分隔离。该技术的核心思想是将软件按照其功能解耦为若干组件，然后进行互相隔离，从而阻止跨组件的风险传播。其中，研究重点是如何自动地进行软件解耦，以及如何实现高效的隔离。可以以代码或者数据为中心进行划分，并利用硬件机制降低隔离的性能开销。例如，刘宇涛等在 CCS 2015 上提出的 SeCage、瓦赫迪耶克-奥伯瓦格纳（A. Vahldiek-Oberwagner）等在 USENIX Security 2019 上提出的 ERIM、王喆等在 S&P 2020 上提出的 SEIMI、谢梦瑶等在 CCS 2022 上提出的 CETIS、许佳丽等在 CCS 2023 上提出的 PANIC 分别利用 Intel VT-x、Intel MPK、Intel SMAP、IntelCET 和 ARMPAN 实现。

3. 随机化技术阻止代码段和重要数据地址的泄露

代码随机化技术对代码布局进行随机化，阻止攻击者获取代码片段的地址，进而阻止代码重用攻击。数据随机化技术将关键数据，如加解密使用的密钥等放置在特定区域中，并动态改变该区域的位置，使得攻击者无法获取其内容。按照随机时刻，随机化技术可以分为加载时刻随机化技术与持续随机化技术，前者是在程序加载时进行布局随机，后者是指程序运行过程中，周期性地或事件驱动性地进行随机化。随机化技术具体包括以下几点。

（1）地址空间布局随机化。该技术是由沙哈姆（H. Shacham）等在 CCS 2004 上提出的，该技术以模块（如主程序、运行时库）为粒度，在每次程序加载时随机化模块的位置。为了提升随机熵阻止攻击者的暴力猜测，人们还提出一系列的细粒度随机化技术。例如，H. Koo 等在 S&P 2018 上提出一种编译辅助的细粒度随机化方法，阿巴迪等在 2013 年安全与信任原理国际会议（International Conference on Principles of Security and Trust，POST）上提出一种基于语言层面的细粒度随机化方法。

（2）代码持续随机化。该技术是由王喆等在 2017 年 ACM SIGPLAN/SIGOPS 虚拟执行环境国际会议（ACM SIGPLAN/SIGOPS International Conference on Virtual Execution Environments，VEE）上提出的，该技术运行时持续地对程序的代码进行随机化处理，这样可以有效阻止基于信息泄露的代码重用攻击。

（3）数据持续随机化。该技术是由王喆等在 USENIX Security 2019 上提出的，其运行时持续移动关键数据的位置，并在原有位置遗留陷阱，阻止攻击者访问关键数据。

（4）指令集随机化。该技术是由 G. S. Kc 等在 CCS 2003 上提出的，其在编译时加密可执行程序的机器码，在指令执行前解密，使得攻击者植入的攻击代码无法完成预期功能。

（三）未来发展趋势

利用安全编程语言从源头上避免内存破坏漏洞是未来的发展趋势。相较于已有非内存安全语言的加固方法，安全编程语言具有更好的性能。但对于低层级系统编程而言，安全编程语言仍然面临着非安全区域内的代码安全问题——汇编代码，不过这部分代码可以通过形式化验证等方法确保其安全性，或者将非安全区域隔离起来。

完整性技术是缓解内存破坏攻击的一种非常有效的防御方法，但是一直面临着防御强度和性能开销难以平衡的问题——高防御强度往往会带来较大的性能开销。软硬协同的缓解技术是未来发展的主要趋势，由硬件负责安全属性的动态检查，软件负责配置和管理。例如，Intel CET 和 ARM BTI 就是硬件辅助的控制流完整性技术；Intel MPK 和 ARM PAC 可以实现硬件辅助的内存完整性。这类软硬协同方案虽然性能开销较低，但是研究表明它们的防护强度仍然不足。基于这些硬件，通过进一步的软件设计来提升安全性是未来的研究重点。

加载时刻随机化技术不仅能够提升攻击门槛，而且引入的性能开销可以忽略不计，因此，该技术已经被广泛部署。而运行时持续随机化技术虽然具有更强的防御能力，但是性能开销太大，这主要是由频繁的刷新缓存导致的。同时，由于程序运行起来以后，指针已经传播到整个内存中，因此，在随机化时精确地更新所有指针是非常困难的。未来，随机化技术主要是朝着实用化方向发展：一是通过软硬协同的持续随机化来降低性能开销；二是编译器对持续随机化的支持以提升健壮性。

除此之外，所有内存破坏缓解技术需要注意其自身元数据的保护问题，这是因为内存破坏缓解技术自身的代码和数据也处于攻击面中。另一个是缓解技术在未来需要更加重视跨模块的兼容性问题。

第四节　系统安全机制

系统安全是网络空间安全体系架构的基石，是支撑网络安全、应用安全、数据安全与隐私保护的基本单元。系统安全的两大支柱是软件安全和硬件安全，在它们的协同保护下才能构建出一个安全的计算运行环境。其中，硬件安全侧重于保护诸如 CPU、内存、I/O 设备等物理硬件设备，并提供一定的基础功能和安全保证，使得软件开发者可以基于此进一步地实现功能各异的应用程序，或者利用硬件特性实现特定的软件保护。

经过 60 多年的发展，工业界和学术界逐渐形成了系统安全总体架构，主要包括隔离机制、访问控制机制、完整性保护机制。其中，隔离机制通常采用多级别安全（Multiple Level Security，MLS）多层安全体系设计；常用的隔离机制由处理器/硬件赋能，在 MLS 模型的垂直方向上对系统资源进行隔离，这决定系统安全水平的强度；隔离机制也可以借助软件实现，在 MLS

模型的横向实施隔离,能在一定程度上提升安全性。访问控制机制在隔离的基础上可以对系统资源机密性和完整性实现更细粒度的保护,通常采用 BLP(Bell-LaPadula)机密性保护模型和 Biba 完整性保护模型,能够有效提升系统安全防护强度。而完整性保护机制则是系统安全机制的基石,它可以确保前述隔离与访问控制机制的完整性,使其行为符合预期,通常采用安全启动、度量启动、可信计算等技术实现。

隔离机制是行之有效的安全保障机制,从硬件到软件各层面包含多种隔离机制:独立物理芯片与硬件、独立安全处理器核(内存、总线、缓存、计算核独立隔离)、基于专用控制寄存器与指令集隔离的 TEE(可信执行环境)隔离、处理器指令集优先级隔离、虚拟化隔离、内核隔离、容器/沙箱隔离、应用隔离、进程内隔离等。访问控制机制通常由内嵌的代码或者更底层的软硬件来实施,实施访问控制检查的引擎称为引用监控器(reference monitor),引用监控器可以采用强制访问控制、自主访问控制、基于角色的访问控制、基于属性的访问控制等不同模型,良好的访问控制机制应该实现最小权限原则。完整性保护机制需要基于安全启动和度量启动的静态可信来提供基础的信任支撑,然后通过分层 TCB(可信计算基)架构,逐层向上提供完整性保障,实现动态可信的完整性保护。

基于操作系统的分层设计与实现方式,上述隔离机制、访问控制机制、完整性保护机制分别在操作系统内核、虚拟化层、硬件层中形成了不同的实施方案。与此同时,软硬件协同设计在安全性和性能上具有更好的表现,因而近年来也涌现出大量的软硬件协同安全机制。下面将从这几个层面分别介绍系统安全机制的发展现状和发展态势。

一、操作系统安全

操作系统内核提供的安全机制主要包含内核为用户态软件提供的隔离机制、为硬件资源提供的访问控制机制,以及为系统组件提供的完整性保护机制等。近年来,操作系统安全方向呈现出以下的技术发展趋势。一是软硬协同的安全设计。现代操作系统结合新型硬件特性(如 ARM TrustZone、Intel SGX、AMD SEV、Intel CET)来设计安全策略,提供更强力的安全防护。而且，随着集成电路规模的不断扩大，加解密等高开销通用计算过程有望实现硬件电路化，从而降低复杂安全防护的开销，推动更多安全防护方案的落地。二是安全语言引入。现代操作系统内核使用没有类型安全和内存安全的语言（C/C++）开发，极易受到内存错误漏洞的攻击。因此，操作系统内核开发引入安全语言（如 Rust）是大势所趋。Linux 内核已开始增加对 Rust 语言的支持，以减少内核中的安全漏洞。三是操作系统攻击面的扩展。早期攻击者通过用户空间程序攻击操作系统内核，随着安全技术的发展，操作系统内核的攻击面扩展到了硬件层面，即通过恶意硬件从底层攻击操作系统内核，如 BadUSB 攻击。四是操作系统安全领域还有一些其他方向上的探索，如微内核、形式化验证（如 seL4、鸿蒙系统）、机密计算（如 TEE）与可信计算等。微内核通过将非核心功能转移至用户空间，从而减少操作系统内核攻击面。但是，子系统之间的相互调用需要上下文切换，耗时严重。形式化验证（如 seL4）利用数学方法来保障操作系统内核没有漏洞，但是成本高，不实用。TEE 尝试为可信应用提供安全的执行环境，并为其保证资源和数据的机密性、完整性和访问权限，但其并不适合用于复杂场景。

（一）隔离机制

操作系统内核为用户态软件提供的隔离机制主要体现在文件访问、权限隔离和内存使用等方面。在文件访问方面，早期 Linux 内核通过 chroot 修改运行程序根目录以实现文件系统隔离，后来进一步发展出 namespace 和 cgroup，分别实现了对资源和控制的隔离。在权限隔离方面，内核通过系统调用的形式暴露给用户程序，但这也导致系统中有大量不必要的系统调用暴露给用户程序。Linux 内核从 2.6.23 版本开始支持 Seccomp，对用户态程序能够使用的系统调用进行了更严格的限制以保护系统安全。后来在此基础上扩展出 Seccomp BPF，使用伯克利包过滤器（Berkeley Packet Filter，BPF）等可配置策略对系统调用进行过滤。在内存使用方面，利普（M. Lipp）等在 USENIX Security 2018 上发现 x86 CPU 中的 Meltdown 硬件安全缺陷可能会使内核遭受信息泄露攻击。为了应对这种缺陷，人们在格鲁斯（D. Gruss）等在 2017 年工程安全软件和系统国际研讨会（International Symposium on Engineering Secure Software and Systems，ESSoS）上提出的 KAISER 工作基础上开发了内核页表隔离（Kernel Page Table Isolation，KPTI），使用完全分离用户空间与内核空间页表的方式解决页表泄露问题。随着 KPTI 被合并到 Linux 内核 4.15 版本，Windows 与 macOS 也发布了类似的更新。伴随新的硬件隔离原语的出现，隔离解决方案开始发生变化。研究人员提出拓展页表（Extended Page Table，EPT）和内存保护密钥（Memory Protection Keys，MPK）并将其应用于支持内存隔离和跨域调用，但 EPT 和 MPK 没有实现对 ring 0 级特权内核代码的隔离支持。纳拉亚南（V. Narayanan）等在 VEE 2020 上结合硬件辅助虚拟化和 EPT 实现了一种轻量级的用于特权内核代码的隔离机制，使隔离成为现代操作系统内核中的第一类安全抽象。华志超等在 2018 年 USENIX 年度技术会议（USENIX Annual Technical Conference，USENIX ATC）上提出一种基于虚拟机的内核隔离增强方案 EPTI，通过虚拟机对 EPT 的操作直接保护虚拟机内核不受 Meltdown 攻击的影响。与 KPTI 不同，EPTI 无须客户虚拟机手动应用补丁，并且性能额外负载仅为 KPTI 的 40%。由于 MPK 没有为安全屏蔽软件组件提供合适的安全抽象（如单个内存页只有一个保护键而一个软件组件可能需要多个保护键来与其他组件共享内存），施拉梅尔（D. Schrammel）等在 USENIX Security 2020 上提出的 Domain Keys 是一种无须控制流完整性、二进制检查和重写的高效用户空间内存保护域（即一组保护键及其精确的使用权限和允许的入口点），通过为每个域分配一组不同的保护密钥，达到强制实施多种信任模型的目的。此外，Domain Keys 还对内存保护键进行了小型硬件扩展，使得 Domain Keys 成为一种安全高效的进程内隔离的软硬件协同解决方案。古金宇等在 USENIX ATC 2022 上在 MPK 的基础上提出 EPK，利用现有的虚拟化硬件特性扩展了 MPK 中可用保护域的数量。

除此之外，还有一些新的隔离方案不断被提出，弗拉塞托（T. Frassetto）等在 USENIX Security 2018 上基于 Intel x86 架构提出一种新的轻量级进程内内存隔离扩展（In-Process Memory Isolation EXtension，IMIX）。作为对 x86 ISA 的扩展，IMIX 增加了一个可以通过页表配置的内存访问权限来管理进程内内存隔离，以保护隔离页面。它能够有效地防止常规的加载和存储指令访问受保护的隔离内存，为防御内存损坏提供了合适的隔离原语。对于内存损坏攻击，王喆等在 S&P 2020 上提出一种高效的进程内内存隔离技术

SEIMI。SEIMI反向利用了管理模式访问保护（supervisor mode access prevention，SMAP）这一硬件特性，以特权模式执行用户代码来实现进程内内存隔离，并且在实验效果上优于其他的先进隔离技术。因此，随着硬件特性的更新以及软硬件之间壁垒的消融，越来越多的研究工作将软硬件协同的安全设计思想应用于解决方案设计，并取得了良好的效果。除了软硬件结合以外，在安全语言引入方面，戈恩（A. Ghosn）等在ASPLOS 2021上对公共库调用可能导致的内核安全问题进行了研究，提出了一种用于库隔离的新型编程语言结构，为开发人员提供了限制公共库可访问资源的细粒度控制机制。此外，纳拉亚南等在2020年USENIX操作系统设计与实现研讨会（USENIX Symposium on Operating Systems Design and Implementation，OSDI）上探索了编程语言可能导致的内核安全问题并提出RadLeaf，一种不依赖硬件机制而仅利用Rust语言的类型和内存安全来进行隔离的轻量级方法。随着Rust基础代码不断被引入到Linux内核中，未来内核中安全关键的代码也将交给Rust进行重写，因此，Rust语言提供的安全隔离机制也必将成为相关研究的新热点。

（二）访问控制机制

操作系统内核为硬件资源提供的访问控制机制主要体现在限制用户程序对CPU、内存、硬盘、外设等硬件资源的数据访问和控制。现代操作系统中的访问控制机制包含强制访问控制模型、自主访问控制模型等多种访问控制模型。Linux操作系统中的访问控制机制主要依托于LSM框架。利用LSM框架，开发者能够根据不同的需求定制各种类型的访问控制模块。例如，基于足迹的强制访问控制模块AppArmor、能够通过收集程序执行信息来生成访问控制策略的TOMOYO、规则更为简单的基于属性的强制访问控制模块Smack、用于限制Ptrace系统调用的Yama。Windows操作系统中访问控制模型由角色的会话标识符（Session ID，SID）和对象的安全描述符构成，具体的访问控制策略则由对象的安全描述符中的自主访问控制列表来控制。在文件系统的访问控制方面，美国国家安全局主导实现了SELinux模块并集成到Linux内核，以强制访问控制策略限制用户程序和系统服务器访问文件与网络资源。后续又出现了移植到Android平台上的SEAndroid，通过强制访问控制安全机制强化 Android 操作系统对 APP 的存取控管，建立基于角色的安全管控机制，以确保 Android 内核及上层应用程序的安全运行。相较于 SELinux 需要操作系统管理员制定访问控制策略，Landlock 允许非特权程序自行制定自身的访问控制策略，从而为容器等用户态隔离技术提供了更灵活的访问控制管理方式。此外，Y. Sun 等在 USENIX Security 2018 上提出了一种可以使容器能够自主控制其安全性的内核抽象，它放宽了内核安全框架的全局和强制性假设，从而使容器能够独立定义安全策略并将它们应用于有限范围的进程中，进而使容器可以使用内核安全框架中的全部功能。在外设访问控制方面，D. J. Tian 等在 S&P 2019 上参考 LSM 框架，利用 Linux 内核中的 eBPF 机制设计并实现了扩展型伯克利包过滤器模块（Linux eBPF Modules，LBM）框架，对 USB、蓝牙和 NFC 等外设进行访问控制，限制恶意外设。未来基于 eBPF 的内核访问控制和监控管理将成为一大发展趋势。在移动端的操作系统中，霍伊泽尔（S. Heuser）等在 USENIX Security 2014 上提出 Android 安全模块（Android Security Module，ASM）框架来为安卓操作系统的安全性提供可扩展性。类似 LSM，开发者可以借助 ASM 在特定位置提供的钩子函数进行检查或跟踪。考虑到安卓操作系统中缺乏能够同时解决中间件和内核的访问控制框架，布吉尔（S. Bugiel）等在 USENIX Security 2013 上基于 SEAndroid 设计了一种通用的模块化强制访问控制框架 FlaskDroid，并提出了一种新的访问控制策略描述语言，结合强制类型对安卓操作系统中间件层进行了扩展，以提供高灵活性的访问控制。张源等[163]提出一种基于上下文的细粒度权限访问控制系统 FineDroid，该系统会在应用执行过程中追踪应用内部以及应用间的上下文，并通过一种新的策略框架，在发送权限请求时包含应用程序的细粒度上下文，最终由访问控制系统结合应用上下文给予或限制权限。

现有的访问控制机制的安全性依赖人工制定的访问控制策略，不完善的策略和实现会导致访问控制机制被绕过，如何发现和解决访问控制策略中的缺陷是亟须解决的问题。然而，访问控制机制的复杂性和多样性使得缺陷的发现极为困难。不同的操作系统、框架和平台都有各自的访问控制机制，并且存在各种不同类型的漏洞。因此，需要针对不同的环境和机制进行研究和分析，以找出潜在的漏洞。张磊等在 SANER 2020 上对安卓操作系统中的安卓应用虚拟化框架进行了系统性研究，指出多类访问控制机制存在缺陷，发现了 32 款流行的虚拟化框架中普遍存在 7 类安全漏洞。阿菲尔（Y. Aafer）等在 NDSS 2018 上对安卓操作系统框架中的访问控制进行了系统性的分类，提出了一种路径敏感的建模和归一化技术，设计并实现了一种新的不一致性检测框架 AceDroid，并发现了 73 处不一致性、27 处漏洞，包括触发系统关机、绕过并篡改用户限制等。周金梦等[164]提出一种针对 Linux 内核的静态权限检查分析框架 PeX，该框架利用一种新的间接跳转调用分析技术 KIRIN 来自动化识别权限检查和特权函数。通过对 Linux 内核 4.18.5 中的 DAC、Capabilities 和 LSM 进行分析检查，PeX 发现了 45 处新的权限检查问题。周昊等在 NDSS 2022 上指出现有的研究工作尚未针对跨 Java 上下文和安卓框架上下文的权限一致性进行研究，并提出 IAceFinder 用于自动化地发现跨上下文的权限不一致问题，此外在对 14 个开源的安卓 ROM 进行分析扫描后发现了 23 处跨上下文的权限不一致。

基于加密的访问控制机制有望成为新选择。这类基于加密的访问控制机制[165]使用了属性加密、角色基加密（Role-Based Encryption，RBE）等加密算法，通过对数据进行加密来保护数据的完整性和机密性。由于数据在使用前需要被解密，因此，只有拥有正确密钥的用户才能够访问。受限于解密算法上的高开销，基于加密的访问控制机制应用范围有限。而随着硬件性能的提升以及加解密专用硬件的广泛使用，基于加密的访问控制机制有望得到进一步的发展。

（三）完整性保护机制

操作系统内核为系统组件提供了多种完整性保护机制。可信的内核启动是进行运行时（runtime）完整性保护的前提，一个比较成熟的可信启动方案是可信平台模块（TPM），TPM 可以集成在芯片中，用来进行硬件级的加解密以及密钥存储。通过在启动前使用 TPM 对内核进行加密校验，能够保证内核的可信启动，防止启动时完整性被破坏。基姆（Y. Kim）等在 USENIX Security 2017 上借助 x86 处理器中的动态可信根特性（如 AMD 的 skinit 指令），缩短了操作系统的可信链长度，从而减少了 TPM 和 BIOS 攻击面。

运行时完整性保护可以分为内存完整性保护机制与可信计算保证的完整

性保护机制。内存完整性保护一般分为控制流完整性保护和数据流完整性保护。其中，不少研究工作与控制流完整性保护相关，其主要是通过限制程序运行中的控制流转移，使得程序控制流始终处于原有的控制流图所限定的范围内。该方向的主要难题在于间接调用与跳转目标的准确分析以及保护带来的性能开销。Canary/StackGuard 是早期用于防护栈溢出攻击的机制，其原理是在栈中存放一个特殊值，在函数返回时对其进行校验，若发生了栈溢出，则该值会被覆盖从而导致校验失败，此方法可以保证控制流不会因栈溢出而被破坏完整性。孙家栋等在 2020 年 ACM 数据和应用安全隐私研讨会（ACM Conference on Data and Application Security and Privacy，CODASPY）上则认为现有设计中，整个内核或每个线程均使用同一 Canary 容易被绕过，他们提出一种名为系统调用金丝雀（Per-System-Call Canary，PESC）的内核堆栈 Canary 的细粒度设计，为每个系统调用生成一个新的随机堆栈 Canary，使得泄露的 Canary 无法被重用，从而保护内核的控制流完整性不被轻易破坏。莫雷拉（J. Moreira）等在 2017 年亚洲黑帽大会上提出并实现了适用于 Linux 内核的细粒度控制流保护技术 kCFI，该技术通过对内核源代码以及二进制代码进行静态分析生成更精确的控制流图，从而能够以很低的开销完成对内核的控制流完整性保护。之后，李金库等[166]提出的 FINE-CFI 对 kCFI 进一步优化，FINE-CFI 结合上下文敏感与字段敏感的指针分析来构建细粒度控制流图，能够大量减少程序中的间接调用指令与跳转指令的目标数，从而使得补丁的性能开销不会过高。grsecurity 团队提出一种被称为重用攻击保护（Reuse Attack Protector，RAP）的方法，该方法通过生成随机 cookie，并在函数入口与出口处计算 cookie 与调用栈指针的杂凑值，利用杂凑值匹配校验来实现控制流完整性保护，该方法能够有效缓解控制流劫持攻击。孔达卡尔（M. Khandaker）等在 2019 年 IEEE 欧洲安全和隐私研讨会（IEEE European Symposium on Security and Privacy，EuroS&P）上对上下文敏感的控制流完整性进行了改进，并提出带有回溯的控制流完整性（Control Flow Integrity with Loop Back，CFI-LB），CFI-LB 利用影子堆栈来保存合法的函数调用，主要策略是在函数返回时利用影子堆栈验证调用者序列的有效性，以此防止控制流完整性被破坏。夏虞斌等在 DSN 2012 上提出 CFIMon，该方案通过结合静态分析和运行时训练数据来收集合法的控制流传输，并利用硬件处理器中的分支跟踪存储机制来动态收集和分析运行时跟踪，以此检测程序违反控制流完整性的情况。刘宇涛等在2017年国际高性能计算机体系结构研讨会（IEEE International Symposium on High Performance Computer Architecture，HPCA）上指出，实现透明和强大的防御来抵御复杂对手的主要障碍在于缺乏足够的运行时控制流信息。他们提出一种轻量级且透明的控制流完整性保护方法FlowGuard，通过利用IPT（Intel Processor Trace，英特尔处理器追踪）捕获完整的运行时控制流，并将其与静态分析生成的控制流进行比较以检测异常的控制流，从而实现控制流完整性增强。

而数据流完整性保护则试图保证程序运行时数据流不偏离程序正常的数据流图，现有的通用数据保护方法［如数据执行保护、不可执行（no-eXecute，NX）］通过阻止程序中被标记为不可执行的内存区域中的代码的执行，降低了恶意代码注入与执行的风险。类似地，特权执行禁止（Privileged Execute-Never，PXN）技术阻止系统在内核状态下运行用户态代码，提高了内核漏洞的利用难度。C. Song等在NDSS 2016上提出应用于内核数据流完整性保护的原型KENALI，通过划分出需要保护的数据区域并只对该区域的数据开启数据流完整性保护，从而在安全与性能之间做到较好的权衡。达维（L. Davi）等在NDSS 2017上指出，如果没有数据流完整性保护，已有的控制流完整性保护措施则容易被绕过。他们提出一种被称为PT-Rand的方法，利用随机化页表分配与保护页表信息泄露来防止页表遭受数据攻击。普罗斯库林（S. Proskurin）等在S&P 2020上提出xMP原语来缓解面向数据的攻击，该原语主要通过虚拟化在内核态与用户态中定义有效的内存隔离域，利用细粒度的访问控制来保护内核态与用户态的敏感数据不被篡改，从而实现数据流完整性保护。目前内核完整性集中于控制流完整性，而针对数据流完整性的研究仍较为有限。

同时，利用硬件特性作为完整性方案的安全可信基础也是未来研究方向之一。X. Xiong等在NDSS 2011上指出，单独进行控制流完整性保护、数据流完整性保护难以使系统有能力去处理多种类型的恶意活动，并提出利用硬件辅助分页将内核与恶意的内核拓展隔离，多方面保护内核免受恶意拓展的影响。徐金焱等在2022年ACM/EDAC/IEEE设计自动化会议（ACM/EDAC/IEEE Design Automation Conference，DAC）上提出RegVault，并认为数据随机化能有效防止内存损坏与泄露,但现有的软件设计方案会导致其容易受到内存泄露的影响,因此,RegVault 设计了硬件原语,其能支持寄存器粒度数据的机密性和完整性保护,通过注释标记并拓展编译器以使用硬件原语自动检测敏感数据的加载和存储,以此实现保护 Linux 内核的运行时数据完整性。

基于可信计算的完整性保护是利用隔离的 TEE 来保护监视器不被攻击者干扰,从而能够安全地对外部内核进行监控以实现完整性保护。阿扎布(A. M. Azab)等在 CCS 2014 上提出基于 ARM TrustZone 的实时内核保护系统,该系统使用 TrustZone 提供的"安全世界"来为系统内核提供实时保护。通过将安全监视器置于安全世界内,并允许其监视被保护内核的关键事件的事件驱动与关键部分的内存保护,通过轻量级检测实现内核完整性保护。然而该系统依赖于 TrustZone 为其维护带来了更大的工作量,因此,阿扎布等在 NDSS 2016 上进一步提出一个轻量级框架安全内核级执行环境(Secure Kernel-Level Execution Environment,SKEE),SKEE 提供了一个隔离执行环境,通过安全的上下文切换,在不涉及更高特权层的情况下监视内核,以确保内核完整性。

综上所述,早期的完整性保护机制的重点主要在于软件方案的设计,而在之后的发展中,软硬件协同的安全设计逐渐被重视起来,不论是进行程序运行时跟踪、隔离关键数据,还是构建 TEE,都不再仅仅是软件层面的设计,而是更多地依赖于两者协同,使得设计的完整性保护方案更加安全有效。

二、虚拟化安全

虚拟化安全技术是指通过虚拟化层(称为虚拟机监控器或 Hypervisor)提升系统安全的重要技术。早期的虚拟化安全技术主要通过 Hypervisor 实现各种安全防护手段,例如,增强系统的整体隔离性,包括多租户之间、租户内部不同模块之间等。随后出现了 Micro-Hypervisor、嵌套虚拟化等技术,通过更小 TCB 的 Hypervisor 来保障虚拟化宿主/基础设施的安全性。随着公有云的大规模商业化应用,基于虚拟化层的上层攻击主动防御技术研究逐渐兴起,包括虚拟机自省（virtual machine introspection，VMI）技术、基于 Hypervisor 的入侵检测与攻击恢复、以及利用 Hypervisor 保护关键组件等技术被不断提出。之后，随着 TEE 技术的提出和发展，虚拟化安全技术逐渐与 TEE 结合，基于虚拟化的安全抽象研究相继涌现。此外，由于 Hypervisor 的核心功能代码量相对较少，近年来也陆续出现了针对虚拟化安全的形式化验证工作。

Hypervisor 分为两种类型：Type-1 和 Type-2。Type-1 Hypervisor 直接运行在硬件之上，典型例子是 Xen，通常使用专门的系统虚拟机（如 Domain-0）来负责管理设备；Type-2 Hypervisor 作为宿主操作系统的一个模块运行，典型例子是 KVM，通常由用户态的管理程序（如 QEMU）来辅助管理。Hypervisor 的安全防护措施可以分为两大类：一类是借助 Hypervisor 本身提供的高特权和强隔离能力，对系统中的安全问题进行检测、恢复和隔离，以增强系统的整体安全性；另一类是对逐渐扩大体量的 Hypervisor 自身进行隔离或降权，以增强 Hypervisor 自身的安全性，这两种类型的 Hypervisor 采取的具体防护手段有所区别。

此外，容器作为一种比虚拟机更轻量级的虚拟化技术，是基于操作系统的命名空间和资源隔离机制实现的，提供了比进程更强的隔离能力。本小节还将介绍容器虚拟化安全的前沿进展。

（一）基于 Hypervisor 的系统安全增强

基于 Hypervisor 的系统安全增强是指利用 Hypervisor 监控操作系统可能出现的非法访问、恶意软件等攻击行为，并恢复攻击所破坏的系统功能和数据，或将系统中容易出现漏洞和错误的组件同系统中关键模块进行分离，或将系统中处理关键数据的模块与其他模块隔离。基于 Hypervisor 的系统安全增强主要分为基于 Hypervisor 的攻击检测、攻击恢复和攻击隔离 3 类。这些方法在云计算环境下对系统安全发挥着重要作用。

1. 基于 Hypervisor 的攻击检测

基于 Hypervisor 的攻击检测是指通过 Hypervisor 探测虚拟机操作系统的寄存器、内存、I/O 的状态，进而对客户虚拟机的运行情况进行监控和分析，判断其是否遭受攻击，或是否可能攻击宿主机。基于 Hypervisor 的攻击检测可服务于多种安全场景，如 IDS 和蜜罐技术（Honeypot）。加芬克尔

（T. Garfinkel）和罗森布拉姆（M. Rosenblum）在 NDSS 2003 上提出了一种在 Hypervisor 层实现 IDS 的方法，使其与被检测的操作系统隔离开来，同时可以直接干预操作系统的事件。阿斯里戈（K. Asrigo）等在 VEE 2006 上提出利用 Hypervisor 来收集蜜罐攻击事件，实现了比传统 ptrace 方法更低的监控开销。

基于 Hypervisor 的攻击检测的核心技术是虚拟机自省（VMI）。VMI 从虚拟机的外部对虚拟机的状态进行探测扫描，并进一步分析和检测攻击行为，其面临的主要挑战是语义鸿沟（semantic gap），即如何从外部准确解析客户虚拟机内部的数据结构并识别其背后的状态语义，以确保 VMI 探针放置准确。传统方法解决语义鸿沟需要专家领域知识的介入，或通过静态分析技术定位客户虚拟机的关键数据结构。多兰-加维特（B. Dolan-Gavitt）等在 S&P 2011 上提出的 Virtuoso 通过动态分析在同一系统镜像上生成的一系列关键执行轨迹，并结合训练方法自动生成用于 VMI 的代码，以降低人力成本。为了进一步消除 VMI 与客户操作系统的耦合性，Y. Fu 和 Z. Lin 在 S&P 2012 上提出的虚拟机空间漫游者（VM-Space Traveler，VMST）复用客户虚拟机内的现成监控工具，并自动转换为 VMI 工具。希兹韦尔（J. Hizver）和 T. Chiueh 在 VEE 2014 上提出的深度虚拟机自省（Deep Virtual Machine Introspection，Deep VMI）结合内存取证工具，能够有效增强 VMI 对虚拟机（Virtual Machine，VM）状态的自动化分析。

2. 基于 Hypervisor 的攻击恢复

基于 Hypervisor 的攻击恢复是指使用 Hypervisor 对虚拟机状态做周期性快照或在虚拟机运行时持续记录日志，当检测到入侵行为时，基于 Hypervisor 的攻击恢复机制通过回滚或重放的方式快速恢复系统状态，以保证系统和应用的可用性。Hypervisor 运行在比客户虚拟机操作系统更高的特权层级上，能感知操作系统的事件，并提供透明的恢复机制，而无须修改客户机操作系统。其主要缺点是定期快照会增加客户机系统运行时开销，同时日志记录会产生不可忽视的存储空间消耗。典型研究包括马修斯（J. N. Matthews）等在 2005 年通信、网络和信息安全国际会议（International Conference on Communication, Network and Information Security，CNIS）上提出了基于 Hypervisor 的个人电脑信息托管机制，通过将敏感文件存储在

Hypervisor 保护的文件虚拟机中，个人电脑即使遭受攻击也能确保数据可以恢复。拉丹（O. Laadan）等在 2010 年 ACM 计算机系统测量与建模国际会议（ACM International Conference on Measurement and Modeling of Computer Systems，SIGMETRICS）上提出了 Scribe，该系统基于 Hypervisor 实现系统级的记录-重放（record-replay）机制，能够在多核环境下实现确定性重放，有效应对多核系统中的不确定性行为。任仕儒等在 USENIX ATC 2016 上提出了 Samsara，该工具利用硬件虚拟化特性实现高效的虚拟机脏页追踪技术，将日志大小缩减至原来的 1/70，显著降低了记录-重放机制的存储开销，超越了当时业界流行的双机热备方式。

3. 基于 Hypervisor 的攻击隔离

基于 Hypervisor 的攻击隔离是通过虚拟化对现有系统的操作系统内核、虚拟机监控器等组件进行解耦和隔离。其优点是所依赖的虚拟化层软件通常具有较小的 TCB，攻击面较小，而且运行在更高的特权级别上，有较强的隔离保障。其缺点是需要人工对系统组件进行解耦和分区，同时隔离会带来不可避免的运行时开销。基于 Hypervisor 的攻击隔离可以分为系统层隔离、应用层隔离以及系统与应用间隔离。

系统层隔离可以被进一步细分为内核模块间隔离、内核与驱动间隔离。内核模块间隔离方面的代表性工作有 R. Ta-Min 等在 OSDI 2006 上提出的 Proxos、尼古拉耶夫（R. Nikolaev）和巴克（G. Back）在 2013 年 ACM 操作系统原理研讨会（ACM Symposium on Operating Systems Principles，SOSP）上提出的 VirtuOS。Proxos 对系统调用进行隔离，根据应用程序的组件敏感程度，将系统调用分别路由给可信和不可信的内核进行处理。VirtuOS 引入内核虚拟化的概念，将网络模块、存储模块等内核分解并隔离在不同的虚拟机分区中。内核与驱动间隔离方面的代表性工作有勒瓦瑟（J. LeVasseur）等在 OSDI 2004 上提出的驱动复用技术，该技术将不同的原生设备驱动程序运行在不同的虚拟机分区中，对恶意驱动引起的攻击或带有缺陷的驱动导致的故障进行有效隔离。

应用层隔离可以被进一步细分为应用与外部隔离以及应用内部不同模块间隔离。在应用与外部隔离方面，亚马逊公有云提出由可信的 Nitro Hypervisor 将 CPU 资源和物理内存资源进行严格分区，分成若干独立运行的

Nitro Enclave 实例，然后将与隐私计算相关的应用程序和数据放入 Nitro Enclave 中进行保护。Nitro Hypervisor 的核心是利用虚拟化提供的强隔离保证构建独立的运行环境以保护应用程序。X. Chen 等在 ASPLOS 2008 上基于 Multi-shadowing 机制提出 Overshadow，该工具通过 Hypervisor 保护不可信操作系统下的应用程序的机密性和完整性，使得操作系统看到的应用程序使用的是加密视图，而应用程序访问自身数据时看到的是正常视图。霍夫曼（O. S. Hofmann）等在 ASPLOS 2013 上基于 Paraverification 技术提出 InkTag，即使在恶意操作系统存在的情况下，通过 Hypervisor 也能构建高可靠的应用进程，InkTag 可以保证高可靠应用进程的数据和不可信操作系统管理的元数据之间的一致性，从而保证在系统崩溃时的可恢复性。在应用内部不同模块间隔离方面，刘宇涛等在 CCS 2015 上提出 SeCage，首先通过动静态分析结合的方法将应用程序的关键模块和敏感数据同其余部分进行细粒度解耦，其次使用虚拟化方法隔离到不同分区中，最后用硬件跨域直通能力（如 Intel VMFUNC）提高应用内部的跨域调用效率，兼顾了性能和安全。

在系统与应用间隔离方面，由于现代 CPU 的微架构设计问题，存在诸如 Meltdown 这样的攻击致使虚拟机能窃取 Hypervisor 的数据。华志超等在 USENIX ATC 2018 上提出基于虚拟化扩展页表的 EPTI 隔离用户空间和内核空间，不仅提供更高的隔离特性，而且比工业界提出的 KPTI 有更低的性能损失。

（二）Hypervisor 自身的安全增强

随着硬件虚拟化技术的发展，Hypervisor 自身需要支持的特性越来越多，代码规模和模块组成愈加复杂，这导致 Hypervisor 漏洞的数量不断增加，恶意虚拟机可能利用这些漏洞来突破虚拟化层的隔离甚至逃逸。为此，Hypervisor 自身的安全增强成为了一个关键课题，其主要思路是通过分析漏洞成因，对 Hypervisor 进行重构和降权（即降低其所运行的特权级别），以降低漏洞被利用的风险。这些加固手段在基于虚拟化的系统安全研究中具有重要指导意义。

1. Hypervisor 自身的重构与隔离

针对 Type-1 的 Hypervisor 的代表性工作有 NOVA、Xoar 和 Nexen。一个

主要目标是减少 Hypervisor 的 TCB，以降低潜在的攻击面。斯坦伯格（U. Steinberg）和考尔（B. Kauer）在 2010 年欧洲计算机系统会议（European Conference on Computer Systems，EuroSys）上提出的 Nova 采用微内核的思路对 Hypervisor 进行了重构，在虚拟化特权级仅保留一个最小的可信 Micro-hypervisor，而将设备虚拟化、分区管理等模块作为用户态的服务部署，从而将 Hypervisor 的 TCB 缩小了一个数量级。另一个目标是防止时间攻击。科尔普（P. Colp）等在 SOSP 2011 上提出的 Xoar 将 Xen Hypervisor 的管理虚拟机分解为 7 个子模块，7 个子模块被隔离在不同的服务虚拟机中进行周期性的重启，从而最小化 Hypervisor 在云平台上的时间攻击面。第三个目标是通过系统性地分析已知的漏洞，发现 Hypervisor 中存在的安全问题，并采取相应的措施进行修复和隔离。史磊等在 NDSS 2017 上提出的 Nexen 系统性地分析了 Xen 虚拟机监控器上的 191 个 CVE，其基于同级保护技术将 Xen 在同一地址空间中的特权代码分解为若干分片，并使用沙箱对分片进行隔离，在安全效果上 Nexen 可以有效阻止 74%的已知漏洞。

针对 Type-2 的 Hypervisor 的代表性工作有 x86 平台的 DeHype、Hyper-Lock，以及 ARM 平台的 HypSec、SeKVM 和 pKVM。C. Wu 等在 NDSS 2013 上提出的 DeHype 工具对 KVM Hypervisor 进行解耦，将 93.2%代码降权改造为用户态服务，从而有效地降低了 KVM 的 TCB 和攻击面。Z. Wang 等在 EuroSys 2012 上提出的 HyperLock 工具对 KVM 和宿主虚拟机进行了解耦，并使用 Hypervisor Shadowing 技术为每个虚拟机配备了单独的 Hypervisor，通过不共享 Hypervisor 最小化虚拟机攻击带来的风险。针对移动端 ARM 平台的 KVM，黎士玮等在 USENIX Security 2019 上提出的 HypSec 对 KVM 的功能模块进行了大量解耦，分为核心可信的 corevisor 和不可信的 hostvisor；在此基础上，他们在 USENIX Security 2021 上提出的 SeKVM 对核心可信的模块进行了形式化验证，保证 KVM 的隔离正确性。谷歌为安卓操作系统提出 pKVM，结合 ARM 平台提供的 TrustZone 可信技术和 EL2 虚拟化技术，专门用于隔离安卓上的关键系统服务和用户数据。

2. Hypervisor 自身的降权与保护

嵌套虚拟化技术是实现 Hypervisor 降权和保护的主要技术之一。嵌套虚拟化无须修改云平台的商用 Hypervisor，具有较好的兼容性。张逢喆等在

SOSP 2011 上提出了 CloudVisor，通过在多租户的公有云虚拟机监控器之下嵌入一个微型的安全监控器 CloudVisor，将传统的 Hypervisor 运行在与客户虚拟机同样的特权级，从而将 Hypervisor 从 TCB 中移除，即使在 Hypervisor 受到攻击的情况下，CloudVisor 依然能保护每个云租户在虚拟机中的数据的机密性和完整性。为了降低嵌套虚拟化导致的性能问题，糜泽羽等在 USENIX Security 2020 上提出的 CloudVisor-D 为每台虚拟机配置了专门的 Guardian-VM 以减少攻击面；同时，CloudVisor-D 利用商用处理器提供的 Intel VMFUNC 加速指令减少 VM 与对应 Guardian-VM 之间的模式切换，最多能做到 85%的性能加速。在 RISC-V 开源架构上，陈家浩等在 OSDI 2023 上提出的 DuVisor 结合软硬件协同设计思想将虚拟机监控器运行在用户态降权，提高了宿主内核的安全性与虚拟机的部署灵活性，同时，借助 RISC-V 硬件特性兼顾了运行时的高效性。

（三）容器安全增强

1. 容器攻击防御技术

容器攻击防御技术旨在通过容器虚拟化提供比进程更强的隔离方案，防止恶意应用的逃离。然而和基于硬件虚拟化的虚拟机相比，容器虚拟化由于共享操作系统内核，因此，隔离不够完善。马泰蒂（M. Mattetti）等在 CNS 2015 上提出的 LiCShield 通过 SystemTap 跟踪容器的系统调用，自动生成 LSM 规则；卢基迪斯-安德鲁（F. Loukidis-Andreou）等在 2018 年 IEEE 分布式计算系统国际会议（IEEE International Conference on Distributed Computing Systems，ICDCS）上提出的 Docker-Sec，除了使用静态 LSM 规则外，在运行阶段动态增强规则，对容器进行进一步限制，以缓解容器逃逸；简智强等在 2017 年通信与信号处理国际会议（International Conference on Communication and Signal Processing）上提出对宿主命名空间进行状态扫描，检测异常逃逸的容器进程；万志远等在 2017 年国际软件测试、验证与确认会议（International Conference on Software Testing, Verification and Validation）上提出一种基于自动测试的容器沙箱挖掘方案，在测试阶段提取容器的所有系统调用，在运行阶段使用 Seccomp 拒绝潜在的非法调用。由于容器共享的操作系统内核具有较大的攻击面，肖杰韬等在 USENIX Security 2023 上发现一种基于操作转发的新攻击，允许恶意容器破坏主机性能甚至引起崩溃，该工作最后讨论了相应的缓解措施。

2. 容器自身安全增强技术

容器自身也可能受到来自外部的攻击。容器由于采用封闭部署模式，在开发和部署阶段具有工程优势。容器自身安全增强技术旨在利用正交的技术方案来对容器实例进行保护。阿尔瑙托夫（S. Arnautov）等在 OSDI 2016 上提出的 SCONE 通过 Intel SGX 机密计算技术实现机密容器，防止容器的机密性和完整性被外部破坏；霍夫（A. Hof）等在 OSDI 2022 上提出的 BlackBox 在 ARM 架构上用硬件虚拟化层来保护容器内的应用程序，防止遭到不可信系统调用的 Iago 攻击。在工业界，阿里云 Kata 是基于 AMD SEV 的工业级机密容器，用机密计算保护容器的安全性；华为通过 Rust 内存安全语言开发了 Quark，并通过缩小宿主与客户机内核 TCB 的方法来保证容器自身安全。

（四）虚拟化安全发展现状

在虚拟化安全和安全抽象结合方面，国外相比国内更早开始探索，支持的安全抽象更为丰富，在落地程度上也更为成熟。例如，霍夫曼等在 ASPLOS 2013 上提出的 InkTag 通过可信的虚拟化监控层保护敏感应用程序的进程，提出高可靠性进程（high-assurance process，HAP），HAP 的完整性和机密性受 Hypervisor 保护，而不受 OS 影响；霍夫和聂哲生（J. Nieh）在 OSDI 2022 上提出的 BlackBox 在 ARM 平台上通过虚拟化技术为容器抽象提供强隔离保护；工业界的亚马逊提出的 Nitro Enclave 通过 Hypervisor 提供虚拟机粒度的 TEE 抽象，通过物理资源分区的方法保证隔离性，但不提供物理层面的机密性保证；亚马逊还推出了 Firecracker 虚拟机监控器和 MicroVM 抽象，通过使用更安全的 Rust 语言以及大幅精简 I/O 功能等手段，在显著降低虚拟化对系统资源开销的同时也提升了安全性。国内则同样以工业界为主，蚂蚁金服则利用硬件虚拟化提出的 HyperEnclave，同时支持进程级安全抽象、虚拟机级安全抽象等灵活性抽象；阿里云的神龙裸金属架构则提出兼容虚拟机抽象的软硬一体化虚拟化架构，提供了强物理隔离、无侧信道攻击的安全虚拟机抽象。

在虚拟化安全和虚拟机保护结合方面，华中科技大学的金海等在 2009 年 ACM 普适信息管理和通信国际会议（ACM International Conference on Ubiquitous Information Management and Communication，ICUIMC）上基于虚拟机监控器提出入侵检测系统 VMFence，实时监控虚拟机的网络流量和文件完整性，提供网络防御和文件完整性保护；同时，结合虚拟化安全和群通信，将使用虚拟机对不同应用进行分隔，然后使用虚拟机监控器对群签名进行保护。

在虚拟化安全和 TEE 结合方面，国内的研究创新程度比较高，成果也比较丰富。例如，上海交通大学的华志超等在 USENIX Security 2017 上提出的 vTZ 对 ARM TrustZone TEE 进行了虚拟化，为公有云上不同租户提供了完全隔离的 TrustZone 域；利文浩等在 VEE 2019 上提出的 TEEv 通过对 TEE 进行轻量级虚拟化，对来自不同厂商的 TEE 操作系统进行降权以实现同级隔离，从而实现在同一移动智能设备上运行不同的 TEE 安全系统，该成果获得 2019 年 VEE 最佳论文；李鼎基等在 SOSP 2021 上提出的 TwinVisor 通过解耦保护和管理的双 Hypervisor 设计，允许运行在可信模式中的安全虚拟机可以透明复用非可信部分的丰富功能，结合 Secure EL2 的硬件虚拟化特性进行加速，也适用于未来 ARMv9 的 CCA 架构；Gu 等[167]提出的 Enclavisor 结合虚拟化安全技术和机密计算虚拟机技术克服了 AMD SEV 和 Intel SGX 两款 TEE 技术各自的局限和不足，提供了安全性更强、性能更好的 TEE 安全抽象。南方科技大学的赵士轩等在 S&P 2022 上提出的 vSGX 利用可信虚拟机的灵活抽象实现了 AMD SEV 和 Intel SGX 的无缝整合，提供了开发者友好的兼容性。蚂蚁金服提出的 HyperEnclave 通过结合现今处理器广泛支持的虚拟化技术，构建安全解决方案，并且支持不同硬件平台和各种应用运行模式，从而兼容现有的 TEE 生态。国外在虚拟化安全和 TEE 结合方面也有一定工作，如亚马逊提出的 Nitro Enclave。

在虚拟化安全和形式化验证结合方面，哥伦比亚大学的黎士玮等在 S&P 2021 上积极探索虚拟化和形式化的结合，通过形式化保证 Hypervisor 的安全性和可靠性，已取得了一系列成果，这些成果对 KVM 系统社区和 ARM 架构社区均有一定影响力，而国内相关研究仍在追赶中。

三、软硬件协同安全

除了利用软件或者虚拟化技术提供安全保护机制之外，现代信息系统正在积极部署和采用软硬件协同机制，通过硬件提供特定安全特性支持，为软件提供更轻量以及更难绕过的安全防护。

（一）完整性保护机制

完整性保护机制是指通过对软件的运行环境和状态进行检查，确保其完整性未受攻击者破坏。根据检查机制实施的环节，该机制可以分为破坏行为阻断（prevention）与破坏行为检测（detection）两类；同时，根据保护对象的不同，该机制可以分为敏感数据、数据流、控制流完整性保护。

1. 破坏行为阻断

攻击者通常利用软件漏洞来破坏内存中的数据或者代码的完整性来实现攻击。一种常见的完整性保护机制是从源头阻断破坏，即在攻击者发起破坏行为时予以干预，消除后续可能的攻击。常见的破坏行为包括空间内存安全违例（如缓冲区溢出）和时序内存安全违例（如悬空指针使用）等。针对不同的漏洞和破坏行为，研究人员提出了不同的保护机制。

对于空间内存安全违例这种破坏行为，主要的阻断方法是边界检查。其中，检查所需要的边界信息或通过显式的手段存储在指针、特定寄存器甚至缓存中，或隐式地通过在合法边界外插入的不可访问的红区（redzone）来标识。德维耶蒂（J. Devietti）等在 ASPLOS 2008 上提出的 HardBound 是软件方案 SoftBound 的硬件版本，HardBound 为每个指针维护一份元数据以记录该指针的边界信息，并在指针赋值或者运算时传播或更新相应的元数据，在指针解引用时检查边界信息，从而阻断空间违例。基姆（Y. Kim）等在 2020 IEEE/ACM 微体系结构国际研讨会（IEEE/ACM International Symposium on Microarchitecture，MICRO）上提出的 AOS 将边界信息元数据索引嵌入到指针的未使用的高位中，可以更高效地传播指针元数据；同时，其修改了处理器微架构，在硬件中维护了边界信息（即元数据）缓存，能够在每次内存访同时自动地进行边界检查，免去了额外的边界检查的指令。沃森（I. Watson）等在 S&P 2015 上提出的 CHERI 是一种新的体系结构设计，在内存对象分配时生成权能（capability）并在所有内存访问时检查对应的权能来保证内存安全。其中，权能存储了指针的偏移、被指向的对象的边界以及该权能具有的权限标志位（如读、写、读权能或写权能）等。然而，其需要对指令集架构以及处理器核进行较大的重新设计，因此，软件兼容性问题难以解决。Intel MPX（Intel Memory Protection eXtension，英特尔内存保护扩展）是 Intel 处理器芯片中提供的硬件扩展，它提供了额外的寄存器来存储边界信息，以及额外的指令进行边界检查；软件可以利用这些寄存器和指令来记录关键数据的边界信息，并对内存读写指令进行边界检查以确保关键数据未被破坏。但是，由于性能问题、维护压力以及在工业界缺乏使用，Intel MPX 特性已经从新的处理器中被移除。

除了显式维护并跟踪对象和指针的边界信息外，另外一种边界检查方式是隐式的红区方案，即通过在对象合法边界外插入不可访问的红区来区分对象的边界。如何标记红区是其中一个关键问题，一种粗粒度方案是借助页表将可访问内存页旁边的内存页设置为不可访问红区，细粒度方案通常需要额外的影子内存来记录每个字节是否可以访问。谢列布里亚内（K. Serebryany）等在 USENIX ATC 2012 上提出的经典的软件防护方案 AddressSanitizer，是通过维护一个影子内存，并使用一个位（比特）来记录对应的一个内存字节是否可访问。辛哈（K. Sinha）和塞图马达范（S. Sethumadhavan）在 MICRO 2018 年上提出的随机嵌入秘密令牌（random embedded secret tokens，REST）通过在第一级缓存的每个缓存行中额外设置一个 1 比特的标签来标记该缓存行对应的地址是否属于红区，然后通过添加极少量的额外硬件逻辑来使得程序在访问红区时产生异常。而 H. Liu 等在 2019 年 IEEE/ACM 代码生成与优化国际研讨会（IEEE/ACM International Symposium on Code Generation and Optimization，CGO）上提出的上下文敏感的溢出检测（context-sensitive overflow detection，CSOD）方案则通过在对象边界处设置硬件断点（watchpoint），利用处理器中已有的机制来标记红区，从而高效地检测越界内存访问。

上述基于边界检查的机制无法阻断时序内存安全破坏行为，如释放后使用、未初始化变量访问等问题。针对时序内存安全破坏行为，基本的阻断方法是基于时间戳的检查。通常而言，该方法需要维护每个对象和指针的时间戳信息，如果指针解引用时指针与目标对象的时间戳信息不匹配，则存在时序内存安全问题，需要加以阻断。ARM 内存标记扩展（memory tagging extension，MTE）是 ARM V8.5 中提出的一种内存标签方案，通过影子内存为每个内存字记录一个标签，并将该标签嵌入相应指针的未使用的高位，当指针被解引用时，比较指针的标签和被访问的内存字的标签，从而感知潜在的内存破坏行为。该机制通过为每个对象生成唯一标签，既可以作为时间戳信息反映对象生成时刻，也可作为边界信息指示对象范围。由此，处理器在解引用时能够同时检测因时序错误和空间越界引发的内存破坏。该机制在 2023 年 10 月发布的 Google Pixel 8 手机中得到应用。

2. 破坏行为检测

阻断破坏行为从源头上消除威胁，通常来说具有更好的安全性保障，但是带来了更高的性能开销，因而实际部署较少。另外一类常见的完整性保护机制是检测破坏行为，在关键操作中检查所使用的敏感数据是否受到了破坏，从而感知已经发生的攻击行为，并停止后续执行。这类方案不在源头上确保完整性，而是在完整性遭到破坏后，在关键的使用点之前检测破坏行为，通常具有更小的性能开销，在实践中是采纳最多的完整性保护方案。这类方案中的一个核心问题是如何区分运行时的敏感数据是否已经被破坏了。

一种区分数据是否被破坏的方式是通过备份进行比对。代表性方案是影子栈技术，它通过维护一个安全的影子栈对敏感的数据（如函数返回地址、栈帧指针）进行备份，进而在关键操作（如函数返回）时检查所使用数据与备份数据是否一致，从而实现对破坏行为的检测。Intel 近期的处理器芯片中提供的 CET 特性即实现了影子栈机制。

另外一种常见的方案是消息验证码机制。为了防止偶发性的（非攻击者造成的）破坏，信息系统中经常采用基于杂凑的校验机制，来检测一个文件或者数据报文的内容是否受到破坏。在有攻击者存在的情况下，简单的杂凑机制无法抵御破坏攻击，但是基于消息验证码机制可以有效地抵御破坏攻击。通过计算合法的敏感数据的消息验证码，在使用时检查验证码，可以有效检测对敏感数据的破坏。ARM V8.3 中提出的指针认证（pointer authentication，PA）机制提供了指针验证码生成及验证的功能，可以为软件中的代码指针、数据指针提供完整性保护。该机制已经在苹果手机等产品中应用，并取得了很好的防护效果。

一种新兴的高效方案是白名单机制。这类机制把合法的数据放入白名单中，在使用时检查敏感数据是否来自白名单，如果不是则报告潜在攻击。这类方案的核心是如何维护白名单。谭闻德等在 2021 年 ACM/IEEE 设计自动化会议（ACM/IEEE Design Automation Conference，DAC）上提出的 ROLoad 通过将白名单置于只读内存中，用特殊的令牌区分不同的白名单，在 RISC-V 芯片中实现了轻量级的防护方案，具有较高的实用性和安全性。

3. 控制流完整性

从破坏行为的目标来看，完整性保护方案需要保护敏感数据、数据流、控制流等目标的完整性。由于控制流劫持攻击仍然是当前系统面临的最主要安全威胁，控制流的完整性是一个尤为重要的目标。控制流完整性保护方案的基本原理是：通过代码分析计算每个间接跳转指令的合法跳转目标集合，在运行时检测跳转目标是否属于合法目标集合，若不属于合法目标集合则判定为控制流劫持攻击。在实现层面上，它是一种基于白名单的破坏行为检测机制。

目前已经提出大量的软件实现的控制流完整性方案，不同方案之间的主要区别是如何更精准地计算合法跳转目标集合，以及更轻量级地部署安全检查。近年来，主流的芯片厂商也推出了新的硬件机制来支撑控制流完整性保护。其中，Intel 处理器芯片中的 CET 特性提供了间接分支跟踪（indirect branch tracking，IBT）机制，在合法的跳转目标前插入特殊的 endbr 指令进行标记，运行时执行到的间接跳转指令将检查跳转目标处是否包含该指令。ARM 芯片中的分支目标识别（branch target identification，BTI）提供了类似的机制，可以标识合法跳转目标。这两种方案仅能提供粗粒度的控制流完整性保护，存在被攻击者绕过的可能性。

（二）隔离机制

隔离机制是另外一种主要的安全保护机制，通过将敏感的与非敏感的、危险的与可信的、高特权的与低特权的资源隔离开，可以有效缩小攻击者破坏行为的影响，从而有效阻止潜在攻击。

1. 特权级隔离

将不同的代码置于不同的特权级，有助于进一步缩小攻击面。Intel SMAP 能够阻止内核态代码访问用户内存页，将内核数据与用户数据隔离；Intel SMEP 可以阻止内核态执行用户代码，将内核代码与用户代码隔离。ARM PAN 与 Intel SMAP 具有相同的功能。RISC-V 在默认情况下禁止内核态执行用户代码，并提供与 Intel SMAP 具有类似功能的 SUM 位。H. Lee 等在 CCS 2018 上提出的 LOTRx86 基于 x86 的特权级机制，将用户态程序进一步划分为普通域及特权域，并将特权域置于 Ring 1 中对其进行隔离与保护。

2. 访问权限隔离

通过设置内存访问权限，可以有效地对危险操作与敏感数据进行隔离。通过在硬件的页表项中添加权限位（如 AMD 的 NX 位、Intel 的 XD 位以及 RISC-V 的 X 位），数据执行保护可以阻止可写的数据被当作代码执行，能够有效阻断代码注入或者篡改攻击，已广泛部署于现代主流平台。巴克斯（M. Backes）等在 CCS 2014 上和 D. Kwon 等在 USENIX Security 2019 上提出的方案，通过配置正确的内存页权限（如在 RISC-V 架构中利用 X 位），实现了只可执行内存（Execute-Only Memory，XOM）机制。该机制能够隐藏代码，阻止攻击者读取代码，从而有效阻断代码重用攻击。

3. 进程内隔离

进程内隔离机制对同一个进程内不同模块（如代码库）或者不同对象（如敏感数据）进行隔离，可以有效降低进程内的攻击危害。

一类方案仅仅将进程内划分为敏感的和非敏感的域。代表性方案包括 C. Song 等在 S&P 2016 上提出的 HDFI 和弗拉塞托等在 USENIX Security 2018 上提出的 IMIX，其基本原理是：通过页表等方案标识敏感数据所在的内存字或者内存页，并采用特殊的内存访问指令访问敏感数据，从而对敏感与非敏感的数据流进行区分。

另外一类方案根据软件需要，可以将进程内划分为多个安全域，对跨域的内存访问进行安全检查和访问控制。尼曼（T. Nyman）等在 DAC 2019 上提出的 HardScope 在处理器核及内存中分别添加作用域信息缓存以及作用域信息栈，在程序运行时确保编译期确定的作用域约束不被违反，进而保证内存安全。维拉诺瓦（L. Vilanova）等在 2014 年计算机体系结构国际研讨会（International Symposium on Computer Architecture，ISCA）上提出的 CODOMs 按照程序模块将程序划分为多个域，并使用附加在内存页上的标签来唯一标识每个域。T. C.-H. Hsu 等在 CCS 2016 上提出的 SMV 方案和利顿（J. Litton）等在 OSDI 2016 上提出的轻量级上下文（light-weight contexts，lwC）方案则通过为进程内每个域创建不同的页表来实现域的隔离与数据共享。

一些商用处理器提供的内存权限隔离机制，也可以用于实现进程内隔离。Intel MPK 与 ARM DACR 通过若干个控制寄存器，在页表指定的内存权限之外进一步提供了访问权限的控制机制，可以辅助软件实现多个内存域的隔离。施拉梅尔等在 USENIX Security 2020 上提出的 Domain Keys 受到 Intel MPK 启发，在 RISC-V 指令集中加入了与 Intel MPK 类似的机制。

（三）国内软硬件协同安全发展现状

在软硬件协同安全方面，国外研究起步更早，与工业界的结合更紧密，部分方案在 Intel、ARM 等主流芯片中落地应用，取得了较好的效果。同时，工业界的成功应用也在反哺推动学术界探索新的软硬件协同安全防御机制。而国内研究相对起步较晚，进行了一些探索性研究，由于受限于芯片生态的不完整，相关方案尚未落地应用，也未形成具有自主知识产权的安全增强芯片。

在完整性保护方面，国内学者针对破坏行为检测和控制流完整性保护两个方面都进行了研究，并提出了一些方案。例如，在破坏行为检测方面，清华大学的谭闻德等在 DAC 2021 上提出的 ROLoad 方案通过将白名单数据置于只读内存中，在敏感操作处检测所使用数据是否受到破坏，同时采用特殊的令牌区分不同的白名单，实现更细粒度的敏感数据破坏检测，在 RISC-V 芯片中实现了轻量级的防护方案原型；上海交通大学的夏虞斌等在 DSN 2012 上提出的 CFIMon 方案提供控制流完整性保护，该方案利用现有硬件性能计数器，跟踪记录软件运行时的控制流轨迹，并与静态分析得到的预期控制流进行比较，可以更有效地检测控制流劫持攻击；中国科学院信息工程研究所的 Li 等[168]提出的 ABCFI 方案提供了另外一种控制流完整性保护机制，该方案通过更新跳转指令的语义，依据跳转目标的低比特来匹配候选的目标类别，同时检查跳转第一条指令是否为某个特定的新引入的标记指令，从而实现更细粒度的控制流跳转目标等价类划分和安全检测。

在隔离机制方面，国内学者集中于研究进程内隔离机制。例如，上海交通大学的古金宇等在 USENIX ATC 2020 上提出的 UnderBridge 方案实现了更轻量级的内核内部隔离，该方案利用现有硬件机制 Intel PKU/MPK 提供的轻量级内存权限更新机制，将微内核的系统服务从用户态重新放入内核态，减少了系统服务调用时多次内核-用户态切换的开销，实现了更为高效的内核系统服务隔离，并进一步在 USENIX Security 2022 上利用 Intel PKU/MPK 机制实现了 LightEnclave 方案，可以实现对 Intel SGX TEE 中安全飞地 Enclave 内部的隔离；中国科学院计算技术研究所的王喆等在 S&P 2020 上提出的 SEIMI 方案实现了用户态敏感数据隔离，该方案利用现有硬件机制 Intel SMAP 提供的阻止内核代码访问用户态数据的特性，将用户态敏感数据置于用户态，将用户态的代码置于内核态，在非可信的用户代码（内核态）访问敏感数据时将被 SMAP 阻断，而在可信的用户代码访问敏感数据前将临时关闭 SMAP 机制。

软硬件协同安全防御机制具有优秀的性能和安全表现，对于抵御未知漏洞攻击具有很好的效果，当前主流的芯片厂商和组织如英特尔、ARM 以及 RISC-V 均在积极推进部署新的软硬件协同安全机制，这一协同防御模式是未来发展的必经之路。国内芯片生态的薄弱制约了自主软硬件协同安全防御机制的研发与实际应用。从安全防护的投入和产出来看，我国亟须探索更多的软硬件协同安全防御方案，并与国产芯片产业进行有机融合，有效提升我国计算机系统安全防护水平。

四、硬件安全

计算机硬件作为整个计算机系统的物理载体，包括 CPU、内存等多种物理硬件设备，是计算机系统安全的物理基础。软件层面上的安全架构往往是建立在对计算机硬件提供的基本安全假设信任的基础之上的。然而，由于硬件的设计和实现中存在的缺陷，这些安全假设可能因为某种攻击而失效，从而导致整个计算机系统安全体系的崩塌。因此，硬件安全是整个计算机系统安全的基石，在保护整个物理计算机及其运行的所有软件的安全的任务中起到至关重要的作用。

硬件安全的研究涉及多个层面，包括硬件系统设计层面、体系结构设计层面和硬件电路实现层面。本小节重点介绍硬件系统设计层面和体系结构设计层面的硬件安全问题，探究因硬件设计的缺陷而导致的系统和应用软件的安全问题。电路层面的硬件安全有大量的自成体系的研究工作，而且攻击者的攻击目标往往是硬件本身，因此，这部分内容不放在系统安全机制这个框架范围内讨论。

（一）硬件攻击方法

理解硬件攻击方法是研究硬件安全的必要步骤。已有大量的文献对硬件攻击方法进行了深入的研究和探索。

1. 微架构侧信道漏洞

CPU 在微架构层面的资源共享和竞争可能导致广泛存在的微架构侧信道攻击。微架构侧信道漏洞的存在是由于 CPU 的微架构资源可以被多个软件实体（如进程或内核线程）同时使用，如缓存。操作系统通过内存物理地址的分离实现了缓存的隔离，防止了软件实体互相访问对方的缓存内容。然而，由于微架构资源的稀缺，资源的共享和竞争会引起指令执行时间的细微差异，导致恶意软件可以利用指令执行时间的差异来推测缓存的共享情况，进而推断其他软件实体运行过程中与这些微架构资源使用状态相关联的机密信息。

近年来，人们构造了多种缓存侧信道的利用方法，如奥斯维克（D. A. Osvik）等在 2006 年 RSA 会议上提出的 Prime+Probe 攻击、亚罗姆（Y. Yarom）和福克纳（K. Falkner）在 USENIX Security 2014 上提出的 Flush+Reload 攻击、格鲁斯等在 DIMVA 2016 上提出的 Flush+Flush 攻击。而常见的缓存侧信道攻击场景包括张殷乾等在 CCS 2012 上提出的跨虚拟机攻击、布拉瑟（F. Brasser）等在 WOOT 2017 上针对 TEE 的攻击、奥伦（Y. Oren）等在 CCS 2015 上基于 Javascript 的浏览器攻击等。通过侧信道攻击，攻击者可以从诸如 RSA、ECDSA、AES 等常见的加密算法中窃取密钥。此外，格鲁斯等在 CCS 2016 上以及拉维钱德兰（J. Ravichandran）等在 ISCA 2022 上分别展示了利用侧信道攻击破解内存地址随机化机制。

不仅仅是 CPU 缓存，CPU 中的其他微架构设计也都会受到潜在的侧信道信息泄露的威胁。例如，利普（M. Lipp）等在 S&P 2021 上、S. X. Zhao 等在 S&P 2022 上及文献[169]通过分析硬件能耗来推测执行的指令以及操作数据的汉明重量实现侧信道攻击，帕卡涅拉（R. Paccagnella）等在 USENIX Security 2021 上针对处理器核间通信环线资源竞争带来的访问时间变化实现侧信道攻击，K. Wang 等在 USENIX Security 2022 上通过处理器主频变化推测操作数据汉明重量实现侧信道攻击，Y. Guo 等在 S&P 2022 上、利普等在 USENIX Security 2022 上利用特殊指令来推测被攻击者的行为，从而实现侧信道攻击。系统性地理解侧信道攻击在微架构设计中的影响，以及如何抵御潜在的侧信道攻击，将成为未来微架构设计的重要方向。

2. 瞬态执行漏洞

CPU 对系统软件提供基本的指令权限分离和内存虚拟化的功能，允许操作系统利用这些功能实现应用程序与系统软件之间的隔离以及应用程序之间的隔离。然而，由于 CPU 在设计和实现中存在的缺陷，CPU 的安全隔离机制可能被攻击者绕过。瞬态执行漏洞是近年来最受瞩目的针对 CPU 的硬件漏洞。

为了提高性能，现代 CPU 往往采用了乱序执行和预测执行等指令级并发技术，使得同一时钟周期内多条指令可以利用不同的执行单元并行执行，并且使得分支目标指令的执行可以在分支预测指令结束之前进行。然而，这种性能的优化导致了瞬态执行漏洞。攻击者可以利用实际执行顺序与预期逻辑顺序的差别，使得逻辑上不可能执行的指令在处理器上"瞬态执行"，绕过处理器提供的内存隔离机制，访问本不应该被访问的内存内容。虽然这些不会写回寄存器或内存，但是攻击者可以在瞬态执行的过程中把机密数据编码到缓存状态上，利用缓存侧信道把机密数据泄露出来。

瞬态执行漏洞导致了很多不同的潜在攻击。例如，科克（P. Kocher）等在 S&P 2019 上提出的幽灵攻击、利普等在 USENIX Security 2018 上提出的熔断攻击、范斯海克（S. van Schaik）等在 S&P 2019 上提出的 MDS 攻击。这些瞬态执行攻击不仅威胁到用户态-内核态的软件隔离，而且严重威胁到 TEE，如 AMD SEV、Intel SGX、Intel TDX 等。施瓦茨（M. Schwarz）和格鲁斯在 S&P 2020 上指出，瞬态执行攻击潜在破坏了绝大多数 TEE 提供的安全保障。

3. 故障注入漏洞

具有系统权限的攻击者可以对 TEE 发起故障注入攻击。故障注入攻击通过改变诸如芯片电压、CPU 运行频率、运行温度等芯片运行环境来恶意地改变指令运行产生的语义，从而破坏软件系统的完整性。例如，邱朋飞等在 CCS 2019 上通过由软件控制的电压管理控制功能来实现相应指令操作的比特位翻转，攻击者基于此可以从受到 TrustZone 和 SGX 保护的 TEE 中窃取机密信息。A. Tang 等在 USENIX Security 2017 上提出的 CLKSCREW 攻击则利用由软件控制的超频功能来从 TrustZone 中绕过签名检查或者窃取某些特定机密信息。受到此类攻击的启发，后续研究广泛探究了包括软件控制和直接物理接触在内的故障注入攻击的潜在攻击面，延伸出了控制运行环境中的不同因素、针对不同处理器平台 TEE 的其他故障注入攻击。例如，布伦（R. Buhren）等在 CCS 2021 上针对 AMD SEV 的故障注入攻击，Z. Chen 等在 USENIX Security 2021 上针对 Intel SGX 提出基于硬件的故障注入攻击，默多克（K. Murdock）等在 S&P 2020 上针对 Intel SGX 提出基于软件的故障注入攻击。

4. 可信硬件的设计安全

TEE 中不完善的硬件系统设计会直接影响被保护数据的安全性。TEE 中不安全的内存加密模式、由不可信软件控制的密钥控制机制和易被拦截的页表访问设计等都可能被攻击者利用来破坏 TEE 的机密性和完整性。例如，M. Li 等在 ACSAC 2021 上提出的 TLB 投毒攻击通过利用 AMD SEV 技术中快表管理机制的不完善，使攻击者能够在程序运行关键节点绕过对快表的清空操作，从而实现绕过密钥检查的目的；而他们在 USENIX Security 2021 上提出的 CipherLeaks 攻击则通过持续性监控加密内存区域的密文变化来推测加密虚拟机内部的运行状态，并窃取相关密钥。

5. 物理内存安全

目前，计算机系统的内存以动态随机存取存储器（dynamic random access memory，DRAM）为主。DRAM 内存是由许多密集的存储单元组成的，每个存储单元由一个电容和一个访问晶体管组成，由电容带电荷的多少代表二进制数据 0 和 1。高密度的存储单元导致了相邻内存单元之间会存在电子层面的互相影响，一个存储单元所在的内存行在被频繁激活时，会对相邻的内存行的存储单元的电容产生影响，造成电荷泄露从而导致数据翻转。RowHammer 攻击利用高密度 DRAM 的这种特性，攻击者通过反复激活映射到自己地址空间内的 DRAM 的存储单元，造成相邻内存行中数据的变化，从而绕过操作系统对物理内存的隔离，允许攻击者间接地改变他不可访问的物理内存中的内容。Rowhammer 攻击主要发生在跨虚拟机的攻击环境中，Y. Xiao 等在 USENIX Security 2016 上证实了这一点。对 TEE（如 Intel SGX），Y. Jang 等在 2017 年可信执行系统软件研讨会（Workshop on System Software for Trusted Execution，SysTEX）上指出，RowHammer 攻击会潜在影响加密内存的完整性，进而可以帮助攻击者实现内存完整性检测失败、崩溃服务器设备的目的。

（二）针对硬件攻击的防御

1. 微架构侧信道的防御

微架构侧信道攻击可以从软件或硬件层面进行防御。在软件层面，王帅等在 USENIX Security 2017 和 2019 上提出开发者可以利用侧信道检测技术来判断某个应用程序中是否存在易被侧信道攻击的高危代码。软件开发者以常量时间的代码实现来改写应用程序的相关代码，从而防止机密数据通过微架构侧信道泄露。在硬件层面，D. Lee 等在 EuroSys 2020 上和冯二虎等在 OSDI 2021 上提出处理器厂商可以在相关微架构中主动清空缓存或者增加相应的隔离机制，从而实现不同进程间以及 TEE 间不共用微架构缓存的目的，以牺牲一部分性能的代价来实现对微架构侧信道攻击的防御。

2. 瞬态执行攻击的防御

针对瞬态执行攻击，人们提出很多防御手段，包括范比尔克（J. Van Bulck）等在 USENIX Security 2018 上提出的处理器厂商通过微代码补丁更新实现的在上下文切换时额外清空缓存的数据、选择性地限制部分瞬态执行、禁用瞬态执行所可能导致的非法及越权访问等。在硬件层面，针对不同软件实体进行缓存分区也同样能够通过阻断侧信道来抵御瞬态执行攻击。人们提出各种可抵御瞬态执行攻击的安全处理器架构，例如，M. Yan 等在 MICRO 2018 上提出的 InvisiSpec，将帮助未来处理器设计避免可能的瞬态执行漏洞。

3. 故障注入攻击的防御

CPU厂商往往采用禁用相关的软件接口和增加硬件交互的鲁棒性的方式来防御潜在的恶意注入攻击。针对由软件控制的故障注入攻击，处理器厂商以微代码补丁的方式来禁用相关软件接口或者限制相应接口的使用方式来消除注入攻击的威胁。而针对由直接物理接触实现的故障注入攻击，处理器厂商可以通过在硬件的协议层面增加相应的检测及防护机制来提升电子信号在传播过程中的容错率，从而达到防御物理注入故障的目的。

4. 物理内存安全的防御

目前主流的内存厂商往往采用目标行刷新的方式来抵御RowHammer类型的攻击。目标行刷新的防御方式通过检测频繁访问的内存行，在数据受到电容影响造成比特位翻转之前，主动地刷新相邻内存行以此来防止潜在位翻转，从而防御此类型的攻击。通过软件方法缓解RowHammer攻击威胁的方式包括Herath和Fogh在2015年黑帽大会上通过静态程序分析的方法检测进行RowHammer攻击的恶意程序，以及布拉塞尔（F. Brasser）等在USENIX Security 2017上避免将用户态和内核态内存页分配在相邻的内存行中。

（三）国内硬件安全发展现状

国内硬件安全的研究多集中在电路层面，相比之下，硬件系统和体系结构层面的研究比较薄弱。但近几年取得了一些进展，例如，南方科技大学的张殷乾、W. Wang、Y. Xiao、M. Li等在RAID 2019、CCS 2017、CCS 2021、USENIX Security 2021、NDSS 2020及文献[170]等上发表了一系列研究成果，提出了多种针对微架构侧信道的漏洞检测和攻击检测方法，实现了针对Intel SGX的幽灵攻击SgxPectre，发现了针对AMD SEV的Crossline攻击、TLB投毒攻击、CipherLeaks攻击等，并研发了针对RISC-V处理器架构的瞬态执行漏洞的检测工具INTROSPECTRE，以及针对Intel SGX的瞬态执行漏洞的检测工具SpeechMiner和Enclyzer；清华大学的邱朋飞等在CCS 2019上披露了ARM等现代处理器上TEE中的恶意控制电压导致的故障注入攻击；浙江大学的Miao等[171]针对已存在TEE的安全保护方案的安全缺陷以及多平台兼容性差等问题，提出一种兼容性强且被形式化验证的TEE架构，保证了运行时的机密性和完整性；中国科学院信息工程研究所的李沛南等在 DAC 2022 上针对"幽灵"攻击，提出基于条件地址传播的新的硬件防御机制，通过历史表的污点跟踪和地址检查来识别安全的基地址，在阻断"幽灵"攻击的同时减少了原有保护方案的性能开销；华中科技大学的王杰等在 CCS 2020 上对隔离执行环境中的数据保护模型和 ARM 缓存属性进行了系统性研究，揭露了 3 种被称为 CITM 的基于缓存的攻击；上海科技大学的陈湃卓等在 USENIX Security 2021 上根据处理器空闲电源管理机制的特性，构建了跨虚拟机的隐蔽信道和侧信道。

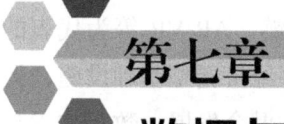

第七章 数据与应用安全

第一节 概 述

智慧城市、电子商务、智能家居、网络教育等数字化技术的发展带来了海量的数据，数据时代由此到来。基于这些海量的、多样化的数据，可利用数据挖掘、人工智能、区块链等技术，从数据中发现知识、规律和趋势，为决策提供信息参考。释放数据应用价值，有助于提升全要素生产率，赋能现代化经济体系高质量发展；有助于提升政府治理效能，推动国家治理体系和治理能力现代化。数据作为一种新兴生产要素，已成为经济社会发展的核心驱动力。

然而，近年来数据泄露事件频发，日益严峻的数据安全风险为数字化转型的持续深化带来严重威胁。为保障数字经济的健康有序发展，提高数据安全风险防控能力，我国从国家层面和行业层面相继出台、发布了多项数据安全法律法规和文件，规范数据处理活动，提升数据安全保护能力，加强防范数据安全风险。例如，我国从国家层面出台了《中华人民共和国数据安全法》和《中华人民共和国个人信息保护法》，从法律层面明确数据安全保护义务，保障个人权利；从行业监管层面发布了《工业和信息化领域数据安全管理办法（试行）》，加快推动工业和信息化领域数据安全管理工作的制度化、规范化。

伴随着各类物联网、云计算、云存储等技术的发展，数据的内容和格式变得更加多样化，数据颗粒度也愈来愈细，随之出现了分布式存储、分布式计算、人工智能、区块链等新兴的数据存储、数据分析、数据存证等技术。以互联网、云计算、大数据、人工智能、5G、区块链、AR/VR 等为代表的新一代数字应用科技迅猛发展，加速构建和完善数字经济新型基础设施，促进科技、文化、教育、金融、政务等各个社会领域的融合发展。数字技术与社会深度融合，已经从效率提升的辅助角色，演变为创新发展的主要驱动力、实现高质量增长的"内燃机"。但是，在进一步扩大利用数据促进经济创新发展的过程中，数据应用的发展也加剧了数据安全威胁，增加了敏感信息泄露的风险。面对数据与应用发展的新特点、新挑战，如何保障数据安全是亟待研究解决的重要课题。本章重点介绍数据与应用安全方面的发展现状和发展态势，主要包括数据安全、人工智能安全、物联网安全、区块链安全、内容安全等方面的内容，其关系如图 7-1 所示。

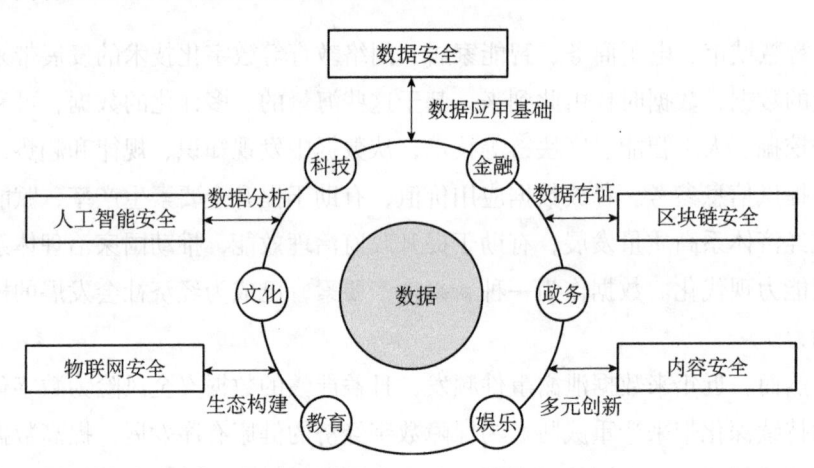

图 7-1 数据与应用安全相关内容之间的关系

1. 数据安全

数据作为一种新兴生产要素，已成为经济社会发展的核心驱动力。数据泄露、数据滥用等安全事件频发，给个人隐私、企业商业秘密、国家重要数据等带来了严重的安全隐患。本章重点关注数据安全存储与检索、数据安全共享利用与隐私保护、数据安全风险评估与监测预警等内容。

2. 人工智能安全

以深度学习为代表的人工智能技术不断走进人类社会的生活与生产活动中，并产生了越来越重要的影响。人工智能应用给人们带来生活便利、提高生活质量与生产效率的同时，其自身的安全性也成为一个越来越重要的关注点。本章重点关注人工智能基础设施安全、人工智能数据模型安全、人工智能应用服务安全等内容。

3. 物联网安全

以车联网、工业物联网、智能家居网络等为代表的物联网，已经逐步应用于生产与生活中。物联网作为一种信息物理融合网络，其具备设备泛在、通信异构、应用智能等诸多特点。本章重点关注物联网系统安全认证、物联网系统安全运行实时监测、物联网系统隐私保护等内容。

4. 区块链安全

区块链结合点对点网络，使用分布式共识算法来解决传统分布式数据库同步问题。随着各种应用落地，区块链数字资产引发的安全问题日益凸显，盗币、诈骗、非法集资、洗钱、暗网非法交易、犯罪等案件频发。本章重点关注区块链安全性与性能的联合优化、区块链隐私保护与安全监管的协同优化、区块链系统的互联互通等内容。

5. 内容安全

随着互联网、人工智能等技术的快速发展，社交网络媒体已经成为人们普遍使用的信息获取渠道与沟通交流工具。随着"元宇宙"等虚拟内容生产服务关键技术受到世界各国的广泛关注，多媒体内容安全研究已上升至国家安全战略高度。围绕内容安全问题，本章重点关注 GAN 技术、多模态内容生产、深度伪造治理、虚假信息识别等内容。

第二节　数据安全

一、研究背景

数据作为一种新兴生产要素，已成为经济社会发展的核心驱动力。作为数字经济时代影响全球竞争的关键战略性资源，数据要素伴随而来的数据安全风险与日俱增。

根据中国信息通信研究院和奇安信集团发布的《数据安全风险分析及应对策略研究（2022年）》报告，由于在线业务的 API 接口遭到误用，2021 年 4 月，Facebook 网站的 5 亿用户数据在暗网公开售卖，导致严重的数据泄露事故，影响约 5.3 亿用户。国家计算机网络应急技术处理协调中心发布的《2020 年中国互联网网络安全报告》指出，2020 年境外"白象""海莲花""毒云藤"等 APT 攻击组织以"新冠肺炎疫情""基金项目申请"等相关社会热点及工作文件为诱饵，向我国重要单位邮箱账户投递钓鱼邮件，诱导受害人点击仿冒服务提供商，从而盗取受害人的邮箱账号和密码。美国威瑞森通信公司（Verizon）发布的《2024 年数据泄露调查报告》显示，2024 年共分析 10 626 起数据泄露事件，跨越 94 个国家。这一数量与前一年（5199 起数据泄露事件）相比翻了一番，再创历史新高，其中 68% 的安全事件涉及非恶意的人为因素，表明"人"仍然是安全链中易受攻击的一环，同时也表明安全意识在减少漏洞对组织的影响方面仍有很大的空间。

本节围绕数据作为生产要素的各个阶段对数据安全进行讨论，包括数据安全存储与检索、数据安全共享利用与隐私保护、数据安全风险评估与监测预警，然后总结数据安全的主要研究现状，并对数据安全研究的未来发展趋势进行展望。

二、主要研究方向

在信息安全等级保护工作中，通常根据信息系统的机密性、完整性、可用性来划分信息系统的安全等级，分别描述了用户获取数据的安全、数据在输入和传输过程中的安全、用户对数据的使用安全 3 个方面。以此为依据，本小节从数据采集、数据流转、数据监管 3 个重要阶段对数据安全进行讨论。数据在每个阶段都有机密性、完整性、可用性的要求，但各有侧重。信息系统在开发过程中根据实际需求，还会要求其他的安全属性，包括真实性、不可否认性、时效性、合规性等。数据采集阶段需要确保数据安全存储与检索；数据流转阶段的重点是数据安全共享利用与隐私保护；数据监管阶段需要重视数据安全风险评估与监测预警。下面介绍这3个阶段的具体研究内容。

（一）数据安全存储与检索

在数据采集阶段，数据安全存储与检索一方面要保证存储数据不被窃取、篡改或破坏，另一方面要保证机密数据检索结果准确和完整。数据安全存储与检索是保障数据安全的首要防线，主要研究内容包括数据访问控制、数据可搜索加密、数据脱敏、数据匿名化与数据库审计等。随着内部安全漏洞成为数据泄露的主要因素，为保证从业者切实承担数据控制者的责任，法律法规对存储安全给予高度重视。国标《信息安全技术 个人信息安全规范》中规定了匿名化与去标识化的含义，并明确了二者的应用场景与安全要求；《中华人民共和国网络安全法》第三十七条规定，境内运营中收集和产生的个人信息和重要数据应当在境内存储；《中华人民共和国数据安全法》进一步对企业在存储、公开等活动中必须履行的数据安全保护义务进行了规范。数据安全存储与检索研究有助于数据安全防护体系的建设，如何在存储与检索过程中保障数据的可控性、机密性、可用性与完整性，是其主要研究目标。

数据访问控制主要研究如何通过预先制定的策略限制主体对客体资源的访问能力，从而保障数据在合法范围内得到有效使用和管理。数据可搜索加密主要研究加密数据的有效搜索，在保证用户隐私的同时减少由解密和查询造成的巨大开销。数据脱敏主要研究如何消除原始数据中蕴含的敏感信息，即通过一定的脱敏规则对敏感数据进行变形，从而使数据在保证隐私的前提下用于下游任务。数据匿名化则为防止攻击者利用发布数据的统计信息或发动标识符链接攻击获取用户的敏感属性，其本质是根据特定算法对数据进行变换或失真，主要包括k匿名化、差分隐私等；其目的是在保证结果可用性的同时，确保数据无法识别或关联到个人记录且无法还原。数据库审计主要研究数据库操作的监管，通过对数据访问行为进行记录与分析，实现风险行为检测和安全事件溯源等。

（二）数据安全共享利用与隐私保护

在数据流转阶段，数据安全与隐私泄露事件在近年频发，数据安全共享利用与隐私保护在政策环境和与日俱增的数据流通需求中引发大量关注。数据安全共享利用与隐私保护旨在数据开放共享的过程中，保障数据的完整性、机密性和可用性，防范数据被篡改、窃取和泄露等安全与隐私风险，为《中华人民共和国数据安全法》的落实保驾护航。

为保障数据实现共享利用与隐私保护，机密计算、差分隐私和联邦学习等技术相继被提出，而且 SMPC、零知识证明和同态加密等技术也得到了广泛且深入的研究。随着智能终端设备的普及，群智感知服务的快速发展贯穿了数据采集、利用与处理等流程，为了保障群智感知（crowd sensing）服务的安全应用和对感知用户的激励，隐私保护成为群智感知发展的重要前提。同时，在相关制度尚未完善的当下，数据权属问题在实现中仍未达成共识，如何应对产权争议和监管难题，以及数据确权与存证有待进一步研究。

（三）数据安全风险评估与监测预警

数据监管阶段通过监测数据安全并对违反安全规则的事件进行预警，为数据安全构筑坚实的防火墙。数据安全风险评估与监测预警是指从风险管理角度出发，对数据安全进行全面的分析，主要包括数据防泄露、数据完整性验证、数字水印与数字取证等。

数据防泄露主要研究通过访问权限控制、数据加密以及对网络进行监控，阻止内部敏感信息泄露，是保障数据机密性的重要手段。数据完整性验证是保证数据质量的基础，其原理是通过对比数据中具有代表性的唯一值来判断本地或远程的数据是否完整。数字水印与数字取证能够在出现违反安全规则的事件时有效识别攻击，帮助安全人员进行提前预警、调查事故原因以及追查事故责任。

三、主要研究现状

数据安全对于全面提升数据要素的生产率，充分挖掘数据资源的商业价值和社会价值具有决定性意义,数据要素只有在安全、高效的流通中才能充分发挥价值。目前已有许多研究试图解决数据安全存储与检索、数据安全共享利用与隐私保护、数据安全风险评估与监测预警中的关键难题。本小节主要介绍这3个方面的研究现状。

(一)数据安全存储与检索

数据安全存储与检索为数据存储、数据检索和数据发布等环节建立了坚实的数据安全防线,攸关数据命脉。针对数据在上述环节中面临的用户非法访问、数据恶意篡改、敏感信息窃取等潜在安全威胁,人们围绕数据访问控制、数据可搜索加密、数据脱敏、数据匿名化与数据库审计开展了一系列研究,有效确保了数据的完整性和隐私性。

1. 数据访问控制

典型的访问控制技术主要包括自主访问控制、强制访问控制、RBAC和基于属性的访问控制(attribute-based access control,ABAC)。上述经典模型多为集中式管理,不可靠的数据托管服务商将威胁数据隐私与安全,因而目前相关研究工作主要集中在基于密码学或更可靠的访问控制模型。基于密码学的访问控制是通过数据加密有效保障了数据隐私,实现了所有方数据控制权的回收。其中,属性加密技术将密文密钥与属性集合和访问策略关联,凭借其一对多、细粒度等优势,成为访问控制的领先模式,这方面的工作可参阅文献[172]及戈亚尔等发表在CCS 2006上的工作。此外,D. X. Song等在S&P 2000上将不同访问控制策略相结合,建立优势互补的集成模型,也是实现访问控制的重点内容。

2. 数据可搜索加密

从密码学角度来看,可搜索加密主要分为对称可搜索加密(symmetric searchable encryption,SSE)与公钥可搜索加密两类。这种技术最先由D. X. Song等在S&P 2000上提出,目的是借助云服务器检索存储的加密数据,而不泄露数据隐私。目前,可搜索加密技术的研究主要关注安全性的完善以及检索机制的优化。在安全性方面,通过双线性映射算法、区块链技术、随机预言模型等,可实现结果可验证性或检索安全性,规避服务器进行篡改、关键词猜测等恶意行为。在检索机制方面,为提升搜索功能和效率,一系列研究工作通过典型的倒立索引结构或自设计索引，实现了单关键字搜索、精确或模糊的多关键字搜索以及基于短语的搜索。

3. 数据脱敏

传统数据脱敏方法包括置换、置乱、加密、遮蔽等操作，不同脱敏算法可根据数据类型和场景适度组合以保护用户隐私。目前，市场上已有部分数据脱敏产品，例如，Oracle 公司的 Data Masking 组件通过对原数据进行克隆与转换，得到与原数据格式相同、关联的虚拟数据；国内安华金和数据库脱敏系统（简称 DBMasker）支持敏感数据的自动发现和基于网络代理模型的动态脱敏技术。近年来，人们也在不断探索数据脱敏技术在效率以及非结构数据上的优化。

4. 数据匿名化

数据匿名化技术的典型代表有可防御链接攻击的 k-匿名模型与可抵御背景知识攻击的差分隐私技术，随着研究的深入，衍生出许多有针对性的匿名化技术。例如，通过限制 k-匿名中等价类敏感属性数目，可以确保其多样性以预防同质化攻击。类似地，要求等价类中敏感属性的分布类似于原始数据集，能一定程度上抵御偏态攻击。此外，由于个体对隐私保护程度的需求不同，考虑个体与数据特性的个性化匿名方法也得到了广泛研究[173]。

5. 数据库审计

数据库审计在商业化应用中主要依据日志或访问流量（通过镜像、探针等技术收集）进行审计，这方面的研究多集中于安全高效的审计模型和基于可搜索加密的数据审计方法。通过有效设计数据库的取证方法、存储机制、TSA 双向协议可以提高数据库审计的安全性。出于数据隐私的考虑，密文数据已经是数据库审计的常态，因此，现有研究开始基于可搜索加密方法设计日志审计方案，保证审计在高效进行的同时不会泄露用户隐私。

（二）数据安全共享利用与隐私保护

随着隐私数据共享需求的增长，数据安全共享利用与隐私保护领域受到高度重视，以 SMPC、联邦学习、机密计算等为代表的安全共享利用与隐私保护技术的研究发展迅速。随着智能设备的飞速普及，群智感知展现出巨大的应用服务前景，针对其中的隐私保护问题的研究也已取得初步进展。数据权利的归属问题作为数据即财富时代的新型博弈，对于数据确权/存证的研究处于起步阶段，更多有关数据权利的难点问题有望在未来逐步解决。

1. 安全多方计算

安全多方计算（SMPC）是指在无可信第三方的参与下，多个参与方不公开各自数据进行数据联合计算。当前安全多方计算主要基于混淆电路、多方电路的协议和混合模型实现安全计算。本书第四章第五节"一、安全协议的设计与应用"详细地讨论了安全多方计算。

2. 联邦学习

联邦学习（federated learning）是一种分布式机器学习模式，是指在数据不出本地的情况下，多个参与方进行联合的机器学习训练与模型推理预测。近年来，基于联邦学习的攻击层出不穷，联邦学习面临着安全与隐私威胁，联邦学习与其他隐私保护技术融合也成为新的研究问题。例如，博纳维茨（K. Bonawitz）等在 CCS 2017 上指出，在联邦学习场景下，联合建模中的参数交互过程可以使用同态加密技术，参数经过加密后进行传输运算，可在一定程度上解决隐私保护问题。基于数据扰动的联邦学习隐私保护方法常使用差分隐私，可分为本地式、中心化和分布式等方法。由于区块链的去中心化、可验证、防篡改等技术特性，近年来引入区块链来辅助联邦学习进行隐私保护。利用区块链中的共识机制，联邦学习可以实现不依赖可信第三方的本地学习模型更新交换和验证[174]。

3. 机密计算

机密计算是一种保护使用中的数据安全的计算范式，它提供硬件级的系统隔离，保障数据安全，特别是多方参与者下数据使用中的安全。机密计算的核心基础是 TEE。TEE 是一种提供机密性和完整性保护的安全代码执行环境，其通过软硬件方法在 CPU 中构建一个受保护的内部程序加载安全区域，使进程与运行在设备正常操作系统中的任何进程以及 TEE 内部的其他进程隔离。目前有很多 TEE 的实现方式，如 Intel SGX、ARM TrustZone 等。TEE 的第一个实现是由英特尔公司创建的，称为软件防护扩展（software guard extension，SGX），SGX 通过基于硬件的内存加密提供程序代码和内存中的数据隔离。之后，ARM 公司创建了 TrustZone，该环境需要一个带有 TrustZone 支持的 ARM 处理器。

4. 群智感知

群智感知是一种基于众包和移动设备感知获取数据的服务模式，是指大量的普通用户通过其自身携带的智能移动设备来采集感知数据并上传到处理平台，服务提供商对这些感知数据进行处理，最终完成感知任务并利用收集的数据提供用户所需服务的过程。在感知任务的进行中，感知用户的身份、位置和敏感数据等会存在隐私泄露的风险。群智感知隐私保护方法主要包括匿名化、密码算法与协议、数据扰动等。例如，利用k-匿名降低位置隐私泄露的风险，位置聚合方法将感知用户分组，同时减少了由此产生的信息丢失[175]；肖明军等在2017年IEEE计算机通信国际会议（IEEE International Conference on Computer Communications，INFOCOM）上指出，基于贪心策略和密码共享的基本用户招募协议可以在保证每个任务的总感知质量不低于给定阈值的情况下招募几乎最小数量的用户；Wu等[176]指出，基于双线性对和同态加密的隐私感知任务分配方案，雾辅助群智感知架构部署于不同区域的多个雾节点可以在提供强大隐私保护的同时有效地分配任务和更新数据。

5. 数据确权/存证

数据确权/存证是指确定数据的权利人，即谁拥有对数据的所有权、占有权、使用权、受益权，以及对个人隐私权的保护责任等。数据所有权的确认和存证是数据交易的基础，也是数据安全共享与个人隐私保护的前提。传统的数据权确认手段采用提交所有权证据和权限审查的模式，但存在篡改等不可控因素，区块链的可追溯性和不可篡改性，以及智能合约的自动执行等特点为解决数据确权/存证提供了有力帮助。局部敏感杂凑的数据指纹提取技术，用于保持存储在区块链上的指纹和区块链分布数据的一致性，支持确认交易的提交、验证和公证，并可以通过适当的参数有效地发现数据资源的侵权行为。

（三）数据安全风险评估与监测预警

数据安全风险评估与监测预警是数据安全风险管理的关键环节，是应用相关安全技术实现事故预防的关键。其通过对数据的合规性、脆弱性等方面进行监测，分析数据安全事件发生的概率以及可能造成的损失，采取有针对性的处置措施，并提出数据安全风险管控措施。当前研究主要关注于数据防泄露、数据完整性验证、数字水印与数字取证等。

1. 数据防泄露

数据防泄露研究主要分为权限控制系统设计、数据加密和敏感数据检测三个方面。在权限控制系统设计上，当前系统提供的权限信息还远远不够，例如，申炳宇等在 USENIX Security 2021 上指出，只有 6.1%的用户可以从手机系统提供的信息中准确推断出权限组的范围。因此，对系统中恶意获取权限、窃取用户隐私的隐蔽恶意软件进行高查全率的检测是一个需要关注的问题。数据加密技术可以用特有的技术将信息在传递过程中转化为密文形式，以达到保护信息真正含义的目的，常分为对称加密技术和非对称加密技术。前者应用同样的密钥进行加解密，运算操作简单，效率高；后者信息发送方和接收方都要按照不同密钥对数据信息进行加密、解密处理，机制更为灵活。敏感数据检测是指依赖经验知识，通过指定敏感关键字或正则表达式对响应内容进行匹配，从而筛选出敏感信息。当前的研究热点是结合局部文本特征与全局文本特征，对文档中的敏感信息进行检测。

2. 数据完整性验证

随着云计算和云存储的快速发展，数据完整性验证受到了人们的广泛关注，主要可以分为数据拥有证明（provable data possession，PDP）和数据可恢复性证明（proof of retrievability，POR）。PDP 方案使用户能够检测到外存于服务器的文件受损；POR 方案使用户能够确定存储于远程服务器的文件可以取回，并可以使用纠错码恢复出原文件。阿泰涅塞（G. Ateniese）等在 CCS 2007 上提出的 PDP 模型采用随机采样技术，以此来避免每一次检测都要求服务器读取整个文件，之后一些优化方案也陆续出现[177]。朱尔斯（A. Juels）等在 CCS 2007 上提出的 POR 模型采用随机抽样技术和纠错码，使得在验证服务器存储数据的同时又保证了服务器数据的可取回性。

3. 数字水印与数字取证

数字水印与数字取证能够便于安全管理员分析违反安全规则的事件。数字水印是指利用特定的算法，把水印嵌入多媒体数据中，通过检测与分析达到完整性认证、版权保护和信息隐藏的目的。由于具有在提取水印后可无失真地恢复原始载体的特点，可逆数字水印受到人们的广泛关注[178]。数字取证是为了鉴别数据是否经过修改以及数据的数据源等信息，当前研究主要集中在准确地重构并恢复数据操作历史，盲估出操作类型、强度、参数和次序等信息。

四、未来发展趋势

面对不断叠加演进的安全威胁，数据安全建设是长期且复杂的过程，需要在建设过程中持续聚焦安全痛点问题，明确重点环节。本小节基于数据安全的研究现状，总结现有研究工作的局限性，展望未来发展趋势。

（一）数据访问控制

现有数据访问控制技术面临策略冲突的问题。在实际应用场景中，某一数据资源可能由多方共享，不同的资源持有者会为数据设置不同的访问约束，对应不同的访问控制决策。然而，由于这些控制决策存在相互违背的情形，所以在满足某用户的访问需求的同时，其他用户权益可能会受到损害。在未来，如何快速、动态地选择和调整不同用户的访问控制决策，解决因资源共享而引发的策略冲突，并在用户之间达成共识，是值得研究的一个重要问题。此外，集中式的访问控制策略均依赖于一个可信的服务器或者中央管理员（CA），这导致了中央节点负载较大且容易受到恶意攻击，从而使隐私数据泄露。因此，未来如何结合区块链等技术来研究去中心化的访问控制策略，以增加访问决策的可信性，也是一个重要的研究方向。

（二）安全隐私性与性能平衡

在现有实现数据安全共享利用与隐私保护的技术中，性能瓶颈仍是需要特别关注的一个问题。基于密码学的隐私保护技术会产生大量密文操作，例如，同态加密算法引入了较大的计算与通信负载，这严重影响了系统性能。同时，密文计算比明文计算会需要更大的存储代价。在资源受限或者大规模应用的场景下，网络、系统、计算、存储性能都将限制整个服务的进程。如何在保护数据安全性的同时，减少额外的计算和通信成本仍然是一个重要问题。例如，基于数据扰动的差分隐私技术，虽然其花费较少的计算开销，但却在一定程度上造成了模型性能损失。因此，在不损害学习任务准确性的情况下，安全和隐私增强与一般环境下的实用性之间的权衡值得进一步研究。

（三）数据完整性验证

现有数据完整性验证方案大多只针对单个验证挑战，这体现在两个方面：一方面，现有方案只能通过随机抽取的方式保证整体数据的完整性，并且无法根据现有的验证结果动态调整新一轮验证的抽样策略，这导致有限次验证下无法检测出所有损坏数据；另一方面，当多个验证者同时对相同数据发起验证挑战时，现有验证方案无法对多个验证挑战进行安全有效的聚合，云服务提供商只能对每个验证挑战进行独立计算，并承担重复的计算开销。如何设计更高效的验证方案来支持多个验证挑战是数据完整性研究领域的一个重要研究方向。

（四）数字水印与数字取证

随着数字水印攻击技术研究的不断深入，人们发现一些攻击会使数字水印无法检测，导致其失去数据完整性认证的作用。因此，提出鲁棒性更高的数字水印算法，建立更优的数字水印模型将是其未来发展必须考虑的挑战。现有的数字取证技术往往是对复杂的篡改伪造过程进行一定程度的假设和简化，仅对某一种或某一类篡改伪造操作进行了建模和检测取证。而实际的篡改伪造操作往往较为复杂，通常是多种不同操作的组合，即构成图像操作历史。如何更好地对复合篡改伪造操作进行建模，鉴别完整的图像操作历史，并提高数字取证的实用性，是实现数字图像精细取证面临的重要问题。

第三节　人工智能安全

随着各种人工智能技术，例如，ChatGPT 在应用层面的广泛推广，人工智能安全的研究也逐渐成为网络空间安全研究的热点和重点。本节阐述人工智能安全，包括研究背景、主要研究方向、主要研究现状和未来发展趋势 4

个方面。

一、研究背景

近年来,以深度学习为代表的人工智能技术不断走进人类社会的生活与生产活动中,并产生了越来越重要的影响。人类社会不断出现新的人工智能应用,例如,自动送货物流车在给人们生活带来便利、提高生活质量与生产效率的同时,人工智能应用衍生出的安全性也成为一个越来越重要的关注点,如自动驾驶的安全隐患。在社会发展需求的推动下,世界各国都开始对人工智能安全问题进行了长远的规划。美国政府发布《美国人工智能倡议》,强调人工智能对传统安全领域的重要意义;欧盟委员会发布《可信赖的人工智能伦理准则》,提出实现可信赖人工智能全生命周期的框架。人工智能安全问题已得到世界各国的广泛关注和重视。

二、主要研究方向

目前以深度学习为代表的人工智能技术得到了学术界与工业界的广泛关注,人工智能技术已经从较为单一的算法发展阶段跨越到了软件、硬件与应用场景相结合的全方位、一体化的发展阶段。然而传统的安全技术大多仅仅关注算法层面的安全性,与当前全方位、一体化的人工智能技术并不能很好地匹配。一方面,随着人工智能技术的全方位发展,在其应用与部署的各个层面都会面临新的安全风险;另一方面,随着人工智能算法的更新迭代,传统的安全分析技术无法适应人工智能领域出现的新算法、新模型,从而产生了算法断层现象。因此,本小节从构建人工智能应用的完整体系出发,按照人工智能基础设施安全、人工智能数据模型安全和人工智能应用服务安全3个方向进行阐释。

(一)人工智能基础设施安全

人工智能应用的实现与运行依赖相关的基础硬件设施和基础软件设施,因此,人工智能基础设施中的漏洞与缺陷会直接影响人工智能应用的正常运行。人工智能基础设施安全问题主要包括智能硬件信息机密、智能硬件错误容忍和人工智能框架漏洞缺陷。其中,智能硬件信息机密主要研究如何分析由硬件设备造成的信息泄露和如何保证上层应用中带有机密性的模型与算法不会在硬件设备上被恶意窃取。智能硬件错误容忍主要研究如何在硬件层面发生错误的情形下,保证人工智能算法与模型运行的正确性。人工智能框架漏洞缺陷主要研究如何挖掘与分析人工智能框架中的漏洞与缺陷。

(二)人工智能数据模型安全

数据与模型是构建人工智能应用的理论基础。由于当前人工智能理论仍然停留在弱人工智能阶段,这给人工智能数据模型带来了很多理论层面的安全问题,主要包括如何保证人工智能数据的隐私性与可靠性,以及如何保证人工智能模型的鲁棒性、公平性与可解释性。其中,保证人工智能数据的隐私性主要是指保证人工智能训练数据的机密性;保证人工智能数据的可靠性主要是指保证人工智能模型免疫数据投毒攻击与后门攻击;保证人工智能模型的鲁棒性主要是指保证人工智能模型输出对于对抗扰动的稳定性;保证人工智能模型的公平性主要是指消除人种、肤色与性别等因素对人工智能算法的影响;保证人工智能算法的可解释性主要是指构建可解释、可理解的人工智能算法与模型。

(三)人工智能应用服务安全

当前人工智能被广泛应用于各种下游的应用与服务场景中,与此同时,这也带来了新的安全问题,主要包括两个方面:应用人工智能技术解决传统网络安全问题,以及滥用人工智能技术衍生出新的安全矛盾。其中,应用人工智能技术解决传统网络安全问题主要是指在传统的网络安全问题中,应用人工智能算法缓解其危害,包括恶意软件检测、恶意流量检测与灰黑色产业链挖掘等;滥用人工智能技术衍生出新的安全矛盾主要是指由于人工智能技术的滥用造成了新的伦理问题与安全挑战,包括自动驾驶汽车的安全隐患、深度伪造技术造成虚假信息的大量传播等。

三、主要研究现状

人工智能安全主要研究人工智能技术本身与应用过程中产生和面临的安全风险,可以将当前人工智能安全的发展现状分为人工智能基础设施安全、人工智能数据模型安全和人工智能应用服务安全来进行阐述。其中,人工智能基础设施安全主要研究人工智能应用所依赖的基础硬件缺陷与基础软件漏洞对运行在其中的人工智能技术产生的安全影响;人工智能数据模型安全主要研究人工智能技术内生算法存在的安全问题;人工智能应用服务安全主要研究如何应用人工智能技术减小安全风险以及在滥用人工智能技术中衍生出的安全矛盾。三者之间的关系如图 7-2 所示。

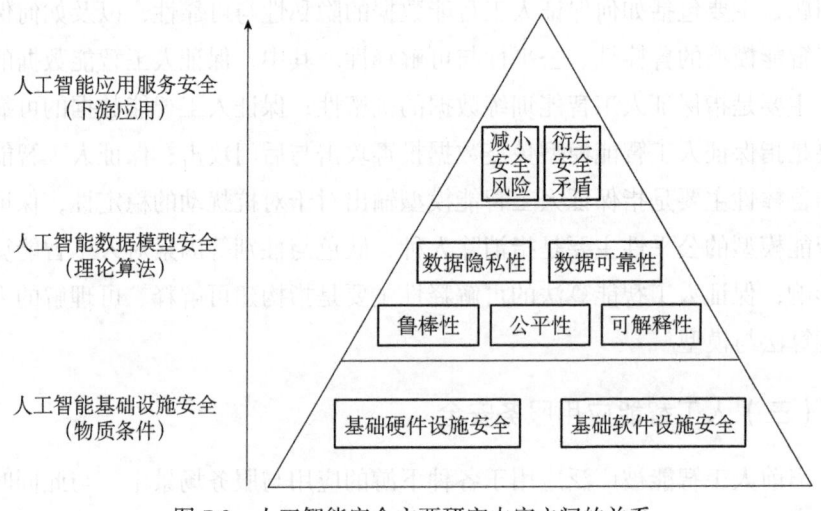

图 7-2 人工智能安全主要研究内容之间的关系

(一)人工智能基础设施安全

人工智能基础设施主要由人工智能基础硬件设施与人工智能基础软件设施组成。人工智能基础硬件设施主要包括人工智能应用在运行时涉及的存储设备和计算设备,包括但不限于内存、缓存、图形处理器等。人工智能应用在存储与计算设备上运行时往往面临着存储与计算设备不可信的风险,因此,人工智能应用在这些不可信的存储与计算设备上运行时会面临敏感信息泄露、知识产权窃取以及应用性能降低等多种安全风险。人工智能基础软件设施主要包括以 TensorFlow、PyTorch 和 MindSpore 等为代表的人工智能计算框架以及用于构建人工智能应用程序的相关软件包。目前，几乎所有的人工智能应用都会基于人工智能基础软件设施进行构建，因此，人工智能基础软件设施中存在的安全漏洞会直接影响人工智能应用的完整性和可用性。

1. 人工智能基础硬件设施安全

任何应用程序在实际运行时都依赖于所运行的硬件设备，人工智能应用程序也不例外。在诸多现实场景中，如终端场景，人工智能应用程序往往会运行在不可信的硬件设备中。在这样的场景下，人工智能应用程序面临由运行其的硬件设备带来的敏感信息泄露、知识产权窃取以及应用性能降低等安全风险。例如，Z. Sun 等在 NeurIPS 2020 上提出的攻击算法中通过获取文本生成模型中的缓存访问时间作为侧信道信息推断出用户输入的文字信息，从而直接窃取敏感信息。该攻击还能进一步应用在针对匿名文本的去匿名化问题中，产生规模更大、危害更广、影响更深远的威胁。Y. Zhu 等在 USENIX Security 2021 上提出的 Hermes 攻击算法通过获取并分析连接在图形处理器上 PCIe 总线中的未加密流量信息来完成对深度学习模型结构与参数等模型知识产权的完全窃取。F. Yao 等在 USENIX Security 2020 上提出的 DeepHammer 攻击算法通过利用计算机内存中的 Rowhammer 漏洞在深度学习模型运行状态下造成了其中某些参数值的改变，从而严重影响了深度学习模型的准确度，造成人工智能应用性能的急剧下降。现有研究也从防御的角度探讨了人工智能应用容忍基础硬件错误的问题。李渝等在 CCS 2020 上提出的 DeepDyve 防御框架采取了动态验证的策略，以相对较低的计算开销，校准了由硬件错误造成的神经网络输出结果偏差。在工业应用中，百度安全事业部与 DuerOS 联合发布的《人工智能硬件安全白皮书》中明确了 DuerOS 中的各种硬件安全规范用于防范各种针对人工智能基础硬件设施的安全攻击。

2. 人工智能基础软件设施安全

现有的人工智能应用程序基本都构建在以 TensorFlow 为代表的开源深度学习框架之上。然而，这些开源深度学习框架本身由于缺乏严格的安全性测试，可能存在漏洞与后门，进而影响到依赖这些开源深度学习框架构建的人工智能应用的安全性。以最具代表性的 TensorFlow 为例，在公共漏洞与披露数据库中搜索 TensorFlow 关键字就可以找到接近 300 个公共漏洞。这些公共漏洞涵盖整数溢出、竞争冒险、缓冲区溢出等多种高风险漏洞类型，一旦这些漏洞被攻击者利用，攻击者就有可能对构建在这些人工智能框架之上的人工智能应用程序进行劫持，破坏人工智能应用的完整性与可用性。以 TensorFlow 为代表的开源深度学习框架还面临着被代码投毒的安全威胁，巴格达萨良（E. Bagdasaryan）和什马蒂科夫（V. Shmatikov）在 USENIX Security 2021 上提出的盲后门攻击通过对开源深度学习框架的损失函数进行代码投毒来达成对深度学习模型的后门攻击。除了开源深度学习框架之外，与人工智能应用相关的软件包也面临着安全风险，例如，奎林（E. Quiring）等在 USENIX Security 2020 上指出，图片处理软件包 OpenCV 与 Pillow 在处理图片的缩放运算时会面临遭受图像缩放攻击的安全风险。

（二）人工智能数据模型安全

数据与模型是构建人工智能应用的核心。数据主要是指用于训练人工智能模型的训练数据，面临着保证数据隐私性与可靠性这两个方面的安全风险。数据的隐私性风险贯穿于构建人工智能应用从训练到测试的各个阶段。例如，在训练阶段尤其是在多方协同训练人工智能模型的场景下，由于恶意成员的存在，其余成员的敏感训练数据会遭到推断与窃取攻击。数据的可靠性风险由不可信的互联网数据源造成。例如，在开源数据集中存在恶意用户蓄意构造的毒性数据。模型主要是指构建人工智能应用的算法模型，目前以深度学习模型为代表的诸多人工智能算法面临着鲁棒性不足、公平性欠缺以及可解释性模糊这 3 个方面的安全风险。人工智能算法的输出结果会由于输入样本带有特殊构造的微小扰动而产生巨大变化；人工智能算法中潜藏偏见，有时会过度关联敏感属性，从而基于种族、年龄、性别等敏感属性的应用会产生不公平的行为；人工智能应用在做出决策时往往带有高度复杂性，目前仍然没有完整的理论与方法去解释深度学习模型的决策过程。

1. 人工智能数据安全

数据的隐私性与数据的可靠性是当前人工智能数据安全研究主要关注的两个方面。在构建人工智能应用的各个阶段中都可能存在敏感数据泄露的风险：在人工智能模型算法的训练阶段，尤其是在多方合作协同训练人工智能模型的场景下，可能存在恶意参与方对其他参与方的敏感数据实施主动或被动的推断攻击，例如，梅利斯（L. Melis）等在S&P 2019上研究了在协同机器学习中因梯度信息的交换而导致恶意参与方可以推断出其他参与方的敏感训练数据，如推断某个特殊的地理位置信息是否被用于训练性别分类器；在人工智能模型算法的测试阶段，尤其是在云平台提供计算服务的场景下，攻击者通过查询可以对训练这些深度学习模型的敏感数据进行推断，例如，R. Shokri等在S&P 2017上提出的成员推断攻击利用深度学习模型对于训练数据与未训练数据表现的差异性，判断出了一条特定的隐私数据是否被用于深度学习模型训练。目前用于训练人工智能模型的基础数据的可靠性仍然难以保证，以深度学习为代表的人工智能技术仍然处在数据驱动的阶段，因此，训练数据的质量是决定人工智能算法模型表现的关键因素。然而现有的训练数据大多都由互联网开源协作而成，数据的可靠性难以得到保证，模型在这些数据中集中进行训练就会面临着中毒攻击的风险。例如，微软研发的自动聊天机器人Tay在仅仅上线16个小时后就被投毒攻击成功，因提出种族主义相关的评论而最终被关闭。舒斯特（R. Schuster）等在USENIX Security 2021上研究了在开源代码托管平台中进行数据投毒攻击使得基于中毒代码数据训练出的自动代码补全模型受到污染，最终给出错误的代码补全结果。在工业应用中，众多公司都提出隐私计算框架用于保护人工智能模型的训练数据安全。例如，蚂蚁集团提出的隐私计算框架"隐语"支持包括可信安全、可度量安全和可证安全等多种隐私计算能力。

2. 人工智能模型安全

人工智能模型算法的鲁棒性、公平性与可解释性是当前人工智能模型安全研究主要关注的3个方面。目前以深度学习为代表的人工智能模型算法极易受到精心构造的含有特殊轻微扰动的图片的欺骗。自从塞格迪（C. Szegedy）等在2014年表征学习国际会议（International Conference on Learning Representations，ICLR）上提出对抗攻击的概念，各种对抗攻击算法层出不穷，从数字世界到物理世界，并逐步涵盖图像、文本、音频、视频、软件等各个模态的多种任务，这给维持人工智能算法的鲁棒性带来了极大的挑战。现有的研究尝试了多种方法提升或确定人工智能模型的鲁棒性，如对抗训练、知识蒸馏以及可验证鲁棒性技术等。在这些提升模型鲁棒性的技术中，对抗训练、知识蒸馏等基于经验性的鲁棒性加固技术已经被发现可以被改进的对抗攻击技术所攻破，而可验证鲁棒性技术能给出可靠的鲁棒性证明，被认为是最有发展潜力的人工智能模型鲁棒性提升技术，然而现有的可验证鲁棒性技术面临着计算开销大、鲁棒边界估计不清晰等问题。当前人工智能模型算法在基于种族、年龄、性别等敏感属性的应用上仍然具有不公平性，这种基于数据的学习方法会过度关联敏感属性，可能会对受保护群体表现出歧视行为，从而对个人和社会产生潜在的负面影响。例如，美国法院使用COMPAS风险评估工具对非裔美国人被告再次犯罪的风险估计平均高于白人被告。目前，针对来自数据、模型的偏见问题已经成为业内重点关注对象，已有的去偏方法主要分为对数据预处理去偏、对模型处理去偏以及后验性去偏。其中，对数据预处理去偏以及对模型处理去偏的算法基本都会降低人工智能模型的性能，后验性去偏算法的计算开销一般都巨大。因此，面向深度学习的公平性研究领域还有很大的发展空间。以深度神经网络为代表的人工智能模型算法的可解释性一直是人工智能模型在下游应用时的阻力。人们希望知道模型究竟从数据中学到了哪些知识从而产生了最终的决策，模型的可解释性就是以人类可以理解的方式表达。目前针对人工智能模型的可解释性方法主要有特征逆向解释、局部解释、模型模拟解释以及精确解释。其中，特征逆向解释方法所提取的特征相对粗糙，而且会由于零梯度问题导致无法追踪；局部解释方法运用局部分析与局部近似的手段，因此，其仅仅能获取模型的局部特征，无法对模型的整体行为做出准确的解释；模型模拟解释采取简单模型替代复杂模型的思想，因此，做出的解释往往无法满足精确解释的要求；目前提出的模型精确解释的算法研究尚少，仅仅能解释结构简单的神经网络模型，针对复杂结构的神经网络模型仍然需要更进一步地探索。与此同时，模型可解释性方法的鲁棒性也是一个值得关注的问题，目前已有研究表明模型的可解释方法可以被攻击。

（三）人工智能应用服务安全

人工智能应用服务安全分成两部分：一是使用人工智能技术解决传统计算机安全问题，从而降低计算机安全风险；二是在实际生产生活中滥用人工智能技术衍生出的其他领域的安全矛盾。以深度学习为代表的人工智能技术能够自动化地学习训练数据的特征，因此在传统的计算机安全领域内，如软件安全、网络安全等方面，得到了相对广泛的应用，并取得了一定的效果。随着人工智能相关技术在人们生产生活中的广泛应用，例如，自动驾驶场景对传统的生活方式与生活结构产生了一定的冲击，因此，衍生出了新的安全矛盾。

1. 人工智能技术减小安全风险

人工智能技术已经在传统的计算机安全领域中被广泛应用，为传统的计算机安全问题注入了新的发展活力。例如，在恶意软件识别与检测中，Z. Zhu 等在 CCS 2016 上提出的 FeatureSmith 框架中利用程序文档相关信息模拟人类的特征选择过程，从而对恶意软件进行端到端的特征提取与检测；在网络流量入侵检测中，米尔斯基（Y. Mirsky）等在 NDSS 2018 上提出的 Kitsune 系统利用集成学习与自动编码器实现了通过无监督学习的方式自动识别恶意流量。人工智能技术也被用于解决很多其他计算机安全问题，如网络霸凌问题、广告识别问题等。与此同时，人工智能技术不仅能直接解决传统的计算机安全问题，也能被用于辅助传统的计算机安全问题研究。例如，J. Liang 等在 NDSS 2021 上利用对比学习技术通过无监督的方式对恶意软件与恶意流量样本进行无监督的标签补全，从而降低相关领域的人工成本。在工业应用方面，360 公司研发的 360 恶意代码检测平台利用人工智能技术对海量恶意代码进行特征提取与 AI 建模，能有效识别和发现 APT 攻击，并做出及时预警。

2. 人工智能技术衍生安全矛盾

随着人工智能技术在人类社会生产生活中的广泛应用，人工智能应用在人类社会生活中起到了越来越重要的作用，可以替代人类进行决策和行为操作的控制。因此，人工智能应用可能会直接影响人类社会或人类的身体健康本身，从而带来新的安全矛盾。例如，2016 年，特斯拉汽车在开启自动驾驶功能后，因无法识别白色货车而发生车祸，导致驾驶员死亡。Y. Cao 等在 CCS 2019 上对自动驾驶汽车的光学雷达组件进行了针对性的攻击，提出的攻击算法可以对自动驾驶汽车中的光学雷达进行欺骗性攻击。J. Sun 等在 USENIX Security 2020 上从光学雷达脆弱性的角度出发，提出 CARLO 框架用于缓解对自动驾驶汽车中的光学雷达欺骗攻击的威胁。除了自动驾驶领域，人工智能技术应用在其他领域内也会对社会产生很大的冲击，造成严重的社会安全与伦理问题。例如，Kronos 智能雇佣系统破坏了就业公平权，人工智能的产业化也使得部分就业岗位减少甚至消失，造成结构性失业现象。

四、未来发展趋势

（一）可解释鲁棒的人工智能数据模型安全理论

当前针对人工智能安全的研究仍处在相对初级的阶段，并且现在针对人工智能安全的研究主要集中在人工智能数据模型安全方面，大量的研究尝试在理论上为人工智能算法模型提供安全保证与安全解释，但是目前在理论上为人工智能模型算法尤其是深度学习模型提供安全保证与安全解释的技术仍然面临着计算开销大、计算不精确等问题，无法在实际应用中提供良好的理论保证，因此，在理论上对人工智能数据模型安全方面的研究仍然还有很大的发展空间。

（二）强认证稳定的人工智能基础设施平台构建

当前对人工智能基础设施安全的研究相对较少。在人工智能基础设施安全中，从供应链安全的角度探讨人工智能安全问题逐渐成为人们关注的重点，但是对于人工智能基础设施本身目前仍然缺乏大规模的安全性测试与分析，人们对于这些基础设施本身的安全性、可靠性、稳定性无法给出准确的答案。

（三）综合多学科关联的人工智能应用服务安全技术

当前对人工智能应用服务安全的研究呈现出多领域化的特点。一方面，新的人工智能技术不断被应用在传统计算机安全领域；另一方面，由于使用人工智能技术而造成的新的其他领域安全问题（如社会伦理安全）也给人工智能安全技术带来了新的机遇与挑战，势必会促进人工智能安全朝着多学科甚至多领域交叉的方向发展。

第四节　物联网安全

一、研究背景

近年来，物联网技术正在迅速普及，以车联网、智能家居、工业物联网、智慧医疗、VR 等为代表的应用正在渗入人们生活的方方面面。早在 2010 年，我国政府即将物联网列为关键技术，并将其纳入长期发展规划的一部分。中国经济信息社 2024 年发布的《2023—2024 中国物联网发展年度报告》预测，截至 2024 年底，我国物联网市场规模有望突破 4 万亿元。

物联网技术的蓬勃发展深刻改变了人类与物理世界的交互方式。例如，海量终端传感器互相连接、互相交互，物联网已从单一网络进化为泛在物联网体系。丰富的语音、图像、无线接口使得物联网感知范围越来越广，网络规模不断扩大，其特点体现在以下几个应用中。

（1）车联网。智能网联汽车与物联网技术的融合，以汽车为感知对象，依托车联网通信技术，实现汽车与周围汽车、交通基础设施、互联网等事物的全方面连接，实现汽车状态/环境感知信息获取、信息交互与远程服务，从而提升汽车整体的安全性与舒适驾驶水平。

（2）智能家居。用户可以自动化控制家用设备，使用语音等轻量级接口对其进行远程控制。

（3）工业物联网。将物联网融入工业发展的各个领域，实现条件监测、结构健康检查、远程诊断和生产系统的实时动态控制，为资源管理、制造、能源再生等工业领域提供显著便利。

（4）智慧医疗。通过智能设备将与医疗相关的人、物、机构连接，以智能方式主动管理和响应医疗生态系统需求的健康服务系统，保证参与者得到其所需要的服务，帮助使用者做出合理、明智的医疗决策。

（5）虚拟现实。通过许多其他的特殊设备，如头戴显示设备、持握手柄、手套、虚拟现实服、手势追踪、眼动追踪、万向跑步机等，为用户提供沉浸式更强的体验。

然而，物联网系统正面临着许多新型安全挑战。现阶段在实践中对物联网系统的部署出现"重应用、轻安全"的特点，即物联网新型应用层出不穷，但是安全研究缺乏全面整体的考量。与传统安全研究专注于系统某一部分不同，物联网由于应用场景复杂、服务范围广泛、人机耦合紧密，其安全研究涉及系统各个部分，并且需要考虑人与系统融合下的安全需求。例如，在车联网应用中，黑客可以远程影响包括导航、计算机计算、车辆悬挂等多方面的驾驶体验，并且可以利用安全漏洞在车辆执行车联网、传感器融合、地图导航等关键任务时对系统进行干扰。围绕物联网安全，2021 年，"十四五"规划和 2035 年远景目标纲要指出，统筹推进新型基础设施建设，加强网络安全关键技术研发。在物联网数据安全与隐私方面，2021 年，美国著名杂志《消费者报告》指出，特斯拉利用车内摄像头记录和传输乘客的车内动态，让广大消费者对隐私感到担忧。而在 2022 年 7 月，滴滴全球股份有限公司（滴滴出行）因严重违法违规收集使用个人信息问题被国家互联网信息办公室依据《中华人民共和国网络安全法》《中华人民共和国数据安全法》《中华人民共和国个人信息保护法》《中华人民共和国行政处罚法》等法律法规处人民币 80.26 亿元罚款。

面对日益严重的物联网安全威胁，本节从物联网系统安全认证、物联网系统安全实时监测、物联网系统隐私保护 3 个方面，阐述物联网安全的主要研究方向、主要研究现状和未来发展趋势。

二、主要研究方向

物联网作为基于人工智能驱动、融合了信息世界与物理世界的新型信息物理融合系统，呈现出终端接口泛在、通信网络异构、决策服务智能的特点。物联网的应用与部署的各个层面都会面临新的安全风险，同时给数据驱动的物联网服务带来了隐私保护的新挑战。传统的安全技术仅仅针对系统中的单一设备或单一网络下的安全威胁，缺乏对于系统泛在、异构环境下的研究。为此，本小节从构建物联网安全体系出发，围绕物联网终端接口泛在多模态安全认证机制、物联网通信平台安全异常检测、物联网系统数据安全与隐私保护 3 个方向进行阐述。

第七章 数据与应用安全

（一）物联网终端接口泛在多模态安全认证机制

安全认证是实现物联网系统安全运行的基础手段。物联网系统是一个人机互联的系统，因此，需要对系统中指令的真实性进行认证，以保证系统的运行安全。由于物联网系统中存在泛在的各种信号（如 Wi-Fi、超声波、毫米波）与各种模态的数据，所以存在来自各种媒介手段的攻击机制。同样，多媒介、多模态的安全机制在设计安全认证中也起到十分重要的作用。在安全研究中，对攻击的研究是设计防御机制的基石。因此，围绕物联网系统安全认证，当前主要以具体的物联网应用为载体，如智能家居、虚拟现实等，研究其相应的安全风险和相关的认证措施。

（二）物联网通信平台安全异常检测

在物联网系统运行过程中，需要实时监测系统的安全运行状态。安全监测需要根据系统的实时状态，对是否存在入侵攻击、异常行为进行判断，从而保障物联网系统的正确执行。当前的重点是面向具体应用，开展相关研究工作，主要包括以下内容。

（1）车联网总线入侵检测。在车载网络中，CAN 总线占据着重要的地位，它的扩展性强，电子控制单元个数不受限制，能够有效避免总线数据冲突等。然而，CAN 总线在带来便捷的同时，也伴随着安全隐患。CAN 总线数据具有缺乏加密、没有身份验证、采用广播传输等特点，这使得非法访问、攻击 CAN 总线成为可能。因此，如何实现针对 CAN 总线攻击的检测是车联网发展的重要方向。

（2）智能家居平台异常检测。已有研究表明，目前的智能家居平台存在设计缺陷，可被攻击者用来进行越权攻击。具体来说，智能家居平台的设备功能模型授权粒度过粗，导致恶意应用额外获取到未被授予的对设备的控制权限，甚至带来设备事件窃听或在云端伪造智能设备事件的潜在风险。因此，需要研究对恶意应用的监测。

（3）工业物联网系统安全监测。工业物联网的每一层都被分配了特定的功能。在工业物联网环境中，需要基于内置模式感知攻击并向安全人员发出警报，或通过阻止进程来防止攻击，以减轻和监测恶意活动。因此，需要设计不同的入侵检测框架，以实现对工业物联网的设备级、网络级和数据库级的安全监测。

（三）物联网系统数据安全与隐私保护

物联网系统包含海量的数据和用户信息，这些数据和用户信息的不当处理与泄露会导致系统用户遭遇隐私风险。当前的重点是面向具体应用，探究相应安全隐私风险机制与防御机制，主要包括以下内容。

（1）车联网数据收集隐私风险。在车联网服务中，用户正面临着个人信息隐私泄露的巨大挑战：攻击者可以通过关联分析、多次查询等方式推测出用户的驾驶习惯、家庭住址等信息。一个实时导航系统在给用户提供最新导航信息的同时，也会持续不断地收集用户的位置信息，而位置隐私的泄露意味着用户面临着暴露其行为、爱好，乃至信仰方面的风险，甚至威胁到用户安全和自主权。

（2）智能家居侧信道隐私风险。智能家居系统中存在大量的无线设备，无线信号会反映用户的各种行为信息，对信号的分析会造成用户的隐私风险泄露。此外，在诸如无线充电等新型平台中，侧信道攻击也可以揭露设备的众多隐私信息。

（3）智慧医疗隐私风险管理与保护。医疗大数据的应用可能造成个人信息被不当收集、过度利用，甚至泄露的现象，因此，需要对隐私数据在使用过程中进行相应的机制设计，以实现隐私保护的效果。

三、主要研究现状

物联网安全主要研究物联网终端设备、通信网络、应用平台的安全与隐私保护问题，根据具体的安全与隐私风险，本小节从物联网终端接口泛在多模态安全认证机制、物联网通信平台安全异常检测和物联网系统数据安全与隐私保护3个方面介绍物联网的主要研究现状。

（一）物联网终端接口泛在多模态安全认证机制

与传统系统相比，物联网系统由于终端接口具有泛在化、多模态化的特性，安全认证机制一直是研究的热点。下面围绕物联网系统安全认证的攻防对抗介绍相关工作。

1. 智能家居语音接口认证机制攻击分析

这里以智能家居语音接口为切入点，介绍物联网系统在各种攻击媒介下遭遇的欺骗攻击，揭示其认证系统存在的安全风险。语音接口因为其便捷、精度高、易采集的特点，从图像、文本等众多用户接口中脱颖而出，目前成为主流智能家居平台的首选接口。但已有研究发现，语音接口存在脆弱的认证机制，容易遭受各种欺骗攻击。除了经典的语音重放攻击外，在物联网环境中，还存在来自软件层面与硬件层面的新型欺骗攻击。

（1）软件层面认证攻击。语音接口的语音识别和说话人认证一般使用深度学习模型，但其已经被证明在对抗样本面前是脆弱的。例如，卡利尼（N. Carlini）等在 USENIX Security 2016 上指出，通过将语音指令转换为类似噪声的音频，使其被人类听觉理解为噪声，但仍然被语音识别系统正确识别，并执行相应的恶意攻击指令。袁雪敬等在 USENIX Security 2018 上基于这一思路提出 CommandSong 攻击，在该攻击中，恶意语音指令被嵌入歌声中。就人类而言，由于攻击者生成的语音与原始歌曲在听觉上难以区分，因而无法引起警觉，但语音识别系统仍然能够识别其中的内嵌恶意指令。在说话人认证方面，张磊等在 INFOCOM 2020 上将生成的对抗样本嵌入任意用户的语音音频中，并证明其能够攻破受害者用户的 Apple Siri 说话人识别系统。

（2）硬件层面认证攻击。麦克风设备的幅频非线性特性使得麦克风能将语音高频部分解调至低频部分。张国明等在 CCS 2017 上提出"海豚音攻击"（dolphin attack），将用户的恶意语音指令注入高频超声波中，在人耳无法察觉的情况下，诱使语音接口（如 Apple Siri、Amazon Alexa）执行敏感的操作。

2. 智能家居语音接口认证防御机制

为了抵御上述攻击，考虑到物联网环境存在磁场、传感器数据、超声波等多样化、多模态的信号，因此，现有研究利用某些与语音接口高度相关的信息作为用户特征，以此来判断语音命令是否由真实用户所给出。例如，S. Chen 等在 ICDCS 2017 上发现，当攻击者进行欺骗攻击时，所用扬声器的振动将会引起空间的磁场变化，因此，可以通过一些设备来捕捉并分析这种磁场变化，最终实现语音指令的认证；H. Feng 等在 MobiCom 2017 上利用物联网可穿戴设备（如眼镜、耳机、项链）收集用户发出语音命令时的身体加速度信息，将其与用户语音信息进行匹配以实现认证；L. Zhang 等在 CCS 2017 上利用超声波的多普勒效应，通过扬声器发出超声波并观测其反射特征，进而捕捉嘴部运动所引起超声波的多普勒频移，从而判断语音命令的真实性。

3. VR 环境用户认证机制

VR 环境用户安全认证一直是焦点问题。基于口令的认证虽然是最广泛的认证机制，但一直存在着诸多不足，需要花费大量精力，实用性不足。例如，在 VR 虚拟键盘上选择正确的数字以完成口令输入。但是，这种认证方案已经被证明容易受到旁窥攻击。为了解决这些问题，工业界和学术界一直在积极寻找切实可行的替代方案。目前，生物识别技术由于其高可用性和准确性，成为瞩目的用户身份认证机制。具体而言，为了捕捉用户的生物特征信息，需要复杂的传感器识别，采集诸如脑电图（electroencephalogram，EEG）、眼电图（electrooculogram，EOG）、肌肉电刺激（electric muscle stimulation，EMS）和虹膜之类的数据。

例如，一种高端 AR 设备 HoloLens 2，售价 3500 美元，已经部署了虹膜扫描技术用于用户身份验证。由于虹膜扫描仪价格昂贵，未来不太可能装备到一般的 VR 设备上，因此，融合眼球追踪技术成为 VR 身份认证的一种趋势，可以采用辅助技术，为用户提供更真实自然的视觉体验，实现对用户身份的识别。

（二）物联网通信平台安全异常检测

这里围绕诸如车联网、智能家居、工业物联网等复杂异构的网络，介绍其相应的入侵检测与异常检测机制。

1. 车联网总线安全入侵检测

在攻击方面，鲁夫（I. Rouf）等在 USENIX Security 2010 上证明了因 CAN 总线协议缺乏身份认证，攻击者可以远程修改传感器数据；霍佩（T. Hoppe）等在 2008 年计算机安全、可靠性和保密国际会议（International Conference On Computer Safety Reliability, and Security, SAFECOMP）上证

明了因CAN总线数据不加密，攻击者可通过分析车窗升降系统有关CAN总线数据，修改有关标志位，从而轻松实现重放攻击。除CAN总线设计的几大固有缺陷外，一些诊断、异常处理机制本身也带来了攻击隐患。例如，K.-T. Cho等在CCS 2016上发现CAN总线错误处理机制本身存在问题，攻击者可以通过发送优先级一样但内容不同的CAN总线报文，让原本发送信息的电子控制单元误以为发生位错误，使得其传输错误计数器的计数不断累加，进入总线关闭状态从而让汽车失灵。

在防御方面，针对CAN总线协议固有缺陷，人们提出基于数据加密、身份认证、入侵检测等防御手段。Murvay和Groza[179]根据帧信号的物理特性，通过测量电压、过滤信号、计算均方差和卷积来分析数据的发送方，从而达到身份认证的目的。K.-T. Cho和K. G. Shin在USENIX Security 2016上提出一种基于时钟信号的IDS，根据车内周期性信号的间隙结合递归最小二乘法计算出各电子控制单元的基线，并将其累积和作为指纹，以此完成判断CAN总线是否被入侵，并寻找被入侵电子控制单元的目标。

2. 智能家居平台的应用异常行为

在智能家居系统中，应用平台的功能模型对于运行在平台的智能应用，采取了粗粒度权限管理方式，从而造成智能应用获取过多的权限，引发不当行为。应用恶意行为可分为两类：越权操作和事件伪造。越权操作是指恶意应用在未经用户授权的情况下，在云端自动控制设备的行为（如自动打开门锁）。事件伪造是指恶意应用在云端虚报一个事件，并触发后续异常操作（如伪造一个温度传感器生成的"高温"数据，诱使平台自动开启智能空调）。应用层面的风险给智能家居系统及用户安全均造成了巨大风险。

目前，对智能应用的恶意行为的监测与预防主要分为以下4种类型。

（1）通过修改智能家居平台，引入对敏感数据信息流的控制机制。例如，费尔南德斯（E. Fernandes）等在USENIX Security 2016上提出FlowFence系统，该系统可以拦截所有数据流，并要求下游使用者在使用敏感数据前进行声明。

（2）设计基于上下文的权限控制系统，以实现细粒度的访问控制。例如，Y. J. Jia等在NDSS 2017上提出的ContexIoT系统可支持对三星SmartThings平台中智能应用的敏感行为进行细粒度的识别，并将敏感行为及上下文信息报告给用户。

（3）通过分析应用程序源代码、注释和描述文档，改进智能应用的授权机制。例如，Y. Tian 等在 USENIX Security 2017 上提出的 SmartAuth 通过对智能应用的代码进行静态分析，确定其应用逻辑是否合理。

（4）通过借助无线流量，实现实时监控。例如，章玮等在 CCS 2018 上提出一种独立于智能家居系统的第三方系统，实现对智能家居中应用恶意行为的实时监测。

3. 工业物联网安全监测

IDS 是一种常见的防御非法网络入侵的方法。IDS 通过基于所存储的攻击信息检测潜在威胁，并向安全人员发出警报或停止进程来防御攻击和检测恶意活动。目前，已有针对不同设计目标的入侵检测框架，如针对工业物联网的设备级、网络级和数据库级检测框架。下面分基于统计学习的入侵检测、基于深度学习的入侵检测和其他方案 3 个方面进行介绍。

（1）基于统计学习的入侵检测。工业物联网的攻击具有较高的复杂性，对应的入侵检测需要一种既高效又自适应的方法。许多研究基于统计学习技术监控网络并识别威胁，以达到更好的容错性、更高的计算效率和更准确的入侵检测结果。梅斯拉姆（A. Meshram）和哈斯（C. Haas）在 2016 年网络物理系统机器学习国际会议（International Conference on Machine Learning for Cyber-Physical Systems，ML4CPS）上提出一种多模态入侵检测，可以更好地融合工业网络的异常检测（anomaly detection in industrial networks，ADIN）与统计学习技术。凯利里斯（A. Keliris）等在 2016 年 IEEE 国际测试学术会议（IEEE International Test Conference，ITC）上展示了如何在工业控制系统中使用支持向量机模型进行识别、发现、分析和缓解攻击的感知防御策略。Lee 等[180]为各类工业物联网组件针对性地设计了基于统计学习的检测技术，并基于数据包多样性，通过部署包含 3 个检测模型的异常检测系统、协议特定白名单模型和一类支持向量机（one-class support vector machine，OCSVM）来证明解决方案的稳定性。

（2）基于深度学习的入侵检测。有效的异常值检测、网络流量差异、评估困难是工业物联网环境中基于统计学习技术的 IDS 面临的主要挑战。深度学习是机器学习算法中一种用于生成数据的高层抽象表征的算法。深度学习技术受到人类大脑结构和功能的启发，模仿大脑中的神经元网络，从原始数据中提取隐藏特征。为了解决因传统神经网络中节点之间缺乏互联而引起的问题，Li 等[181]提出多卷积神经网络（Multi-CNN）检测模型，通过在顶部的卷积层和池化层之间创建一个连接的 dropout 层作为正则化层。经测试，该模型在实验数据集上的二分类准确率为 86.95%，多类分类准确率为 81.33%。为了识别工业燃气轮机（industrial gas turbine，IGT）中实时工业物联网的故障，Zhang 等[182]使用了具有异常值分量的高斯混合模型（Gaussian mixture model，GMM），可以检测新出现的故障并提供警告，以降低风险。该研究已通过变分贝叶斯高斯混合模型（variational Bayesian Gaussian mixture model，VBGMM）进一步扩展，其中收集数据来训练智能检测模型是组建工业物联网 IDS 的重要步骤。AL-Hawawreh 等[183]提出一种异常检测技术，使用深度自动编码器（deep auto-encoder，DAE）和深度前馈神经网络（deep feedforward neural network，DFFNN）进行检测，并应用于互联网工业控制系统（Internet industrial control systems，IICSs）。

（3）其他方案。除了基于统计学习的方法和基于深度学习的方法之外，工业物联网 IDS 还应用了一些其他方法。Arshad 等[184]提出一个在能源受限情景下进行入侵检测的工业物联网设备框架，在 Contiki 操作系统上使用基于签名的入侵检测技术。该框架最大限度地减少了能耗和内存方面的总体开销，并且在受限设备中有效。艾多甘（E. Aydogan）等在 2019 年 IEEE 工厂通信系统国际研讨会（IEEE International Workshop on Factory Communication Systems，WFCS）上展示了一种基于泛型编程的检测模型，该模型针对低功耗和有损网络（low-power and lossy networks，RPL）的路由协议，成为一种有效的工业物联网入侵检测框架。

（三）物联网系统数据安全与隐私保护

这里从隐私保护角度出发，以物联网系统的数据收集阶段隐私泄露、系统运行阶段侧信道隐私风险、隐私安全管理为切入点，简述现有相关工作的研究现状。

1. 车联网数据安全与隐私保护

M. Luo 等在 USENIX Security 2020 上的研究工作表明，如果自动驾驶汽车的定位软件和攻击程序共享同一个硬件平台，自动驾驶汽车的位置隐私可能会受到软件侧信道攻击威胁。Q. Zhao 等在 NDSS 2019 上对打车服务中驾驶员隐私信息泄露问题进行了系统研究，分析了 20 款流行打车应用（包括 Uber 和 Lyft）中的一种功能——附近的车功能，从中发现通过利用该功能的 API 漏洞，攻击者可以大规模收集驾驶员的个人信息，包括经常访问的地址和日常驾驶行为。Li 等[185]提出一个关联推测模型，旨在通过利用个人车辆移动信息来揭示社会关系隐私。

针对车联网服务中日益严重的个人信息隐私泄露问题，Chen 等[186]考虑了 V2I 通信场景中信息聚合问题，并提出轻量级和匿名化的信息聚合机制。针对车载声誉系统中反馈数据隐私聚合问题，Cheng 等[187]提出类似的隐私保护的反馈数据聚合方案（Privacy-Preserving Protocol for Vehicle Feedback，PPVF）。借助路侧单元（road side unit，RSU）的帮助，PPVF 使用同态加密和数据聚合技术实现了反馈数据的安全聚合。

差分隐私是由德沃克（C. Dwork）等于 2016 年提出的隐私保护安全模型，该模型是一种基于可证明安全思想的隐私保护框架。在数据发布中，数据集中的个人隐私需要通过对数据加扰进行保护。安德烈斯（M. Andrés）等在 CCS 2013 上将差分隐私扩展到位置隐私保护领域，并定义了地理不可区分性（geo-indistinguishability）。基于地理不可区分性的位置混淆机制可以提供正式和严格的位置隐私保证，其想法是在一定距离以内的任何两个真实位置的混淆之间采取相似的分布，使任何观察混淆位置的知情对手无法区分它们。由于参与者选择是基于位置的，所以用户需要提交自己的位置给不可信第三方。为了保护隐私，Qian 等[188]考虑了车辆在参与移动众包感知任务时的隐私问题，并基于地理不可区分性提出一个位置隐私保护和服务质量保证的最优任务分配方案。Zhang 等[189]考虑出行服务中用户位置隐私问题，并提出一种新颖方案，通过添加拉普拉斯噪声，在调度车辆的同时采用差分隐私来保护用户位置。

2. 智能家居侧信道攻击

（1）物理层无线感知的侧信道攻击。智能家居等物联网系统中存在大量的无线设备，由于无线信号传播过程中所经历的衰减、相变等物理层信息与智能家居中的用户运动信息密切相关，因此，攻击者能够将无线信号物理层信息的变化作为独特的侧信道信息，从而反向推测用户的相关隐私信息。在现有研究中，攻击者可以将诸如 Wi-Fi、超声波、可见光、毫米波等各种信号的物理层信息作为侧信道信息，以实施侧信道攻击。王炜等在 MobiCom 2015 上利用 Intel 5300 网卡所采集的 Wi-Fi 信号，成功地实现了对用户运动（如跑步、跳跃、卧倒）的监测，暴露了用户隐私的风险。D. Ma 等在 MobiCom 2019 上通过分析光电流的模式，对于太阳能设备附近的用户，可以识别其手势，这一攻击可被用于进行手势推测。Z. Li 等在 S&P 2020 上提出 WaveSpy，利用毫米波探头，实现远程收集液晶屏幕的相关状态响应，进而远程读取屏幕的内容。基于物理层无线信号侧信道信息的隐私攻击机制，给物联网系统带来了严重的安全威胁。

（2）网络层信息推断的侧信道攻击。除了物理层，人们还发现，即使通信内容加密，通过对网络层流量特征的分析，也依然能获取用户隐私信息。以普遍采用 SSL/TLS 机制为例，虽然无法直接破解 TLS，但是通过对该协议的通信流量进行分析，可以在不解密流量载荷内容的情况下得到发送者、接收者、发送内容的有关信息。李华欣等在 INFOCOM 2016 上指出，通信过程中的加密流量，可以被攻击者用来推测用户的性别、年龄、受教育程度等信息。事实表明，即使流量经过加密，通过对元数据的分析，也依然能够获得物联网系统中的大量隐私信息。

（3）智能家居充电设备侧信道攻防。随着物联网技术的发展，实现对海量设备的便捷充电成为亟须解决的一大焦点问题。由于其广泛的终端接口分布，充电系统也面临严重的安全威胁。

智能手机电池的续航能力有限，针对这种情况，在机场、酒店、医院等公共场所都设立了一些 USB 充电站。虽然这些充电站提供了极大的便利，但已有研究表明，充电站也使用户面临严重的隐私威胁。例如，iOS 设备连接恶意 USB 充电器后，攻击者可在一分钟内部署恶意软件。D. J. Tian 等在 USENIX Security 2018 上演示了通过 USB 充电器接口发出的 AT 命令可以对 Android 设备发起各种类型的攻击（如解锁屏幕、注入触摸事件）。已有研究表明，可使用一个恶意的 USB 充电器，被动地嗅探、解密和记录附近无线键盘的所有按键。此外，Yang 等[190]指出，手机充电时，智能手机上的网页浏览活动（即网页加载）可以通过电量追踪分析来收集，并且根据功耗信息，提出一种新的针对 Tor 的攻击，以识别正在访问的是哪个网站。克罗宁（P. T. Cronin）等在 USENIX Security 2021 上指出，使用 USB 充电器，通过在智能手机上安装恶意应用程序，窃取智能手机上的数据（如 IMEI、联系人的电话号码）。

与有线充电的安全性研究相比，探索无线充电漏洞的研究还处于起步阶段。例如，拉库尔（A. S. La Cour）等在 CCS 2021 上探讨了无线充电侧信道攻击问题；戴海鹏等在 ICDCS 2014 上提出一种算法，可以在无线电力传输场景中最大化设备的充电效用，同时保证人体在电磁辐射暴露下的安全；C. Lin 等在 INFOCOM 2019 上提出一种针对无线充电车辆的拒绝充电攻击。

3. 智慧医疗隐私风险管理

智慧医疗隐私风险管理一直以来备受关注。具体而言，随着智慧医疗大众化、普及化，市场上出现了众多智能数据采集设备，如智能手环、智能手表、智能音箱等。这些智能设备不仅能够采集使用者的心率、语音等信息，更能够通过软件的支持与云端服务器进行数据交互、模型推理，为用户提供相应的诊断信息。这种线下收集、线上处理的模式方便了人们的生活，但与此同时，个人健康数据方面的隐私可能遭受侵犯。即使原始数据不被泄露，智能医疗系统也可能遭受模型反演攻击。模型反演攻击[191]是指从机器学习模型中抽取训练数据或训练数据的特征向量，通过这种攻击，看似安全的机器学习模型也可能泄露那些被记忆的用户隐私。在现实场景中，医疗大数据的应用可能造成个人信息被不当收集、过度利用，甚至泄露的现象。

为了更好地保护用户隐私，应该从数据的收集场景开始，就对其进行相应的安全保护。文献[192]中提出一种在电子病历场景下的基于属性加密的云存储数据共享机制，在保护用户隐私的情况下，还能够对医疗数据请求进行响应。为了更好地防止数据泄露，许多机构还通过采用联邦学习的方法共同合作、训练模型。首先，研究通过联邦学习的机制，实现云端-多节点的结构，通过梯度的更新，实现对数据传输的保护；其次，在更新的梯度数据下，研究设计安全隐私聚合机制，实现安全的梯度聚合和分发更新。

在原始数据保护方面，人们通过全同态加密和差分隐私技术实现对电子病历的数据安全维护。

4. 虚拟现实系统隐私风险管理

虚拟现实设备通过特殊的设备和光场、声场等设置为用户提供沉浸式多感官体验，本质上来说是丰富了（而并未颠覆）人机交互的途径，在物理世界中它依然需要依托计算机设备为其提供计算、渲染、响应等服务。与 VR 类似的 AR 技术也有这样的特点，因此，VR/AR（或统称为 XR）领域的安全问题涵盖了计算机相关的安全问题，常见的问题有病毒泛滥、访问控制管理欠缺、系统配置安全漏洞等；而对于现今非常流行的许多 VR 软件来说，它们还要求 VR 设备与服务器之间建立通信，因此，这种情况下的网络安全也至关重要。在此基础上，VR 领域因为引入了更多的与人体直接交互的输入、输出设备，它的攻击面将比传统计算机更广泛。这里主要关注相较于传统计算机安全而言，VR 领域特有的一些安全问题研究。

由于 VR 技术丰富的交互性，VR 系统几乎时时都在接收着来自用户的各种输入，例如，VR 设备的摄像头会拍摄用户的肢体动作，传感器会记录用户的运动数据，眼动检测会记录用户的眼动数据，还有许多手势捕捉系统会拍摄用户的手部细节动作来提供更智能的交互体验。除了与用户直接相关的数据之外，这些传感器还会记录下周围环境的数据。这些与用户或其所处环境直接相关的运动数据如果被滥用，将对用户的安全与隐私造成威胁。因此，对 VR 设备收集与记录的大量数据进行保护是 VR 安全系统的重要一环。

此外，由于 VR 系统的封闭性，用户一旦穿戴上这些设备，将与现实世界隔离，此时用户获取的大部分信息将来源于 VR 系统给其提供的虚拟内容，用户的行为也将在很大程度上取决于对这些虚拟内容的响应。因此，VR 的内容安全对用户的使用体验至关重要。

四、未来发展趋势

本小节从具体应用出发，展望物联网安全的未来发展趋势。

（一）泛在媒介的认证机制

在物联网环境中，存在海量无线媒介，媒介已经从 Wi-Fi 信号扩展到具有细粒度分辨率的无线感知媒介，包括超声波、毫米波、可见光等。在物联网场景中，越来越多的设备陆续使用这些通信协议，基于这些无线协议，可以开发相应的无线感知认证技术。然而，在带来便利的同时，更多的媒介也会使潜在攻击泛在化，而主要解决方案之一便是对在泛在媒介下的设备和用户进行认证。因此，在未来需要对这些泛在无线媒介下的认证问题进行进一步研究，构建基于用户行为与设备接口信息融合的高效认证机制。

（二）可移植性的封闭系统异常检测分析

物联网内部网络（如车联网总线）的安全不仅关系到系统安全，更关乎到人身安全，如何设计轻量化、高准确率、鲁棒性强的内部网络异常检测系统是物联网系统安全发展的前提。其中，不但获取足够数量的流量训练数据集对于构建工业物联网安全中基于机器学习的入侵检测模型具有挑战性，而且物联网数据的不可控噪声会影响入侵检测精度，因此，如何处理数据噪声也是待解决的问题之一。此外，在边缘驱动的物联网环境中，如何优化机器学习与深度学习模型，使其能以最低的能耗和最快的推理速度生成检测结果，适应边缘设备部署环境，仍需进一步研究。

（三）长时段场景下的隐私协同防护与合规分析

面对物联网的隐私保护，需要解决以下问题。

一方面，现有研究主要针对单次使用下的隐私保护。但是在物联网环境中，数据往往被多次使用，同时攻击者也具备多次观测的能力。因此，现有的诸如差分隐私的隐私保护机制，往往面临长时段推测攻击的威胁。因此，需要一种新型的差分隐私框架机制能够抵御长时段的隐私推测攻击。考虑到物联网环境中的隐私预算往往受限，需要设计基于充分统计量的多样本数据差分隐私框架，并设计新型的噪声用以保护数据隐私，从而有效抵御数据高频使用所引发的隐私泄露风险。

另一方面，现有的隐私数据维度较为单一，并没有考虑合规性相关的研究。在未来，面对物联网流量信息非法收集等乱象，需要设计新型的隐私合规检测机制。即需要针对现有的法律法规构建数据合规模型，同时针对物联网流量进行相应的分析，对流量进行隐私合规度量，从而更好地刻画隐私泄露风险，实现面向法规的隐私风险管理。

第五节 区块链安全

一、研究背景

区块链是一种全新的去中心化基础架构与分布式计算范式，它解决了传统方式中对第三方机构的信任问题。区块链技术起源于比特币，是支持比特币等分布式密码货币的底层核心技术。区块链作为构建信任的新兴信息技术，世界主要国家已将其发展上升到国家战略高度。近年来，区块链技术在世界范围内快速发展，在数字金融、供应链管理、文化娱乐、智能制造、医疗健康、能源电力等领域形成了系列应用。

随着区块链的广泛深入应用，区块链在为信息网络提供信任保障、促进产业进步的同时，本身也面临着严峻的安全挑战。区块链安全事件层出不穷，包括各大交易所频繁被盗事件、智能合约漏洞、钱包泄露事件等。根据慢雾区块链被黑事件档案库（SlowMist Hacked）统计，2023年在全球范围内安全事件共464件，损失高达24.86亿美元。区块链安全问题引发了权威机构的广泛重视，2018年，NIST发布的《区块链技术概述》（NISTIR 8202），总结了区块链应用在信任关系、区块链控制等方面存在的局限性。本节重点围绕区块链安全的主要研究方向，分析总结区块链安全的主要研究进展，展望区块链安全的未来发展趋势。

二、主要研究方向

随着区块链技术的快速发展，区块链应用与部署的各个层面都会面临新的安全风险。同时，区块链的开放环境也给隐私保护和安全监管带来了新的难题。因此，本小节将从构建区块链安全体系出发，围绕区块链安全性与性能的联合优化、区块链隐私保护与安全监管的协同优化、区块链系统互联互通3个方向进行阐述。

（一）区块链安全性与性能的联合优化

在区块链系统设计中，安全性与性能等因素存在复杂耦合，如何将它们尽可能解耦，并在可行空间内探索最优解是一个关键难题。具体研究内容包括安全高效的共识机制，高性能区块链体系架构，区块链数据存储、验证与管理，智能合约执行模型等。

（二）区块链隐私保护与安全监管的协同优化

区块链作为去中心化的公开账本，用户隐私保护是非常关键的设计因素。为确保区块链行业健康有序发展，安全监管是非常必要的。隐私保护和安全监管之间存在固有的矛盾和对抗，如何协调二者之间的矛盾，并寻找最优平衡点将二者协同优化是一个关键难题。具体研究内容包括区块链隐私保护机制、联盟链监管、公有链安全监测与溯源等。

（三）区块链系统互联互通

随着区块链技术的广泛应用，具有不同特点的区块链系统大量共存，为了真正实现数据流通和价值互通的实际需求，需要构建区块链之间的信任、打破价值壁垒。如何在没有可信第三方的条件下建立不同区块链系统之间的信任关系，实现区块链系统的互联互通，是一个关键难题。具体研究内容包括侧链技术、跨链技术、非中心化资产交易机制等。

三、主要研究进展

近几年，区块链的研究非常火热，工业界和学术界都高度重视，取得了一系列重要研究进展，本小节分析总结区块链安全的主要研究进展。

（一）共识机制

共识机制主要解决区块链如何在分布式场景下达成一致的问题，是保障区块链安全的核心。下面简述在共识机制方面的一些代表性工作。

1. 基于工作量证明的共识机制

基于工作量证明（proof of work，PoW）的共识机制通过算力竞争保证安全性，其经典应用是使用链状结构的比特币。以太坊（Ethereum）项目采用 GHOST 共识，通过树状结构提高交易速率。为提高可延展性和交易性能，埃亚勒（I. Eyal）等在 NSDI 2016 上提出 Bitcoin-NG 共识机制，允许领导节点持续添加交易至新领导节点产生。基于 PoW 的共识机制面临巨大的能源浪费问题，同时，自私挖矿攻击又容易造成资源聚合形成矿池，进而使区块链失去去中心化优势。

2. 基于权益证明的共识机制

基于权益证明的共识机制，以当前区块链中每个用户所持有的权益为比例选取领导节点。典型代表是 Ouroboros 系列共识机制，例如，大卫（B. David）等在 EUROCRYPT 2018 上提出的 Ouroboros Paros 利用前向安全数字签名和可验证随机函数在半同步模型下实现自适应安全；在此基础上，巴德切尔（C. Badertscher）等在 CCS 2018 上提出的 Ouroboros Genesis 完善了链选取规则，而不需引入额外的校验点信任机制。此外，卡尔达诺（Cardano）平台采用 Ouroboros 共识机制作为其核心技术。

3. 拜占庭共识机制

拜占庭共识机制是确定性共识，在区块链的交易快速确认中具备优势。卡斯特罗（M. Castro）等在 OSDI 1999 上提出首个实用的拜占庭容错协议（practical Byzantine fault tolerance，PBFT），该协议解决了原始拜占庭容错算法的效率问题。M. Yin 等在 2019 年 ACM 分布式计算原理研讨会（ACM Symposium on Principles of Distributed Computing，PODC）上提出的 Hotstuff 协议优化视图转换阶段，被电子货币 Libra 作为底层核心共识方案。米勒等在 CCS 2016 上提出的 HoneyBadger 共识是首个异步下接近实用的拜占庭容错（Byzantine fault tolerant，BFT）共识，但该方案在实际应用中具有较大延迟。郭兵勇等提出的 Dumbo 系列共识机制具有快速确认的特点，其中，在 CCS 2020 上提出的 Dumbo 使用多值拜占庭共识（multi-valued Byzantine agreement，MVBA）减少了共识模块数；在 NDSS 2022 上提出的 Speeding Dumbo 利用快速的 sMVBA 算法和高效的广播模式实现了更低消息复杂度和运行轮数；在 CCS 2022 上提出的 Dumbo-NG 是一种吞吐量不伤害延迟的快速 BFT 共识。此外，段斯斯等在 S&P 2022 上提出动态拜占庭共识机制 Dyno，能够支持节点动态加入或退出。

4. 混合共识机制

混合共识机制综合了各类共识机制的优势。科科里斯-科贾斯（L. Kokoris-Kogias）等在 Usenix Security 2016 上提出的 Byzcoin 共识机制利用基于 PoW 的共识机制选择委员会，并在委员会中运行拜占庭协议确认交易。帕斯等在 EUROCRYPT 2018 上提出的 Thunderella 共识机制将拜占庭共识机制与基于 PoW、PoS 等区块链共识机制结合，在良好情况下实现交易延迟仅与网络实际延迟相关。吉拉德（Y. Gilad）等在 SOSP 2017 上提出的 Algorand 共识机制将基于 PoS 的共识机制与拜占庭协议结合，利用可验证伪随机函数，自适应安全地实现快速共识。

（二）高性能区块链体系架构

区块链结构可分为共识、数据模型、执行层和应用层。为衡量区块链性能，克罗曼（K. Croman）等在 2016 年金融密码学与数据安全（Financial Cryptography and Data Security，FC）会议上将区块链性能指标总结为峰值吞吐量、延迟、启动时间以及交易确认成本等。下面简述优化区块链系统架构以提升性能方面的相关工作。

1. 优化区块数据

隆布罗佐（E. Lombrozo）等在 2015 年柏林创新委员会（Berlin Innovation Panel，BIP）上对交易进行了拆分，实现在一个块内可容纳更多交易以缓解比特币中的高交易延迟。BIP152 中提出紧凑区块中继，减少区块内的冗余信息以压缩数据节省带宽。Z. Xu 等在 ICDE 2018 上提出区块分配问题，将节点分配到不同共识单元以最小化总查询成本。

2. 改善共识性能

高效的共识方案有利于提高性能。Bitcoin-NG 保证在选举领导节点期间不断处理交易，以降低延迟。Ouroboros 系列共识机制及 Bentov 等在 FC 2019 上提出的 Snow-white 共识机制利用掷币、可验证随机函数等组件来确保协议的安全。Hotstuff、HoneyBadger、Dumbo 系列等 BFT 类共识机制在非同步网络下不断提高吞吐量，降低交易延迟。

3. 突破单链结构

一些工作对传统单链结构进行改进。例如，索姆波林斯基（Y.

Sompolinsky）等在 FC 2015 上提出 GHOST 协议，通过使用树状结构安全地提高了交易速率；卢恩伯格（Y. Lewenberg）等在 FC 2015 上利用 DAG 结构构造连接区块，以包含不冲突的链外区块；凯达尔（I. Keidar）等在 PODC 2021 上提出 DAG-Rider，利用 DAG 结构组织广播，实现节点间的负载平衡。

4. 采用分片技术

L. Luu 等在 CCS 2016 上提出了使用分片技术的公链协议 Elastico，交易速率与系统算力线性相关。科科里斯-科贾斯等在 S&P 2018 上提出的 OmniLedger 保证跨分片交易的原子性，同时提高了吞吐量。扎马尼（M. Zamani）等在 CCS 2018 上提出了基于分片技术的 RapidChain，该方案使用快速交叉碎片验证技术，降低通信开销并提升容错上限。王嘉平等在 NSDI 2019 上提出了异步共识区域 MONOXIDE，该方案在保证交易的原子性的同时，确保了系统的去中心化和安全性。

（三）区块链数据存储与验证

与传统分布式数据库相比，区块链在分布式、无信任的环境下，以区块为单位进行数据管理，下面简述区块链数据存储与验证方面的相关工作。

1. 数据存储

区块链数据存储模式主要有基于键值对存储和关系型数据存储。基于键值对存储的结构简单，便于大规模数据操作。以太坊（Ethereum）和超级账本（Hyperledger Fabric）等均采用键值对模式存储数据，常见的区块链键值对存储系统有 LevelDB、RocksDB 等。在关系型数据存储模式中，数据以表的形式进行存储，欣迪（M. El-Hindi）等在 2019 年 ACM 国际数据管理会议（ACM International Conference on Management of Data，SIGMOD）上提出将数据库模型和区块链结合的 BlockchainDB 系统。

2. 区块链验证

区块链中所有修改数据的操作将影响 Merkle 树根节点的杂凑值，利用这一性质可验证区块链数据是否被篡改，虽然比特币系统中的 SPV 采用了这种技术，但客户端需要下载所有的区块头以及相应交易的 Merkle 树的节点数据。宾茨（B. Bünz）等在 S&P 2020 上提出的 FlyClient 使用最佳概率块采样协议和Merkle山脉（Merkle Mountain Range，MMR）承诺，允许用户在验证一条链时只需要下载对数个区块头，从而提高了验证效率。

（四）智能合约执行模型

智能合约的概念最早由萨博（N. Szabo）于1997年提出，区块链技术的兴起使得智能合约的实现成为可能。下面简述智能合约执行模型及对其安全性分析方面的相关工作。

1. 智能合约执行模型

L. Yu等在2017年IEEE面向服务系统工程研讨会（IEEE Symposium on Service-Oriented System Engineering，SOSE）上提出3种智能合约的执行模型：顺序执行模型用于执行时间短的合约；并行执行模型中所有节点同时执行合约，通过与区块状态比较验证本地状态；非阻塞执行模型通过将合约执行与构建块的过程分离，加快构建和验证过程。卡钦（C. Cachin）于2016年提出的Hyperledger Fabric使用Docker容器执行代码以降低开销。安贾纳（P. S. Anjana）等在2019年并行、分布式和基于网络的处理国际会议（International Conference on Parallel，Distributed and Network-Based Processing，PDP）上提出使用优化软件事务内存系统来帮助提高合约执行效率。M. Fang等在ICDE 2021上提出一种基于Intel SGX的两阶段框架，提高节点间的并行性。

2. 智能合约执行的安全性分析

L. Luu等在CCS 2016上将智能合约中的安全问题分类为交易顺序依赖、时间戳依赖、错误处理异常以及重入漏洞等。科布伦茨（M. Coblenz）等在ICSE 2017上提出Obsidian语言对状态转换的一致性进行检查，并验证外部调用的安全性，以抵抗重入攻击（reentrancy attack）。C. Liu等在ICSE 2018上构建了ReGuard并引入了编程语言翻译框架，用于检测智能合约中的重入漏洞。马维杜（A. Mavridou）等在FC 2018上提出一种智能合约交易计数器的设计模式，通过对计数器的分析解决不一致性问题。Grech等[193]提出用于预测以太坊智能合约gas-focus漏洞的字节码分析工具。卡尔拉等在NDSS 2018上提出Zeus，对智能合约的源代码进行分析以验证其安全性。此外，也有一些研究关注于基于机器学习的方法预测分析合约中潜在的安全问题。

（五）区块链隐私保护机制

区块链系统受制于链上交易的可链接性、链上数据隐私保护以及隐私保护法规等隐私问题。下面简述区块链隐私保护机制方面的相关工作。

1. 隐私交易

用户间的隐私交易侧重交易的机密性、匿名性和不可链接性。本-萨松（E. Ben-Sasson）等在 S&P 2014 上提出的 Zerocash 利用 zk-SNARK 对货币的持有权进行证明，在不泄露支付账户地址的情况下完成交易；纳脱（S. Noether）等在 Ledger 2016 上提出的 Monero 系统基于环签名实现匿名交易；福奇（P. Fauzi）等在 ASIACRYPT 2019 上提出的 Quisquis 将匿名集合和密钥更新技术结合，从而实现了交易参与方的匿名性和不可链接性。

2. 隐私保护

隐私保护机制提供了链上任意计算的输入/输出隐私性。宾茨等在 FC 2020 上提出的 Zether 是首个基于同态加密的构造方案，其主要目标是通过生成一种新令牌支持以太坊的身份确认支付，同时可应用于隐藏投标或投票。smartFHE 方案基于 FHE 方案，实现了对用户加密输入的任意计算以建立私有智能合约。鲍威（S. Bowe）等在 S&P 2020 上提出的 Zexe 采用 ZKP 可支持 UTXO 模型下灵活的条件支付。克贝尔（T. Kerber）等在 CSF 2021 上提出基于理想功能的定义，利用 ZKP 实现了该功能，并通过引入状态预言的概念降低了证明生成成本。

3. 领导节点隐私性

在区块链系统中，领导节点通过执行共识协议保证了交易被添加至区块中并最终确认。在基于 PoS 的共识机制中，领导节点的选取和区块有效性验证均基于公开的链上信息，因此，一个有效区块不仅泄露签发者的信息，而且由同一领导节点签发的区块也可被有效链接。克贝尔等在 S&P 2019 上在加密货币层对 PoS 共识协议隐私性进行了形式化分析，并基于货币更新技术构建了隐私保护账本，进而实现了领导节点的隐私保护。加内什（C. Ganesh）等在 EUROCRYPT 2019 上构建了权益持有者隐私保护机制，并将其应用于 Ouroboros Praos。

（六）公有链安全监测与溯源

以比特币和以太坊为代表的公有链允许节点自由加入和离开，这样做容易遭受自私挖矿、Eclipse 等攻击。此外，部分公有链的匿名性增加了对违法行为追踪溯源的难度。针对以上问题，下面简述公有链安全监测与溯源技术方面的相关工作。

1. 公有链网络拓扑分析技术

公有链易遭受网络分片攻击。比留科夫（A. Biryukov）等在 CCS 2014 上提出一种基于问询分析网络拓扑结构的方法，该方法旨在帮助新节点对网络拓扑结构进行分析。米勒等在 FC 2019 上提出一种基于时间戳的网络拓扑探测技术，该技术通过分析网络数据包中的信息来获取网络信息快照，并提取网络拓扑结构。

2. 区块链信息监测分析技术

监测并识别区块链的网络信息有利于更精准地对公有链展开安全分析。德尔加多-塞古拉（S. Delgado-Segura）等在 FC 2019 上提出通过检测向不同节点群组广播的冲突性 Inventory 消息，进行节点信息监测。萨德（M. Saad）等在 CCS 2021 上通过在网络中部署爬虫及节点管理工具获取区块链上的最新状态，从而区分挖矿节点和非挖矿节点，并通过马尔可夫链对共识协议的安全状态进行预估。

3. 公有链网络行为分析和异常检测技术

为了检测公有链中节点的异常行为，Signorini 等[194]提出 Advise，利用来自节点和网络的分叉信息构造恶意行为数据库。还有系列工作利用机器学习算法对公有链的行为进行分析，并对其运行过程中的异常进行检测。

4. 公有链参与方识别与信息溯源技术

目前，实现参与方识别和信息溯源的主要方法为去匿名化。斯帕尼奥洛（M. Spagnuolo）等在 FC 2014 上提出 BitIodine，通过部署爬虫，对区块链交易地址等特征进行提取和分类，对区块链信息进行溯源。比留科夫等在 S&P 2019 上通过对网络协议数据包的分析，获得 IP 地址与身份的联系，从而达到对参与方身份进行识别的目的。

（七）联盟链监管

以 Hyperledger Fabric 和 Diem 为代表的联盟链仍存在违法信息传播风险，建立联盟链监管体系刻不容缓。下面简述联盟链监管方面的相关工作。

1. 匿名身份认证技术

匿名身份认证在实现隐私保护的同时对身份进行认证。卡梅尼希（J. Camenisch）等在 Crypto 2004 上提出一种基于双线性对的签名方案，并在此基础上提出基于匿名证书的匿名认证。另外，克贝尔等在 S&P 2019 上和科尔韦斯（M. Kohlweiss）等在 S&P 2021 上关注基于 zk-SNARK 的共识机制构造，在实现参与方隐私保护的同时进行非暴露式身份认证。

2. 智能合约监管技术

智能合约对联盟链的监管有重要作用。一种监管方式是相关部门可通过建立合约数据与区块链信息的关联性，进行数据的追踪。J. Choi 等在 ASE 2021 上通过静态和动态方式，建立模糊测试集，并通过构建种子库定位关键的交易序列。另一种监管方式是首先验证智能合约的内容正确性，然后利用无错的智能合约对联盟链数据进行验证。Z. T. Liu 等在 2019 年 IEEE 计算机软件与应用学术会议（IEEE Computer Software and Applications Conference，COMPSAC）上提出基于有色 Petri 网的验证方法，该方法有效地验证了合约内容或用户行为引起的脆弱性。

3. 多方隐私交易技术

多方隐私交易技术允许联盟链在保护账本隐私的同时，为监管者提供账本信息。Marsh 等[195]提出一种基于门限签名的多方隐私保护机制，该机制允许监管者对消息进行解密。瓦桑特拉尔（R. Vassantlal）等在 S&P 2022 上提出一种基于秘密共享的 BFT 服务，该服务将完整的账本信息分享，拥有权限的参与方可以通过秘密份额重构账本信息，在保证机密性的同时，该服务为系统监管提供了技术支持。

4. 关键信息屏蔽技术

区块链关键信息屏蔽技术利用零知识证明、环签名或同态加密对关键信息进行保护。基于环签名技术，CryptoNote 协议结合一次性公私钥对，实现了区块链系统中的不可追踪性和不可链接性。所罗门（R. Solomon）等在

S&P 2023 上提出一个支持全同态加密的智能合约框架，该框架使参与方可高效计算加密数据，进一步保护了链上的关键信息。

（八）侧链与跨链技术

侧链（sidechain）与跨链技术是提升区块链互操作性和可扩展性的关键技术手段。下面简述侧链与跨链技术方面的相关工作。

1. 侧链技术

侧链技术在不影响主链运行的同时，利用侧链实现新功能，并实现区块链间的资产转移和通信。Blockstream 公司提出强联邦侧链的概念，旨在实现不同区块链之间的资产交换，降低跨链交易的处理延迟。此后一系列侧链技术相继出现，如 Rootstock、BTC Relay 和 Drivechain 等。基亚耶斯和津德罗斯（D. Zindros）在 FC 2019 上提出基于 PoW 机制的侧链协议，利用 NiPoPoW 协议实现跨链通信。加日等在 S&P 2019 上提出基于 PoS 机制的侧链协议，以支持 PoS 区块链间的跨链转账操作。近年来，一些基于零知识证明技术的侧链协议不断被提出，如 Zendoo、Coda 和 Snark-relay 等，利用零知识证明实现常数量级的跨链证据尺寸。

2. 跨链技术

跨链技术为区块链的互操作性、可扩展性和可升级性等问题提供了解决方案。跨链协议根据实现方式可分成 3 类：公证人机制、侧链和原子跨链交换技术。瑞波（Ripple）公司提出基于公证人机制的跨链方案 Interledger，旨在创造支持全球价值转移的协议系统；Corda 开源的区块链平台通过由交易双方共同选择公证人提供了更安全的方案。在原子跨链技术方面，雅达利（Atari）公司创始人布什内尔（N. Bushnell）提出原子交换（atomic swap）的概念，用于实现两条链之间原子性的交易。跨链交换的主要技术手段是合理的解锁条件，如杂凑时间锁合约、签名锁技术、时间锁难题等。目前，多条链的跨链交易通常借助中继链协调协议，如 Polkadot 和 Block Collider，但维护中继链代价较大。此外，一些跨链协议如 Interledger、Polkadot 以及 Bentov 等在 CCS 2019 上提出的 Tesseract 等仍依赖于可信第三方。

（九）非中心化资产交易机制

非中心化跨链资产交易由布什内尔在 2013 年比特币论坛上提出，该机制需要满足安全属性——原子性。下面简述非中心化资产交易机制方面的相关工作。

1. 杂凑时间锁机制

赫利希（M. Herlihy）在 PODC 2018 上将原子交换协议形式化并用有向图表示。布什内尔和赫利希均基于杂凑时间锁合约（Hashed TimeLock Contract，HTLC）构造了可证明安全的原子交换协议。津博夫斯基（S. Dziembowski）等在 CCS 2018 上通过增加对恶意行为的证明和惩罚机制，构建了高效且低成本的 FairSwap 协议。虽然坎帕内利（M. Campanelli）等在 CCS 2017 上提出的 HTLC 已得到广泛应用，但协议运行代价高、交易尺寸大等固有弊端降低了实际可用性。齐耶（J.-Y. Zié）等在 2019 年数据隐私管理国际研讨会（International Workshop on Data Privacy Management，DPM）上系统分析了 HTLC 的弊端，并在仅支持多重签名的脚本语言或智能合约的区块链之间构建了原子交换协议。

2. 无脚本通用机制

无脚本概念主要应用于 Mimblewimble 平台实现无脚本化交易执行，同时实现高效性、隐私性和通用性。蒂亚加拉詹（S. A. Thyagarajan）等在 S&P 2022 上基于 ECDSA 签名算法实现了无脚本化的、可证明安全的、满足隐私性的支付信道网络和原子交换协议。蒂亚加拉詹等在 S&P 2022 上将渐进秘密泄露技术实例化，并分别给出通用的可证明安全的构造方案。蒂亚加拉詹等在 CRYPYO 2021 上基于带时间可验证的承诺方案和自适应签名方案，提出满足通用可组合安全性的原子交换协议。

3. 无时间锁机制

交易双方资产的安全锁定是完成原子交换的关键步骤，杂凑时间锁方案增加了具体实现的困难和计算资源的消耗，无时间锁机制能避免上述问题。虽然马涅维奇（Y. Manevich）和阿卡维亚（A. Akavia）在 CRYPTO 2022 上基于属性可验证承诺方案、Z. Sui 等在 CCS 2022 上基于连续可验证加密签名方案，均实现了无限生命周期的支付信道（payment channel），但这类机制在一定程度上仍依赖于时间锁。因此，实现无时间限制的原子交换仍是非中心化资产交易需解决的关键问题。

四、未来发展趋势

区块链作为构建信任的新一代网络基础设施，安全是支撑其健康发展的关键要素。目前，国内外针对区块链的安全研究还不够充分，仍然面临以下一些亟待解决的问题。

（1）区块链基础理论研究仍需加强。应建立覆盖面较为完备、自主创新的区块链基础理论体系，为区块链技术的突破与应用落地提供理论指导。

（2）抗量子区块链值得关注。量子计算机研发进度逐年加快，解决经典计算理论下的困难问题已逐渐成为可能，NSA 在 2015 年就发出了向抗量子密码迁移的通告。因此，需要不断提升后量子时代区块链的安全性。

（3）区块链安全监管体系需要完善。应形成完善的风险预警、事件处置与应急响应机制，从而解决目前区块链安全监管能力建设滞后的问题。

（4）体系化的跨链基础设施和生态构建需要重视。应满足实际应用落地面临的多样化跨链需求，从而解决当前不同区块链系统无法互通导致的数据孤岛问题。

（5）区块链安全技术标准体系建设需要加强。为区块链应用发展提供标准指引，构建安全可靠的区块链生态环境。

第六节 内容安全

一、研究背景

随着互联网、人工智能等技术的快速发展，社交网络媒体已经成为人们普遍使用的信息获取渠道与沟通交流工具。根据中国互联网络信息中心第51次《中国互联网络发展状况统计报告》，截至 2022 年 12 月，我国网络视频（含短视频）用户规模达 10.31 亿，占网民整体的 96.5%；其中，短视频用户规模达 10.12 亿，占网民整体的 94.8%。我国网络新闻用户规模达 7.83 亿，占网民整体的 73.4%。

社交网络以其信息生产速度快、内容形态多样、传播效率高、影响范围广等特点，深刻影响着人们生产生活的方方面面。社交网络"多对多"交互式传播的特点，极大地方便了公众对社会公共事件的获知、评论、报道与传播。社交网络由于内容传播具有多媒体、多模态特点，因此已成为社会公共事件，尤其是突发重大社会事件的主要舆论载体。伴随着社交媒体的蓬勃发展，社交网络用户的分化日益加深。社交媒体成为各国舆论战的对抗博弈平台，发布信息内容真真假假、良莠不齐、虚实难断。据 2022 年 2 月 27 日《环球时报》，"从去年开始，以微博、B 站等为代表的中国互联网的网络社区，逐渐成为世界各国发布本国外交政策和相关言论等的重要平台。"美英等国"在微博和 B 站等年轻人聚集的网络社区试图影响、引导甚至诱导、操纵我国国内舆论、舆情，满足其政府外交、公共外交背后的国家利益"[①]。随着以 GAN 为基础的"深度伪造"技术的涌现、大模型技术推动人工智能生成内容（artificial intelligence generated content，AIGC）应用的井喷，应特别警惕相关技术在我国国内煽动激进情绪、思潮，并在国际上借此污名化我国国家形象的行径，要做到知己知彼，做好应对技术储备。

随着"元宇宙"等虚拟内容生产服务关键技术受到世界各国的广泛关注，多媒体内容安全研究已上升至国家安全战略高度。世界各国都非常重视针对深度合成（特别是深度伪造）内容检测技术的研究，因此，通过开展一系列重大项目并举办竞赛评测，以促进该领域的发展。例如，美国国防高级研究计划局（Defense Advanced Research Projects Agency，DARPA）从 2015 年就启动了媒体取证研究计划 MediFor 及后续的 SemaFor 计划，支持图像、音视频的伪造检测与溯源研究；Facebook 与微软和学术界联合举办了深度伪造检测大赛（Deep Fake Detection Challenge，DFDC）。我国在深度伪造防治方面近年来也加紧立项支持，其中包括多个相关部门开展的重点研发计划，此外，国家自然科学基金每年也有相应项目支持。我国还通过立法加强对内容安全的监管，例如，2019 年 11 月 18 日，国家互联网信息办公室、文化和

---

① 参见：https://opinion.huanqiu.com/article/46zcbsAZ7ZZ.

旅游部、国家广播电视总局联合印发了《网络音视频信息服务管理规定》，规定不得利用基于深度学习、VR等的新技术新应用制作、发布、传播虚假新闻信息；2021年1月1日施行的《中华人民共和国民法典》，规定任何组织或者个人不得以丑化、污损，或者利用信息技术手段伪造等方式侵害他人的肖像权，未经肖像权人同意，不得制作、使用、公开肖像权人的肖像；2021年3月18日，国家互联网信息办公室、公安部指导各地网信部门、公安机关加强对语音社交软件和涉"深度伪造"技术的互联网新技术新应用安全评估工作，依法约谈了11家企业。2023年1月10日起《互联网信息服务深度合成管理规定》正式施行，2023年8月15日起《生成式人工智能服务管理暂行办法》正式实施。

有别于数据安全问题，内容安全更多地关注于数据所表达内容的安全性和真实性问题。本节重点从GAN技术、多模态内容生产、深度伪造治理、虚假信息识别等方面，介绍内容安全的发展现状与发展态势。

二、主要研究方向

人工智能技术的发展为数字内容生产加工领域带来了重大变革。随着GAN技术的突破，数字内容智能生产加工、智能创作受到了各大科技企业的广泛关注。随之而来需要解决的问题是，如何确保智能内容生产过程安全可控，在满足感官需求的同时，确保合成内容的合理使用。然而，智能内容合成的潘多拉魔盒已经打开，深度伪造内容在网络上随处可见，如何对其进行鉴别及溯源，是深度伪造治理的关键，但不能因噎废食，因为智能内容生产加工技术背后有着很大的正向应用价值，已被广泛应用于新闻传播、电影制作、娱乐、教育、短视频直播等诸多领域。为此，需要重点研究内容安全风险评估技术，确保智能生产内容的安全可控，这将有助于释放智能合成技术红利，从而提升内容安全综合治理能力。

（一）内容生产安全可控

近年来，人工智能合成内容的快速兴起，虚拟偶像、元宇宙、智能主播、智能创作等新兴应用的层出不穷，均是由其背后关键科学问题突破带来的。GAN 技术的发展，带来了高维数据建模与生成理论的突破，使得高质量内容的可控生成变成了可能。尤其是大模型技术的突破，使得音视图文等内容的生成质量极高，足以以假乱真，这在促进内容智能生产的同时也带来了极大的安全隐患。深度伪造类技术的不断涌现，对媒体可信性造成了很大危害，对其进行检测、识别、发现与治理是当下亟须突破的关键问题。因此，内容隐私与版权保护再次迎来了新的挑战与机遇。

（二）虚假内容鉴别与溯源

正是由于高质量内容生产的智能化，虚假内容生产变得简单高效，加上社交网络平台的推波助澜，虚假内容危害巨大。如何对其开展检测识别及溯源是非常关键的。虚假内容与真实内容的理论边界是需要深入研究和探讨的科学问题。随着智能合成技术的不断精进，边界会越来越模糊，这也就意味着真假鉴别越来越难。那么，真与假的区别到底是什么？事件发生的要素、事实核验及因果逻辑推理可能是最终的解决手段。伪造内容的溯源对虚假内容治理是非常重要的。要突破伪造识别单一任务，在此基础上，对伪造来源、传播路径、操作链条等开展取证溯源研究，从而提升虚假信息综合治理能力。

（三）内容安全风险评估

虚假内容泛滥导致监管层面对智能合成内容持谨慎态度，这限制了其广泛的应用场景，因此，加快开展内容安全风险评估工作势在必行。风险要素识别、风险评估模型和风险评估方法是其中的关键科学问题。因此，要研究构建内容安全分级分类标准，建立黑名单机制，推进智能合成技术的应用和发展。鉴别技术的安全性研究对提升智能合成内容的开放性是十分关键和必要的。研究伪造合成技术与鉴伪技术的对抗博弈理论，有助于挖掘鉴伪技术潜力，释放智能合成技术红利，从而提升内容安全综合治理能力。

三、主要研究现状

以 GAN 为代表的生成模型在多媒体内容生成、编辑及其他相关领域取得了令人瞩目的效果，推动了传媒内容生产加工智能化的飞速发展，但同时也带来了内容安全隐患。因此，对虚假不实内容的检测、识别、发现与治理就受到了各界的广泛关注。本小节就相关主要研究现状展开介绍。

（一）多模态内容生成

视觉领域的生成赋予机器"画"的能力，其中，以 GAN 模型[196]为基础的多种生成模型首先在图像生成与编辑领域取得了令人瞩目的效果。GAN 模型采用生成器与检测器对抗优化的方式，生成符合真实数据分布的生成数据。此外，对 GAN 模型网络架构、损失函数等方面的改进一直是生成模型领域的研究热点。在网络架构方面，高分辨率图像生成、提高生成质量、风格迁移受到广泛应用。在损失函数设计方面，主要目的是解决训练不稳定问题，如模式崩塌、梯度消失等。条件生成对抗网络，即 CGAN[197]，则将标签信息加入损失函数设计，以获得具有解耦能力的生成模型。CGAN 是图像编辑模型的基础，多种图像转换（image translation）模型是 CGAN 的变体，在分辨率、可控性、灵活性等方面进展迅速，激发了人脸图像等领域的编辑、操控、风格化等丰富的应用研究。

在多模态生成方面，近年来受到较多关注的是文本引导的图像生成以及音频驱动的视频合成。文本引导的图像生成中，文本描述概括性强，根据文本生成图片需要考虑大量文字中未涵盖的细节信息，因此，其具有较大的不确定性。音频驱动的视频合成中，使用语音输入驱动生成说话人视频被称为 Talking Face 技术。另外，还有一些研究通过音乐输入控制动画人偶（avatar）的肢体动作，使其可以产生具有音乐和谐性或合乐性的人体动画。

上述跨模态专用模型已经在人脸、人体、鸟类、风景等受限领域取得较好的效果，然而其灵活性和通用性尚存在不足。跨模态生成大模型受自然语言处理领域的大规模预训练模型启发，最近，基于 Transformer 大模型的跨模态生成由于其强大的表征能力和灵活性引起了高度关注。由 OpenAI 提出的具有 120 亿参数的 DALL-E 模型基于 GPT-3 模型，建立图像片段前后依赖关系，在多样复杂的开放域文本到图像生成上取得了亮眼的效果。2021 年也成为国内超大规模预训练模型发展的"元年"，已有北京智源人工智能研究院、鹏城实验室、中国科学院自动化研究所、阿里、百度、华为、浪潮等科研院所和企业相继推出"悟道"、"盘古"、"紫东太初"、M6、PLUG、ERNIE

3.0 等大模型。中国科学院自动化研究所提出的首个千亿级参数的三模态大模型"紫东太初",在图像、文本、音频三个模态上实现了跨模态编码和解码网络,并实现了语音生成视频等新功能。

(二)深度伪造技术

深度伪造源自英文单词 deepfake,由 deep learning(深度学习)和 fake(伪造)二者共同构成,是指利用深度学习的理论和方法所制作的虚假视听觉内容,如合成图像、音视频、文本等。

视觉深度伪造技术可大致划分为 3 种:第一种是换脸伪造(face swapping),改变目标主体的身份信息,将源视频或图像中的人脸换到目标视频或图像中;第二种是面部重现(face reenactment),保留目标主体的身份信息,只把源视频或图像中人物的表情、姿态、动作等迁移到目标视频或图像中;第三种是面部合成(face synthesis),通过篡改目标人物的各种属性如头发、肤色、妆容等或无中生有,合成在现实世界中不存在的人脸。

最广为人知的深度伪造换脸模型是 Deepfakes,训练时使用两对编码器和解码器,编码器权值共享,解码器分开训练。将原始脸 A 输入 A 的编码器,再连接 B 的解码器进行解码,就能够实现换脸。面部重现方面,Thies 等[198]相继设计了 4 个面部重现模型。表情迁移网络,搭建于消费者级别的 RGB-D 相机之上;他们后来在 CVPR 2016 上提出的 Face2Face 已经成为最经典的表情迁移方法之一;并在他们提出的 Headon 方法[199]中对这两个模型进行了升级,实现了更完整的面部重现,不仅能迁移表情,还能通过修改视角和姿态独立的纹理做到眼睛、头部的转动。面部合成方面,主流的面部合成方法大多建立在 GAN 模型的基础上,可以篡改目标人脸的年龄、视角、性别等多个属性,并具有较好的视觉效果。

听觉深度伪造技术主要有两种形式:一种是文本-语音转换(text-to-speech,TTS),即把指定的文本内容按对应的音频输出;另一种是语音合成(voice conversion),改变目标人物的音色,伪造其没有说过的内容。端到端的 TTS 模型有 Tacotron、百度公司的 Deep Voice。

伴随着深度伪造技术的不断发展,网络上也出现了一些相关的应用程序。例如,以 DeepFaceLab、Faceswap 为代表的存放在 GitHub 等网站上的开源伪造项目，此类应用需要使用者掌握深度学习等专业知识，并且配合可用的硬件设备，这使得其使用门槛高。而以 Zao APP 为代表的商业软件，使用门槛低，更容易遭到滥用。此外，由于语音合成技术的发展更加成熟，已经有很多云服务厂商将其开发成接口服务，以供大众使用。

（三）深度伪造鉴别技术

鉴伪的主要任务在于辨别可疑视频、图像等内容的真实性。当前，伪造检测的主要方法可分为面向特定人物、面向伪造痕迹等的检测方法以及通用伪造检测方法。前者主要针对特定人物进行建模，验证可疑样本中的人物是否是其所展现的人。例如，阿加瓦尔（S.Agarwal）等在 2020 年 IEEE 信息取证与安全国际研讨会（IEEE International Workshop on Information Forensics and Security，WIFS）上对不同人物在说话时的表情、动作、头部运动姿态等进行建模，用以对说话人视频进行人物的身份认证。后者则是寻找伪造样本本身的缺陷作为检测线索，进而进行伪造样本检测。例如，在早期的检测任务中，由于伪造方法并不完善，马特恩（F.Matern）等在 2019 年 IEEE 计算机视觉冬季应用研讨会（IEEE Winter Applications of Computer Vision Workshops，WACVW）上利用双眼颜色的不同、牙齿细节的缺失等作为检测线索，Y.Li 和卢鸟（S.Lyu）在 2019 年 IEEE 计算机视觉与模式识别研讨会（IEEE Conference on Computer Vision and Pattern Recognition Workshops，CVPRW）上依靠面部的内脸区域与外脸区域的分辨率不同来进行伪造检测。但这种方式往往会随着伪造方法的不断发展与完善而逐渐失效，而且需要大量的训练数据，模型的泛化性存在问题，难以适应新的伪造样本。近年来，许多基于数据增广的方法被陆续提出，这些方法从真实样本中产生伪造样本，减少方法对伪造训练数据的依赖，并学习到更为一般性的伪造痕迹。例如，李凌志等在 CVPR 2020 上提出的 Face X-Ray 旨在学习伪造样本的贴合边界，因此，利用不同人脸图像进行贴合，模仿伪造样本生成过程的贴合过程，并以此为训练数据进行模型训练，可以达到很好的泛化效果。

而随着伪造检测方法的不断发展，人们并不满足于仅仅给出对可疑样本的真假判断，也更希望能够为伪造检测的结果提供更多的证据支撑，因此，伪造定位任务也受到了人们的关注。伪造定位任务旨在给出检测结果的基础上，定位并分割出伪造样本的伪造区域。因此，人们从多任务的框架角度实现了这一目标。例如，H. Nguyen 等在 2019 年 IEEE 生物识别理论、应用和系统国际会议（IEEE International Conference on Biometrics Theory, Applications and Systems，BTAS）上提出一个"Y 型"的自编码器结构，利用中间特征层进行伪造检测以及进一步的伪造定位过程，能够为得到的伪造检测结果提供其伪造区域的证据支撑。总而言之，伪造样本的定位过程，可以为伪造检测提供一定的证据支撑，在实际应用中有着更强的说服力。同时，从多任务的角度，伪造定位任务也有利于伪造检测任务的性能提升，具有更高的鉴别准确率。

此外，由于伪造检测任务多是在伪造样本已经生成并传播后进行检测，因此，伪造样本所造成的危害往往已成为既定的事实。人们意识到，可以对发布的真实图片进行提前干扰，来防止其被用来篡改以进行恶意传播。C.-Y. Yeh 等在 WACVW 2020 上提出可以利用对抗样本的方式，在真实图片中提前加入对抗噪声，以此来干扰伪造生成过程，使得生成的伪造样本在视觉上不可利用。

（四）虚假信息检测

虚假信息（fake news）是指为牟取经济利益或故意欺骗公众而创建并传播的可证实的虚假或误导性信息，主要以文本模态为主，辅以图片、视频等多模态信息。如今社交网络上虚假信息的传播已经给社会带来了严重影响。虚假信息检测（fake news detection）的目标旨在信息传播早期辨别虚假信息，即将信息分类为真实与虚假。虚假信息检测技术可分为两大类：一类是手工事实核查；另一类是自动虚假信息检测。前者主要通过人工对信息真假进行评判，以专家或群体意见作为区分信息真假的依据。目前这样的网站有 Hoax Slayer、CREDBANK 等。而自动虚假信息检测根据其检测虚假信息方式的不同，可分为基于内容特征的方法、基于用户画像的方法以及基于传播的方法。

基于内容特征的方法以文本内容为主要特征，结合用户、图形等其他信息完成检测任务。基于内容特征的方法大致可分为 3 类：基于文本风格（style based）的方法、基于已有知识（knowledge based）的方法和基于隐性特征

（latent feature based）的方法。基于用户画像的方法通过分析与信息相关用户的社交属性（如政治倾向、关注者、位置）特征来判断信息的可靠性。基于传播的方法利用社会背景（social context）信息来检测假新闻，例如，虚假信息是如何在社交网络中传播的，传播虚假信息的用户之间是什么关系，等等。

四、未来发展趋势

内容安全既是理论问题，又是技术问题，还是管理问题，需要各层面通力合作，共同维护数字内容安全，促进智能合成技术应用快速落地，丰富内容生产加工制作手段。从现阶段国内外研究进展可知，伪造鉴别技术严重落后于内容合成技术，而且内容安全面临以下主要挑战。

1. 伪造检测模型泛化能力弱、鲁棒性差、可解释性不强

伪造检测模型尽管目前在国内外公开数据集上取得了较好的识别效果，但是在真实应用场景中，其性能急剧下降。尤其是对于未知伪造方法，关于如何在小样本情况下提升鉴伪性能的研究尚不多见。目前检测模型大多只能给出真伪判别，很难对结果进行解释和溯源。

2. 缺乏大规模高质量音视频伪造数据集，以提升检测模型性能

目前数据集规模较小，多样性不足，基于该类数据集训练出来的模型虽然能够鉴别出部分伪造音视频，但是无法满足实际需求。此外，现有数据集大多是以欧美人为主，缺少以亚洲人为主的大规模数据集。不仅视频数据集没有充分考虑到视频拍摄时人物表情、光线、年龄、姿态等问题对伪造数据质量的影响，音频数据库更未考虑语种、方言等问题。

3. 内容合成技术突飞猛进，伪造真实感越来越强

由于内容合成在理论和技术层面均有突破，新伪造手段层出不穷，这使得鉴伪技术处于被动地位，防不胜防。此外，预训练大模型的出现，进一步提升了合成内容的质量与效率。

4. 鉴伪技术安全性问题日益凸显

随着对抗样本技术的出现，伪造检测模型的安全性已受到威胁，目前还很少有相关研究。

在未来发展趋势方面，须重点关注以下内容。

1. 鉴伪技术的泛化性和健壮性

虽然内容合成技术在不断追求技术上的突破，期望达到完美理论上界，但仍有较长的路要走。高质量生成模型越来越精品化，被大公司主导，却给鉴伪带来了便捷。通过对主流大模型特征的识别与挖掘，可以更有针对性地提升伪造检测性能。

2. 具有自动更新、持续学习能力的鉴伪算法

当前的鉴伪系统无法不断学习或适应新的情况。针对新型伪造技术手段，应研究具有自动更新和持续学习能力的检测算法，以不断提升模型的检测能力。

3. 主动防御算法

利用对抗样本技术阻止非授权的内容合成。针对伪造合成技术的各个阶段，展开对抗研究，实现主动防御。例如，阻止人脸检测定位，以对抗重构抵御伪造合成；结合数字水印、区块链、内容追踪等技术，对伪造内容进行溯源验真。

4. 合成内容安全治理体系

虚假内容的检测仅仅依靠技术手段是不可能完美地解决问题的，合成与检测是一个永恒博弈的过程。未来需在内容安全风险评估技术体系构建、合成内容分级分类管理体系构建等方面全力突破，同时也需要多部门合作建立健全内容合成监管的法律法规体系。

第七节 总 结

智慧城市、电子商务、社交网络、智能家居、网络教育等数字化技术的发展，为用户带来了极大的便利，但随之而来的隐私数据泄露现象愈演愈烈。如何在数据与应用的不同层面保护数据隐私并确保其使用安全，成为亟待解决的热点话题。本章首先总结了数据与应用安全相关领域的研究背景和重点研究领域，并对近年来国内外该领域的最新研究成果及进展进行了阐述，最后展望了该领域未来的发展趋势。本章具体讨论和总结了以下5个方面的内容。

1. 数据安全

针对数据安全，讨论了数据安全存储与检索、数据安全共享利用与隐私保护、数据安全风险评估与监测预警等研究方向。在数据收集阶段，数据安全存储与检索依赖于数据访问控制、数据可搜索加密、数据脱敏、数据匿名化、数据库审计等技术实现了用户的安全高效存储、访问与审计。在数据开放流转的过程中，数据安全共享利用与隐私保护通过联邦学习、群智感知隐私保护、数据确权与存证、TEE等相关技术达到支持多方数据联合计算、建模预测与隐私保护的安全需求。基于数字水印、数据防泄露、数字取证、数据完整性验证等技术，数据安全风险评估与监测预警赋能数据监管实现对数据安全进行安全分析与治理。目前数据安全处于积极研究且仍需发展的阶段，数据访问与控制、数据可搜索加密、多元技术融合发展、安全隐私性与性能平衡、数字水印和数字取证中的威胁与挑战仍亟待解决，相关安全与实际问题在未来也需要进一步探索。

2. 人工智能安全

针对人工智能安全，讨论了其技术安全与应用安全，并围绕基础设施、数据模型和应用服务安全展开了讨论。基础设施安全主要关注敏感信息泄露、应用性能降低等硬件风险和深度学习框架存在的软件漏洞风险。数据模型安全主要研究数据层面的推断、投毒攻击以及模型算法的鲁棒性、公平性与可解释性。此外，由于人工智能存在两面性，其应用在减少安全风险的同时可能导致了新的安全矛盾。人工智能与网络空间安全的交互融合，表现了"伴生""赋能"两种效应[200]。当前人工智能安全研究仍处于初级阶段：基础设施缺乏大规模安全性测试与分析，模型安全保证与解释技术中计算不精确、开销大等问题亟待解决。与此同时，多领域化应用衍生的安全问题也为人工智能带来了新的机遇与挑战，从而促进人工智能朝着跨学科方向发展。

3. 物联网安全

针对物联网安全，本章总结了典型物联网场景，其安全研究既存在共通性，又各具特点。在隐私保护方面，主要介绍了车联网隐私风险分析和隐私保护机制、智能家居终端侧信道隐私泄露问题，以及如何利用联邦学习等手段进行智慧医疗数据共享。在系统安全方面，重点探讨了智能家居中的语音欺骗攻防和异常行为检测、工业物联网中的外网攻击和认证技术，以及 VR 系统的认证技术、内容安全和人身安全。在未来研究中，各场景将持续关注隐私保护与系统安全问题，如可用性与隐私性的平衡，轻量化的多因子认证方式，贯穿采集存储、利用共享的数据保护。此外，个人信息合规性分析、VR 用户体验等也值得深入思考。

4. 区块链安全

区块链在为信息网络提供信任保障的同时，本身也面临安全方面的严峻挑战。本章围绕区块链面临的安全挑战，针对区块链安全性与性能的联合优化问题，从安全高效的共识机制、高性能区块链体系架构，区块链数据存储、验证与管理，智能合约执行模型展开介绍；针对区块链隐私保护与安全监管的协同优化问题，总结分析了区块链隐私保护机制、联盟链监管、公有链安全监测与溯源的代表性工作；针对区块链系统的互联互通问题，介绍了侧链技术、跨链技术、非中心化资产交易机制的研究现状。目前，国内外针对区块链的安全研究还不够充分，未来可以在区块链基础理论、抗量子区块链、区块链安全监管、跨链基础设施以及区块链安全技术标准等方面进行深入探究。

5. 内容安全

当前多媒体内容安全研究已上升至国家安全战略高度，本章针对 GAN 技术、多模态内容生产、深度伪造技术分析了内容合成技术的研究现状，指出其具有合成内容质量不断提升、可控性和灵活性不断增强的趋势；针对深度伪造鉴别技术和虚假信息识别探讨了伪造鉴伪技术的研究现状，其在虚假信息检测和伪造定位等方面取得了一定进展。鉴于伪造鉴别技术的发展严重落后于内容合成技术，所以提升鉴伪技术的泛化性和健壮性、研究具有自动更新的持续学习能力的鉴伪算法、主动防御算法以及建立健全合成内容安全治理体系是未来保障内容安全的研究重点。

第八章 关键信息基础设施安全

第一节 概　　述

关键信息基础设施关乎国家安全、经济发展、社会稳定和公民个人利益，国内外普遍高度重视关键信息基础设施的安全防护。

美国在关键基础设施网络安全方面具有先发优势，图 8-1 显示了其部分重要政策或技术路线演进历程，例如，1996 年克林顿政府第 13010 号行政令中，关键基础设施主要包括电信、电力系统、天然气及石油的存储和运输、银行和金融、交通运输、供水系统、紧急服务（包括医疗、警察、消防、救援）、政府连续性等 8 类；2017 年及 2021 年先后出台的第 13800 号行政令《加强联邦网络和关键基础设施的网络安全》《关于加强国家网络安全的行政命令》，进一步推动关键基础设施网络安全现代化和网络空间安全方面的优势；2023 年美国政府发布《国家网络安全战略实施计划》等，确定五大核心任务、拟定超过 65 个国家倡议，遵循"以攻为守"的网络安全理念，建立可防御、富有弹性、符合美国价值观的数字生态系统网络安全愿景，并明确将保卫关键基础设施作为强制性要求和国家网络安全战略的核心，以提高应对重大网络攻击的长期防御能力。

欧盟不断推进传统安全规范和价值观向关键基础设施网络安全延伸，从准备预防、检测和响应、缓解和恢复、国际合作、标准等方面制定关键基础

第八章　关键信息基础设施安全

```
发布第一个              发布关键
专门针对关   签署关于保              基础设施
键基础设施   护美国关   发布首个   颁布的《爱   信息计划   发布第1版   修订国家
的13010号   键基础设施   《信息系统   国者法案》   并对标识、   《国家基础   基础设施
行政令     的第63号   保护国家   首次定义关   优先级和   设施保护   保障计划
          总统令     计划》     键基础设施   保护提出   计划》
                                          要求
```

1996年　　1998年　　2000年　　2001年　　2003年　　2006年　　2007年

2013年　　2014年　　2017年　　2018年　　2018年　　2021年　　2023年

```
《提升关键  《提升关键  《加强联邦  《2018DHS  《网络安全  《关于加强  发布《国家
基础设施   基础设施   网络和关   网络事件   与基础设   国家网络安  网络安全战
网络安全》  网络安全   键基础设施  响应小组   施安全局   全的行政   略实施计
的行政命令  框架》    的网络安全》 法案》    法案》    命令》    划》
```

图 8-1　美国关键基础设施网络安全政策或技术路线演进历程

设施网络安全战略。图 8-2 显示了其部分重要政策或技术路线的演进历程，例如，2004 年启动欧盟关键基础设施保护规划；2016 年欧洲议会颁布了《网络与信息安全指令》，旨在提高欧盟的网络安全水平，并关注各个国家、跨境协作以及能源、金融、数字基础设施和医疗保健等关键行业的安全能力；2022 年欧洲议会和欧盟成员国就《关于在欧盟范围内实施高水平网络安全措施的指令》达成政治协议，立足当前国际局势强化自身安全，对严重依赖信息通信技术且对经济社会至关重要的能源、运输、银行、金融市场基础设施、饮用水、医疗保健、数字基础设施等 7 个领域采取网络安全措施[201]。

我国近年来在关键信息基础设施安全保护法规条例建设及技术创新应用等方面取得显著进步，图 8-3 显示了其部分重要政策或技术路线的演进历程，例如，2016 年通过了《中华人民共和国网络安全法》；2021 年实施《关键信息基础设施安全保护条例》，明确了关键信息基础设施包括公共通信和信息服务、能源、交通、水利、金融、公共服务、电子政务、国防科技工业等重要行业和领域的，以及其他一旦遭到破坏、丧失功能或者数据泄露，可能严重危害国家安全、国计民生、公共利益的重要网络设施、信息系统等，为筑牢关键信息基础设施网络安全防线提供强有力的支撑；2023 年实施国家标准《信息安全技术　关键信息基础设施安全保护要求》（GB/T 39204—

2022），对于关键信息基础设施运营者提升保护能力、构建保障体系具有重要的基础性作用。

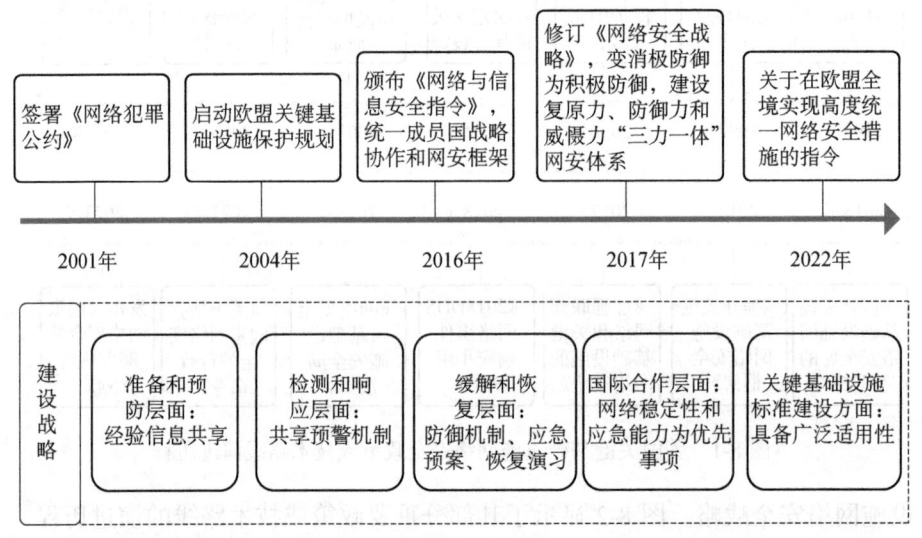

图 8-2 欧盟关键基础设施网络安全政策或技术路线演进历程

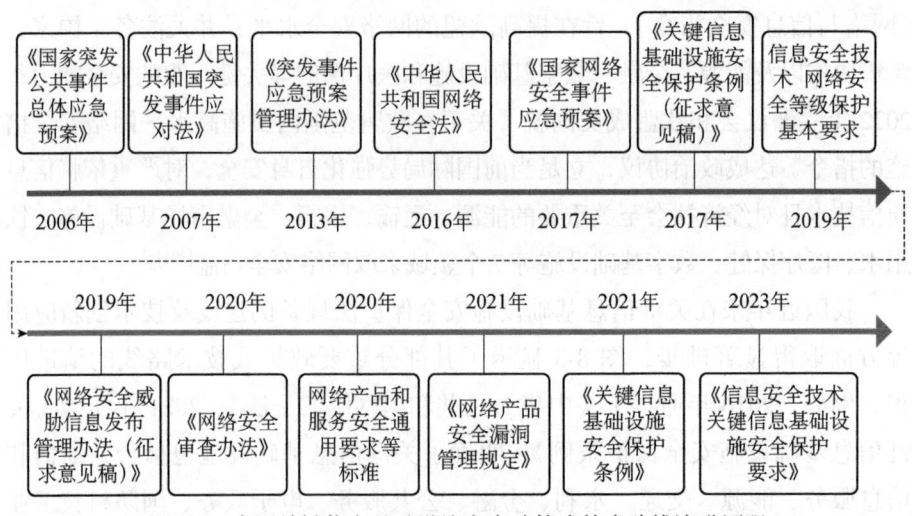

图 8-3 中国关键信息基础设施安全政策或技术路线演进历程

一、技术方向总体情况

从各国实践来看，针对关键信息基础设施安全的防护技术以保证系统可用性为主要目标，通过防护体系构建、内外部风险管控、系统保障与恢复等主要技术措施，形成了针对性、差异化的防护体系。例如，美国提出关键基础设施保护的主要目标在于提高关键信息基础设施的安全性和弹性，具体包括安全感知能力、安全控制能力以及应急恢复能力，其安全框架一般基于NIST的风险管理框架，核心包括识别、保护、检测、响应和恢复5个部分。欧盟关键信息基础设施安全保护的一个主要目标是免受大规模网络攻击和中断，重点是预防、安全性和恢复力，并针对性提出准备和预防、监测和响应、减灾、恢复4个方面的技术措施。我国《关键信息基础设施安全保护条例》提出关键信息基础设施保护的识别认定、安全防护、检测评估、监测预警和应急处置5个方面内容，《信息安全技术 关键信息基础设施安全保护要求》(GB/T 39204—2022)进一步提出以关键业务为核心的整体防控、以风险管理为导向的动态防护、以信息共享为基础的协同联防等3项基本原则。不同行业具体围绕密码学应用、防护体系构建、身份认证、访问控制、数据加密等防护策略的制定，以及监测预警、事件处置等方向，建设适宜、充分、有效的安全防护技术和管理支撑体系。

二、背景需求

信息技术广泛应用和网络空间不断发展，在极大促进经济社会繁荣进步的同时，给关键信息基础设施安全带来了全新的风险和挑战。据统计，2021年上半年全球网络入侵活动量同比增长了125%[202]，网络安全企业Claroty发布的《2021年全球工控安全台式报告》指出，全球80%的关键基础设施组织遭受了勒索软件攻击，其中，受到直接影响的基础设施包括电力系统、交通运输和通信系统等，银行和金融服务等其他基础设施行业也不同程度上受到影响。中国工业互联网产业联盟发布的《2022年中国工业互联网安全态势报告》数据显示，2022年国家工业互联网安全态势感知与监测预警平台累计监测发现各类网络攻击7975.4万次，同比增长超过23.9%，遭受网络攻击企业累计超1.8万家，同比增长50.9%。在数字化大潮下，越来越多的人员和设备连接至网络空间，不同行业的关键信息基础设施由于功能职能需要、地理位置相邻等而互联互通，广泛连接性和互相依赖性的增加使得关键信息基础设施更加容易崩溃[203-204]。根据我国互联网网络安全监测数据分析，工控类系统的主机安全问题已经成为当前工控环境的首要安全风险，钓鱼邮件成为信息化类系统的网络攻击常用手段。尽管世界各国支持的关键信息基础设施安全应对措施不断加强，但同时攻击入侵手段也在不断升级，犯罪活动更加普遍。可以预见，未来针对关键信息基础设施的攻击将更加复杂、更具破坏性[205]。结合当前和未来的安全形势，不同行业纷纷聚焦于密码学、网络与通信安全、软件与系统安全、数据与应用安全等核心技术需求。

三、技术体系

关键信息基础设施安全技术体系涉及识别认定、安全防护、检测评估、监测预警、管控处置5个环节。其中，识别认定技术包括业务、资产及风险识别等；在安全防护技术方面，关键信息基础设施各行业重点考虑密码学、网络与通信安全、软件与系统安全、数据与应用安全等技术的联合应用，实现通信网络的互联安全、边界防控，专用业务软件和操作系统的访问控制、漏洞治理，以及业务数据的可用性、完整性、机密性保护；检测评估技术包括系统及设备安全基线核查、专用软件代码安全性审计、业务安全流程合规性验证、防护措施有效性评价等；监测预警技术包括安全特征数据采集、安全风险评估、安全态势感知等；管控处置技术包括安全应急、仿真、恢复等。

围绕上述技术体系，不同行业重点在安全防护体系构建、网络安全边界识别、软件安全与系统安全、数据安全、风险管控等方面开展了研究与应用实践。在安全防护体系构建方面，能源、金融等多个行业关键信息基础设施建成了纵深防御的工控类系统和信息化类系统网络安全防护体系；在网络安全边界识别方面，重点研究系统边界识别、接入认证、访问控制等方案，例如，基于公钥密码算法和数字证书，对接入关键信息基础设施的主机进行身份认证；在软件安全方面，主要通过在线/离线漏洞扫描解决恶意代码植入、脆弱性修复问题，通过"三权分立"、多因子认证解决访问控制问题；在系统安全方面，部分行业已全面采用自主可控的操作系统，并通过端口/服务最小化开放、用户权限最小化设置、配置可信计算功能等措施对操作系统进行安全加固；在数据安全方面，主要依托密码学，多数行业已构建面向业务应用的数据分级加密和隐私保护机制，解决数据安全存储和共享问题；在风险管控方面，通过将安全监测技术与行业特点相结合，重点提出面向关键信息基础设施安全的风险评估方法，结合业务制定了相应的风险管控措施。

随着行业发展，密码学、软件及系统安全、数据安全等关键技术的应用具有以下趋势。在密码学应用方面，随着工业物联网的建设应用，以及量子攻击的出现，关键信息基础设施应逐步采用更加轻量化、高安全防护水平的密码算法；在软件及系统安全方面，自主可控的安全专用软件及操作系统研发、专用系统硬件设备研制是关键信息基础设施未来需解决的重要难题；在数据安全方面，随着关键信息基础设施的数字化转型，大规模数据的存储、使用、共享安全技术将成为重点关注的内容。

由于关键信息基础设施涉及的行业或领域众多，本章在行业选择和研究过程中，重点以《中华人民共和国网络安全法》《关键信息基础设施安全保护条例》等为纲领，结合国内外关键信息基础设施安全学科发展动向，综合考虑行业重要性、代表性和安全技术特点，选取六大行业 12 个领域进行介绍，涵盖了生产业务、平台、网站等信息基础设施类型，具体包括通信、能源、金融、交通、电子政务、环保六大行业，电力系统、石油石化、银行等 12 个领域，涉及电信运营服务、能源生产消费、金融交易监管、交通运输监控、行政事务管理、生态环境治理等关系国计民生的重要功能。进而，综合这些行业承载业务的特点，重点考虑工控类系统和信息化类系统的安全防护技术。其中，工控类系统的网络安全一般以隔离、加密等技术为基础，在防护体系、防护措施等方面具有一定的行业特殊性。信息化类系统的网络安全多采用防火墙、内网准入，以及面向数据安全的加密、脱敏等技术，具有一定的通用性。

第二节　通　　信

一、总体情况

通信网络是现代化社会信息传输的重要载体。移动通信网络经历了从 2G

到5G各阶段的演进，在2G时代，移动通信以数字语音传输技术为核心；3G、4G时代则进入移动多媒体时代，能够快速高质量地传输图像和音视频；在5G时代，边缘计算、网络切片、核心网服务化架构的引入以及集中化和云化的部署方式带来了新的安全风险。

以上技术演进带来的安全风险，需要成熟的生态体系与安全框架加以应对。例如，通过将5G与人工智能、区块链、云计算、大数据、物联网、边缘计算、终端、安全等新型信息技术融合，在打造"连接+算力+能力"新型信息服务体系的同时，网络的复杂度进一步增加，安全的防护难度也进一步提升。

当前，美国和欧盟分别借助实施多项法规强化主体权责、实施"长臂管辖"，不断增加通信及互联网安全治理范围和力度。美国密集出台网络安全法案及政令，并针对电信领域出台专门法案，例如，2020年出台的《国家5G安全战略》《安全与可信通信网络法案》《保障5G安全及其他法案》、2022年出台的《安全访问电信法案》。欧盟逐步加快通信领域安全布局，针对通信领域出台多项规范及法案，例如，2018年发布的《欧洲电子通信规范》、2019年发布的《5G网络安全风险评估报告》、2020年出台的《网络安全战略》《欧盟5G网络安全风险缓解措施工具箱》。

我国近年来相继出台多项针对通信领域的相关法律法规。工业和信息化部发布了《5G安全指南》及各项有关通信领域关键信息基础设施安全的管理制度，包括关键信息基础设施认定的方法、客户信息管理条例、数据安全管理办法、有关网络安全应急响应管理的制度等多项内容。同时，多项通信行业相关安全标准已完成制/修订，中国通信标准化协会（China Communications Standards Association，CCSA）已经发布了多项5G相关的安全标准。在行业系统构成方面，以电信网的部分信息系统为例，根据终端接入方式不同，将信息系统的业务应用分为固定通信网和移动通信网两大类，包括终端、接入网、核心网等环节。

二、技术背景

近年来，国内外通信领域安全事件呈现高发态势，针对通信网络的各种攻击手段层出不穷，不少攻击事件直接造成大规模通信网络中断，对各国国民经济及国家安全造成了重大损害。例如，2021年，厄瓜多尔运营商遭受勒索软件攻击，业务运营、支付门户及客户支持全部陷入瘫痪，190GB的业务数据遭到泄露；在近期俄乌冲突中，覆盖乌克兰地区的美国卫星运营商Viasat遭到DDoS等网络攻击，导致数万用户断网，俄罗斯政府网站和银行系统也遭到大规模DDoS攻击，导致网站访问异常，对政府信息发布和银行服务提供造成影响；全球著名的网络安全管理软件供应商SolarWinds遭遇国家级APT团伙供应链攻击并植入木马后门，导致包括美国关键基础设施、军队、政府在内的18000多家企业客户全部受到影响。

三、安全防护现状

针对通信网络及其承载业务的安全风险防护，主要分为网络安全、云计算安全、数据安全、内容安全、终端安全、安全运维、业务安全等方面。

在网络安全方面，通过防火墙、安全网关、承载网、IP专网等方式对5G核心网、边缘节点、数据域、外部数据网等进行网络安全域划分，通过安全边缘保护代理（Security Edge Protection Proxy，SEPP）与其他运营商或中转商互联互通；通过态势感知平台，实现暴露面资产管控，对网络空间进行测绘；通过采用僵木蠕集中管理平台、手机恶意软件监控系统等手段，实现网络流量监测。

在云计算安全方面，例如，中国移动已建立网络云、IT云、移动云的安全防护机制，并建设了安全云平台，以完善关键基础设施保护。

在数据安全方面，积极开展网络数据安全风险评估；进行数据安全能力建设，上线数据采集、传输、存储、使用、共享、销毁全生命周期的数据安全功能等并支持高效安全的使用；通过金库访问、4A平台建设、国产商用密码应用、数据安全管控平台建设等，完善数据安全措施；建立应急处置措施，完善应急预案，如出台《中国移动数据安全事件应急响应实施指南》等制度规范，对数据安全泄露等事件制定统一处置流程。

在内容安全方面，主要建设内容安全管控系统，对内容安全进行实时监测。第一类是通话管控系统，包括虚假主叫监控系统、国际诈骗电话监控系统、IMS诈骗电话防范系统等；第二类是消息管控系统，包括垃圾短信监控系统、垃圾彩信监控系统、5G不良信息监控平台等；第三类是网站管控系统，包括不良信息监控系统、数字内容风控能力平台、数字内容实时运营平台、数字内容开发平台等。

在终端安全方面，利用安全芯片与模组以及安全固件，保障终端硬件安全；对终端APP进行安全防护，保障终端软件安全；推进安全手机、终端安全接入网关等终端安全产品研发；在终端入网前进行安全测评，避免"带病入网"。

在安全运维方面，通过安全基线管理，建立有效安全运维机制，这些机制包括统一明确的安全运维要求，安全升级、安全配置等安全基线管理工作，以及有效的日志、日常运维检测、事件分析、操作稽核工作；按照应急处置指引，进行应急事件演练等，有效应对突发安全事件；通过国家互联网应急中心漏洞共享以及其他手段进行漏洞积累，建立并逐步完善漏洞库，提高安全风险排查准确性。

在业务安全方面，主要采用3种手段进行防护：为业务终端安装网页防篡改软件，进行业务安全防护；通过业务安全风控平台，对物联网、智慧家庭等特有业务进行接入认证、平台集中监控；通过双新评估手段，排查各种上线业务的安全风险。

四、主要研究进展

国内外主要通信运营商均针对自身业务建设了相应的安全基础设施，并研发了相应的安全软硬件产品，因此具备一定的安全防御能力。国际上，AT&T通过建立端到端、高可见、强协同的云上安全运营平台，实现了自动化资产识别、安全防护、异常检测及响应；Verizon建设了全球安全运营中心，实现了安全的集中化运营，同时基于云和全球安全情报，建立了智能化分析和响应能力；德国电信将安全上升至战备高度，基于"安全建立信任"的理念，扩展网络防御能力；日本电信运营商NTT DocoMo建立了云化环境下的纵深防御体系，可对安全状态进行感知并及时采取相对应的安全防护措施。

国内运营商针对面临的安全问题，结合自身规模和业务优势，也建立了多种安全平台和体系，主要包括以下内容。

1. 网络安全能力中台

依托虚拟化、大数据、人工智能等技术打造云化、智能化、服务化的安全中台，提供多种安全工具及灵活的场景化编排，构建企业级主动防御安全体系。

2. 基于 SIM 卡的统一认证体系

SIM 卡是天然的安全鉴权载体，基于号认证网关安全、SIM 卡认证安全芯片、CA 证书能力等 3 项核心号卡认证技术，构建标准化统一认证体系。

3. 全网统一的安全响应中心

通过构造全网统一的安全响应中心（Security Response Center，SRC），实现业务安全漏洞和威胁情报的全网高效分发及快速应对，从而提升产品及业务的安全性。

4. 手机恶意软件监测体系

建设手机恶意软件集中管控平台进行全网监测，综合多种监测技术实现手机恶意软件多维度侦测，能够对手机病毒、木马、恶意攻击、恶意软件传播等进行主动监测，并以手机恶意软件监测系统为核心，融合垃圾短信拦截系统等，识别手机恶意软件。

5. 不良信息监测与处置平台

基于深度学习技术识别不良文本、图片、音视频、文件等富媒体消息，提供不良信息告警和管控能力，协助企业打造优秀的用户体验和纯净的产品内容生态。

6. 数据安全管控平台

以端到端的数据全生命周期安全管理和技术支撑平台为目标，通过数据安全采集、数据安全流转、数据安全监管预警等能力的建设，实现数据安全统一运营、集中管控。

7. 安全卫士

以身份可信为基石，以"控制平面、数据平面分离"为指导思想，强制实施"先认证、后连接"的访问模式，构建云网一体网络安全防护体系。

8. 5G 安全测试平台

通过集成 5G 无线安全及终端（USIM 卡）安全检测工具，具备 VoIP 模拟语音呼叫、USIM 卡安全测试、4G/5G 基站软件模拟、全网探测黑产语音平台及 GoIP 硬件等能力。

五、主要安全风险与挑战

随着 5G 等新业务的发展，通信网络和各行业融合程度加深，网络空间对抗加剧，黑产及新型安全风险给通信安全带来了前所未有的挑战，归纳起来主要有以下安全风险和挑战。

1. 传统安全隐患依然存在

伪基站虽在国家的打击下数量大幅下降，但在暴利的驱使下，不法分子顶风作案，架设伪基站开展电信诈骗、广告推销等活动。同时，以通信关键信息基础设施为目标的 DDoS 攻击已成为国家级网络安全威胁，并且呈现出攻击频率倍增、T 级攻击常态化、攻击手法复杂化的趋势。

2. 新的攻击形式持续出现

新型数据擦除攻击盛行，2022 年，美国卫星通信服务商遭受数据擦除攻击，导致东欧地区网络中断；勒索软件攻击事件频发，变种数量不断攀升，SonicWall 发布的《网络威胁报告》显示，2021 年，全球企业安全团队检测到的勒索软件攻击较 2020 年增长 105%，总数超过 6.23 亿次。同时，云平台已成为发生网络攻击的重灾区，利用云平台开展攻击使得溯源管控工作更加困难。

3. 新技术应用引入的风险

5G 在引入算力网络、NFV、SDN、MEC、网络切片、网络云化及网络能力开放、5G 消息等新技术与新应用的同时，也带来了新的安全需求与风险。例如，5G 网络流量大幅增加，流量分析难度加大；5G 环境中原来不联网或者相对较封闭的网络连接到互联网，无形中扩大了网络攻击面；5G 承载更多关键的基础设施和重要应用，使得 5G 会成为黑客的重点攻击目标。

4. 业务上云引入的风险

云计算是推动数字化转型的重要"引擎"，业务上云已成为主流趋势。云计算的开放性让企业用户能够随时随地访问业务或数据，它在带来便利的同时，也带来了风险。业务上云打破了传统的业务边界，导致云内业务的横向攻击难以管控；同时，云环境虚拟机逃逸、云上资源滥用等问题也日益突出。

5. 垂直行业生态风险

随着垂直行业终端、业务系统等接入 5G 环境，终端、业务系统的暴露风险增大，面临的攻击面更广；5G 使用了虚拟化、网络切片、MEC 等新技术，进一步将互联网已有的安全风险引入 5G 中；垂直行业业务数据通过公共 5G 网络环境传输，行业对自身的业务数据控制能力减弱，可能会带来数据泄露风险。

6. 智能终端安全风险

智能手机、物联网终端、车载终端等多样化的终端形态与接入技术使通信网络安全态势更加复杂。大量接入设备的安全性较低，甚至不具备安全的软硬件环境，这给通信网络带来了极大的安全风险。

7. 通信网内容安全风险

随着 5G 等新业务快速发展，通信内容的形式越来越复杂多样，由原先的以消息、文本、1080p 视频为主，演变为 VR/AR、全息、4K、8K 超高清等多种内容形式。内容安全管控面临突出挑战，通信诈骗、违规内容传播等风险增加。

六、发展趋势

为应对新一代通信网络架构下的安全风险，需要针对安全体系、安全技术、安全应用等方面开展探索，发展安全新能力。

在安全认证能力方面，5G 网络架构下的认证能力将朝着统一、多安全级别的身份鉴别机制发展，形成电信级的一体化数字身份认证能力，并赋能上层应用及垂直行业。在 5G 通信网络中，由于接入实体规模庞大，安全环境及安全需求各不相同，身份凭证繁多，为确保各网络实体对资源的无缝访问、保护用户隐私信息等，网络实体的身份凭证需要个性化，并将实体的身份标识与凭证进行绑定。此外，对身份凭证的签发和使用场景应进行规范和限制。

在网络威胁情报方面，威胁情报信息将直接影响通信网络的安全策略，是通信关键信息基础设施安全防护的风险依据。美国信息技术服务公司高德纳在《市场指南》中总结了威胁情报的使用场景，包括情报赋能、钓鱼检测、暗网监控、威胁检测与响应、黑客画像与黑客追踪、威胁情报共享、高级应急响应服务等，相关能力将不断助力企业提升网络安全能力。

在融合应用安全方面，通信行业与各垂直行业的融合，打破了天然隔离屏障，增加了基础设施面临的风险，垂直行业的业务特点也决定了面向传统消费互联网的安全治理框架与支持体系将会失效，运营商将面向产业互联网，重构 5G 网络的安全治理体系、运维体系、客服体系，为用户提供可持续、可信、安全的网络服务。此外，为了建立多条安全防线，通信行业（尤其是垂直行业）需要将客户引入安全治理工作中，为客户提供面向创新网络架构的深层次治理能力。

在通信网商用密码应用方面，新技术和新应用对高质量商用密码技术、产品和服务提出了迫切需求，须积极把握商用密码产业发展的机遇，以有效需求引领密码高质量供给为主线，充分激发密码技术创新活力，推动密码产业高质量建设，护航数字经济健康发展。

在高安全电信云、云原生安全方面，传统安全防护手段已经不能满足云原生实例频繁启停的生命周期变化以及海量的东西向流量交互过程的安全需求，侧重以人为主的传统安全防护策略将发生改变，以服务为中心构建的容器安全防护措施、持续监控响应模型、可视化平台和一站式的安全运营，将成为云原生安全防护的主流方案。此外，云安全落地方案也将走向轻量化、敏捷化、精细化。随着容器部署的环境日益复杂、运行实例生命周期越来越短，安全方案的反应必须迅速敏捷，在发现异常时迅速反应。

在与新技术适配的安全机制方面，针对 5G 新型网络架构与典型业务应用场景，需要从 5G 整体架构设置安全机制，从安全认证、接入安全、切片安全、MEC 安全、安全监管、终端安全等核心功能，研究落实各类安全技术集以提升 5G 安全能力。例如，在 4G LTE 安全技术集的基础上，针对 5G 网络开放性与虚拟化的特点，引入网络开放接口安全、切片 VNF 安全的技术集；针对终端的高安全防护能力需求，引入终端的安全技术集。

第三节 能　　源

一、总体情况

能源是人类社会赖以生存和发展的物质基础。能源行业包括电力系统、石油石化、天然气等领域。电力系统由发电厂、电网、用电等环节组成，互联性强、复杂度高。为实现电能在生产消费过程中的测量、调节、控制与保护等功能，电力系统在各个环节和不同层次具有相应的控制系统，例如，发电厂监控系统、调度自动化系统、配电自动化系统、用电信息采集系统等，这些属于"电力工控系统"。此外，为支撑企业日常经营及办公管理、面向社会提供电力等，一般配置门户网站、人资系统、售电系统、95598等业务系统，这些属于"电力信息化系统"。

美国较早将电力关键基础设施网络安全提升至国家战略高度。例如，1996年，美国颁发的第13010号行政令《关键基础设施防护》将电力作为关键基础设施之一，要求政府部门与相关企业共同开展安全防护工作；2016年，美国和加拿大联合发布了《美国-加拿大电网安全性与弹性联合发展战略》，指出"以优先方式防止和缓解电网的网络和物理风险需要公共和私有部门合作伙伴继续携手"，提出通过"网络互助"框架，为两个国家的政府机构、私有部门合作伙伴和能源公司实现更多相互协作与合作的可能性，共享相关威胁情报、取证调查信息、最佳实践和防御能力，以缓解网络威胁[206]。我国自2002年国家经济贸易委员会第30号令《电网和电厂计算机监控系统及调度数据网络安全防护规定》出台以来，结合国际能源领域网络安全形势，不断更新、提升电力系统网络安全要求，依次审议通过了《电力二次系统安全防护规定》(国家电力监管委员会2004年第5号令)、《电力监控系统安全防护规定》(国家发展和改革委员会2014年第14号令)等规范性文件。伴随着各项法律法规的出台，我国电力系统网络安全体系的建设经历了3个阶段：以边界防护为主的安全防护体系阶段；补充了远程控制命令等核心业务操作的安全防护阶段；从安全防护技术、安全管理、应急灾备3个维度，进一步夯实电力系统网络安全防护的阶段。

石油石化行业产业链包括上游勘探开发、中游管网储运和下游炼化销售等环节。中国是石油天然气生产大国和消费大国，2020年，我国油气长输管网规模达到16.9万公里，2025年，国内油气长输管网规模将提升至24万公里。石油石化产业链广泛使用自动化和数字化技术，构建了面向经营管理、生产运行、销售等环节的控制系统与信息化系统。其中，控制系统包括分布式控制系统、生产监测系统等，信息化系统包括油气运输、销售等信息管理系统。在关键信息基础设施安全方面，我国主要依据相关法律法规要求及国家发展和改革委员会、公安部有关要求，遵循"挂图作战、三化六防""一个中心、三层防御"等思想，完善网络安全制度体系，开展网络安全运营中心建设，构建纵深防御体系，实现安全运营监测分析处置，保障关键基础设施和业务系统稳定运行。为保障工控系统安全，先后发布了《中国石油工控系统网络安全防护指南》《关于加强工业控制系统安全防护的指导意见》和《工业控制系统网络安全防护技术要求》等。

二、技术背景

近年来，电力、石油石化领域关键信息基础设施成为网络攻击的"重点区域"，在全部网络攻击事件中的占比超过5成。电力是国家能源支柱和经济命脉，其安全稳定运行关系国家安全和经济发展，一旦遭受黑客及恶意代码等攻击，尤其是集团式攻击，将造成电力系统崩溃或瘫痪，直接导致大范围停电事件。例如，2015年12月23日，乌克兰电力系统遭受黑客攻击，造成7个110kV和23个35kV变电站停电6小时；2019年3月7日，委内瑞拉古里水电站发电系统遭受网络攻击，导致全国18个州发生停电，部分地区停电超过24小时。在严峻的网络安全形势下，黑客的攻击手段复杂度高、隐蔽性强、更新速度快，导致电力系统将面临持续性安全威胁。石油石化行业长期以来面临各类网络安全威胁，造成重大影响，这些攻击有民间的，也有敌对国家的。

三、安全防护现状

欧美以电力等能源行业为重点，基于纵深防御理念，通过采取风险评估、监测及事件处置等安全措施来降低关键基础设施的安全风险。同时，为了指导运营者实现关键基础设施网络安全的落地执行、量化评价已建设的网络安全能力，开发了网络安全能力成熟度模型（cybersecurity capability maturity model，C2M2）。

国内电力工控系统的网络安全防护以"安全分区、网络专用、横向隔离、纵向认证"为结构安全原则，强化了安全免疫、态势感知、动态评估和备用应急措施，构建了持续发展完善的防护体系，保障了电力工控系统及重要数据的安全。

（一）安全分区

安全分区是电力工控系统安全防护体系的结构基础。电力企业内部基于计算机和网络技术的业务系统，一般划分为生产控制区和管理信息区。生产控制区又进一步分为安全Ⅰ区和安全Ⅱ区。

生产控制区安全Ⅰ区的业务系统或其功能模块是电力生产的重要环节，直接实现对电力一次系统的实时监控，是安全防护的重点与核心。生产控制区安全Ⅱ区的业务系统或其功能模块是电力生产的必要环节，在线运行但不具备控制功能，与安全Ⅰ区的业务系统或其功能模块联系紧密。

管理信息区是指生产控制区以外的电力企业管理业务系统的集合，典型业务系统包括电力企业数据网、行政电话网管系统等。

（二）网络专用

电力各业务系统具备自身的专用通信网络，包括光纤、电力无线专网等。电力工控系统的数据通信优先采用电力专用通信网络，不具备条件的也可以采用公用通信网络（不包括互联网）、无线网络（如GPRS、230MHz、4G、5G）等通信方式，使用上述通信方式时应当设立安全接入区。

当采用EPON、GPON或光以太网络等技术时，使用独立纤芯或波长；当采用230MHz等电力无线专网时，应采用相应安全防护措施；当采用

GPRS/CDMA 等公共无线网络时，启用公网自身提供的安全措施，包括采用 APN+VPN 或 VPDN 技术实现无线虚拟专有通道，通过认证服务器对接入终端进行身份认证和地址分配，在主站系统和公共网络采用有线专线+GRE 等手段。

（三）横向隔离

横向隔离是电力二次系统安全防护体系的横向防线。采用不同强度的安全设备隔离各安全区，在生产控制区与管理信息区之间设置电力专用横向单向安全隔离装置，实现物理隔离。生产控制区内部的安全区之间应当采用具有访问控制功能的网络设备、防火墙或者相当功能的设施，实现逻辑隔离。

（四）纵向认证

纵向认证是电力工控系统安全防护体系的纵向防线。采用认证、加密、访问控制等技术实现数据的远方安全传输以及纵向边界的安全防护。在生产控制区与广域网的纵向连接处，应当设置专用加密认证装置或者加密认证网关及相应设施，实现与终端的双向身份认证、数据加密和访问控制。

石油石化系统网络安全防护的主要技术思路包括以下 4 个方面：一是完善应急处置预案、灾难应急预案、供应链安全、保密协议等内容；二是提升纵深防御体系能力，开展互联网收口工作；三是构建网络安全运营中心，整合风险点、攻击线、暴露面，结合资产、情报、告警信息，实现态势感知；四是通过渗透检查、专项整治、攻防演习等多措并举降低安全风险。

四、主要研究进展

（一）统一密码基础设施

建设的统一密码基础设施包括数字证书系统、统一密码服务平台等，通过提供对称密钥、公私钥对、数字证书、电子签章等密码服务，支撑电网各业务系统、应用、设备、人员开展数据机密性和完整性保护、行为抗抵赖保护、身份认证等。

（二）电力工控系统安全防护体系

电力工控系统包括涉及大电网运行监控的调度自动化系统、配电网感知与监控的配电自动化系统，以及用户用电信息采集监控的用电信息采集系统。这3类系统紧密相联，其网络安全防护体系以国产商用密码算法、电力专用密码算法为基石，以《中华人民共和国网络安全法》、《信息安全技术 网络安全等级保护基本要求》（GB/T 22239—2019）为主要依据，以"安全分区、网络专用、横向隔离、纵向认证"为原则进行构建，形成了覆盖现场终端、通信通道、主站系统的梯级防护体系。

（三）自主可控专用安全芯片

专用安全芯片是一个可独立进行密钥生成、加解密运算的安全产品，嵌入电力终端内部为其提供加密和安全认证服务，具有TRNG、支持国密SM系列密码算法等特性，实现认证加密、可信计算等核心安全防护功能的完全自主可控。使用专用安全芯片进行加密，密钥被加密存储在硬件中，窃取难度大，从而可以保护商业隐私和数据安全。

（四）安全监控平台与安全运营中心

为提升复杂网络攻击的应对能力，在安全防护体系的基础上，电力领域构建了网络安全监控平台，实现了对电力系统服务器、工作站、数据库、网络设备、安防设备等网络状态、网络威胁、资产脆弱性的实时监视、风险预警；配合威胁溯源、态势感知技术，实现了事前威胁识别和事后快速响应。石油石化领域建成了威胁可知、应急可控、服务可靠、管控可视的网络安全运营中心或态势感知平台，实现了安全数据分析、安全系统集成、事件应急处置、安全监督管理、风险集中管控，制定了安全应急预案，并完善了信息安全服务体系。

五、主要安全风险与挑战

当前，能源行业网络安全仍存在以下主要安全风险与挑战。

（一）物理系统开放性带来的安全隐患

以电力为例，电力系统开放性凸显，光伏、电动汽车充电设施等用户属性的分布式资源高比例接入，使得相对封闭电网的边界模糊，为电网边界防护带来了不可控安全风险；而且大规模用户资产与电网互动频繁，使得电网被攻击点急剧增加、攻击难度降低。

（二）云计算、物联网、大数据等新技术应用带来的安全风险

随着云计算、物联网、大数据、移动互联等新技术的深入应用，能源行业面临新的安全风险，由于主站系统应用云计算引入了虚拟化技术，导致业务系统基于服务器隔离的物理防护弱化，进而带来了数据泄露、越权访问、非法访问等风险；物联网技术的应用，使得大量防护薄弱的物联感知设备接入，导致系统边界的脆弱性增加；基于手机、平板电脑等移动运维管控技术的应用，带来了互联网环境下的安全隐患。

（三）进口装备存在不可控风险

由于电力领域电网测控保护终端的核心处理器主要采用进口器件，操作系统采用开源代码进行裁剪，所以存在后门植入、漏洞利用等隐患，从而为攻击者提供了便利。

石油石化领域现有数据处理的系统应用和产品（Systems Applications and Products in Data Processing，SAP）、制造执行系统（Manufacturing Execution System，MES）、勘探开发专业软件等主要信息系统，以及操作系统、数据库等基础软件均从国外引进，存在较为严重的进口依赖问题。

（四）高级别网络攻击的长期威胁

零日漏洞利用、APT、高级逃逸等隐蔽型、持续型攻击手段仍是能源行业网络安全应对难题，面对"海莲花""蔓灵花"等组织使用的APT攻击和基于零日漏洞的攻击，仍缺乏有效的安全防御手段。

此外，社会工程学、供应链威胁暴增，薄弱的安全意识和行为规范为攻击者提供了入侵能源行业关键信息基础设施的便利条件。

六、发展趋势

（一）开放物理系统的安全防护

为应对开放新型电力系统下受攻击面的扩张问题，亟须开展用户资产接入电网的安全管控、面向用户资产设备的自身安全防护以及基于大数据的异常行为辨识等技术研究，加强分布式资源与电网交互安全、自身安全能力以及系统异常行为辨识能力。

（二）匹配新技术的安防技术深化应用

为应对云计算、大数据、物联网、移动通信等新技术在能源行业的应用，要深化研究应用以虚拟资源安全隔离为代表的云化主站防护、满足物联感知设备互联互通的轻量级安全交互，以及基于移动互联终端的安全运维等技术。

（三）加快推进关键装备安全可控

为避免进口装备依赖引入的不可控安全风险，能源行业各领域应加快推进关键装备自主研发进度：电力领域应积极响应嵌入安全措施的核心主控芯片、安全模组等方案，开展自主可控、安全加固的电力终端设备嵌入式操作系统研发；石油石化领域应大力推动行业主要管理软件和专业软件的自主可控研发。

（四）防护策略由被动防守向主动防御转型

为应对复杂网络安全形势下的未知特征、不确定性攻击，须积极开展主动防御技术研究及应用，增强能源行业各领域二次系统的安全免疫能力：一是基于可信计算技术，实现系统、设备本体的完整性防护，防止外部入侵行为对系统及设备的正常运行造成干扰；二是从数据采集、智能分析角度，完善安全监测及态势感知技术，提升威胁发现能力和自动防御能力。

第四节 金　　融

一、总体情况

金融是现代经济发展的关键力量，是社会经济活动的重要基础。国内外历来高度重视金融领域关键信息基础设施安全。1998 年，美国将金融信息安全列为政府范围内的高风险领域，通过联合公共部门与私营部门对关键信息基础设施进行保护。2003 年，美国审计总署（United States Government Accountability Office，GAO）开始研究金融业所面临的网络威胁，包括如何促进金融业内通过共享信息来防范面临的威胁和安全事件、如何加强政府与私营部门之间的合作以及金融监管部门应采取哪些措施来化解网络威胁。GAO 建议美国财政部与行业形成战略计划，该计划于 2006 年发布，确定了关键信息基础设施保护范围，明确了保护目标、时间节点和各机构的保护责任。2015 年，美国财政部发布了《金融服务业特定计划 2015》，旨在形成一个安全稳定的金融系统运行环境，以保证金融交易、资产和数据的完整性。2020 年，七国集团（Group of Seven，G7）网络专家组指出公共部门与私营部门应定期联合开展网络事故响应和恢复计划演习活动。

我国金融行业正在从传统"信息科技服务于金融"模式，向科技引领业务的"智能金融"模式发展。截至 2022 年末，国有六大行手机银行客户数总计已超 20 亿户。客户通过网上银行、电话银行、手机银行等进行电子支付的业务量仍在不断增加。对我国金融业关键信息基础设施进行安全保护重要且急迫。目前，我国金融业关键信息基础设施安全保护主要聚焦于行业网络安全合规建设、自主可控、数据安全、网络安全实战等方面。结合实际业务，金融行业相关信息系统的应用架构包括国库信息处理系统、反洗钱监管交互平台等行业层系统，以及支付系统、清算结算系统、基础征信系统等业务层系统，通信网络包括有线专线、无线公网、无线专网、北斗卫星等，客户终端包括柜面、智慧机具、手机、POS 机等。

二、技术背景

金融业主要应对的风险包括信用风险、市场风险、运营风险、法律风险等，其中，对金融业关键信息基础设施进行物理攻击或网络攻击造成的事故，对金融行业运营造成影响，严重情况下将对整个国家金融体系造成极大影响。2001年，美国"9·11"事件导致在纽约的大量券商及期货交易所停止服务，直至其通信及其他服务转移到备用地点才恢复。2012年，美国大量金融机构的服务网站遭受到 DDoS 攻击，导致大量客户无法进行线上访问并办理金融业务。同年，由于受超级风暴桑迪（Sandy）影响，主要股票交易所关闭两天，固定收益证券市场也关闭一天，这对金融系统运行造成了严重影响。2022年2月，俄乌冲突爆发，金融业关键信息基础设施成为双方攻击的重要目标之一，通过大量 DoS 攻击、网络入侵攻击、虚假信息攻击和数据擦除攻击等，乌克兰银行、俄罗斯证券交易所等金融机构发生中断服务、数据泄露、ATM 无法使用等严重事件。除网络攻击外，以美国为首的西方国家对俄罗斯采取了大量制裁措施，其中包括 SWIFT 宣布将俄罗斯踢出系统，英特尔、微软、谷歌、甲骨文等公司停止向俄罗斯提供芯片、操作系统、数据库及其他软硬件和服务。

三、安全防护现状

美国金融业关键信息基础设施安全保护主要关注信息共享、风险管理、事故响应和政策支持4个方面。在信息共享方面，美国成立了金融服务信息共享和分析中心（Financial Services Information Sharing and Analysis Center，FS-ISAC）和财政部金融业网络情报小组。FS-ISAC 主要识别物理威胁和网络安全威胁，并通知行业内各机构。此外，其通过与包括联邦调查局（Federal Bureau of Investigation，FBI）等政府部门合作能够获取更多情报，最终实现态势感知能力。在风险管理方面，美国金融服务行业协调委员会（Financial Services Sector Coordinating Council，FSSCC）、金融和银行信息基础设施委员会（Financial and Banking Information Infrastructure Committee，FBIIC）与 FS-ISAC 参与到 NIST 的网络安全框架开发当中，金融行业主要参考本框架作为风险管理基线；同时，FSSCC、美国财政部与国土安全部通过本框架衍生出网络安全风险保险，以帮助机构化解部分风险。在事故响应和恢复方面，美国不断优化事故响应流程，加强各机构间合作关系，定期组织开展政府与私营部门联合演习。在政策支持方面，美国持续加强政府与私营部门合作，共同讨论有效保护国家金融业关键基础设施的政策措施。

近年来，我国金融行业网络安全防护不断强化"三化六防""内生安全"指导思想，以"实战化，体系化，常态化"为新理念，以"动态防御、主动防御、纵深防御、精准防护、整体防护、联防联控"为新举措，构建国家网络安全综合防控系统，深入推进《信息安全技术 网络安全等级保护基本要求》（GB/T 22239—2019）和《信息安全技术 关键信息基础设施安全保护要求》（GB/T 39204—2022）的积极实践。将"局部整改"的零散建设模式转变为体系化规划建设模式，以系统工程方法论来指导网络安全体系的规划、设计和建设工作，从信息化角度，以系统工程的思路进行网络安全规划设计，建设面向数字化保障的新一代网络安全框架体系。在内部治理、运营管理、纵深防御能力构建等方面具有以下特点。

在内部治理方面，关键金融机构不断健全信息基础设施安全管理组织架构、完善信息安全管理制度体系、建立"三道防线"防控体系，构建由信息科技、内控合规、内部审计等部门组成的IT风险防控体系。各级信息科技部门作为"第一道防线"承担信息系统的研发、测试、运维和管理工作，同时，有效履行IT风险检查和管理职能。各级内控合规部门、风险管理部门承担IT风险"第二道防线"职责，负责全行信息科技风险的检查评估、监测分析与汇总报告。内部审计部门作为"第三道防线"负责对信息科技管理体系进行全面、独立、客观的审计和评价，发现问题、提出建议并督促整改，确保系统的安全、稳定、高效。

在运营管理方面，关键金融机构不断加强安全运营保障，强化风险监测预警及处置机制；通过构建态势感知平台，结合威胁情报收集与分析、威胁建模等手段，深化事前、事中、事后的闭环管控能力，实现对安全风险的监测、精准防护，有效提升关键信息基础设施的主动防御能力；同时，做好设施的安全评估、渗透测试、安全检测，推动建立跨机构的协同机制，对各个机构相互关联的关键信息基础设施进行整体性安全评估，消除安全防护短板；秉持以攻促防理念，积极开展红蓝对抗演练，向以能力为导向的积极防御体系演进。

金融行业强化纵深防御能力主要聚焦于预测、防护、响应、检测4个安全域，参考国家《信息安全技术 网络安全等级保护基本要求》（GB/T 22239—2019）、国际网络安全成熟度模型等，在多种安全能力中落实各安全实践，包含主动风险分析能力、预测攻击能力、基线管理能力、边界防护能力、访问控制能力、纵深防护能力、强化和隔离能力、威胁检测能力、管理中心能力、安全审计能力、事件响应能力、调查和取证能力。其中，主动风险分析能力由资产管理、渗透测试、安全众测、风险监控等实践构成；预测攻击能力由漏洞库、漏洞生命周期管理、威胁情报、威胁狩猎平台、情报共享等实践构成；边界防护能力由边界访问控制、无线接入防控和远程安全接入等实践构成；访问控制能力由账户管理、权限管理、内外部访问控制、身份认证与授权、动态访问控制等实践构成；纵深防护能力由CDN、DDoS防护、入侵防护、流量加密、流量控制、数据防泄露、恶意代码防护、DNS防护、社会工程学防护、邮件防护、无线安全防护、数据备份等实践构成；强化和隔离能力由网络结构优化、软件系统更新、最小化权限、补丁管理、软件定义边界、微隔离等实践构成；威胁检测能力由入侵检测、流量检测、应用攻击检测、恶意代码检测、APT检测、数据库监控、用户行为监控等实践构成；安全审计能力由网络流量可视化、用户行为审计、日志收集、日志备份和日志分析展示等实践构成；事件响应能力由响应计划、事件通告、事件分析、事件处置、事后审查、应急演练等实践构成；调查和取证能力由攻击诱捕、攻击溯源、攻击反制、安全分析工具等实践构成。

四、主要研究进展

金融行业当前已逐步将信创产品应用到不同业务的基础设施中，实现自主可控和应用创新。例如，部分金融机构已适配应用了龙芯、飞腾、鲲鹏、海光等厂商芯片，采用麒麟、统信等操作系统，OceanBase、GaussDB、达梦、GoldenDB等数据库，东方通、金蝶等中间件，金山办公、福昕等流版签软件。在安全防护产品方面，应用了包括华为、新华三、天融信等厂商的防火墙、VPN、IDS/IPS等硬件以及终端安全软件。

五、主要安全风险与挑战

伴随着IT供应链风险及新技术引入带来的新风险，金融业主要面临以下安全风险与挑战。

（一）产业链供应链安全风险管控

金融业虽已构建账户、交易、支付、清算等环节的网络安全保护机制，但尚未建成覆盖全产业链全生命周期的关键信息基础设施网络安全保护体系。

（二）一体化的网络安全保障体系构建

目前银行、保险、证券、非银支付等子行业的网络安全管理规定缺乏统筹协调和顶层设计，不利于全局性动态网络安全风险防范，亟须构建一体化的关键信息基础设施网络安全保障体系。

（三）新兴信息技术发展和应用带来的安全挑战

新兴信息技术更新迭代加速，网络空间对抗加剧，外部攻击风险日益严峻，数据安全管控难度加大，需要面向新趋势、新形势构建新形态的金融业关键信息基础设施网络安全保障体系。

六、发展趋势

金融业及其网络安全将向智慧运营、供应链自主可控、溯源反制等方向发展。

（一）常态化运营安全持续加强

建设智慧安全运营平台，以网络安全对抗为核心，以安全事件处置为主线，整合全行安全大数据，实现漏洞情报的自动快速预警，漏洞分析、评估、处置、审核的线上处置和全流程管理，实时全局展示风险防控态势，针对攻击统一组织处置，将安全处置措施下发至全行安全设备、安全组件控制点，联动控制安全组件，自动执行安全措施，支撑安全运营流程的高效运转。

（二）企业级安全技术体系持续完善

充分运用网络防火墙、应用防火墙、主机防火墙、应用监控等产品和服务，组成"四道防线"，通过大数据平台收集网络系统设备、安全设备、终端设备和应用日志，通过智能分析平台挖掘风险，联动安全策略管理中心，集中统一管理所有安全策略，实施下发策略阻断攻击，实现安全策略的动态灵活调整，快速应对全渠道网络攻击。

（三）供应链自主可控深化应用

信创软硬件产品加快应用，强化金融业关键信息基础设施供应链安全风险管控，同时，对供应链各环节资产进行梳理并建立相应台账，明确各环节风险点并做好预防措施。

（四）安全业务向专业化发展

通过实战化网络攻防实战演练建设攻防一体化专业安全团队，通过定期举办网络安全攻防实战培训及竞赛，培养团队防护和溯源反制能力。同时，结合国内外相关研究成果，例如《信息安全技术 网络安全等级保护基本要求》（GB/T 22239—2019）、ATT&CK 框架、网络杀伤链模型等，打造安全基线核查、威胁检测、自动化应急处置、快速恢复溯源等工具。

第五节 交　　通

一、总体情况

交通运输是关系国计民生的基础性、服务性产业，是国家经济社会发展的命脉。随着网络信息技术的应用和发展，交通运输运行、服务、监管已日益依赖各类网络信息系统，交通运输关键信息基础设施成为国家关键信息基础设施的重要组成部分。结合实际业务，交通运输行业相关的网络信息系统主要包括运输控制及信息管理等类型。交通运输控制系统主要依托公路、桥梁、码头、船舶、轨道交通等各领域底层传感器及其相关监测、控制部分，支撑交通运输基础设施运行、运载工具调度和运输生产服务等交通运输业务运行。信息管理系统主要为交通运输生产运行提供必要的信息化服务，如高速收费、运输服务监管、乘客票务服务等。各领域网络信息系统具有网络环境多样、系统构成不一、控制系统形态各异等特点。

我国《数字交通"十四五"发展规划》中指出，要充分利用新一代信息技术，实现供需对接网络化、生产调度智能化、服务供给电子化，提供既普惠共享又满足个性需求的运输服务，大力提升运输服务效能。落实国家安全战略，加强交通运输行业网络安全保护。进一步增强网络安全意识，科学应对交通运输数字化、网络化、智能化带来的新安全风险，统筹发展和安全，建立健全信息化建设运行风险防控体系，有效化解网络安全风险，大力推进安全可控技术的广泛应用，切实增强关键信息基础设施和关键数据资源的保护能力。

二、技术背景

近年来，交通运输行业的网络攻击事件层出不穷。国际上，2020 年，英国易捷航空遭遇网络攻击，造成 900 万客户数据泄露；伊朗铁路遭受网络攻击，数百辆列车延误或取消；法国航运巨头达飞海运集团遭受勒索软件攻击，全球货运集装箱预订系统被迫下线；全球最大邮轮运营商嘉年华公司遭遇勒索软件攻击，攻击者访问并加密了公司信息技术系统的一部分，并且从该公司下载了文件。2021 年，南非国家运输公司遭到网络攻击，使得物流运输服务的可靠性受到了极大影响。2023 年，澳大利亚环球港务集团系统遭到入侵，发生数据泄露，造成支持澳大利亚港口运营的关键系统无法正常运行，并因此关闭港口，造成多个主要城市港口货物运输停滞。

三、安全防护现状

现代交通运输领域的铁路、民航、公路、水运、邮政与城市公共交通等日益高度依赖网络设施、信息系统等的正常运行，交通运输关键信息基础设施已成为行业生产运行的重要核心，是网络安全的重中之重。在典型的"公网专网结合"的交通运输网络信息系统安全防护体系中，一般采用身份认证、访问控制、入侵检测、安全监测等防护技术，构建纵深防御的安全防护体系。当前，交通运输行业网络安全防护现状及主要工作进展如下。

（一）政策标准

交通运输行业开展了《交通运输行业网络安全等级保护基本要求》《交通运输行业网络安全等级保护定级指南》《交通运输网络安全监测预警系统技术规范》《交通运输信息系统安全风险评估指南》等技术标准研究，有效地指导了行业开展网络安全管理，有力推动了国家等级保护制度和各项标准在行业的实施落地。交通运输行业逐步形成了网络安全管理和技术规范"双体系"并行发展的良好局面。2023年，《公路水路关键信息基础设施安全保护管理办法》发布并实施，对公路水路关键信息基础设施的安全保护和监督管理工作提出规范要求，为保障公路水路关键信息基础设施安全奠定了工作基础。

（二）公路运输领域

围绕国家公路尤其是高速公路网络化运行的安全保护需求，针对联网相关系统的数据和业务，进行分类分级管理，以网络安全等级保护制度为基础，依据通用安全要求以及云计算、大数据及物联网等扩展安全要求，建立联网系统的网络安全技术防护体系，构建综合防御能力。自2019年以来，在公路领域建立了覆盖部、省、段、站多级的信息通报机制，实施了高风险隐患整治、实战化攻击性测试等专项工作，依托态势感知平台，实现了网络安全防护体系从无到有、安全问题源头管控、漏洞清理不留死角，达成了"存量风险全面清理、潜在风险有效管控"的战略目标，有效支撑了全国路网的安全、稳定运行。

（三）水路运输领域

水路运输领域以港口、航道等为基础设施，是典型的工业网与信息网融合的领域，基于5G、北斗、物联网等技术的信息基础设施正在逐步建立，自主可控的自动化集装箱码头操作系统、远程作业操控技术等正逐步研发并应用。大型港口等水运基础设施基于数据中心完善了网络安全态势感知、网络安全控制等网络安全管控平台建设，构建网络安全运营体系，全面覆盖资产管理、风险/事件管理及运营管理，逐步加强数据安全、云安全、工控安全等能力，实现安全场景的扩展和防护能力的综合提升。

（四）城市交通领域

城市交通领域逐步向工业互联网模式发展，进一步加快推进关键装备自主可控，依据网络安全等级保护要求，从通信网络安全、计算环境安全、区域边界安全、安全管理平台及安全管理5个领域出发，统一建设综合监控系统（integrated supervisory control system，ISCS）、自动售检票系统（automatic fare collection system，AFC）、乘客信息系统（passenger information system，PIS）、列车自动监控系统（automatic train supervision，ATS）等应用系统和综合安防系统（closed-circuit television，CCTV）等多应用系统，其整体架构覆盖安全生产网、内部管理网、外部服务网和外部管理网4大工作域，在各工作域构建各自的安全防护机制，在同一网络安全域中，根据不同业务特点划分不同的安全子域，且每个子域可采用不同安全机制和安全策略，保持同层次的安全边界防护处于相同的强度。

四、主要安全风险与挑战

交通运输行业网络信息系统具有业务类型众多、应用场景繁杂、业务系统复杂且分散的突出特点，随着数字交通、智慧交通的建设与快速发展，交通运输行业主要面临以下安全风险与挑战。

（一）传统网络安全风险长期存在

交通运输行业基于业务特征，会涉及大量的终端设备，例如路侧单元、车载单元、视频终端、北斗终端、移动执法终端,以及支撑线上业务的小程序、APP、浏览器等,终端种类繁多、数量巨大、部署分散,可能成为潜在的网络攻击入口。同时,行业系统存在众多异构网络,其中服务器主机、网络设备、安全设备等多为迭代建设,网络结构和漏洞情况复杂,传统的恶意软件、拒绝服务攻击、数据窃取等风险长期存在。

(二)工业控制系统供应链风险突出

交通运输行业中仍存在较多国外产品,进口设备及备件可能存在未知漏洞或后门,一旦出现网络攻击、停服断供等事件,重要核心设备宕机或失控,导致工业控制系统瘫痪,将直接影响交通运输基础设施运行和运输生产活动,工业控制系统供应链风险日益突出。

(三)网络攻击威胁跨域传播风险加大

随着交通运输智能化要求和智慧化水平的不断提升,生产控制系统网络与信息系统网络进一步融合,在交互、共享、协同的过程中增加了网络攻击威胁跨域传播风险,其中的网络脆弱性、可靠性和安全性问题有待进一步明确,传统安全防御节点分散、缺乏协同,难以有效检测和抵御复杂的网络威胁。

(四)新业务应用场景带来新的挑战

随着无人驾驶、低空经济、车路云一体化、智慧交通等新应用场景的不断涌现,大数据中心、算力网络、5G网络等新型基础设施持续建设,以及人工智能、区块链等新技术的广泛应用,给交通运输行业带来了网络安全新的风险和挑战。

五、发展趋势

(一)建立行业监测预警体系

运用网络空间测绘、智能降噪、人工智能模型、多源情报融合、自动化编排、攻击链与行为分析等技术,建立交通运输行业跨领域的网络安全监测预警体系，实时掌握行业网络安全态势，智能化分析和研判安全问题，全面提升网络安全防护水平。建设交通运输行业网络安全威胁情报共享体系，纵向实现行业网络安全数据贯通，横向实现与国家相关部门及专业技术机构之间的数据共享交换。

（二）强化数据安全保障

全面推进交通运输行业网络数据分类分级管理，强化重要数据全生命周期安全防护，严格落实数据出境管理要求；建立数据防泄漏与网络数据安全监测能力，强化数据脱敏与数据备份；采用区块链、数字水印、隐私计算等技术对数据源进行鉴别和记录，实现数据溯源，降低数据要素流通过程中的风险。

（三）加强商用密码技术应用

充分结合关键信息基础设施业务需求，建立交通运输行业商用密码应用标准体系，建设行业商用密码基础设施，推进商用密码应用建设与改造，落实关键信息基础设施商用密码应用管理要求，加强密码应用监管，全面提升商用密码应用效果，实现从被动防御到主动防御的转化。

（四）提升网络弹性与应急保障能力

加快推进容灾备份建设，建立健全专项应急预案，落实交通运输行业网络安全应急工作要求，全面提升应急保障能力。采用智能混淆、深度伪造、动态防御、自动重构、自适应网络等技术，增强应对攻击的网络弹性，有效保障公路水路交通运输生产业务连续性。

第六节 电子政务

一、总体情况

电子政务信息化系统是感知社会态势、畅通沟通渠道、辅助科学决策的重要手段，是国家治理体系和治理能力现代化的重要抓手。结合实际业务，可将电子政务信息化系统分为以下几种类型：①党政机关日常办公保障系统，用于支撑日常办文、办事、办会，包括公文起草与流转、公文定版、公文交换、电子邮件发送、内部事务管理等；②党政机关内部业务系统，用于支撑各单位履职尽责的业务系统，不对社会开放，如政法部门的刑侦系统、纪检监察部门的案管系统、组织部门的人事考察系统等；③社会服务平台，是党政机关为民服务的窗口平台，主体是各党政机关网上办事大厅，常见的社会服务平台有网上报税、网络举报、交通管理、社保、教育、住房、就业等；④党政机关宣传平台，用于党政机关权威信息的发布与宣传，主要包括各党政机关官方门户网站以及各新媒体平台官方账号；⑤党政机关决策支撑类系统，以上述电子政务系统为基础，通过统计分析、趋势研判、风险预警等信息化手段，党政机关能够更好地感知社会态势、畅通沟通渠道、辅助科学决策。

二、安全防护现状

总体上，按照处理信息与数据的级别和知悉范围不同，电子政务系统分为涉及国家秘密的信息系统、涉及工作秘密的信息系统、内部业务系统、面向法人的信息系统和面向自然人的信息系统等。根据不同的数据防护要求，相关部门制定了等级保护体系、密码管理体系、数据安全管理体系，对电子政务系统提出了详细的技术管理要求，并建立了测评验证机制。

具体来说，一类典型的电子政务信息系统安全防护体系按照等级保护要求，构建了覆盖终端、网络、服务器虚拟机、应用及数据安全的分级防护体系，建设了安全管理平台以实现异常事件应急响应、开发维护过程管理与质量管控。

三、主要安全风险与挑战

当前，电子政务系统普遍达到国家强制网络安全、保密、密码要求，但是在用户视角和问题导向方面仍面临众多安全风险与挑战，实战能力薄弱，纵深防御不够，安全资源配置效率不高，包括以下主要共性问题。

（1）安全防护"后知后觉"。安全产品堆砌多，日志告警多，但数据可读性差，可视性不够；与用户实体映射不够，较难及时进行有效的问题发现与分析，抓早抓小。安全数据更多用于安全事件发生后的追溯，处置被动。

（2）安全性与经济性的平衡。将网络安全与主营主业的密切结合，从及格到高分，精准施策，探索用最小的经济代价解决网络安全从60分到90分的问题。

（3）云网融合网络安全新挑战。数据上云后面临着网络安全责任边界不清晰、云内数据边界管控不严格、大数据被"一窝端"等风险。

四、发展趋势

总体上，电子政务领域致力于破除信息壁垒，形成覆盖全国、统筹利用、统一接入的数据共享大平台，综合分析风险因素，提高对风险因素的感知、预测、预防能力。通过构建全国信息资源共享体系，实现跨层级、跨地域、跨系统、跨部门、跨业务的协同管理和服务。加快公共服务领域数据集中和共享，推进同企业积累的社会数据进行平台对接，以及政务公开、党务公开，构建全流程一体化在线服务平台。以数字化改革助力政府职能转变，统筹推进各行业各领域政务应用系统集约建设、互联互通、协同联动，发挥数字化在政府履行经济调节、市场监管、社会管理、公共服务、生态环境保护等方面职能的重要支撑作用，构建协同高效的政府数字化履职能力体系。

具体来说，电子政务系统安全呈现出以下发展趋势。

（1）以数据保护为核心。从以关口防护为核心向以数据为核心转变，由"进不来"转向"打不开、拿不走、跑不了"。

（2）处置视角的安全产品再定位。从用户实际处置角度，对各安全产品在安全体系中的定位进行再梳理，明确各产品需要提供的关键安全日志信息，以及相关数据统计处理模型。借鉴实战攻防演练，变后知后觉为同步发现甚至提前预警。

（3）技术与管理深度融合。用可视化手段解决安全技术的可知性问题；用安全管理信息化解决安全管理可追溯、可审计问题；通过大安管大运管理念，引入内网保密合规，构建技术与管理深度融合的安全大脑，形成人防、技防、物防的统一。

（4）密码应用保护力度不断加大。在传统关口防护、纵深防护、数据防护的基础上，亟须不断加大密码应用保护力度。

第七节 生态环境

一、总体情况

良好的生态环境是人类生存与健康的基础。关键信息基础设施在生态环境保护工作中发挥了重要作用，总体进展情况如下。

（1）关键信息基础设施有力支撑污染防治攻坚战。生态环境综合管理信息化平台（简称"综合平台"）初步实现了在"一张图"上集中展现生态环境信息、集中调度重点任务、集中研判环境形势、集中指挥环境应急。生态环境综合调度系统支撑攻坚战"挂图作战"，实现直观展示攻坚战质量、总量约束性指标达标情况及蓝天、碧水、净土等重点任务进展情况。强化监督定点帮扶APP、黑臭水体专项督查、入河排污口信息管理、集中式饮用水水源环境状况评估等系统为"7+4"专项行动提供信息化支撑。

（2）关键信息基础设施推动业务应用基本全覆盖。通过生态环境大数据建设、生态环境保护信息化工程等项目，建成"12369"环保举报管理平台、重污染天气应急管理平台、全国排污许可证管理信息平台、国家核技术利用辐射安全管理系统、"一带一路"生态环保大数据服务平台等业务系统以及部机关无纸化办公、移动视频会议、人事、财务、党建等政务系统，信息化基本全覆盖生态环境保护主要工作。

（3）关键信息基础设施支撑数据资源有效集中共享。生态环境信息资源中心集中汇聚大气、水、海洋、土壤、固废、核与辐射安全等业务数据以及气象、工商、水利、电力等外部数据，截至2023年年初，总数据量达150.6亿条。生态环境数据共享服务平台发布数据集1486个；在全国政务信息共享网站上发布数据资源目录215类、资源数量2829个。全国固定污染源统一数据库接入400万家固定污染源基础数据并实现"一源一码一档"，打通了固定源底数。

（4）关键信息基础设施促进基础设施集约建设管理。建成生态环境云并将部级非涉密系统全部迁移至云上部署运行，实现网络、计算、存储、安全资源集约建设和统一管理。生态环境业务专网将部、省、市、县四级生态环境部门机构和工作人员全部接入，实现"全覆盖、全联通"和"专网到桌面"。依托专网联通全国生态环境系统视频会议，并拓展移动视频会议应用。

二、安全防护现状

总体上，生态环境领域以整合密码学、网络与通信安全、软件与系统安全、数据与应用安全等各类基础安全技术为基本措施，以安全服务的模式完善专业技术人员、设备工具为主要手段，以安全态势感知为可视化展示形式，通过提供"云网安全分析服务-攻防演习专项防护服务-常态化驻场服务-专家安全服务"的立体化服务模式，实现对网络威胁的"安全预测、威胁防护、持续检测、响应处置"的安全风险管控，构建基于可持续监测和响应的积极防御网络安全运维体系，提升网络安全整体防护能力。

具体来说，生态环境领域部分重要业务应用以生态环境云平台及大数据中心为基础，包括污染防治、低碳减排、核辐射安全监管等业务系统，通信方式包括专线、无线、卫星等，现场终端包括数采仪、无人机监测终端、应急监测船等。以一类典型的生态环境监管信息系统为例，按照"细分层、强支撑、重应用"基本原则，采用国密算法构建密码基础设施、信任服务体系、数字证书系统等基础安全支撑，搭建包含终端安全、传输安全、数据安全及应用安全的纵深防御体系。

三、主要研究进展

（一）基于信创技术的生态环境云安全防护体系建设

基于可信计算技术，以国产自主可控芯片服务器、国产操作系统和数库为技术路线，搭建了较大规模的私有政务云——生态环境云。围绕云开展动态防御、欺骗防御、内生安全、作业安全等防护建设，形成新一代信创架构的云安全防护体系，从物理环境、管理体系、系统冗余、安全备份、身份鉴别、访问控制、防病毒、安全审计、加密传输等方面实现《信息安全技术 网络安全等级保护基本要求》（GB/T 22239—2019）中第三级技术防护要求。

（二）零信任技术支撑全国环境质量监测网构建

截至2022年年底，全国已建成1万多个远程自动化空气、水、土壤监测站点，多数站点采用4G网络VPN链路连接数据中心，已形成复杂庞大的环境质量监测网络。对于环境监测网络，基于零信任思想，在庞杂的网络中快速定位保护目标和访问控制策略，从而实现可以被信任的人访问可信的资源。通过零信任安全体系建设，对于全国环境质量监测网分散各地的无人值守监测站点，清晰界定末端接入设备的合法性，有效避免末端网络的入侵，避免从薄弱环节对全网造成网络安全危害；对于管理上的交叉，通过用户身份的严谨认证，实现对重要数据、重要应用系统的精确访问控制。

（三）工控安全在核技术利用监管中的应用

随着核电工业控制系统的智能化与信息化快速发展，工业网络向互联网延伸是趋势所在。而控制网络逐渐开放，工控漏洞逐渐增加，工控网络的风险也逐渐增大，对工控网络安全进行加固的重要性不言而喻。2010年起，国家核技术利用辐射安全管理系统正式上线。利用监管系统，可查看任一家持证单位放射源、非密封放射性物质及射线装置许可情况及台账，跟踪放射源来源和去向。许可证申请以及放射性同位素转让、备案、进出口等也可通过网上办理。监管系统还与国家政务服务平台实现了数据共享。为保障对接的工控系统网络隔离与安全防护，针对不同工艺与流程系统进行针对性防护，结合工控网络纵向划分的特点，遵循"纵向分层、横向分域"的原则对工控系统进行分区防护。

四、主要安全风险与挑战

（一）数据安全防护体系有待建设

随着生态环境保护工作的持续推进，空气质量预报预警、排污许可、流域水生态保护、核与辐射安全等生态环境大数据综合利用日趋重要，生态环境领域已有生态环境云、生态环境信息资源中心等信息化基础设施，作为业务数据整合共享的核心节点。业务系统与数据高度集中，提出了更高的安全防护与技术保障要求。同时，对生态环境数据的关注度不断提高，势必加重数据库被攻击、数据泄露的风险，使得安全形势愈发严峻。

（二）物联网安全防护能力不足

随着物联网技术的不断发展，智慧环保不断深化，越来越多的环境监测、污染源核查等末端采集设备广泛应用，接入物联网，虽然为环境管理工作带来了便捷，但其带来的安全风险也不可忽视。而生态环境行业物联网终端设备安全以及网络安全管理方面具有一定的滞后性，物联网安全尚欠缺一体化、自动化安全防控手段，无法防御有组织的高威胁网络攻击。

五、发展趋势

生态环境领域重点向智慧安全运营、监测预警、数据安全等方向发展。

在智慧安全运营方面，随着智慧环保的深入建设，全国生态环境系统各相关单位对网络系统的依赖越来越强，攻击造成的业务停止的危害以及黑客窃取个人信息造成的影响越来越大，甚至在某些情况下，安全事件会直接导致公民生命安全受到威胁。网络安全防护能力建设依托于一体化安全运营管理体系，安全运营体系的建设内容包括运营平台、运营流程、运营人员和运营能力4个核心要素。

在监测预警方面，提升网络安全预警监测防护能力，结合网络安全态势感知等技术，对全国生态环境系统各相关单位的互联网系统以及生态环境专网相关信息系统，提供7×24小时实时安全预警监测。通过开展本地和远程安全监测，对网站漏洞进行监测、分析和验证工作，提供翔实的网络安全监测报告，从而全面掌握互联网信息系统的安全态势，提升互联网信息系统的安全防护能力，并通过安全监测平台的事件跟踪功能建立起一种长效的安全保障机制。

在数据安全方面，生态环境数据安全治理体系以数据安全保护为目标，全面加强数据资源在采集、传输、存储、使用和开放等环节的安全保护，采用数据加解密、脱敏、备份与恢复、审计、销毁、完整性验证等数据安全工具，提升生态环境数据安全防护能力。

第八节 总 结

一、总体进展

经过多年发展，能源、金融等行业关键信息基础设施围绕本体安全防护框架体系构建、内外部安全风险管控等方面开展了大量研究与实践工作，形成了具有行业特色的安全技术路线，在保护系统的安全性、可用性以及业务的稳定性、连续性等方面取得了一定成效。例如，在安全防护体系及措施方面，以《中华人民共和国网络安全法》《关键信息基础设施安全保护条例》《信息安全技术 网络安全等级保护基本要求》（GB/T 22239—2019）、《信息安全技术 关键信息基础设施安全保护要求》（GB/T 39204—2022）为基准，构建了面向工控类系统、信息化类系统，涵盖主站系统、通信网络、终端设备等多级、纵深防御体系，重点采取了基于国产商用密码的身份认证及数据保护、多因子访问控制等措施，可在保障业务正常运行的前提下，有效应对数据泄露、中间人攻击等安全威胁。在风险管控方面，以《信息安全技术 网络安全监测基本要求与实施指南》（GB/T 36635—2018）等国家标准为主要依据，建成了具备资产统计、威胁及脆弱性识别等功能的安全监测系统，实现了对内外部风险的识别与管理；健全了覆盖通信、能源、金融、交通等行业的国家信息网络安全通报预警机制，实现了重大网络安全威胁与事件的预警处置。

二、存在问题

当前,国际网络安全形势日益严峻,新型攻击手段层出不穷,既有防护体系、防护策略在应对复杂、隐蔽性攻击方面渐显吃力,又有由于安全防护措施带来的资源开销与关键信息基础设施业务系统(尤其是工控类系统)的时效性需求难以调和,通用性安全防护措施往往不能直接套用,归纳起来,仍存在以下共性问题。

(1)操作系统等基础软件及终端核心部件本体安全免疫能力弱,系统或网络自身生存能力不足,存在漏洞利用、注入攻击等风险,如何通过自主知识产权的安全防护技术实现高效率的本体免疫能力及弹性安全能力提升是未来需要解决的问题。

(2)零日漏洞利用、高级持续性威胁、供应链攻击等未知特征攻击自主准确发现能力薄弱、应对困难,安全事件层出不穷,如何将通用的主动防御技术进行高效、轻量、低成本的优化,实现在关键信息基础设施的适配应用是当前网络安全领域亟待突破的核心问题。

(3)如何构建具有信息物理融合特征的安全防护机制,将信息安全技术与系统运行技术充分结合,形成满足能源、金融等行业关键信息基础设施系统庞大、分级部署特征明显的网络攻击联动应对路径。

(4)如何细化完善相关联的关键信息基础设施运营单位间,以及运营单位与公安机关等部门间的应急协调处置机制,充实国家级关键信息基础设施网络安全防护队伍,形成分工明确、资源共享、密切配合的工作格局,进一步提升应对重大网络安全事件的综合防护及应急保障水平。

三、面临挑战

越来越多的关键信息基础设施接入互联网,已成为数字经济发展的新动能和重要引擎,在推动高效率发展的同时带来了高风险。关键信息基础设施向规模化、智慧化发展,网络空间攻击手段多态化演进,系统实时性、连续性等业务需求与安全防御体系的高复杂性调和困难,加之国际网络安全形势错综复杂,关键信息基础设施网络安全面临以下主要挑战。

（1）安全威胁来源正朝着隐蔽化、自动化、混合化方向发展，如何高效应对复杂多变的攻击行为逐步成为关键信息基础设施网络安全机制面临的挑战；量子计算的快速发展导致传统密码算法被破解的难度大幅降低，如何应用新型密码算法抵抗量子攻击，保护核心业务的机密性、完整性、可用性，将成为关键信息基础设施网络安全在密码学应用方面的挑战。

（2）云计算、物联网、大数据、人工智能等信息变革技术在为社会带来巨大进步的同时，也为关键信息基础设施带来新的安全挑战。一方面，利用人工智能等技术可以有效提高网络威胁的检测与响应能力，抵御以人为突破口的社会工程学攻击；另一方面，攻击者可利用这些技术开展精准目标识别和打击，提升恶意代码免杀和生存能力。由于系统边界的开放性、终端设备的分布性、运行环境的动态性、涉及资源的异构性，其防护体系很难沿用传统基于安全分区、边界隔离、纵向认证的静态防护架构；基于数据中台等的共享机制在发挥数据资产价值的同时，也为关键信息基础设施系统大数据的安全存储、安全应用带来了更大挑战。

（3）核心生产、管理类软硬件的进口依赖问题为关键信息基础设施安全埋下了不可控的潜在风险点。部分行业关键信息基础设施的核心装备已实现较高的国产化率，但关键软硬件研发工具仍未摆脱进口依赖问题，系统或网络自身生存能力不足，面临停服、断供风险，以及因存在利用已知但无法修复的漏洞和未知安全漏洞而遭受网络攻击的风险。

四、未来趋势

保障国家关键信息基础设施安全是当前网络空间安全的重中之重，也是必须面对的重大且紧迫的现实课题。

从系统科学的视角来看，关键信息基础设施安全防护本质上是一类面向对象的网络安全策略混合优化与系统防控问题。为保障能源、金融、交通等复杂互联开放系统的关键信息基础设施网络安全，未来须重点突破关键信息基础设施系统边界及安全域的模式识别技术，特别是开放系统的边界动态识别和动态安全域识别；攻克面向行业应用的系统防御体系优化技术、网络安全攻防的风险对抗博弈技术等。

从应用科学的视角来看，在数字化大潮下，信息系统与物理系统深度耦合成为关键信息基础设施的重要特征，迫切需要发展信息物理系统的安全机制与共生防御理论及应用体系，掌握复杂性攻击入侵关键信息基础设施系统的演变路径与仿真方法，实现基于业务的无损攻击制造及模拟测试，开展面向业务数据的动态高效加密，实现融合系统特征的综合安全管控等。

在与生产实践结合过程中，应当以确保关键信息基础设施可信、可管、可控为目标，进一步统筹信息与物理系统间的防护差异性和互补配合性，并结合网络安全发展趋势，综合运用管理和技术手段，构建关键信息基础设施安全保障体系，提升综合安全防控能力，解决新问题、应对新挑战。

（1）关键信息基础设施安全防御体系的主动化、弹性化、智能化发展。基于"封、堵、查、杀"的被动型防护手段通过不断打"补丁"的方式加固系统，导致关键信息基础设施系统在复杂网络安全形势下不堪重负，在攻击应对方面甚至收效甚微。为应对复杂多变的攻击手段，提升识别、处置未知特征攻击行为的能力，迫切需要因地制宜深化应用可信计算、拟态防御、零信任、移动目标防御等主动防御技术并结合 AI 赋能，构建面向关键信息基础设施的主动化、弹性化、智能化安全防御体系，加强网络攻击发现、取证、溯源能力，实现关键信息基础设施的带菌生存、入侵容忍、内生安全，从而打造关键信息基础设施安全免疫"体质"。

（2）智慧型关键信息基础设施的数据安全成为重点。数据安全是保障关键信息基础设施健康、有序和可持续发展的基石。能源、交通、金融等行业不断推进数字化、智能化转型，进一步增加了敏感信息泄露、数据滥用等安全风险，迫切需要加速发展数据安全存储与检索、数据安全共享利用与隐私保护等技术，重点围绕数据安全管理责任和评价考核制度、数据分类分级保护策略、重要数据的全生命周期管理、高可用性数据的容灾备份 4 个层面，优化升级数据脱敏、数据权限管理、隐私保护等共性关键技术的应用，积极发展后量子密码算法、密态计算等新技术的应用，加强数据安全防护和治理能力，从而适配智慧型关键信息基础设施的安全防护需求。

（3）自主可控的安全保障体系加速形成。当前，电力、石油、金融、交通等行业或领域仍存在较突出的技术管制、后门植入等多重安全风险，部分关键信息基础设施作为国之重器、民生之本、战略支柱，推进其网络安全自主可控已刻不容缓。在关键信息基础设施更新换代和数字化技术快速发展的战略机遇期，迫切需要围绕关键信息基础设施安全的核心设备系统、整体技术方案、网络安全标准体系等方面进行重点攻关。同时，高度重视新、旧技术及设备系统融合对关键信息基础设施带来的安全隐患和潜在风险，加强安全威胁风险评估并积极采取有效应对措施，从而构筑坚强可靠的安全根基。

（4）"侦攻防管控"一体化综合防控机制全面建设。关键信息基础设施的基础性、全局性作用在国家发展进程中日益凸显，其所承载业务与国家政治、国防、经济、文化发展和社会进步密切关联，迫切需要强化关键信息基础设施运营者、相应国家主管部门间的联防联控能力，加强情报侦察、通报预警、打击整治，实施严密防范，建立密切配合、协调联动、政企合作、互相支撑的防控体系，壮大国家级网络防御与反制力量，维护国家网络空间的稳定和安全。

第三篇
学科发展思路与建议

第九章 学科发展思路与发展方向

第一节 关键科学技术问题

本节重点围绕密码学与安全基础、网络与通信安全、软件与系统安全、数据与应用安全、关键信息基础设施安全5个方面梳理和凝练关键科学技术问题。

（一）新兴场景下的安全基础理论构建与安全模型建模

构建量子计算、区块链、物联网等新兴场景下的安全基础理论与安全模型建模方法，解决抗量子密码迁移技术、面向区块链应用的共识机制、信息物理融合系统态势感知及协同安全模型等关键问题。

（二）抗量子安全模型与抗量子密码

构建抗量子安全模型与基础理论、抗量子密码协议的设计与可证明安全方法，满足后量子时代密码学和安全协议的基础性支撑需求。

（三）新一代密码算法与协议设计理论

构建适用于多样化、复杂化、差异化等应用场景的可重构可配置密码算法结构与安全性分析方法、公钥密码原语设计方法、密钥管理机制等新一代密码算法与协议设计理论，解决复杂场景下满足数据安全与隐私保护需求的密码算法与协议设计关键问题。

（四）新一代密码算法自动化分析方法

构建基于组合优化的密码算法自动化分析方法，基于深度学习、强化学习等人工智能方法，提升密码算法分析的智能化水平和优化效果。

（五）新形态密码算法的快速实现方法与技术

面向全同态加密、函数加密、可搜索加密等新形态密码，提出软硬件快速实现方法和技术，形成先进实用的密态计算解决方案，解决新形态密码算法的可用性问题。

（六）适用于新型信息技术应用需求的安全基础设施构建理论与技术

面向"互联网+""新基建""人-地-网融合"等新型信息技术应用需求，提出并建立新型安全基础设施构建理论和关键技术体系。

（七）物理层身份认证技术

物理层身份认证可以作为在大数据场景下基于密码学的安全接入认证方式的一种补充，提出新型物理层身份认证方法与技术，以适应在海量终端中的高准确性和环境鲁棒性。

（八）SDN 安全技术

SDN 涉及软件工程、分布式系统、计算机网络等多个领域，其安全问题的解决也需要从不同维度去考虑。需要研究快速且准确地识别控制层面制定并下发的网络策略与数据层面实际执行的规则的一致性检测方法，提出全局式、系统性的 SDN 安全解决方案。

（九）面向一体化融合组网环境的网络安全技术

移动互联网、卫星互联网、车联网、物联网等新型网络的不断融合，已经逐步显示出在特定通信、应用、交互模式下对网络空间安全的影响。新兴通信网络与传统通信网络的一体化融合组网成为趋势，带来了实体身份管理、接入认证、实时监测、隐私保护、通信行为管控等一系列新的安全问题，需要加强体系化的安全技术研究。

（十）信息物理融合系统的安全机制与信息对抗技术

以智能电网、车联网、工业互联网、智能家居等为典型代表，信息系统与物理系统深度融合。由于其跨越物理空间和网络空间，环境感知交互能力与远程通信能力使得可能存在的安全攻击面显著增大，需要重点围绕不同的攻击视角（如环境感知类对抗样本攻击、远程通信类渗透攻击），开展面向信息物理融合系统的安全攻防研究，重点包括面向业务数据的动态加密技术、跨网跨空间协同联防技术、攻击演变路径与仿真技术、定向恶意代码制造及攻击模拟技术、融合系统特征的行为管控技术、GAN技术、多模态内容生产技术、虚假信息识别与深度伪造治理技术等。

（十一）基于图结构的恶意代码分析方法

由于受到加壳、反沙箱、虚拟执行等技术的干扰，全面、完整地提取恶意代码的语义信息是目前基于图结构的分析方法面临的一个重要挑战，需要针对这一挑战做进一步深化研究。

（十二）软件漏洞治理技术

针对高度复杂的现代软件，如何提高漏洞的挖掘效率，准确诊断漏洞成因，提高漏洞利用的自动化水平，以及结合软硬件环境提出可靠的漏洞缓解方案，是一个亟须解决的问题。

（十三）软件供应链安全模型

供应链各组件和子系统相互依赖、嵌套关系错综复杂，导致供应链的可见性降低，审查和管理变得困难。另外，面向软件中使用的大量组件，已有漏洞信息的来源分散且不完整，这进一步提升了安全漏洞的分析和追溯难度，现有方法难以准确评估漏洞间关联和漏洞的潜在风险。因此，如何构建软件供应链安全模型是一个重要的科学问题，包括供应链产品嵌套网络解构问题、组件漏洞关联分析问题、漏洞信息补全问题、漏洞可利用性评估问题，实现软件供应链全程安全保护与管控等。

（十四）微架构侧信道攻击防护技术

CPU 在微架构层面的资源共享和竞争将导致广泛存在的微架构侧信道攻击。因此，系统性地理解侧信道攻击在微架构设计中的影响和抵御潜在的侧信道攻击是未来微架构设计的一个重要研究内容。

（十五）计算系统新型安全体系架构

针对计算系统的发展，构建新型安全计算架构、新型安全系统软件架构、新型分布式系统安全架构、新型可信计算架构、新型机密计算架构等。

（十六）高性能安全芯片设计

安全芯片已经广泛应用于智能卡、支付终端、物联网设备、车载电子、工业控制等领域，成为信息安全的重要保障手段。如何设计不同场景下的高安全、低能耗的安全芯片仍是一个重要研究问题。

（十七）软硬件协同安全机制

移动平台、云平台等场景下的系统安全至关重要，需要软硬件协同实现。与此同时，硬件厂商不断推出新的硬件安全与隔离的特性，这就需要不断推动软硬件协同安全机制的设计与实现。

（十八）数据访问控制技术

数据资源可能由多方共享，持有者会为各自的数据设置不同的访问约束及访问控制决策。然而，控制决策存在相互违背的情形，在满足某用户的访问需求的同时，其他用户的权益可能会受到损害。如何结合区块链等技术研究去中心化的访问控制策略，增加访问决策的可信性，快速、动态地选择和调整不同用户的访问控制决策，解决因资源共享而引发的策略冲突，并在用户之间达成共识，是一个重要的研究问题。

（十九）数据完整性验证技术

现有验证方案无法根据验证结果动态调整新一轮验证策略，当多个验证者同时对相同数据发起验证挑战时，难以对多个验证挑战进行高效的识别检验和结果汇聚，只能对每个验证挑战进行独立计算并承担重复的计算开销，这导致数据完整性验证效率低下。如何设计高效的验证方案来支持数据的并发验证，动态调整验证策略，避免对相同数据的重复验证开销是值得研究的一个重要问题。

（二十）面向新型应用场景的数据安全与隐私保护技术

信息技术的快速发展催生各类新型应用场景，涉及大量的敏感数据和个人隐私信息，需进一步加强数据安全与隐私保护技术研究。一方面，数据作为生产要素在传输、存储和处理过程中面临着安全威胁，如泄露、篡改和受到恶意攻击等，须重点研究基于密码算法和安全协议的数据安全存储与检索技术、数据安全共享、数据安全风险评估、监测预警技术等，确保数据在各个环节都能得到有效的保护。另一方面，信息技术的快速发展使得个人敏感信息的收集和分析变得更加容易，这些数据的泄露可能导致严重的隐私侵犯，须重点研究有效的隐私保护技术，包括数据匿名化、差分隐私、隐私增强等。

此外，区块链技术具有数据不可篡改、去中心化和匿名性等特点，为数据安全和隐私保护提供了新的解决途径，但区块链数字资产引发的安全问题日益凸显，须重点研究区块链安全性与性能的联合优化技术、区块链隐私保护与安全监管的协同优化技术、区块链系统的互联互通技术等。

（二十一）数字水印与数字取证技术

随着攻击数字水印研究的不断深入，部分数字水印由于被篡改无法检测，失去数据完整性认证的作用。现有的鲁棒性数字水印技术通常对复杂的篡改伪造过程进行了假设和简化，仅对某一种或某一类篡改伪造操作建模，而实际的篡改伪造操作通常是多种不同伪造操作的组合。如何对复合篡改操作更好地建模，通过数字取证技术鉴别完整的图像操作历史，提出鲁棒性更高的数字水印算法，建立更优的数字水印模型，将是其未来需要研究的重要问题。

（二十二）可解释鲁棒的人工智能数据模型安全理论

人工智能安全问题的核心在于模型的鲁棒性和可解释性。目前在理论上对人工智能模型算法尤其是深度学习模型提供安全保证与安全解释的技术仍然面临着计算开销大、计算不精确等问题，无法在实际应用中提供良好的理论保证，因此，提出可解释鲁棒的人工智能算法，提升人工智能模型的鲁棒性与可解释性，保证人工智能模型在数据侧、算法侧、应用侧的鲁棒性，提升人工智能模型在输入端与输出端的可解释性，实现数据的安全可靠和隐私保护，是人工智能安全面临的关键科学问题。

（二十三）人工智能生成内容安全理论

构建安全可控的生成式人工智能基础理论与高逼真内容生成方法，探索虚假内容与真实内容的理论边界，建立合成内容安全分级分类标准，构建风险评估模型，解决合成内容风险评估、虚假内容可信鉴别与取证溯源、生成与鉴伪对抗博弈等关键问题。

（二十四）人工智能赋能的网络空间安全防御体系

人工智能尤其是大模型等技术正在飞速发展并逐步赋能各行各业，展示出了其强大的能力。人工智能用于网络空间安全的研究已经成为当前的研究热点，并取得了初步效果，如智能运维、智能检测等。然而实际应用仍面临缺少数据、难以适配等问题，需要持续加强人工智能赋能的网络空间安全防御体系研究。

（二十五）泛在媒介的认证机制

在物联网环境中，媒介呈现出丰富多样的特性，从 Wi-Fi 信号扩展至超声波、毫米波和可见光等细粒度感知媒介。这些泛在媒介为提升传统认证技术带来了全新可能性。认证问题主要包括用户/设备身份的验证和物联网指令真伪的认证。针对前者，如何通过整合不同媒介的无线信号，克服传统感知技术易受干扰的局限，实现对身份的高精度认证是一个难题；对于后者，如何借助多维度泛在数据感知指令执行环境，实现对指令合规性的分析，是实现信息域与物理域双维度认证指令的核心问题。

（二十六）可移植性的封闭系统异常检测分析方法

获取足够数量的流量的训练数据集对于构建工业物联网安全中的基于机器学习的入侵检测模型具有挑战性，而且，物联网数据的不可控噪声会影响入侵检测精度，如何处理数据噪声也是待解决问题之一。针对工业互联网流量信息难以收集、有效信息难以筛选的难题，拟从代码/流量关联性建模的角度出发，构建流量自动化筛选监测机制，综合考虑一致性与必要性，对流量信息构建合规性检验标准，最终选取工业互联网中具有高代表、低噪声优点的入侵检测训练数据。

（二十七）长时段场景下的隐私保护技术

在物联网环境中，用户隐私相关的数据多次暴露给平台，以提供更高质量的服务，同时也为攻击者提供了多次观察的机会。这使得现有的数据隐私保护机制，如差分隐私，面临长时段推测攻击的威胁。以基于位置的服务为例，攻击者通过长时段的观测，可以在经过差分隐私加扰后的位置信息中推断出真实位置。因此，迫切需要一种新型的差分隐私框架，以抵御长时段的隐私推测攻击。鉴于物联网环境中隐私预算有限，必须设计基于充分统计量的多样本数据差分隐私框架，并创新性地设计噪声保护机制，以有效抵御由数据高频使用带来的隐私泄露风险，从而为数据的使用、流通、交易提供安全支持。

（二十八）无时间锁机制

交易双方资产的安全锁定是实现原子交换的关键步骤，杂凑时间锁方案不仅增加了具体实现的困难和计算资源的消耗，还带来了 Grief 攻击，使得诚实用户的资产长期处于锁定状态，进而影响底层链的安全性。无时间锁机制可有效提高方案的通用性，并能避免上述问题。实现无时间限制的原子交换是非中心化资产交易须解决的关键问题。

（二十九）富场景下数据安全合规分析方法

互联网的发展催生了丰富的数字化应用场景，这些场景依赖用户数据构建定制化服务,为人们提供多样化和便利的数字生活体验。然而,受定制用户服务的功能性需求差异影响,承载着大量敏感用户数据的各类互联网服务面临着不同的数据安全合规需求。同时,由于用户数据流转涉及数据的收集、传输、存储、分享等各环节,任一环节的安全缺陷均可导致数据安全的"木桶效应"。因此,如何面向多种场景的数据内在差异,形成覆盖用户数据全场景、全生命周期的通用高效安全合规分析方法是亟待解决的关键科学问题。

(三十)数据全生命周期合规分析技术

为保护关键敏感数据安全,我国先后颁布了《中华人民共和国数据安全法》《中华人民共和国个人信息保护法》等一系列数据安全法律法规,为用户隐私等敏感数据在其生命周期中的采集、使用、传输和存储等各个环节的安全保障提供法理依据。这些要求规定了软件在包括用户明示、数据主体知情同意、数据使用最小化和数据出境等方面的数据处理要求。

法律法规的细化落实需要数据安全合规分析技术的进一步完善。一方面须重点研究用户数据在互联网服务中复杂多样的处理方式,支持异构用户数据的准确定位、用户数据生命周期的精细划分、用户数据处理的上下文信息识别,实现用户知情状态、所处场景、用户数据处理方法和传输对象等数据合规要素的提取。另一方面还需研究根据法律法规要求自动化分析和评估软件数据安全的方法,构建覆盖用户数据全生命周期的安全合规分析技术体系。

(三十一)智能网联车安全模型与攻防技术

智能网联车是传统汽车工业和新兴智能信息技术融合的重要载体。但随着车载功能和车载网络的日趋复杂,智能网联车也面临着多样且严峻的安全风险,成为其投产落地的重要瓶颈。因此,如何从网络安全、数据安全、预期功能安全等多维度入手,构建体系化的智能网联车安全模型与攻防技术是亟待解决的关键科学问题。

(三十二)智能网联车安全合规测评技术

安全性是智能网联车投产落地的重要前提。目前,国内外相关的监管机构正积极颁布相关的法规政策，规范智能网联车安全性的市场准入门槛。为支持智能网联车的安全合规认证，相关的安全合规测评技术亟须进一步完善。围绕网络安全、数据安全、预期功能安全构建体系化的智能网联车安全模型，须从自然驾驶和安全攻防两大视角切入，重点研究智能网联车缺陷挖掘、缺陷注入、形式化分析等关键测评技术。

（三十三）关键信息基础设施安全策略混合优化及系统防控理论与技术

关键信息基础设施安全本质上是一类面向对象的网络安全策略混合优化及系统防控问题，需要构建具备体系性、动态性、信息-物理跨域联动性、多系统共生性等特点的关键信息基础设施安全防控理论与技术体系。

（三十四）全方位、智能化的态势感知体系

态势感知应当面向整个网络空间，综合获取、分析、预测各方面的信息，各部门、各行业应在态势感知、威胁情报、风险监测、安全应急等方面联合发力、联网聚力，形成体系对抗格局，有效化解风险。同时，大模型等技术的发展将为态势感知注入新的能力。

第二节 发展思路

网络空间安全学科的发展与国家战略、基础理论、核心技术、信息产业、基础设施、政策保障、学科建设、人才培养等各个方面都有着密切的联系，因此，该学科的发展应结合这些方面予以全力打造。

（一）不断发展和完善国家网络空间安全战略，引领学科发展方向

网络空间安全是国家安全的重要组成部分，是国家重大战略问题之一，必须从国家层面加强顶层规划和战略布局。

美国早在2003年就发布了《保护网络空间的国家战略》，该战略对网络空间安全的战略目标、组织体系、职责分工等进行了明确界定；2011年，美

国发布的《网络空间国际战略》和《网络空间行动战略》指出，网络空间安全对于政府执政和国防能力都至关重要；2023年，美国发布的《国家网络安全战略》旨在帮助美国准备和应对新出现的网络威胁；2024年，美国国家标准与技术研究院正式发布了《网络安全框架2.0》版本，极大扩展了框架的适用范围，重点关注治理和供应链问题，并提供了丰富的资源以加速框架实施。2016年，俄罗斯发布的《俄罗斯联邦信息安全学说》强调国家安全从根本上取决于信息安全的保障，并成立了国家信息安全与信息对抗机构。英国、日本、加拿大等国也纷纷发布了自己的网络空间安全发展战略或规划，成立了相应的管理机构，以加强网络空间安全体系建设。我国于2016年发布的《国家网络空间安全战略》从机遇和挑战、目标、原则、战略任务方面阐述了我国网络空间发展和安全的重大立场。

纵观网络空间安全学科发展历史，这些战略都产生了重要影响，形成了网络空间安全战略牵引科技创新的发展模式，因此，需要不断发展和完善国家网络空间安全战略，引领学科发展方向。

（二）加强基础理论和前沿技术攻关，夯实学科发展基石

网络空间对抗是一种高技术对抗，技术是影响胜负的核心要素，必须加强理论与技术创新体系规划，加强基础理论和前沿技术攻关，夯实学科发展基石。

除了进一步加强和支持自由探索研究外，必须尽力提高技术创新的效率。一方面，应采取"自上而下"的方式，即根据学科发展的自然规律和理论发展的必然趋势，规划网络空间安全技术创新的长远部署，即重大、核心、基础问题的研究和创新工作。另一方面，应采取"自下而上"的方式，部署当前的技术创新重点，即由市场需求决定产品定位，由产品技术能力缺陷决定技术攻关任务，由技术攻关瓶颈决定理论研究重点。

（三）推进核心技术融合协同创新，提高科技创新与成果转化能力

信息技术产品最终用于构建信息网络或系统，它是技术的载体，也是整个网络空间建设的基础。因此，要形成先进的信息技术产品，必须推进核心技术融合协同创新，提高科技创新与成果转化能力。

形成产、学、研、用核心技术链条，畅通科学研究、技术开发、转化应用路径，建立定位清晰、优势互补、分工明确的融通创新机制，促进共同参与、协同创新，打造一定数量的一流学术方向和协同创新科研团队，提高科技创新与成果转化能力，形成一批标志性高水平科研成果，引领学科发展，增强服务重点行业和区域经济社会发展的能力。

（四）优化学科结构布局，提高学科建设水平

网络空间安全是一门具有多学科交叉融合特点的学科，芯片安全、系统硬件与物理环境安全、软件安全、数据安全、协议安全、可信计算与机密计算、攻防对抗等都是其重要组成部分。因此，应结合自身学科特点与强项，打造特色鲜明、产学研结合的优势科研教学基地，提高学科建设水平。

（五）创新人才培养模式，提高人才培养质量

人才是发展的源动力，在网络空间安全领域，由于其高技术特点，人才的价值更为突出。因此，必须创新人才培养模式，提高人才培养质量。

围绕立德树人的根本任务，加大高层次人才培养和引进力度，积极适应经济发展和市场需求，主动融入产业转型升级和创新驱动发展，不断深化供给侧结构性改革。加强专业建设，构建具有特色的网络空间安全应用型人才培养体系，着力培养符合经济社会发展需求，具有社会责任感，掌握扎实理论基础和专业知识，具有较强创新精神和研究实践能力的网络安全高级技术人才和管理人才。

第三节 发展目标

要解决网络空间安全问题，必须掌握其科学发展规律。但科学发展规律的掌握非一朝一夕之功，治水、驯火、利用核能都曾经历了漫长的岁月。无数事实证明，人类是有能力发现规律和认识真理的。因此，必须不断发现和认识网络空间安全学科的科学发展规律，不断发展和完善网络空间安全学科体系，推动网络空间安全创新发展和进步，促进网络空间安全高水平创新人

才培养，为保障网络空间安全提供先进的科学依据和决策支撑。具体发展目标如下。

（1）紧紧抓住网络空间安全学科是一门新兴交叉学科的特点，构建先进、适应技术发展和应用需求的网络空间安全学科体系。坚持主动、动态、系统防御思维，注重体系化防护能力建设，加固数字经济产业链供应链底座，捍卫国家网络空间主权，筑牢国家安全屏障，为经济社会发展和人民群众福祉提供安全保障。

（2）紧紧围绕网络空间安全学科包括的安全基础、密码学及应用、系统安全、网络安全和应用安全等重点学科方向，打造各重点学科方向密切融合的网络空间安全学科体系。夯实安全基础，为其他方向的研究提供理论、架构和方法学指导；推动密码学及应用发展，为系统安全、网络安全、应用安全提供密码机制和安全解决方案；融合发展系统安全、网络安全、应用安全，建立相对独立的网络空间安全专业知识体系。

（3）紧紧抓住网络空间安全与信息技术伴随发展的特点，构建实用、综合化的网络空间安全学科体系。系统安全保证网络空间中的单元计算系统的安全，网络安全保证网络自身和传输信息的安全，应用安全保证大型应用系统的安全，也是网络空间安全的综合化应用。系统安全、网络安全、应用安全是按照信息技术领域的层次划分的，将网络空间安全与信息技术进行紧密融合后形成的细分领域，在密码学和安全基础理论的支撑下，形成覆盖系统层、网络层、应用层和数据层的综合性技术体系。同时，随着信息技术的发展和应用，不断丰富和完善网络空间安全学科体系。

第四节　重要发展方向

当前，在信息技术快速发展应用、网络攻防形势快速变化的大形势下，我国网络空间安全面临如下诸多挑战。

（1）传统的安全问题仍形势严峻，多项重要难题有待解决。首先，互联网应用的繁荣带来的隐私保护问题日趋严峻，亟须构建以密码学为基础，适应新应用的高性能、高安全性数据安全保护方案；其次，工业控制系统、工业互联网安全仍未能形成有效的保障能力，面向工业控制系统的安全技术、产品体系仍很薄弱，工控系统安全防护技术体系缺口较大；最后，关键信息基础设施仍是境外机构攻击的重点目标，防御难度大，我国关键信息基础设施保护体系仍待进一步完善。

（2）新的应用场景和攻防场景催生新的安全需求，亟须构建适应新形势的解决方案。新的应用场景带来技术手段空白，以卫星互联网为代表的新型网络带来新的防护需求，由于传统卫星系统网络相对封闭，技术生态不开放，信息域的攻击威胁相对较少，而卫星网络的互联网化是大势所趋，因此，造成大量安全防护技术手段空白。此外，攻击场景、攻击模式的变化凸显新的需求，近年来针对软件供应链的攻击快速爆发，传统软件安全等技术缺少对全生态、全生命周期的防护考虑，无法适应新的攻防技术形势。

（3）技术革新带来新的安全挑战，亟须探索构建新的理论基础。量子技术的快速发展直接对传统密码学的根基造成威胁，如何适应后量子时代需求，建立抗量子的安全密码理论体系是亟须解决的难题。此外，以大型语言模型（large language model，LLM）为代表的 AI 技术快速发展，AI 技术自身的安全，以及基于 AI 技术带来攻防能力的变化，都是网络空间安全领域不得不面对的重大挑战。

通过对网络空间安全现状的研究和分析，针对其面临的上述挑战，提出以下 8 个重要发展方向。

（一）富有弹性的网络空间安全保障体系

弹性化已成为未来网络空间安全的发展趋势。近年来，欧盟、英国等纷纷出台网络空间安全战略和规划，将网络弹性作为国家战略重点进行规划和部署。2023 年 3 月，美国白宫发布了《国家网络安全战略》，以"通向富有弹性的网络空间之路"为目标，旨在塑造一个"可防御、富有弹性"的数字生态系统。

构建富有弹性的网络空间安全保障体系势在必行且任重道远，需要重点研究和创新弹性安全理论、技术和策略，从供应链、技术体系、未来挑战、基础设施和人才储备等方面全方位构建富有弹性的网络空间安全保障体系。

（二）抗量子密码

抗量子密码是对经典计算和量子计算都安全的密码。西方国家已形成了抗量子密码创新应用生态。一是加强抗量子密码基础研究。2024年9月，美国国家科学基金会投资3900万美元用于抗量子密码基础研究；2021年，法国启动国家量子技术投资计划，其中1.5亿欧元用于抗量子密码研究。二是加快抗量子密码算法标准制定。2016年开始，NIST开展多轮全球抗量子密码算法比选，已有4个抗量子密码算法成为标准。三是推进抗量子密码迁移应用和产业化。2021年10月，美国国土安全部与NIST共同公布了后量子密码过渡路线图；2022年12月，美国颁布了《量子计算网络安全防范法案》，该法案要求联邦机构优先采购和迁移到抗量子密码系统。

我国也开展了抗量子密码算法数学分析、实用化设计、与量子密钥分发融合应用等研究，并取得了系列重要成果。我国于2020年12月发布了首份《2020量子安全技术白皮书》，2024年成立了中国抗量子密码战略与政策法律工作组。但是，我国抗量子密码技术总体上与欧美存在较大差距：一是基础算法薄弱，抗量子密码基础研究部署体系化不足，仅在少量的算法上取得突破；二是算法标准制定进展相对比较缓慢，我国在2019年中国密码学会（Chinese Association for Cryptologic Research，CACR）举办过一次抗量子密码算法竞赛，目前正在向全球征集新一代商用密码算法；三是产学研合作有待加强。

研究人员对抗量子密码的认识还很有限，还有很多问题需要深入探索和研究，在很长时间内这都是一个重要且热门的研究方向。我国可在借鉴国际最先进成果的基础上，加强抗量子密码研究与应用的顶层设计，科学合理布局技术路线，加强基础研究和技术研发，构建抗量子密码检测评估体系，积极推动标准化和产业化，保障量子时代的网络与信息安全。

（三）大型语言模型安全

2023年5月，基于大型语言模型等最新的人工智能技术发展现状，美国政府宣布了一项行动公告，旨在进一步促进美国在人工智能领域负责任的创新行动。同时，美国国会针对以大型语言模型为代表的新一代人工智能，研究制定美国国家人工智能研究资源（National Artificial Intelligence Research Resource，NAIRR）基础设施建设路线图，以巩固美国在人工智能领域的竞争优势，进一步带动美国人工智能创新和经济繁荣。为保障人工智能健康有序地发展，2022年10月，白宫科技政策办公室（Office of Science and Technology Policy，OSTP）发布了《人工智能权利法案蓝图》，该蓝图详细描述了负责任人工智能开发和实施的核心指导原则。2023年1月26日，NIST正式公布了《人工智能风险管理框架》，为人工智能系统的开发和部署提供了指导性建议，降低了产生的安全风险，并提升了人工智能的可信度。依据以上蓝图，2023年8月，美国白宫召集OpenAI、谷歌、Antrhopic、Hugging Face、微软、英伟达与Stability AI等顶尖人工智能提供商，在国际知名黑客大会DEF CON 31上对生成式人工智能系统开展公开的安全评估。2023年3月，英国政府发布了《支持创新的人工智能监管方式》。该方案旨在寻求建立社会共识，加深公众对尖端技术的信任，从而推动企业创新、发展。2023年6月，欧洲议会通过了《人工智能法案》授权草案，该法案着重于对人工智能的监管，注重基于风险来制定监管制度，从而平衡创新发展与安全规范。

2023年7月，国家互联网信息办公室审议通过，并经国家发展和改革委员会等部门同意，发布了《生成式人工智能服务管理暂行办法》，该办法明确了生成式人工智能服务应当满足的政策、法律和道德规范和约束。2023年9月，国家工业信息安全发展研究中心发布了《AI大模型发展白皮书》，白皮书系统分析了AI大模型发展的总体态势、关键要素发展现状，详细探究了未来发展趋势，并提出了对策建议，旨在为各界展现AI大模型发展全貌，为驱动AI大模型发展提供新思路。

大模型的广泛使用必将带来极大的安全风险和挑战，为了降低大模型应用带来的安全风险和挑战，需要从政策法规制定、前沿技术探索、创新能力提升等方面推进有关工作。重点加强隐私保护的模型推理、大模型驱动的智能安全决策、大模型的机制可解释与决策可解释等研究，建立大模型安全理论体系，构建具有数学理论支持的模型框架，更好地理解模型的运作机制和行为方式，为大模型的应用提供安全保障。

（四）全密态多方联合计算

全密态多方联合计算已经成为各国政府、工业界、学术界共同关注的重点问题。许多国家已推行相关法律和政策，强调以加密方式保护数据安全乃至国家安全。欧盟实施的《通用数据保护条例》（General Data Protection Regulation，GDPR）和美国的《加州隐私权法案》（California Privacy Rights Act，CPRA）均要求收集公民数据的机构实施数据加密等安全措施保护个人隐私数据，泄露数据的机构将面临罚款或被起诉。我国于2021年实施的《中华人民共和国数据安全法》鼓励数据依法合理使用，2023年《政府工作报告》提出"促进数字经济和实体经济深度融合""大力发展数字经济""加强网络、数据安全和个人信息保护"。在这样的大背景下，密态数据检索和计算相关技术和平台已成为学术界和工业界的热点，众多机构投入资金、人力开展相关研究与实践。美国DARPA启动了虚拟环境中的数据保护（Data Protection in Virtual Environments，DPRIVE）计划，其目标是将密态计算的速度提高到与明文计算同一水平，使密态计算更实用。在商业上，多方联合的密态数据计算相关技术也受到广泛的研究关注，已形成多个开源平台，如谷歌的 Private Join and Compute、Facebook 的 CrypTen 以及微软的 EzPC。为了进一步追求密态计算的高性能，基于软硬件环境安全的密态计算技术也得到了快速发展，国外已出现了大量支持密态数据的计算平台，包括基于 ARM TrustZone 的 OP-TEE 系统、基于 RISC-V PMP 的 Keystone TEE 系统、基于 Intel SGX 的云 TEE 系统。虽然我国的密态计算已经得到了政府、组织、企业的重视，相关产业已经得到了发展，但是独立自主的原创性生态圈尚未形成。

全密态多方联合计算仍是一个正在发展中的研究方向，有很多问题需要深入探索和研究。我国可从全密态数据流通的技术体系构建、原创性生态环境建设以及测评标准和测评技术等方面展开工作，重点研究解决目前数据所有权与管理权分离、数据计算环境不可信且不可控、模型推理攻击与隐私泄露等多种数据安全与隐私泄露问题，自主研发原创性、关键性技术和产品，打造完整的全密态多方联合计算生态圈，构建先进实用的安全测评体系。

（五）卫星互联网安全

2020年9月4日，美国白宫发布了《5号太空政策指令》，确立了太空网络安全原则，提出"将网络安全集成到开发的所有阶段并确保全生命周期网络安全对于空间系统至关重要"的理念。2022年10月，美国联邦政府资助的非营利性研发中心航空航天公司（Aerospace Corporation）推出了太空攻击研究与战术分析（Space Attack Research and Tactic Analysis，SPARTA）框架，概述了入侵卫星的技术，定义了导致航天器受损的常见活动，并对其进行了分类，旨在通过清晰描述黑客对太空系统构成的威胁，来弥补航空航天工程师和网络安全防御者之间的知识差距，从而强化卫星互联网安全。在此背景下，美国自2020年至2024年，已举办四届太空信息安全大赛"黑掉卫星"（Hack-A-Sat）。Hack-A-Sat是一项夺旗（Capture the flag，CTF）竞赛，比赛主办方提供一个模拟的在轨卫星，参赛队在模拟环境中利用已知信息，通过传统CTF技术结合天体物理学、天文学等体现太空网络安全特殊性的相关知识获取隐藏的flag。2023年美国国家航空航天局和SpaceX公司将名为"月光者"的卫星送入近地轨道，作为网络测试平台。该卫星是世界上第一个也是唯一一个"太空黑客沙盒"，这也是美国政府首次允许黑客团队入侵在轨卫星。与此同时，俄罗斯也在不遗余力地致力于优化空天力量；日本联动美国组建"宇宙部队"，入局"太空战场"；印度成立新太空机构，加快太空力量建设与完善。

随着星链计划的展开，我国也十分关注星链所带来的安全威胁。加上近年来火箭卫星不断平民化，我国积极开展低轨通信卫星在轨试验，不仅着眼于我国星链的规划，还研究各种安全防护手段，将星链升级为"星盾"，以提供更加安全的服务。但是，相比于美国和其他国家，我国目前在卫星互联网安全体系建设方面还存在巨大差距。

卫星互联网安全已经成为一个重要的研究方向，需要重点研究卫星互联网安全防护理论与技术体系；针对星地传输时延较长、星载资源受限等约束条件，提出新的接入认证安全切换机制；研究基于零信任理念的边界防护设计理论与方法；解决构建在轨安全实验靶场、卫星的地面数字孪生系统、地面卫星攻防演练靶场等方面的关键技术和方法。

（六）工业控制系统安全

工业控制系统是由各种自动化控制组件以及对实时数据进行采集、监测的过程控制组件共同构成的确保工业基础设施自动化运行、过程控制与监控的业务流程管控系统。近年来工业控制系统安全事件频发，对经济发展、社会稳定、生命安全等造成了严重威胁，例如，2010年伊朗核设施被震网病毒攻击造成的铀浓缩设备损毁事件，2015年乌克兰电网被网络攻击造成的大规模停电事件，2021年美国输油管道遭勒索病毒攻击造成的输油中断事件。因此，工业控制系统安全已经成为网络空间安全中最受关注的问题之一。

世界各国均已制定工业控制系统安全的相关政策和标准。2007年起，国际电工委员会针对工业自动化和控制系统发布了IEC 62443系列标准；2011年美国发布针对工业控制系统安全的标准《工业控制系统安全指南》NIST SP800-82，其间四次更新，2023年9月更新为NIST SP 800-82 Rev.3。我国高度重视工业控制系统安全，但由于工业控制系统类型多、升级频繁、专业性强，工业企业对网络安全理解和技术储备受限等原因，我国工业控制系统在关键信息基础设施安全、数据安全和供应链安全等方面仍面临严重安全威胁。

面向开放化、互联化、物联化等复杂特征的工业控制系统安全防护需求，需要重点研究系统安全模式识别技术、业务数据动态加密技术、工控设备轻量化内生安全技术等，解决在海量数据、异构网络和复杂业务流程以及不断演进的安全威胁等内外部挑战下，多元主体安全互动、数据高效安全交互、设备本体安全免疫等问题。

（七）软件供应链安全

软件供应链安全已经成为各国政府、工业界、学术界共同关注的重大问题。欧美国家很早就开始关注软件供应链安全，并出台了大量相关政策。例如，美国于2000年发布的《国家信息安全保障采购政策》规定了信息技术和相关产品的审查机制，2021年发布的《改善国家网络安全的行政命令》进一步明确了加强软件供应链安全；欧盟的网络和信息安全局于2012年发布了《供应链完整性：ICT供应链风险和挑战概览，以及未来的愿景》报告，并在 2022 年发布的《网络弹性法案》中对包括软件在内的数字产品提出：需提供软件材料清单（Software Bill of Materials，SBOM）、制定并实施漏洞协调披露政策等要求。各大软件厂商、安全公司持续开展软件供应链安全相关的工程实践，众多安全公司针对软件供应链攻击提出了相应的检测策略和解决方案。例如，美国 MITRE 公司于 2015 年提出的 ATT&CK 威胁框架在 2021 年 4 月的 9.0 版本中添加了 SolarWinds 软件供应链攻击事件的攻击特征内容。软件供应链安全问题也受到开源社区的广泛关注。例如，Linux 基金会先后发起了 OpenSSF、OpenChain 等项目，旨在促进开源软件的安全、合规，谷歌、微软等公司和众多研究机构都加入了项目建设。ISO 等国际标准组织也发布了 ISO 28000 系列标准、《网络安全——供应商关系》（ISO/IEC 27036）、《信息技术——开放可信技术提供商标准（O-TTPS）——缓解恶意污染和假冒产品》（ISO/IEC 20243-1：2023）等软件供应链安全相关标准，还制定了覆盖 5G 供应链安全的 ISO 27000、ITU—T 5G 相关标准、NIST SP800 等。

相比于欧美国家，我国在软件供应链安全方面起步较晚，但是近几年在研究和实践中都取得了重要进展。例如，2021 年 11 月工业和信息化部发布的《"十四五"软件和信息技术服务业发展规划》提出，建设国家和行业级别的开源社区安全审查体系，保证各个行业广泛使用重要开源产品和技术服务的安全性。中国信息通信研究院于 2022 年 11 月牵头立项了《信息安全技术 软件产品开源代码安全评价方法》国家标准，发布了《软件供应链安全能力中心建设指南》等。华为牵头建设的 openEuler 开源社区，已经汇聚了数千款上游组件，助力软件供应链安全；奇安信、360 等安全公司提出了软件供应链安全的解决方案，提供供应链合规专项检查、代码安全检测、开源组件检测、软件安全性深度测试、软件供应链防护等安全服务。我国学者对供应链安全场景中的相似代码检测、漏洞挖掘与分析、代码投毒等关键技术进行了深入研究，相关成果发表在国际高水平学术会议或期刊上，受到广泛关注。

软件供应链安全旨在分析审计企业内部第三方代码的漏洞，并在攻击事件发生时做出高效响应。需要重点研究基于细粒度的软件成分分析技术，刻画软件多级组件之间的嵌套关系，获取软件的完整物料清单及依赖关系的测绘结果，支持漏洞位置精准定位；研究针对漏洞信息不同维度的信息增强技术，完成对于现有漏洞信息的高质量优化；研究软件供应链漏洞可利用性分析技术，对漏洞是否能真正触发、能造成何种影响进行自动化分析评估。

（八）关键信息基础设施安全

世界网络强国、大国高度重视关键信息基础设施安全，在战略出台、法规制定、标准完善、技术研发、实战演练等方面多举措强化关键信息基础设施安全保护。美国在关键信息基础设施安全方面具有先发优势，自1996年发布13010号行政令至今，持续加强战略布局。2023年发布了《国家网络安全战略》《国家网络安全战略实施计划》，确定五大核心任务，拟定超过65个国家倡议，遵循"以攻为守"的网络安全理念，明确将保卫关键基础设施作为强制性要求和国家网络安全战略核心，以提高应对重大网络攻击的长期防御能力。欧盟不断推进传统安全规范和价值观向关键信息基础设施安全延伸，从准备和预防、监测和响应、减灾、恢复等方面提出针对性举措。2022年欧盟成员国就《关于在欧盟范围内实施高水平网络安全措施的指令》达成协议，对能源、运输等领域采取重点安全措施。

我国近年来先后发布实施《中华人民共和国网络安全法》《中华人民共和国数据安全法》《关键信息基础设施安全保护条例》《信息安全技术 关键信息基础设施安全保护要求》等法规条例及标准规范，提出以关键业务为核心的整体防控、以风险管理为导向的动态防护、以信息共享为基础的协同联防等基本原则。《信息安全技术 关键信息基础设施安全保护要求》已于2023年5月1日正式实施。各行业不断加强信息技术应用创新和关键技术装备自主可控，重点围绕密码技术基础、防护体系构建、防护策略制定、监测预警与事件处置等方向，建设适宜、充分、有效的安全防护技术和管理支撑体系。

关键信息基础设施具有信息-物理-社会交织融合特征，仅强调防护技术的先进性、复杂性来保障其安全难以为继。因此，不仅需要构建适应关键信息基础设施发展和安全需求的安全防护理论与技术体系，还需要构建自主可控的安全保障体系、发展和完善关键信息基础设施主动防御机制、创新关键信息基础设施安全防线共建共守机制。

第五节 学科交叉/新兴学科布局

网络空间安全学科是一门交叉学科，涉及数学、计算机、通信、微电子、物理等多个学科。同时，网络空间安全学科也是一门新兴学科，还没有形成相对独立和完善的学科体系。因此，要针对国家战略需求和国际学科发展前沿，进一步凝练关键科学问题，明确重点研究方向，打破学科专业壁垒，着眼于关键交叉节点组织创新，开拓新兴前沿交叉领域，抢占世界科技发展的制高点，形成多学科综合优势，取得一批单一学科难以完成的成果。

首先，应"服务需求，瞄准前沿"，建立动态的学科管理机制，推动交叉融合，建立需求导向的学科动态融合机制。根据优势特色多学科融合联动、强强联合，积极回应社会对高层次人才需求，着力发展国家急需、关系国计民生、影响长远发展的战略性学科，促进学科之间交叉融合，围绕人工智能、物联网、区块链、工业控制等领域，布局建设面向先进制造、能源交通、现代农业、现代服务业等社会需求强、就业前景广阔、人才缺口大的网络空间安全专业应用学科。

其次，要完善高层次创新人才培养机制，构建科教融合、校企协同的培养机制，以高水平科研支撑创新人才培养。解决好基础研究人才数量不足、质量不高的问题，加强基础学科人才以及面向人工智能、物联网、区块链、数据安全、工控安全等关键领域急需高层次人才的培养和引进，吸引优秀的科技人员立志投身基础研究，造就更具国际竞争力的创新后备军。

最后，要打破既有学科之间的壁垒，促进形成学科之间开放、交流、交叉、合作的氛围。以服务国家重大战略需求为导向，自主规划前瞻布局，推动网络空间安全前沿探索研究，在技术攻关中深度推进多学科交叉融合，确立问题导向、服务需求为主的科研模式，找准关键领域核心技术的突破点，加强对原创性基础研究和关键核心技术的培育和支持，将多学科成果快速汇聚并应用于技术和产业创新。

第十章 学科发展建议

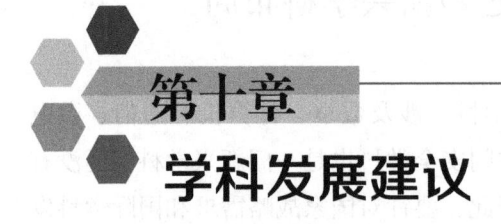

网络空间安全学科建设与发展是一项复杂的系统工程，需要以国家网络空间安全战略为牵引，践行总体国家安全观，围绕学科教育体系建设、重点方向、人才培养、经费投入、基础平台、管理体制等方面，明确其发展建设机制和资源配置。本章就这些问题提出相关政策建议。

第一节 加强学科教育体系建设

我国于 2015 年在"工科"门类下增设了"网络空间安全"一级学科，随后多所高校增设了相关院系或专业。虽然在学科教育体系建设方面成效显著，但仍有很多问题需要研究和解决，建议从以下几个方面采取措施，进一步加强学科教育体系建设，夯实学科基础。

（一）完善网络空间安全课程体系

以密码学、数据安全、通信安全、软件安全等专业理论体系为基础，以关键信息基础设施安全保护为主要目标，融合交叉学科思想，通过资源的调配，理顺二级学科之间的结构关系，加强各二级学科之间的相互联系与协作，设置相对完备的基础理论及实践课程体系，编写出一批适应于培养不同层次人才的高质量教材。

（二）升级学科高等教育体系

布局面向全体大学生的网络空间安全学科通识教育，优化面向网络空间安全专业的多方向科研教育，开展面向其他学科，尤其是能源、电气、航空航天、环境科学、金融学等的工程教育和应用型人才教育。

（三）形成阶梯式教学模式

在本科教学方面，以网络空间攻防对抗技术为轴心，通过基础理论课、专业技术课、攻防实践课等相应设置，完成基础阶段和专业方向阶段教学，在选题上综合考虑迫切性、先进性、复杂性、工程实践性等因素，由指导教师申报，经学术委员会及相关工程领域的企事业单位专家共同研讨确定。

（四）建立科学的评价体系

站在国家安全和发展利益的战略高度，科学构建网络空间安全学科评估体系，进而对未来网络空间的基本特征、构建要求、发展思路和技术方案等进行全面系统的评估，以确保国家网络空间研究探索和体系构建始终处于自主可控的安全状态。积极探索分类评价指标、机制和准则，以构建适用于不同性质、不同类别的网络空间安全学科方向的评价体系。

（五）加强国际交流与合作

网络空间安全是一个全球性问题，相关组织机构、研究人员、从业人员应注重开展国际合作与交流，开阔视野，借鉴先进经验和成果，争取关键国际标准主导权和话语权，促进学科的国际化、多元化发展。

第二节　聚焦重点方向

网络空间安全问题的解决不仅需要配套的战略、法规和政策，以及严格的管理手段，而且需要可信赖的技术手段。一方面，要积极跟踪欧美网络空间安全动向，及时优化调整我国网络空间安全战略部署和政策举措，健全情报信息共享机制,加强全民网络安全意识与技能培养,充分利用传统媒体及新媒体平台,面向大众宣传网络安全常识,培育网络安全文化,充分发挥战略、法规、政策和管理的最大效能。另一方面,要高度重视技术手段,在技术手段方面往往会遇到"卡脖子"问题,须重点关注网络空间安全技术的零化、弹性化、匿名化、量子化和智能化等特征,防护思路由强调"防守"向"攻防兼备"转变,突破和自主掌控先进实用的关键核心技术,增强网络防御反制能力。因此,建议采取以下措施,面向国家战略现实需求和长远需求,科学聚焦重点方向,全力协同攻关。

(一)丰富和完善学科基础理论与技术体系

网络空间安全学科除了以密码学和安全协议为代表的基础理论外,在理论体系的完备性、覆盖度和延展性方面有待加强。应充分研究、提炼网络空间安全的关键科学问题,完善网络空间安全学科在新形势下的理论体系。例如,围绕网络安全问题延伸覆盖到网络空间、物理空间和社会空间的发展现状,研究建立人-地-网交叉融合的网络空间地理学理论,对完善网络空间安全的理论体系有着重要作用。

网络空间安全学科所特有的关键技术类型偏少,多数以引入并应用其他领域的关键技术为主,缺乏有利于学科发展的自主创新氛围,对学科建设和长期发展不利。应面向国家网络空间安全的重大问题和迫切需求,组织开展专属关键技术的攻关,形成本学科自主创新、自我促进的良性循环,并不断引领相关领域的技术发展方向。

(二)"自上而下"布局重大核心基础问题

采取"自上而下"的方式,根据学科发展的自然规律和理论发展的必然趋势,规划和部署网络空间安全领域的重大、核心、基础问题的研究,不断完善创新体制机制。

(三)"自下而上"凝练重点任务

采取"自下而上"的方式,聚焦当前和未来的技术创新重点,坚持"由应用或市场需求决定产品定位,由产品技术能力缺陷决定技术攻关任务,由技术攻关瓶颈决定理论研究重点",尽最大努力做到理论与关键技术来源于应用、服务于应用。

(四)按职责定位协同攻关

坚持以应用为抓手,充分发挥管理者、企业、高校与科研院所、应用部门的主动性、积极性和创造性,不断明确不同层次、不同类别的技术创新人才的分工与定位,逐步形成产学研用管紧密协作的科研创新良性循环体系。

第三节　创新人才培养模式

人才是网络空间安全第一资源,世界各国都高度重视人才培养,都希望打造一支强大且多元化的网络空间安全人才队伍。尤其是我国网络空间安全人才还存在数量缺口较大、能力素质不高、结构不尽合理等问题,与维护国家网络安全、建设网络强国的要求不相适应,建议从以下几个方面进行加强。

(一)制定加强网络空间人才储备的国家战略

增加网络空间安全教育和培训的机会,创新人才培养模式,不断扩大网络空间安全人才队伍,解决国家及社会对网络空间安全专业人才的需求。以满足保护重要数据和关键信息基础设施的安全要求及保障供应链安全为主要目标,解决网络空间安全人才培养过程中面临的挑战。

(二)拓展网络空间安全专业方向

合理调整和扩大高等院校网络空间安全专业招生规模,建设跨理学、工学、法学、管理学等门类的网络空间安全人才综合培养机制。注重专业教育与通识教育结合,为培养高素质拔尖创新人才打好底色,为提高各类人才培养质量夯实基础。强化理论实践相结合的培养模式,有计划组织网络安全专业人才赴网信企业、运营单位、国家机关开展合作科研或挂职。加强国产化的教学环境建设,实现科技仪器设备、操作系统和基础软件国产化替代。强化网络空间安全师资队伍建设，积极推动"双聘制"和"双师制"，推进一流网络安全学院教师互聘制度建设，鼓励跨学科教师资源双向流动，实现跨领域的协同创新。

（三）形成金字塔型人才培养梯队

加强创新型、应用型、技能型人才培养，提升科研人员高水平、原始创新能力，壮大高水平工程师和高技能人才队伍，依托人民群众打赢网络空间安全攻坚战。加大对西部人才的支持力度，在人才配套、人才计划、重大科研等方面，给予西部更加有力的政策倾斜，促进人才引进。建设高水平人才工作智库，研究、规划、指导网络空间安全领域人才队伍建设，为培养一流人才提供智力支撑。

（四）加强实战型人才培养

网络空间安全学科实战性强，应注重培养面向安全实战的多层次人才队伍，从理论研究、技术攻关、系统研发、安全运营、攻防对抗等多个环节入手开展学科教育体系建设，避免教育过程与实战脱节。开展网络攻防演习，提升人才实战能力。积极推动网络空间安全人才培养与国民经济各个领域的深层次嵌入和全方位融合，为国家安全、经济建设和社会发展奠定坚实的人才保障基础。

第四节　推动经费投入

网络空间安全作为一门新兴学科，需要通过政府拨款、民间资助、采购政策和保险机制等多种形式和措施，加大资金投入力度，采取有效的激励保障措施，鼓励高校、科研机构和企业开展或支撑网络空间安全领域的教学、研究和开发工作。具体建议如下。

（一）加大政府资金投入

政府资金投入主要用于支持网络空间安全基础理论和关键技术研究，以及关键信息基础设施安全保护的研究、开发和演示验证。同时，要根据网络空间安全学科建设的重点领域优化高层次人才的经费配置，加强网络空间安全实验室与研究中心的建设。

（二）引导企业投入

发挥市场经济机制，鼓励不同主体特别是高精尖科创企业进入网络空间安全产业，正确引导企业向国家需要、社会需要的方向投资。政府采购一直是提升网络安全的一个有效手段，通过政府采购来引导和促进企业对研发和产品的投入，从而激发市场的活力。面向关键领域实施税收优惠政策，鼓励企业进行创新型产品研制，不断提升网络空间安全技术及产品的自主可控水平。

（三）探索网络安全保险机制

在灾难性事件发生之前就建立预警机制，可以更好地提供网络安全弹性。因此，应积极探索网络安全保险机制，充分发挥保险行业在网络安全中的市场调节作用。

第五节　构建基础平台

网络空间安全学科的基础平台包括科研、试验、协同创新等多个方面，建设高效、安全的基础平台，有助于提高网络空间安全技术的研究、开发与应用水平。建议从以下几个方面重点推进基础平台建设，营造一流的研究、开发和试验环境。

（一）打造共性技术科研平台

面向科研创新，重点围绕密码学、网络与通信安全、软件与系统安全、数据与应用安全等方向，设立国家级实验室、国家级工程研究中心等基础共性科研平台，确定网络空间安全科研目标和重点攻关任务；围绕数字经济发展、未来移动网络、卫星移动通信、工业互联网、数字货币等国家战略，设立仿真实验平台、特色创新科研平台,为未来网络环境下的前沿学术研究提供基础支撑。

(二)构建重要领域试验基地

面向实际应用,重点围绕关键信息基础设施安全保护,打造能源、电力、金融、航空航天、军工等领域的实证和试验基地,实现信息空间与物理空间的深度融合,为开展大规模攻防实战演练提供基础平台。

(三)共建协同创新产业联盟

面向产业协同,组建和完善网络空间安全相关科技创新与产业联盟,积极组织和动员相关领域的高校、科研院所、企事业单位、应用部门等多类型主体,共建产学研用管高度协同的高水平科技创新与产业联盟。

第六节 完善管理体制

随着经济社会和信息化进程全面加快,网络与信息系统的基础性和全面性作用日益增强,相关机构和部门应在网络空间安全监督管理方面发挥更加积极的作用,以确保实施效果。具体建议如下。

(一)不断完善管理体制

不断发展和完善网络空间安全法律法规体系,合理界定、细化关键信息基础设施的保护范围和职责分工,加强网络安全监管和执法管理。加大网络空间安全领域标准与认证体系的建设力度,制定相应的标准与认证规范,提升网络安全专业人员的素质和能力,实现网络空间安全保护现代化、规范化。严格落实和完善网络安全审查制度,严格控制不可信、不可靠的技术、产品和服务进入网络空间关键领域。

(二)积极参与国际规则和标准制定

积极推动和深化网络空间安全领域的国际合作,开拓合作模式。更积极主动地参与网络空间安全领域的国际规则和标准制定，促进安全和可信的数据跨境流动，降低跨境供应链安全风险，加强供应链安全和弹性建设，建立监管协调合作机制。

（三）客观评估实施成效

建立健全网络空间安全监督管理体制，加强对学科建设、教学质量、科研创新等方面的监督与评估，确保学科建设质量达到预期的标准，确保科研、教育、产业、应用等达到战略、法律法规及政策等所规定的要求。

主要参考文献

[1] 中国社会科学院语言研究所词典编辑室. 现代汉语词典[M]. 7版. 北京: 商务印书馆, 2016.

[2] 王纪武, 郑浩宇. 网络空间概念、属性、作用与城市规划响应: 兼述国外相关研究[J]. 城市发展研究, 2016, 23 (9): 40-46.

[3] 冯登国. 网络空间安全: 理解与思考[J]. 网络安全技术与应用, 2021 (1): 1-4.

[4] 孙中伟, 贺军亮, 田建文. 网络空间的空间归属及其物质性构建的地理认知[J]. 世界地理研究, 2016, 25 (2): 148-157.

[5] 郭启全, 等. 网络安全保护平台建设应用与挂图作战[M]. 北京: 电子工业出版社, 2023.

[6] 冯登国, 连一峰. 网络空间安全面临的挑战与对策[J]. 中国科学院院刊, 2021, 36 (10): 1239-1245.

[7] 李艳. 美国强化网络空间主导权的新动向[J]. 现代国际关系. 2020 (9): 1-7.

[8] 新华社. 习近平: 坚持总体国家安全观 走中国特色国家安全道路[EB/OL]. (2014-04-16) [2023-11-03]. http://jhsjk.people.cn/article/24900492.

[9] 冯登国. 网络空间安全概论[M]. 3版. 北京: 电子工业出版社, 2021.

[10] [美]戴维·卡恩. 破译者: 人类密码史[M]. 朱鸿飞, 张其宏, 译. 北京: 金城出版社, 2021.

[11] 刘云, 孟嗣仪. 通信网络安全[M]. 北京: 科学出版社, 2011.

[12] 朱峰. 通信保密技术[M]. 北京: 清华大学出版社, 2014.

[13] [印]阿图尔·卡哈特. 密码学与网络安全[M]. 3版. 金名, 等, 译. 北京: 清华大学出版社, 2018.

[14] 王善平. 古今密码学趣谈[M]. 北京: 电子工业出版社, 2012.

[15] [英]西蒙·辛格. 密码故事: 人类智力的另类较量[M]. 朱小蓬, 林金钟, 译. 天津: 百花文艺出版社, 2013.

[16] Shannon C E. Communication theory of secrecy systems[J]. Bell System Technical Journal, 1949, 28 (4): 656-715.

[17] Bell D E, LaPadula L. Secure computer systems: Mathematical foundations and model[R]. Technical Report ESD-TR-73-278-1, 1973.

[18] National Computer Security Center. Trusted DBMS Interpretation of the Trustted Computer System Evaluation Criteria (TDI)[R]. NCSC-TG-021. Fort Meade, MD: National Computer Security Center, 1991.

[19] Diffie W, Hellman M. New directions in cryptography[J]. IEEE Transactions on Information Theory, 1976, 22 (6): 644-654.

[20] Rivest R L, Shamir A, Adleman L. A method for obtaining digital signatures and public-key cryptosystem[J]. ACM, 1978, 21 (2): 120-126.

[21] McEliece R J. A public-key cryptosystem based on algebraic coding theory[J]. The Deep Space Network Progress Report 42-44, 1978: 114-116.

[22] Elgamal T. A public key cryptosystem and a signature scheme based on discrete logarithms[J]. IEEE Transactions on Information Theory, 1985, 31 (4): 469-472.

[23] Koblitz N. Elliptic curve cryptosystems[J]. Mathematics of Computation, 1987, 48 (177): 203-209.

[24] 冯登国. 可证明安全性理论与方法研究[J]. 软件学报, 2005, 16 (10): 1743-1756.

[25] Burrows M, Abadi M, Needham R. A logic of authentication[J]. ACM Transaction on Computer Systems (TOCS), 1990, 8(1): 18-36.

[26] Denning D E. An intrusion-detection model[J]. IEEE Transactions on Software Engineering, 1987, SE-13 (2): 222-232.

[27] Information Assurance Technical Framework (IATF). Release 3.1. | National Technical Reports Library – NTIS[Z].

[28] Alcaraz C, Sönmez Turan M. PDR: A prevention, detection and response mechanism for anomalies in energy control systems[M]//Critical Information Infrastructures Security. Berlin, Heidelberg: Springer Berlin Heidelberg, 2013: 22-33.

[29] Michael B, Jeffrey C, Murugiah S, et al. Guide for cybersecurity event recovery[EB/OL]. U.S. Department of Commerce, 2016. https://doi.org/10.6028/NIST.SP.800-184[2024-12-25].

[30] Yao C. Applications of WPDRRC information security model in multilevel security protection[J]. Study on Optical Communications, 2010 (5): 27-29.

[31] Kaspersky. Stuxnet Worm: Insight from Kaspersky Lab[EB/OL]. https://www.kaspersky.com/about/press-releases/stuxnet-worm-insight-from-kaspersky-lab, 2010.

[32] Feng D, Qin Y, Feng W, et al. The theory and practice in the evolution of trusted

[32] computing[J]. Chinese Science Bulletin, 2014, 59 (32): 4173-4189.

[33] Feng D G, Qin Y, Chu X B, et al. Trusted Computing: Principles and Applications[M]. Berlin: Walter de Gruyter GmbH, 2018.

[34] 冯登国, 刘敬彬, 秦宇, 等. 创新发展中的可信计算理论与技术[J]. 中国科学: 信息科学, 2020, 50 (8): 1127-1147.

[35] 冯登国. 可信计算: 理论与实践[M]. 北京: 清华大学出版社, 2013.

[36] 沈昌祥, 张焕国, 王怀民, 等. 可信计算的研究与发展[J]. 中国科学: 信息科学, 2010, 40: 139-166.

[37] 张焕国, 赵波, 等. 可信计算[M]. 武汉: 武汉大学出版社, 2011.

[38] Alkim E, Bos J W, Ducas L, et al. FrodoKEM[EB/OL]. http://csrc.nist.gov/CSRC/media/Presentations/FrodoKEM/images-media/FrodoKEM-April2018.pdf[2024-12-25].

[39] Bernstein D J, Chou T, Lange T, et al. Classic McEliece: Conservative code-based cryptography[J]. NIST Submissions, 2017, 1 (1): 1-25.

[40] 中国科学院. 2020 高技术发展报告[C]. 北京: 科学出版社, 2021.

[41] Li X Y, Xu J, Fan X, et al. Puncturable signatures and applications in proof-of-stake blockchain protocols[J]. IEEE Transactions on Information Forensics and Security, 2020, 15: 3872-3885.

[42] 冯登国, 徐静, 兰晓. 5G 移动通信网络安全研究[J]. 软件学报, 2018, 29 (6): 1813-1825.

[43] Li M, Yu F R, Si P B, et al. Energy-efficient machine-to-machine (M2M) communications in virtualized cellular networks with mobile edge computing (MEC)[J]. IEEE Transactions on Mobile Computing, 2019, 18 (7): 1541-1555.

[44] Xiao L, Wan X Y, Dai C H, et al. Security in mobile edge caching with reinforcement learning[J]. IEEE Wireless Communications, 2018, 25 (3): 116-122.

[45] Chen R M, Mu Y, Yang G M, et al. Server-aided public key encryption with keyword search[J]. IEEE Transactions on Information Forensics and Security, 2016, 11 (12): 2833-2842.

[46] Ning J T, Xu J, Liang K T, et al. Passive attacks against searchable encryption[J]. IEEE Transactions on Information Forensics and Security, 2019, 14 (3): 789-802.

[47] 冯登国, 等. 大数据安全与隐私保护[M]. 北京: 清华大学出版社, 2014.

[48] Xu C G, Ren J, Zhang D Y, et al. GANobfuscator: Mitigating information leakage under GAN via differential privacy[J]. IEEE Transactions on Information Forensics and Security, 2019, 14 (9): 2358-2371.

[49] 教育部高等学校教学指导委员会. 普通高等学校本科专业类教学质量国家标准 (上) [M]. 北京: 高等教育出版社, 2018: 321-329.

[50] 中国互联网络信息中心. 第 53 次中国互联网络发展状况统计报告 [EB/OL].

https://www.cnnic.cn/NMediaFile/2024/0325/MAIN1711355296414FIQ9XKZV63.pdf, 2024.

[51] 新华社. 习近平: 在网络安全和信息化工作座谈会上的讲话[EB/OL]. http://jhsjk.people.cn/article/28303260, 2016.

[52] 冯登国. 准确把握网络空间安全技术发展的新特征全力助推国家安全体系和能力现代化[J]. 中国科学院院刊, 2022, 37 (11): 1539-1542.

[53] 冯登国. 安全协议: 理论与实践[M]. 北京: 清华大学出版社, 2011.

[54] 邬江兴. 网络空间拟态防御导论 (上、下册) [M]. 北京: 科学出版社, 2017.

[55] 石文昌. 网络空间系统安全概论[M]. 3 版. 北京: 电子工业出版社, 2021.

[56] Regev O. On lattices, learning with errors, random linear codes, and cryptography[J]. Journal of the ACM, 2009, 56 (6): 1-40.

[57] Peikert C. A decade of lattice cryptography[J]. Foundations and Trends® in Theoretical Computer Science, 2016, 10 (4): 283-424.

[58] Goldwasser S, Micali S, Rivest R L. A digital signature scheme secure against adaptive chosen-message attacks[J]. SIAM Journal on Computing, 1988, 17 (2): 281-308.

[59] Manshaei M H, Zhu Q, Alpcan T, et al. Game theory meets network security and privacy[J]. ACM Computing Surveys (CSUR), 2013, 45 (3): 1-39.

[60] Lo H K, Chau H F. Unconditional security of quantum key distribution over arbitrarily long distances[J]. Science, 1999, 283 (5410): 2050-2056.

[61] Xiao G Z, Massey J L. A spectral characterization of correlation-immune combining functions[J]. IEEE Transactions on Information Theory, 1988, 34 (3): 569-571.

[62] Ding C S, Xiao G Z, Shan W. The Stability Theory of Stream Ciphers[M]. Berlin, Heidelberg: Springer Berlin Heidelberg, 1991.

[63] Siegenthaler T. Decrypting a class of stream ciphers using ciphertext only[J]. IEEE Transactions on Computers, 1985, 100 (1): 81-85.

[64] Rogaway P, Bellare M, Black J. OCB: A block-cipher mode of operation for efficient authenticated encryption[J]. ACM Transactions on Information and System Security, 2003, 6 (3): 365-403.

[65] 吴文玲, 眭晗, 张斌. 轻量级密码学[M]. 北京: 清华大学出版社, 2022.

[66] Biham E, Shamir A. Differential cryptanalysis of DES-like cryptosystems[J]. Journal of CRYPTOLOGY, 1991, 4: 3-72.

[67] Blondeau C, Leander G, Nyberg K. Differential-linear cryptanalysis revisited[J]. Journal of Cryptology, 2017, 30 (3): 859-888.

[68] Drucker N, Gueron S. Selfie: Reflections on TLS 1. 3 with PSK[J]. Journal of Cryptology, 2021, 34 (3): 27.

[69] Goldreich O, Micali S, Wigderson A. Proofs that yield nothing but their validity or all

languages in NP have zero-knowledge proof systems[J]. Journal of the ACM (JACM), 1991, 38 (3): 690-728.

[70] Goldreich O, Oren Y. Definitions and properties of zero-knowledge proof systems[J]. Journal of Cryptology, 1994, 7 (1): 1-32.

[71] Barak B, Lindell, Y, Vadhan S. Lower bounds for non-black-box zero knowledge[J]. Journal of Computer and System Sciences, 2006, 72 (2): 321-391.

[72] Blum M, De Santis A, Micali S, et al. Noninteractive zero-knowledge[J]. SIAM Journal on Computing, 1991, 20 (6): 1084-1118.

[73] Blakley G R, Borosh I. Rivest-Shamir-Adleman public key cryptosystems do not always conceal messages[J]. Computers & Mathematics with Applications, 1979, 5 (3): 169-178.

[74] Shamir A. How to share a secret[J]. Communications of the ACM, 1979, 22 (11): 612-613.

[75] Benaloh J, Leichter J. Generalized Secret Sharing and Monotone Functions[M]. New York: Springer New York, 1990.

[76] Durante L, Sisto R, Valenzano A. Automatic testing equivalence verification of spi calculus specifications[J]. ACM Transactions on Software Engineering and Methodology, 2003, 12 (2): 222-284.

[77] Wyner A D. The wire-tap channel[J]. Bell System Technical Journal, 1975, 54 (8): 1355-1387.

[78] Zhang J, Rajendran S, Sun Z, et al. Physical layer security for the internet of things: Authentication and key generation[J]. IEEE Wireless Communications, 2019, 26 (5): 92-98.

[79] Ribouh S, Phan K, Malawade A V, et al. Channel state information-based cryptographic key generation for intelligent transportation systems[J]. IEEE Transactions on Intelligent Transportation Systems, 2021, 22 (12): 7496-7507.

[80] Li G, Sun C, Zhang J, et al. Physical layer key generation in 5G and beyond wireless communications: Challenges and opportunities[J]. Entropy, 2019, 21 (5): 497.

[81] Thangaraj A, Dihidar S, Calderbank A R, et al. Applications of LDPC codes to the wiretap channel[J]. IEEE Transactions on Information Theory, 2007, 53 (8): 2933-2945.

[82] Pham T V, Hayashi T, Pham A T. Artificial-noise-aided precoding design for multi-user visible light communication channels[J]. IEEE Access, 2018, 7: 3767-3777.

[83] Mukherjee A, Swindlehurst A L. Robust beamforming for security in MIMO wiretap channels with imperfect CSI[J]. IEEE Transactions on Signal Processing, 2011, 59 (1): 351-361.

[84] Niu H H, Lin Z, Chu Z, et al. Joint beamforming design for secure RIS-assisted IoT networks[J]. IEEE Internet of Things Journal, 2023, 10(2): 1628-1641.

[85] Marabissi D, Mucchi L, Stomaci A. IoT nodes authentication and ID spoofing detection

based on joint use of physical layer security and machine learning[J]. Future Internet, 2022, 14 (2): 61.

[86] Sulyman A I, Henggeler C. Physical layer security for military IoT links using MIMO-beamforming at 60 GHz[J]. Information, 2022, 13 (2): 100.

[87] Lu X, Xiao L, Li P M, et al. Reinforcement learning based physical cross-layer security and privacy in 6G[J]. IEEE Communications Surveys & Tutorials, 2023, 25(1): 425-466.

[88] Zhang B, Huang K, Chen Y. A physical-layer security scheme based on cross-layer cooperation in Dense Heterogeneous Networks[J]. KSII Transactions on Internet and Information Systems, 2018, 12 (6): 2595-2618.

[89] Chatterjee B, Das D, Maity S, et al. RF-PUF: Enhancing IoT security through authentication of wireless nodes using in-situ machine learning[J]. IEEE Internet of Things Journal, 2019, 6 (1): 388-398.

[90] Cao J, Ma M, Li H, et al. A survey on security aspects for LTE and LTE-A Networks[J]. IEEE Communications Surveys & Tutorials, 2014, 16 (1): 283-302.

[91] Cao J, Ma M D, Li H, et al. A survey on security aspects for 3GPP 5G networks[J]. IEEE Communications Surveys & Tutorials, 2020, 22 (1): 170-195.

[92] Goswami H, Choudhury H. Remote registration and group authentication of IoT devices in 5G cellular network[J]. Computers & Security, 2022, 120: 102806.

[93] Ma R H, Cao J, Zhang Y H, et al. A group-based multicast service authentication and data transmission scheme for 5G-V2X[J]. IEEE Transactions on Intelligent Transportation Systems, 2022, 23 (12): 23976-23992.

[94] Gharsallah I, Smaoui S, Zarai F. An efficient authentication and key agreement protocol for a group of vehicles devices in 5G cellular networks[J]. IET Information Security, 2020, 14 (1): 21-29.

[95] Braeken, A. Symmetric key based 5G AKA authentication protocol satisfying anonymity and unlinkability[J]. Computer Networks, 2020, 181: 1-7.

[96] Yadav A K, Misra M, Pandey P K, et al. An improved and provably secure symmetric-key based 5G-AKA Protocol[J]. Computer Networks, 2022, 218: 109400.

[97] Liu Y B, Huo L J, Zhou G. TR-AKA: A two-phased, registered authentication and key agreement protocol for 5G mobile networks[J]. IET Information Security, 2022, 16 (3): 193-207.

[98] Gao Z, Zhang D B, Zhang J Z, et al. BC-AKA: Blockchain based asymmetric authentication and key agreement protocol for distributed 5G core network[J]. China Communications, 2022, 19 (6): 66-76.

[99] Cao J, Ma M D, Fu Y L, et al. CPPHA: Capability-based privacy-protection handover

authentication mechanism for SDN-based 5G HetNets[J]. IEEE Transactions on Dependable and Secure Computing, 2021, 18 (3): 1182-1195.

[100] Yazdinejad A, Parizi R. M, Dehghantanha A, et al. Blockchain-enabled authentication handover with efficient privacy protection in SDN-based 5G Networks[J]. IEEE Transactions on Network Science and Engineering, 2021, 8 (2): 1120-1132.

[101] Zhang L Y, Ma M D. FKR: An efficient authentication scheme for IEEE 802. 11ah networks[J]. Computers & Security, 2020, 88: 101633.

[102] Kumar A, Om H. Design of a USIM and ECC based handover authentication scheme for 5G-WLAN heterogeneous networks[J]. Digital Communications and Networks, 2020, 6 (3): 341-353.

[103] Yadav A K, Misra M, Pandey P K, et al. An EAP-based mutual authentication protocol for WLAN-connected IoT devices[J]. IEEE Transactions on Industrial Informatics, 2023, 19 (2): 1343-1355.

[104] Gope P, Hwang T. A realistic lightweight anonymous authentication protocol for securing real-time application data access in wireless sensor networks[J]. IEEE Transactions on Industrial Electronics, 2016, 63 (11): 7124-7132.

[105] Gope P, Das A K, Kumar N, et al. Lightweight and physically secure anonymous mutual authentication protocol for real-time data access in industrial wireless sensor networks[J]. IEEE Transactions on Industrial Informatics, 2019, 15 (9): 4957-4968.

[106] Li X, Peng J Y, Obaidat M S, et al. A secure three-factor user authentication protocol with forward secrecy for wireless medical sensor network systems[J]. IEEE Systems Journal, 2020, 14 (1): 39-50.

[107] Ma R H, Cao J, Feng D G, et al. LAA: Lattice-based access authentication scheme for IoT in space information networks[J]. IEEE Internet of Things Journal, 2020, 7 (4): 2791-2805.

[108] Liu Y C, Zhang A X, Li S H, et al. A lightweight authentication scheme based on self-updating strategy for space information network[J]. International Journal of Satellite Communications and Networking, 2017, 35 (3): 231-248.

[109] Qi M P, Chen J H. An enhanced authentication with key agreement scheme for satellite communication systems[J]. International Journal of Satellite Communications and Networking, 2018, 36 (3): 296-304.

[110] Xue K P, Meng W, Zhou H C, et al. A lightweight and secure group key based handover authentication protocol for the software-defined space information network[J]. IEEE Transactions on Wireless Communications, 2020, 19 (6): 3673-3684.

[111] Schlamp J, Holz R, Jacquemart Q, et al. HEAP: Reliable assessment of BGP hijacking

attacks[J]. IEEE Journal on Selected Areas in Communications, 2016, 34 (6): 1849-1861.

[112] Sermpezis P, Kotronis V, Gigis P, et al. ARTEMIS: Neutralizing BGP hijacking within a minute[J]. IEEE/ACM Transactions on Networking, 2018, 26 (6): 2471-2486.

[113] Zhang Z, Zhang Y, Hu Y C, et al. iSPY: Detecting IP prefix hijacking on my own[J]. IEEE/ACM Transactions on Networking, 2010, 18 (6): 1815-1828.

[114] Kaminsky D. Black Ops 2008: It's the end of the cache as we know it[C]. Proceedings of Black Hat USA. Las Vegas, USA: Black Hat, 2008.

[115] Singanamalla S, Chunhapanya S, Hoyland J, et al. Oblivious DNS over HTTPS (ODoH): A practical privacy enhancement to DNS[J]. Proceedings on Privacy Enhancing Technologies, 2021, 2021 (4): 575-592.

[116] Li Q, Liu Y P, Liu Z T, et al. Efficient forwarding anomaly detection in software-defined networks[J]. IEEE Transactions on Parallel and Distributed Systems, 2021, 32 (11): 2676-2690.

[117] 吴建平, 吴茜, 徐恪. 下一代互联网体系结构基础研究及探索[J]. 计算机学报, 2008, 31 (9): 1536-1548.

[118] 徐恪, 李琦, 沈蒙, 等. 网络空间安全原理与实践[M]. 北京: 清华出版社, 2022.

[119] Ayuninggati T, Harahap E P, Mulyati M, et al. Supply chain management, certificate management at the transportation layer security in charge of security[J]. Blockchain Frontier Technology, 2021, 1 (1): 1-12.

[120] Paris I L BM, Habaebi M H, Zyoud A M. Implementation of SSL/TLS security with MQTT protocol in IoT environment[J]. Wireless Personal Communications, 2023, 132 (1): 163-182.

[121] Gunnarsson M, Brorsson J, Palombini F, et al. Evaluating the performance of the OSCORE security protocol in constrained IoT environments[J]. Internet of Things, 2021, 13: 100333.

[122] ETSI.TS 133 220 V17. 3.0: "Digital cellular telecommunications system (Phase 2+) (GSM); Universal Mobile Telecommunications System (UMTS); LTE; 5G; Generic Authentication Architecture (GAA); Generic Bootstrapping Architecture (GBA)"[EB/OL]. European Telecommunications Standards Institute (ETSI). https://www.etsi.org/deliver/etsi_ts/133200_133299/133220/17.03.00_60/ts_133220v170300p.pdf.

[123] ETSI. TS 133 223 V17.1.0: "Digital cellular telecommunications system (Phase 2+) (GSM); Universal Mobile Telecommunications System (UMTS); LTE; Generic Authentication Architecture (GAA); Generic Bootstrapping Architecture (GBA) Push function"[EB/OL]. ETSI. http://www.etsi.org/deliver/etsi_ts/133200_133299/133223/17.01.00_60/ts_133223v170100p.pdf.

[124] ETSI. TS 133 535 V17.6.0: "5G; Authentication and Key Management for Applications (AKMA) based on 3GPP credentials in the 5G System (5GS)"[EB/OL]. ETSI. http://www.etsi.org/deliver/etsi_ts/133500_133599/133535/17.06.00_60/ts_133535v170600p.pdf.

[125] Huang X T, Tsiatsis V, Palanigounder A, et al. 5G authentication and key management for applications[J]. IEEE Communications Standards Magazine, 2021, 5 (2): 142-148.

[126] Yang T S, et al. Formal analysis of 5G authentication and key management for applications (AKMA)[J]. Journal of Systems Architecture, 2022, 126: 102478.

[127] Akman G, Ginzboorg P, Damir M T. et al. Privacy-enhanced AKMA for multi-access edge computing mobility[J]. Computers, 2023, 12 (1): 1-41.

[128] You X H, Wang C X, Huang J, et al. Towards 6G wireless communication networks: Vision, enabling technologies, and new paradigm shifts[J]. Science China Information Sciences, 2020, 64 (1): 110301.

[129] He D J, Li X R, Chan S, et al. Security analysis of a space-based wireless network[J]. IEEE Network, 2019, 33 (1): 36-43.

[130] 姚羽, 祝烈煌, 武传坤. 工业控制网络安全技术与实践[M]. 北京: 机械工业出版社, 2017.

[131] Manulis M, Bridges C P, Harrison R, et al. Cyber security in new space[J]. International Journal of Information Security, 2021, 20 (3): 287-311.

[132] Alaba F A, Othman M, Hashem I A T, et al. Internet of Things security: A survey[J]. Journal of Network and Computer Applications, 2017, 88: 10-28.

[133] Vitturi S, Zunino C, Sauter T. Industrial communication systems and their future challenges: Next-generation Ethernet, IIoT, and 5G[J]. Proceedings of the IEEE, 2019, 107 (6): 944-961.

[134] Xu Z, Lu J, Wang X, et al. AI and machine learning for the analysis of data flow characteristics in industrial network communication security[J]. International Journal of Ad Hoc and Ubiquitous Computing, 2021, 37 (3): 125-136.

[135] Cheng J R, Zheng J C, Yu X M. An ensemble framework for interpretable malicious code detection[J]. International Journal of Intelligent Systems, 2022, 37 (12): 10100-10117.

[136] Ma X, Guo S, Li H, et al. How to make attention mechanisms more practical in malware classification[J]. IEEE Access, 2019, 7: 155270-155280.

[137] Cavallaro L, Kinder J, Pendlebury F, et al. Are machine learning models for malware detection ready for prime time?[J]. IEEE Security & Privacy, 2023, 21 (2): 53-56.

[138] Li X, Nie Y P, Wang Z, et al. BMOP: Bidirectional universal adversarial learning for binary OpCode features[J]. Wireless Communications and Mobile Computing, 2020, 2020: 8876632.

[139] Wang Z, Shao L S, Cheng K, et al. ICDF: Intrusion collaborative detection framework based on confidence[J]. International Journal of Intelligent Systems, 2022, 37 (10): 7180-7199.

[140] Onwuzurike L, Mariconti E, Andriotis P, et al. Mamadroid: Detecting android malware by building markov chains of behavioral models (extended version) [J]. ACM Transactions on Privacy and Security, 2019, 22 (2): 1-34.

[141] Arzt S, Rasthofer S, Fritz C, et al. FlowDroid: Precise context, flow, field, object-sensitive and lifecycle-aware taint analysis for Android apps[J]. ACM SIGPLAN Notices, 2014, 49 (6): 259-269.

[142] Zou D, Wu Y, Yang S, et al. Intdroid: Android malware detection based on API intimacy analysis[J]. ACM Transactions on Software Engineering and Methodology, 2021, 30 (3): 1-32.

[143] Qiu J, Zhang J, Luo W, et al. A survey of android malware detection with deep neural models[J]. ACM Computing Surveys, 2020, 53 (6): 1-36.

[144] Sung M, Xu J, Li J, et al. Large-scale IP traceback in high-speed Internet: Practical techniques and information-theoretic foundation[J]. ACM Transactions on Networking, 2008, 16 (6): 1253-1266.

[145] Murvay P S, Groza B. Source identification using signal characteristics in controller area networks[J]. IEEE Signal Processing Letters, 2014, 21 (4): 395-399.

[146] Santhanam L, Kumar A, Agrawal D P. Taxonomy of IP traceback[J]. Journal of Information Assurance and Security, 2006, 1 (1): 79-94.

[147] Snoeren A C, Partridge C, Sanchez L A, et al. Hash-based IP traceback[J]. ACM SIGCOMM Computer Communication Review, 2001, 31 (4): 3-14.

[148] Cheng L, Divakaran D M, Lim W Y, et al. Opportunistic piggyback marking for IP traceback[J]. IEEE Transactions on Information Forensics and Security, 2016, 11 (2): 273-288.

[149] Gong C, Sarac K. A more practical approach for single-packet IP traceback using packet logging and marking[J]. IEEE Transactions on Parallel and Distributed Systems, 2008, 19 (10): 1310-1324.

[150] He T, Tong L. Detecting encrypted stepping-stone connections[J]. IEEE Transactions on Signal Processing, 2007, 55 (5): 1612-1623.

[151] Hopper N, Vasserman E Y, Chan-Tin E. How much anonymity does network latency leak? [J]. ACM Transactions on Information and System Security, 2010, 13 (2): 1-28.

[152] Ling Z, Fu X W, Jia W J, et al. Novel packet size-based covert channel attacks against anonymizer[J]. IEEE Transactions on Computers, 2013, 62 (12): 2411-2426.

[153] Ling Z, Luo J, Yu W, et al. Protocol-level attacks against tor[J]. Computer Networks, 2013, 57 (4): 869-886.

[154] Wang X G, Luo J Z, Yang M, et al. A potential HTTP-based application-level attack against Tor[J]. Future Generation Computer Systems, 2011, 27 (1): 67-77.

[155] Cui L, Hao Z Y, Jiao Y, et al. VulDetector: Detecting vulnerabilities using weighted feature graph comparison[J]. IEEE Transactions on Information Forensics and Security, 2021, 16: 2004-2017.

[156] Avgerinos T, Cha S K, Rebert A, et al. Automatic exploit generation[J]. Communications of the ACM, 2014, 57 (2): 74-84.

[157] Wang R P, Pan Z L, Shi F, et al. AEMB: An automated exploit mitigation bypassing solution[J]. Applied Sciences, 2021, 11 (20): 9727.

[158] Moghaddasi A, Bagheri M. Automatic xss exploit generation using grammatical evolution[J]. Electronic and Cyber Defense, 2021, 9 (2): 101-119.

[159] Wang H J, Liu Y, Li Y, et al. Oracle-supported dynamic exploit generation for smart contracts[J]. IEEE Transactions on Dependable and Secure Computing, 2022, 19 (3): 1795-1809.

[160] Sadeghi A, Niksefat S, Rostamipour M. Pure-call oriented programming (pcop): Chaining the gadgets using call instructions[J]. Journal of Computer Virology and Hacking Techniques, 2018, 14 (2): 139-156.

[161] Necula G, Condit J, Harren M, et al. CCured: Type-safe retrofitting of legacy software[J]. ACM Transactions on Programming Languages and Systems, 2005, 27 (3): 477-526.

[162] Abadi M, Budiu M H, Erlingsson Ú, et al. Control-flow integrity principles, implementations, and applications[J]. ACM Transactions on Information and System Security, 2009, 13 (1): 1-40.

[163] Zhang Y, Yang M, Gu G F, et al. Rethinking permission enforcement mechanism on mobile systems[J]. IEEE Transactions on Information Forensics and Security, 2016, 11 (10): 2227-2240.

[164] Zhou J M, Zhang T, Shen W B, et al. Automatic permission check analysis for linux kernel[J]. IEEE Transactions on Dependable and Secure Computing, 2023, 20 (3): 1849-1866.

[165] Liu X, Zhang Y, Wang B, et al. Mona: Secure multi-owner data sharing for dynamic groups in the cloud[J]. IEEE Transactions on Parallel and Distributed Systems, 2012, 24 (6): 1182-1191.

[166] Li J, Tong X, Zhang F, et al. Fine-CFI: Fine-grained control-flow integrity for operating system kernels[J]. IEEE Transactions on Information Forensics and Security, 2018, 13 (6):

1535-1550.

[167] Gu J, Wu X, Zhu B, et al. Enclavisor: A hardware-software co-design for enclaves on untrusted cloud[J]. IEEE Transactions on Computers, 2021, 70 (10): 1598-1611.

[168] Li J, Chen L, Shi G, et al. Abcfi: Fast and lightweight fine-grained hardware-assisted control-flow integrity[J]. IEEE Transactions on Computer-Aided Design of Integrated Circuits and Systems, 2020, 39 (11): 3165-3176.

[169] Ou C H, Lam S K, Sun D G, et al. SNR-centric power trace extractors for side-channel attacks[J]. IEEE Transactions on Computer-Aided Design of Integrated Circuits and Systems, 2021, 40 (4): 620-632.

[170] Chen G X, Zhang Y Q. Securing TEEs with verifiable execution contracts[J]. IEEE Transactions on Dependable and Secure Computing, 2023, 20 (4): 3222-3237.

[171] Miao X, Chang R, Zhao J, et al. CVTEE: A compatible verified TEE architecture with enhanced security[J]. IEEE Transactions on Dependable and Secure Computing, 2023, (1): 377-391.

[172] Qi H, Di X Q, Li J Q. Formal definition and analysis of access control model based on role and attribute[J]. Journal of Information Security and Applications, 2018, 43: 53-60.

[173] Majeed A, Lee S. Attribute susceptibility and entropy based data anonymization to improve users community privacy and utility in publishing data[J]. Applied Intelligence, 2020, 50 (8): 2555-2574.

[174] Kim H, Park J, Bennis M, et al. Blockchained on-device federated learning[J]. IEEE Communications Letters, 2020, 24 (6): 1279-1283.

[175] Wang X, Liu Z, Tian X H, et al. Incentivizing crowdsensing with location-privacy preserving[J]. IEEE Transactions on Wireless Communications, 2017, 16 (10): 6940-6952.

[176] Wu H Q, Wang L M, Xue G L. Privacy-aware task allocation and data aggregation in fog-assisted spatial crowdsourcing[J]. IEEE Transactions on Network Science and Engineering, 2020, 7 (1): 589-602.

[177] Yang Y, Chen Y J, Chen F, et al. An efficient identity-based provable data possession protocol with compressed cloud storage[J]. IEEE Transactions on Information Forensics and Security, 2022, 17: 1359-1371.

[178] Ou B, Li X L, Zhang W M, et al. Improving pairwise PEE via hybrid-dimensional histogram generation and adaptive mapping selection[J]. IEEE Transactions on Circuits and Systems for Video Technology, 2019, 29 (7): 2176-2190.

[179] Murvay P S, Groza B. Source identification using signal characteristics in controller area networks[J]. IEEE Signal Processing Letters, 2014, 21 (4): 395-399.

[180] Lee S, Lee S, Yoo H, et al. Design and implementation of cybersecurity testbed for

industrial IoT systems[J]. The Journal of Supercomputing, 2018, 74 (9): 4506-4520.

[181] Li Y, Xu Y, Liu Z, et al. Robust detection for network intrusion of industrial IoT based on multi-CNN fusion[J]. Measurement, 2020, 154: 107450.

[182] Zhang Y, Bingham C, Martínez-García M, et al. Detection of emerging faults on industrial gas turbines using extended Gaussian mixture models[J]. International Journal of Rotating Machinery, 2017, 2017: 5435794.

[183] AL-Hawawreh M, Moustafa N, Sitnikova E. Identification of malicious activities in industrial Internet of Things based on deep learning models[J]. Journal of Information Security and Applications, 2018, 41: 1-11.

[184] Arshad J, Azad M A, Abdeltaif M M, et al. An intrusion detection framework for energy constrained IoT devices[J]. Mechanical Systems and Signal Processing, 2020, 136: 106436.

[185] Li J, Zeng F Z, Xiao Z, et al. Drive2friends: Inferring social relationships from individual vehicle mobility data[J]. IEEE Internet of Things Journal, 2020, 7 (6): 5116-5127.

[186] Chen Y N, Lu Z Y, Xiong H, et al. Privacy-preserving data aggregation protocol for fog computing-assisted vehicle-to-infrastructure scenario[J]. Security and Communication Networks, 2018, 2018: 1378583.

[187] Cheng H Y, Shojafar M, Alazab M, et al. PPVF: Privacy-preserving protocol for vehicle feedback in cloud-assisted VANET[J]. IEEE Transactions on Intelligent Transportation Systems, 2022, 23 (7): 9391-9403.

[188] Qian Y F, Ma Y J, Chen J, et al. Optimal location privacy preserving and service quality guaranteed task allocation in vehicle-based crowdsensing networks[J]. IEEE Transactions on Intelligent Transportation Systems, 2021, 22 (7): 4367-4375.

[189] Zhang X Y, Wang J Y, Zhang H J, et al. Data-driven transportation network company vehicle scheduling with users' location differential privacy preservation[J]. IEEE Transactions on Mobile Computing, 2023, 22 (2): 813-823.

[190] Yang Q, Gasti P, Zhou G, et al. On inferring browsing activity on smartphones via USB power analysis side-channel[J]. IEEE Transactions on Information Forensics and Security, 2017, 12 (5): 1056-1066.

[191] Li S F, Xue M H, Zhao B Z H, et al. Invisible backdoor attacks on deep neural networks via steganography and regularization[J]. IEEE Transactions on Dependable and Secure Computing, 2021, 18 (5): 2088-2105.

[192] Li J C, Meng Y, Ma L C, et al. A federated learning based privacy-preserving smart healthcare system[J]. IEEE Transactions on Industrial Informatics, 2022, 18 (3): 2021-2031.

[193] Grech N, Kong M, Jurisevic A, et al. MadMax: Surviving out-of-gas conditions in

Ethereum smart contracts[J]. Proceedings of the ACM on Programming Languages, 2018, 2: 1-27.

[194] Signorini M, Pontecorvi M, Kanoun W, et al. BAD: A blockchain anomaly detection solution[J]. IEEE Access, 2020, 8: 173481-173490.

[195] Marsh M A, Schneider F B. CODEX: A robust and secure secret distribution system[J]. IEEE Transactions on Dependable and secure Computing, 2004, 1 (1): 34-47.

[196] Goodfellow J, et al. Generative adversarial nets[J]. Advances in Neural Information Processing Systems, 2014, 3: 2672-2680.

[197] Mirza M, Osindero S. Conditional generative adversarial nets[J]. Computer Science, 2014. https://doi.org/10.48550/arXiv.1411.1784.

[198] Thies J, Zollhöfer M, Nießner M, et al. Real-time expression transfer for facial reenactment[J]. ACM Transactions on Graphics, 2015, 34 (6): 1-14.

[199] Thies J, Zollhöfer M, Theobalt C, et al. Headon[J]. ACM Transactions on Graphics, 2018, 37 (4): 1-13.

[200] 方滨兴. 人工智能安全[M]. 北京: 电子工业出版社, 2020.

[201] 黄道丽. 国家关键信息基础设施安全保护的法治进展[J]. 中国信息安全, 2022 (9): 26-30.

[202] 王智民, 武中力. 未知威胁的定义与检测方法综述[J]. 工业信息安全, 2022 (4): 39-47.

[203] Ten C W, Manimaran G, Liu C C. Cybersecurity for critical infrastructures: Attack and defense modeling[J]. IEEE Transactions on Systems, Man, and Cybernetics-Part A: Systems and Humans, 2010, 40 (4): 853-865.

[204] Makrakis G M, Kolias C, Kambourakis G, et al. Industrial and critical infrastructure security: Technical analysis of real-life security incidents[J]. IEEE Access, 2021, 9: 165295-165325.

[205] Kshetri N, Voas J. Hacking power grids: A current problem[J]. Computer, 2017, 50 (12): 91-95.

[206] 应欢, 周劼英, 邱意民, 等. 美国电力关键基础设施网络安全防护政策和标准研究[J]. 电力信息与通信技术, 2022, 20 (6): 35-43.

关键词索引

A

安全多方计算　42, 157, 323

安全基础设施　112, 115, 162, 164, 168, 177, 217, 382, 420

安全模型　32, 35, 37, 39, 89, 112, 115, 119, 121-124, 137, 149, 155-156, 179, 220, 229, 346, 419, 421, 426-427

安全威胁态势分析　77, 82

安全协议　13-14, 27, 41, 43-44, 109, 112, 114-115, 120, 124, 147-148, 158-159, 161-162, 171, 179, 192, 198, 202-203, 208, 213, 216-217, 221, 229, 323, 419, 423, 442

B

保密通信　32-33, 38, 40, 125, 127-128

边缘计算　66-67, 79, 224, 228, 240, 380

C

操作系统安全　35, 64, 68-69, 100, 285

侧信道分析　109, 138, 144-145, 253, 256

传输层安全　44, 208-209, 212

D

大数据安全　64, 67-68, 92

大型语言模型安全　432

对称密码算法　116-117, 124-125, 146, 190, 224

多级安全数据库管理系统　39

E

恶意代码分析　109, 253-258, 421
恶意代码检测　99, 253-254, 257, 259, 335, 397
恶意行为溯源　262

F

防火墙　16, 42, 48, 54-55, 59, 69, 101, 201, 207, 215, 243, 245, 320, 379, 381, 390, 398-399
蜂窝网接入安全　187
富有弹性的网络空间安全保障体系　431

G

高性能安全芯片　422
工业互联网安全　69, 94, 220, 238, 240, 244, 246, 377
工业控制系统安全　64, 69, 88, 243-244, 388, 436
供应链安全　25-26, 62, 86-89, 99, 336, 390, 398-399, 421, 436-437, 443, 447
公钥密码算法　64, 116, 125, 127, 133, 135, 137, 176-177, 188, 229, 378
关键信息基础设施安全　9, 81, 93, 111, 113, 244, 374-380, 386, 388, 394-396, 401, 411, 413-415, 419, 427, 436, 438, 440, 445-446

H

函数加密　131, 135-137, 420

J

机密计算　62, 103, 109, 286, 300-301, 320, 322-323, 422, 429
计算机安全　28, 34-39, 41, 160, 202, 278, 334-336, 342, 349
近距离通信安全　193-194

K

抗量子安全　124, 148, 161, 179, 419
抗量子密码　64, 104, 129, 131, 133, 137, 176, 362, 419, 432
可信计算　27, 37, 39, 59-60, 62, 69, 71, 102, 109, 207, 238, 285-286, 290, 293, 378, 391, 393, 408, 414, 422, 429
可证明安全　42-43, 58, 115, 117-119, 122, 132, 179, 220, 346, 361, 419

L

链路安全　183, 194, 234, 237-238
量子密码　64, 104, 109, 118, 129,

131, 133, 137, 148, 161, 176, 362, 414, 419, 432

零信任 62, 88-89, 101-102, 238, 409, 414, 435

零知识证明 42, 44, 101, 148, 151-152, 156, 320, 359-360

路由系统安全 197

M

密码标准 42, 64, 112, 115, 133-134, 148, 162, 170-171, 176-177

密码测评 171

密码分析 32, 58, 109, 112, 115, 122, 125-126, 134, 137-138, 140, 142, 143, 147, 179

密码学 26, 30, 32-33, 38, 40, 42, 44, 45, 61-62, 65, 72, 95, 106-109, 111-112, 114-118, 120-124, 126-129, 131, 135-136, 138, 147, 150, 153-154, 160, 167, 173-174, 176-178, 184, 229, 321, 326, 354, 377-379, 408, 413, 419-420, 430-432, 440, 442

密钥管理 63, 66, 102, 112, 115, 125, 127, 131, 162, 165, 170-172, 177, 216, 218, 223, 230, 247, 419

N

内容安全 110, 113, 316-317, 349, 362-366, 370-371, 373, 381, 385, 424

Q

区块链安全 65-66, 113, 316-317, 351-352, 362, 373, 423

全密态多方联合计算 434

全同态加密 60, 128, 156, 348, 360, 420

R

人工智能安全 64, 113, 279, 316-317, 327-328, 330, 336, 372, 423

软件安全 92, 105-107, 109, 113, 178, 272, 284, 335, 378, 382, 429, 431, 437, 440

软件供应链安全 89, 99, 421, 436-437

软件漏洞发现 267-268, 271

软件漏洞分析 70, 272

软件漏洞缓解 279

软件漏洞利用 273, 275

软件漏洞治理 113, 267, 421

软硬件协同安全 285, 302, 307-308, 422

S

数据安全 13, 20-21, 25-27, 64-65,

67-68, 70, 87, 92-94, 103, 105-106, 110-111, 113, 172, 174, 179, 189, 210, 212, 217, 227-228, 238, 248, 284, 315-324, 326, 332, 338, 340, 345, 348, 354, 364, 372, 378-381, 383, 391, 394, 398, 402, 404-405, 408, 410-411, 414, 419, 423, 425-427, 429-430, 434, 436, 438-440

数字取证 107, 320, 325, 327, 372, 423

T

弹性 15, 26, 61-62, 87, 90-91, 101-102, 165, 199, 229, 237, 276, 374, 377, 387, 404, 412, 414, 431, 437, 442, 445, 447

通信安全 28-32, 35, 38, 40-41, 62, 64-65, 111-113, 149, 163, 172, 180-182, 185, 193-194, 216, 218, 224, 226, 244-245, 378, 384, 408, 419, 440, 445

W

网络层安全 41, 197

网络空间安全 3, 8-10, 12-18, 20-28, 61-64, 72-73, 77, 81, 86-110, 112, 114-115, 119-120, 124, 162, 177-179, 244, 327, 372, 374, 413, 420, 424, 427-431, 436, 439-447

卫星互联网安全 220, 230-231, 237, 435

无线局域网接入安全 191

物理层安全 15, 180-184, 228

物联网安全 64, 113, 316-317, 337-338, 340, 344, 349-350, 372, 410, 425

X

系统安全 26-27, 33, 35, 38-42, 51-53, 55-56, 62, 64-66, 68-69, 72, 83, 87, 88, 90, 94, 105-112, 170-171, 178, 243, 248-250, 278, 284-286, 293-294, 297, 308-309, 317, 338-339, 341, 350, 372, 378-379, 387-391, 401, 405-406, 408, 419, 422, 430-431, 436, 445

信任模型 167-168, 228, 287

信息安全 18, 21, 26, 28, 37, 40-41, 43-44, 46-47, 49-53, 72, 84, 86, 89, 93-95, 97, 105, 109, 112-113, 115, 121, 125, 161-162, 164, 167, 171, 173, 178-179, 210, 241, 243-244, 279, 295, 318-319, 375, 377, 391, 394, 396-397, 399, 409, 411-412, 422, 428, 432-433, 435-438

信息安全保障 28, 49-54, 436

信息技术安全评估通用准则 40

信息物理融合 317, 338, 412, 419, 421

虚拟化安全 293-294, 300-301

Y

移动通信网络安全 220, 229
隐私保护 13-15, 17, 21, 24, 63, 65, 67-68, 71-72, 103, 107, 149, 157, 162, 188-190, 194-195, 219, 221-223, 228, 248, 267, 284, 316-318, 320-324, 338, 340, 345-346, 350-352, 357, 359, 372-373, 379, 414, 419, 421, 423-425, 430, 433
应用安全 26, 62, 66, 72-73, 100, 108, 110-111, 113, 172, 221, 284, 291, 315-316, 364, 371-372, 378, 386, 408, 419, 430, 445
应用层安全 120, 213, 217
应急响应 41, 47, 53-54, 61, 110, 177, 362, 380-381, 386, 405
硬件安全 59, 71, 99-100, 113, 186, 284, 286, 308-309, 313, 331, 382, 422
云计算安全 381

Z

震网蠕虫 53, 58, 70, 242
智能网联车安全 426-427
纵深防御 49-50, 56-57, 102, 251,
378, 382, 388-390, 396-397, 401, 405, 408, 411

其他

5G 安全 66-67, 88, 100, 218, 222, 380, 383, 386
6G 安全 226-229
AES 58, 126, 131, 133, 173-174, 192, 210, 309
APT 攻击 55, 69-70, 241-244, 252, 318, 335, 392
BAN 逻辑 41, 43, 47, 159
DNS 安全 200, 203
HTTP/Web 安全 213
IATF 49-50, 56-57
IDS 42, 48, 55, 59, 101, 294-295, 343-345, 398
IPSec 41, 45-46, 149
PDR 模型 54
PKI 42, 46, 102, 112, 115, 150, 162-169, 197, 199, 211, 224
SDN 安全 204-207, 229, 420
SSL/TLS 46, 212, 347
TCSEC 37-40, 42
TEE 103, 285-286, 293-294, 300-301, 308-313, 323, 372, 434
WPDRRC 模型 54-55
X.509 42, 44, 46, 166, 209

α